饲料生物工程
Feed Bioengineering

冷 静　杨舒黎　主编

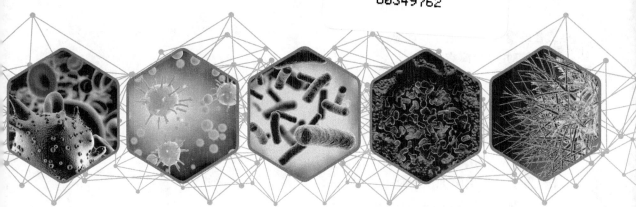

中国农业科学技术出版社

图书在版编目(CIP)数据

饲料生物工程／冷静,杨舒黎主编.—北京:中国农业科学技术出版社,2019.12
ISBN 978-7-5116-4421-3

Ⅰ.①饲… Ⅱ.①冷…②杨… Ⅲ.①生物技术-应用-饲料-研究 Ⅳ.①S816

中国版本图书馆 CIP 数据核字(2019)第 219672 号

责任编辑　金　迪　崔改泵
责任校对　贾海霞

出 版 者　中国农业科学技术出版社
　　　　　北京市中关村南大街 12 号　邮编:100081
电　　话　(010) 82109194 (编辑室)　(010) 82109702 (发行部)
　　　　　(010) 82109709 (读者服务部)
传　　真　(010) 82106650
网　　址　http://www.CASTP.cn
经 销 者　各地新华书店
印 刷 者　北京建宏印刷有限公司
开　　本　787mm×1 092mm　1/16
印　　张　22
字　　数　540 千字
版　　次　2019 年 12 月第 1 版　2019 年 12 月第 1 次印刷
定　　价　78.00 元

《饲料生物工程》
编 委 会

前　言

　　中国饲料行业经过多年的艰苦创业，饲料工业从无到有，由小变大，并成为世界饲料生产大国，成就举世瞩目。在饲料工业高速发展的同时，生物技术也以惊人的速度迅速发展，并在农业、畜牧业、工业等领域得到广泛应用，对相关学科的研究和技术开发产生了深远的影响。发酵工程、基因工程、酶工程等生物工程技术也逐步融入饲料科学中，但在传统的饲料生产体系中生物技术的应用仍然是凤毛麟角，饲料工业的发展面临许多挑战和创新。在当今呼唤生态和绿色养殖的时代，面对饲料资源的短缺、养殖业造成的污染、动物的健康和品质、饲料的高效利用等诸多挑战，生物技术是解决这些问题的首要方法。我国养殖业的快速可持续发展迫切需要饲料生物技术，饲料工业的技术升级和技术创新也迫切需要懂得饲料科学和生物技术二者有机结合的专业人才。

　　在高等教育大众化的背景下，人才的培养应借鉴国外高等教育的育人理念，把兴趣与自学能力的培养贯彻到教材编写，融入字里行间，以培养其创新能力为核心，真正实现人文精神与科学素养的统一。本书力图结合国内外研究进展和发展趋势，立足于实际，与时俱进，从教材结构体系上体现系统性和完整性（从基本概念、基本原理入手，强调基本方法和技术技能，通过归纳、总结，高度概括饲料生物工程的基本规律和知识体系）、先进性和实用性（将国内外一些新的成熟技术和方法编入教材，介绍新思维，新思路，不仅使教材具有学术性和实用性，又具有指导性和前瞻性，充分体现饲料生物工程新教材的特点）、教材的可读性（用流畅的文字展现教材丰富的内容，突出重点，讲清难点，选择典型材料，图文并茂，激发学生的学习兴趣）。同时，教材最大的特点是突出人文素质教育，在每章前都编有课程相关科学知识产生的发展背景、科学方法和创新思维等人文内容，并逐渐过渡到具体知识内容，由此引发学生的兴趣和好奇心、强烈的求知欲和对科学执着追求的精神。本书的编写能够深刻具体地发掘自然科学的人文内涵，以及开展自然学科的人文素质教育。

　　全书共分为六章，第一章饲料与生物工程，主要由冷静、杨舒黎编写；第二章基因工程及其在饲料中的应用，主要由冷静、杨舒黎编写；第三章发酵工程及其在饲料中的应用，主要由曹振辉编写；第四章酶工程及饲用酶制剂，主要由赵素梅编写；第五章细胞工程及其在饲料中的应用，主要由潘洪彬编写；第六章生物饲料添加剂，主要由张春勇编写；参编的还有董新星、顾招兵、郭同军、李鹏飞、李清、李卫真、刘晨光、鲁琼芬、毛华明、王后福、臧长江、张家威、赵彦光等。本书初稿完成后，由编者间两两互校，最后由主编统一修改和定稿。

在本书的出版过程中，云南农业大学给予了大力的支持和帮助，在此表示衷心感谢！此外，在本书编写过程中，参考了国内外相关文献和著作，部分已在参考文献中列出，限于篇幅仍有部分未能一一列出，在此，谨向原作者表示诚挚的感谢和歉意。

限于编著者的知识和水平，书中难免有不妥或错误之处，敬请读者不吝赐教。

编　者
2019 年 7 月

目　录

第一章
饲料与生物工程

【科学研究】

我国水稻遗传工程育种获重大突破

1992 年 10 月 3 日，由湖南农学院万文举等研究人员主持的"遗传工程水稻研究"课题，首次把玉米 DNA 导入水稻并育成高产优质水稻品系，这标志着我国水稻遗传工程育种获重大突破。

自 20 世纪 70 年代杂交水稻投入生产以来，科技工作者为了育出更优化的水稻品种，先后开展了"两系法"、籼粳亚种间杂交和超高度育种，并取得较大进展，但是，要从根本上把多穗、大穗和高结实率统一起来，必须从生物技术着手，走遗传工程育种途径。

1989 年以来，湖南农学院"遗传工程水稻研究"课题组，根据分子育种理论和技术，运用 DNA 浸胚法进行玉米 DNA 导入，获得了大量的变异后代材料，为进一步研究打下了基础。他们通过多代选育，找到了基本稳定的 GER·1 品系，具有分蘗力强、穗大、粒多的性能，平均每穗约 200 粒，结实率达 80%，米质较优。据悉，这个品系在湖南适于作中稻和晚稻种植。

该品系是一种导入玉米基因而具有高光效遗传特性的水稻，当时报道称在湖南、湖北、江西、江苏、云南、贵州、海南等全国 38 个生态点试种，普遍表现良好。其中湖南岳阳建新农场 6 300 亩※中稻平均亩产 54 474kg，3 000 亩晚稻平均亩产 54 663kg。

其实，杂交子一代在适应性、产量、抗性等方面优于双亲的现象在生物学中被称为杂种优势。杂交水稻育种技术的成功是我国近几十年取得的重要科技成就，杂交稻的高产就来自对水稻杂种优势现象的应用。

※1 亩≈667 平方米，15 亩=1 公顷。全书同。

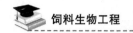

饲料业是以粮食为主要原料的加工工业，其上游连着种植业，下游连着畜牧业，是种植业和畜牧业结合的纽带。饲料业的发展对社会经济生活发展有着积极的意义。一是推进农业和农村经济结构战略性调整的重要方面。大力发展饲料业，不仅能够带动饲料作物种植和养殖业的发展，促进农业结构调整和优化，而且还可以促进粮食加工、转化与增值，推进第二、第三产业的发展，提高农业的综合效益。同时，通过发展饲料业提升农业产业层次，把畜牧业发展成为一个大产业。二是增加农民收入的重要途径。按照比较效益和市场需求种植饲料作物，可提高种植效益；通过饲料原料的加工转化，可促进饲料资源的增值；通过产业化龙头企业的带动，可获得规模经济效益。三是提高农业竞争力的有力措施。大力发展饲料业，延长产业链条，发挥农副产品加工的后续效益；推动养殖业结构升级换代，提高生产效率，促进养殖业向规模化、集约化和现代化方向发展。同时，培育一批竞争力较强的名牌畜禽和水产品养殖企业，进一步开拓国际市场。四是提高人民生活水平的重要保障。发展安全、优质、高效的饲料业，是养殖业持续健康发展的物质基础，是提供卫生安全和营养丰富的动物性食品的基本保障。

生物工程包括基因工程、发酵工程、酶工程、细胞工程、蛋白质工程和生化工程的原理和技术手段，被世界各国视为一项高新技术，它广泛应用于医药卫生、农林牧渔、轻工、食品、化工和能源等领域，促进传统产业的技术改造和新兴产业的形成，将对人类社会生活产生深远的革命性的影响。饲料生物工程则指以饲料和饲料添加剂为对象，运用生物工程技术，研究和开发新型的饲料资源和饲料添加剂（如功能微生物制剂、饲用酶制剂、免疫调节剂、生长调节剂等）和制造工艺、参数和技术及其营养价值、生物学功效和作用机理，为提高饲料的吸收、利用、转化效率和动物的生产性能，改善动物的营养、健康状况和减轻养殖业造成的环境污染，最终为人类提供更为营养和健康的高品质动物食品。

第一节　饲料工业发展现状

一、饲料分类

饲料是指在合理饲喂条件下能为动物提供营养物质、调控生理机能、改善动物产品品质，且不发生有毒、有害作用的物质。

（一）国际饲料分类法

美国学者 L. E. Harris（1956）的饲料分类原则和编码体系，迄今已为多数学者所认同，并逐步发展成为当今饲料分类编码体系的基本模式即国际饲料分类法。根据该分类方法，依据饲料的营养特性，将饲料分为八大类。八大类饲料的编码形式及划分依据如下。

1. 粗饲料（1-00-000）

粗饲料指干物质中粗纤维含量在18%以上的一类饲料，主要包括干草类、秸秆类、农副产品类以及干物质中粗纤维含量为18%以上的糟渣类、树叶类等。

2. 青绿饲料（2-00-000）

青绿饲料指自然水分含量在60%以上的一类饲料，包括牧草类、叶菜类、非淀粉质的根茎瓜果类、水草类等。不考虑折干后粗蛋白质及粗纤维含量。

3. 青贮饲料（3-00-000）

用新鲜的天然植物性饲料制成的青贮及加有适量糠麸类或其他添加物的青贮饲料，包括水分含量在45%~55%的半干青贮饲料。

4. 能量饲料（4-00-000）

能量饲料指干物质中粗纤维含量在18%以下，粗蛋白质含量在20%以下的一类饲料，主要包括谷实类、糠麸类、淀粉质的根茎瓜果类、油脂、草籽树实类等。

5. 蛋白质饲料（5-00-000）

蛋白质饲料指干物质中粗纤维含量在18%以下，粗蛋白质含量在20%以上的一类饲料，主要包括植物性蛋白质饲料、动物性蛋白质饲料、单细胞蛋白质饲料等。

6. 矿物质饲料（6-00-000）

矿物质饲料包括工业合成的或天然的单一矿物质饲料，多种矿物质混合的矿物质饲料，以及加有载体或稀释剂的矿物质添加剂预混料。

7. 维生素饲料（7-00-000）

维生素饲料指人工合成或提纯的单一维生素或复合维生素，但不包括某项维生素含量较多的天然饲料。

8. 添加剂（8-00-000）

添加剂指各种用于强化饲养效果，有利于配合饲料生产和贮存的非营养性添加剂原料及其配制产品。如各种抗生素、抗氧化剂、防霉剂、黏结剂、着色剂、增味剂以及保健与代谢调节药物等。

（二）中国饲料分类法

张子仪研究员等（1987）建立了我国饲料数据库管理系统及饲料分类方法。首先根据国际饲料分类原则将饲料分成8大类，然后结合中国传统饲料分类习惯划分为16亚类，两者结合，迄今可能出现的类别有37类，对每类饲料冠以相应的中国饲料编码（Chinese feeds number，CFN），共7位数，首位为国际饲料编码（International feeds number，IFN），第2位、第3位为CFN亚类编号，第4~7位为顺序号。编码分3节，表示为×-××-××××。

随着饲料科学研究水平的不断提高及饲料新产品的涌现，还会不断增加新的CFN形式。

（三）配合饲料类别

配合饲料是指用两种以上饲料原料，根据畜禽营养需要，按照一定的饲料配方，经过工业生产的，成分平衡、齐全，混合均匀的商品性饲料。根据所得产品的使用方法不同，配合饲料可分为：完全（配合）饲料、浓缩饲料、预混合饲料和补充饲料等。

1. 完全（配合）饲料

完全饲料是根据动物的品种、生长阶段、生产水平对各种营养成分的需要量和不同动物的消化生理特点，把多种饲料原料和添加成分按照规定的加工工艺制成的均匀一

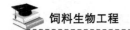

致、营养价值完全的饲料产品。实际生产中，由于科学技术水平等方面的限制，通常根据饲料配合的水平将完全饲料进一步划分为"全价配合饲料"与"初级配合饲料"。初级配合饲料，是一种仅能在能量、蛋白质、钙、磷等几个主要营养指标上，符合要求的饲料产品，又叫混合饲料。与全价配合饲料相比，初级配合饲料的营养成分比例相差较大，营养水平低，饲养效果差，饲料报酬率也较低。

2. 浓缩饲料

从完全饲料的配方中去掉玉米、高粱等能量饲料后生产出的饲料，其中包括蛋白质饲料、矿物质及各种添加剂，我国习惯上叫作浓缩饲料，美国则称之为平衡用配合饲料。在实际使用上，将浓缩饲料按一定的比例与能量饲料混合，即成为完全（配合）饲料，供直接饲喂畜禽用。通常，浓缩饲料约占完全饲料的15%~59%。

3. 预混合饲料

预混合饲料指在生产配合饲料之前，将需要的一种或多种微量添加成分按一定的技术手段，均匀、准确地混合在一起，配制成一种饲料中间性产品，作为生产全价配合饲料的一种原料。它是一种均匀的混合物。在全价配合饲料中规定其用量应在5%以下，不经稀释不得直接喂给畜禽。添加剂预混料在全价配合饲料中所占的比例很小，但却是构成配合饲料的核心。

4. 补充饲料

补充饲料的基本成分与浓缩饲料或预混合饲料相同，主要由能量饲料、蛋白质饲料和矿物质饲料组成，专供放牧或舍饲反刍动物直接饲用，不需要与能量、蛋白质饲料等混合的一种混合均匀的配合饲料，这是它与浓缩饲料的最大区别。另外，在现实生活当中，按饲料营养成分及饲料报酬率的高低，饲料还可分为下面3类。①单一饲料，指用某一种动物、植物、微生物产品或其他加工产品作饲料。这种饲料营养成分单一，饲料报酬率低。②混合饲料，即采用简单的方法，将两种以上的单一饲料混合到一起的饲料，营养成分比较单一，饲料报酬率较低，但高于单一饲料。③配合饲料，是采用科学的方法，将饲料添加剂（占1%~2%）、蛋白质饲料（占30%~40%）、能量饲料原料（占60%~70%）等按一定比例配合到一起，并均匀搅拌，制得一定料型的饲料，饲料报酬率高。

二、饲料工业发展现状

饲料工业是指以工业化方式生产饲料产品的工业行业，是一个联系多学科和多部门的工业。完整的饲料工业体系不仅包括饲料产品的饲料加工业，而且还包括与之相配套的饲料添加剂工业、饲料原料工业、饲料机械工业制造及饲料科研教育、监测、销售等环节（图1-1）。

饲料加工工业是饲料工业体系的主体部分，其主要产品包括全价配合饲料、浓缩饲料、添加剂预混料、混合饲料等。饲料添加剂工业是饲料工业的核心。

（一）国际饲料工业发展现状

1. 全球饲料生产情况

进入21世纪以来，世界上大多数饲料厂商经营业绩上升，主要原因是许多国家经

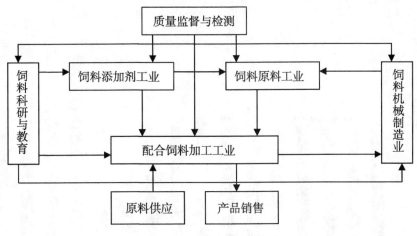

图 1-1 饲料工业结构

济开始复苏，饲料原料成本下降。然而，对于亚洲地区的许多饲料厂商来说，包括商业饲料公司以及同时生产饲料的大型粮食企业，因受禽流感等疫情的影响，生产量和销售量均有所下降。禽流感的发生，大量禽鸟被扑杀，使整个行业受到了严重挫折，养殖户遭受到了巨大损失，养殖行业不得不进行重新整合，包括家禽、饲料行业的许多中小企业不得不纷纷转产以期望通过其他途径来增加收入。不过，即便如此，仍有一部分采取各种措施实施生物安全的大型家禽生产企业生存了下来。由于采取了有效应对疫情的措施，使得业界整体上不至于全军覆没，有能力应对类似的不可预测性事件，这是可喜的一面。

全球饲料生产总量逐年增长（图 1-2），充当领头羊地位的饲料生产大国包括中国、美国、巴西、墨西哥和印度等国家。在饲料生产大国的带动下，尽管存在动物疫情和饲料原料成本上涨等因素的影响，2017 年全球部分主产区爆发了禽流感和猪疾病，但全球畜禽与水产动物配合饲料产量仍然达到 9.1 亿 t，较 2016 年的 8.932 亿 t 增加近 2%（图 1-3、图 1-4）。

2000 年以来，全球配合饲料产量一直呈稳定上升的趋势，2015—2017 年，基本稳定在 9 亿 t 左右（图 1-3）。

2002 年以来，全球配合饲料产量年增长率变化情况如图 1-4 所示，由此图可见，2017 年全球配合饲料产量增长率较 2016 年有所提高。

2015 年，美国研究机构 Alltech 又发布了 2015 年全球饲料调查报告。报告称，饲料行业的总值已达 4 600 亿美元，总产量为 9.8 亿 t。同比增长了 2%。其中，中国饲料产量位于全球首位（18 300 万 t），其中猪饲料为 8 500 万 t。其他位居前 10 的国家依次为美国 17 300 万 t，巴西 6 600 万 t，墨西哥 3 100 万 t，西班牙 2 900 万 t，印度 2 900 万 t，俄罗斯 2 600 万 t，日本 2 400 万 t，德国 2 400 万 t，法国 2 200 万 t。除此之外，一些非传统饲料大国的产量也有了显著的增长。全球饲料企业数量共有 31 043 家。

依据 WATT Global Media 研究团队收集到的数据及 WATTAgNet.com 网站上的全球

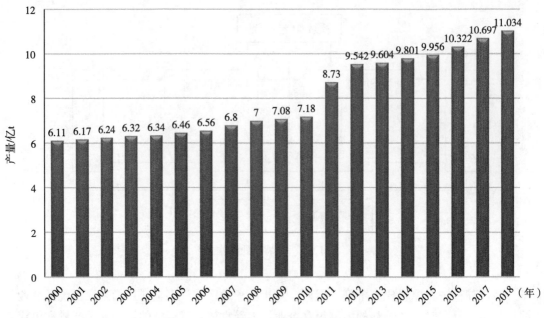

图 1-2　2000—2018 年全球饲料总产量变化

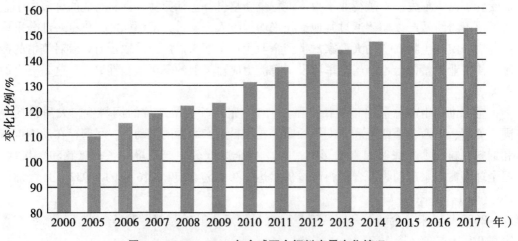

图 1-3　2000—2017 年全球配合饲料产量变化情况

饲料企业数据库，2015 年全球有 102 家配合饲料生产企业的年产量超过了 100 万 t。其中，亚洲 48 家、欧洲 29 家、北美洲 12 家、南美洲 9 家、非洲 2 家、中东 1 家、大洋洲 1 家。

《全球饲料》的饲料年鉴显示：与 2014 年相比，2015 年全球配合饲料总产量增加了 1.6%，达到 8.84 亿 t。根据这个数字，登上榜单的排名企业的总产量为 3.37 亿 t，占 2015 年全球配合饲料总产量的 41.5%。2015 年年产量接近 100 万 t 的饲料企业（表 1-1）。

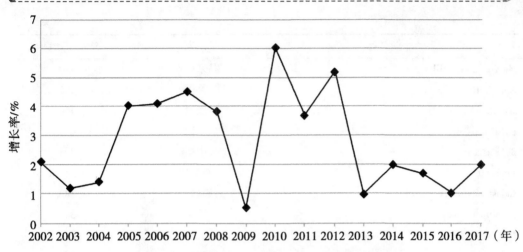

图 1-4　2002—2017 年全球配合饲料增长率变化情况

表 1-1　2015 年年产量接近 100 万 t 的饲料企业

企业名称	国家	产量（万 t）
正大集团	泰国	2 765
嘉吉	美国	1 950
新希望集团	中国	1 870
普瑞纳动物集团	美国	1 350
温氏集团	中国	1 200
BRF	巴西	1 043.7
Tyson Foods（broiler）	美国	1 000
ForFarmers N. V.	荷兰	910
东方希望集团	中国	760
JA Zen-Noh	日本	750
Agrifirm Group	荷兰	705.6
双胞胎集团	中国	660
唐人神	中国	600
De Heus	荷兰	595
Nutreco	荷兰	590
海大集团	中国	552
NongHyup Feed Inc.	韩国	550
岳泰集团	中国	500
大成食品（亚洲）有限公司	中国	480
Smithfield Foods	美国	480
Arab Company or Livestock Development（ACOLID）	沙特阿拉伯	475
正邦科技	中国	462
DLG Group	丹麦	450

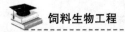

续表

企业名称	国家	产量（万 t）
Malayan Flour Mills	马来西亚	420
Agravis Raiffeisen	德国	406
JBS Brasil	巴西	400
四川特驱集团	中国	400
通威集团	中国	395
Japfa Ltd	新加坡	383.1
Industrial Bachoco	墨西哥	382.5
Agrosuper Group	智利	340
Marubeni-Nisshin Feed Co.	日本	340
Avril/Sanders	法国	340
华英农业发展股份有限公司	中国	318
Amul	印度	317
Veronesi	意大利	315
San Miguel Pure Foods	菲律宾	315
Harim Group	韩国	310
ADM Alliance Nutrition	美国	300
Betagro Group	泰国	300
Feed One	日本	290
DTC Deutsche Tiernahrung Cremer	德国	280
铁骑力士集团	中国	280
Neovia（InVivo NSA）	法国	265
Chubu Shiryo	日本	260
大北农集团	中国	260
Zuellig Gold Coin	马来西亚	250
Perdue Farms	美国	250
CJ Cheil Jedang	韩国	250
Danish Agro Group	丹麦	240
禾丰牧业	中国	225
Nosan Corp.	日本	224
AB Agri	英国	222.7
Suguna Foods	印度	220
J. D. Heiskell & Co.	美国	220
Triskalia	法国	200
Kent Nutrition Group	美国	200

企业名称	国家	产量（万 t）
Masan Nutri-Science	越南	200
Ridley AgriProducts	澳大利亚	190
Hi-Pro Feeds	美国	175
Southern States Coop	美国	170
Aveve Group	比利时	160.9
Broring Unternehmensgruppe	德国	160
Vall Companys Group	西班牙	158
Myronivsky Hliboproduct（MHP）	乌克兰	156.4
Amadori	意大利	150
Cherkizovo Group	俄罗斯	149.5
Thai Foods Group	泰国	144
Aurora Alimentos	巴西	144
Astral Foods	韩国	143
Terrena	法国	142
Abalioglu Group	土耳其	142
Bezrk-Belgankorm	俄罗斯	95.3
Felleskjopet Rogaland Agder（FKRA）	挪威	95
Alf Sahel	摩洛哥	90
GreenFeed	越南	90

中国是全球最大的饲料生产国。美国研究机构 Alltech 调查显示，2016 年全球饲料首次超过 10 亿万 t，同比增长 3.7%，饲料厂家从 2015 年的 32 341 家下降到 30 090 家，同比减少 7.0%。分品种来看，2016 年全球家畜饲料产量 4.54 亿 t，同比减少 0.8%，在饲料中占比达到 46%；猪饲料产量 2.68 亿 t，同比增长 5.88%，在饲料中占比达到 26%；水产饲料产量 3 990 万 t，同比增长 12.5%，在所有饲料中涨幅最大。总体来看，2011—2016 年间，全球饲料产量保持平稳低速增长，随着行业竞争的加剧及向标准化、高效率的发展，不少中小企业逐渐淘汰，行业集中度得到提升。

亚洲作为全球最大的饲料生产区，产量约占到全球产量的 36%，其中我国是最大的饲料生产国，据 Alltech 2016 年统计，我国饲料产量达到 1.87 亿 t（相比我国官方统计数据偏低），其中猪饲料产量 7 549 万 t，同比降低 7.11%，占全球猪饲料总量的 27.7%；家禽饲料仍是饲料中占比最大的，2016 年产量 8 430 万 t，水产饲料 1 640 万 t（数据来源：http://www.chinairr.org/report/）。

2017 年奥特奇全球饲料调查估计，全球饲料产量首次超过 10 亿 t。相比 2016 年增长了 3.7%，相比 2012 年首次调查结果增长了 19%，饲料工厂数量下降了 7%。美国和中国是饲料产量最高的两个国家，生产了约占全球 1/3 的饲料，主要的增长来自肉牛、猪和水产养殖饲料部门，其他几个洲也是如此。

这次调查是迄今最全面的，覆盖了 141 个国家地区和 30 000 多家饲料工厂（表 1-2）。中国、美国、巴西、墨西哥、西班牙、印度、俄罗斯、德国、日本和法国，这些国家覆盖了全球约 56% 的饲料工厂，为全球提供约 60% 的饲料。

表 1-2　2016 年全球饲料总产量和加工厂数量分配

区域	2016 年总产量（百万 t）	总饲料加工厂	地区平均增长
非洲	39.5	2 081	13.2%
亚太	367.6	11 214	4.9%
欧洲	249.4	5 307	3.4%
拉丁美洲	157.5	4 287	4.0%
中东	27.1	732	16.7%
北美洲	191.1	6 470	−1.5%
总计	1 032.2	30 090	

（1）亚洲

中国依然是最大的饲料生产国，总产量约为 18 720 万 t，同时亚洲地区的越南、巴基斯坦、印度和日本的饲料产量也有所上升。越南的饲料产量在过去 1 年中增加了约 21%，并且首次进入产量前 15 国的名单，其中主要是猪和肉鸡的饲料产量的增加。亚洲也是全球动物饲养成本最高的地方，其中日本的饲料均价是世界上最高的，中国的饲料均价是大部分前十大生产国的 2 倍。

（2）北美洲

北美洲地区的饲料生产保持相对平稳，该地区肉牛、火鸡、宠物和马的饲料产量领先于其他地区。

（3）非洲

非洲连续五年成为增长速度最快的地区，超过半数的国家实现了快速增长。尼日利亚、阿尔及利亚、突尼斯、肯尼亚和赞比亚实现了超过 30% 的显著增长。该地区人均饲料量依然落后，但仍表现出持续增长的趋势。非洲也有一些地区的饲料成交价较高，其中尼日利亚和喀麦隆处在前五国之中。

（4）欧洲

欧洲出现近年来第一次的饲料产量增加。2016 年，欧洲在西班牙的带领下产量达到 3 190 万 t，增长 8%。而德国、法国、土耳其和荷兰的产量则有所下降。

（5）拉丁美洲

巴西依然是该地区的饲料生产领头羊。而墨西哥的产量增长速度最快，目前已占整个拉丁美洲饲料总产量的 20% 以上，约占巴西总产量的 1/2。总体而言，拉丁美洲的饲料价格适中，但巴西的饲料成交价有所上升。和美国相比，巴西的猪饲料价格约高

20%，蛋鸡和种鸡饲料约高 40%。

全球饲料产量前十位国家见表 1-3。Connolly 表示："从全球角度来说，饲料整体价格有所下降，因此饲料行业整体产值也有所下降。我们认为，全球饲料行业 2016 年总产值约为 4 600 亿美元"。

表 1-3　2016 年全球饲料产量前十位的国家

国家	饲料厂	2016 年产量（百万 t）
中国	6 000	187.20
美国	5 970	169.69
巴西	1 554	68.93
墨西哥	498	33.88
西班牙	820	31.85
印度	909	31.36
俄罗斯	500	29.09
德国	330	24.49
日本	115	23.99
法国	300	23.45

2017 年，反刍动物配合饲料产量在全球配合饲料总量中所占份额提高 1%，达到 22.5%；水产配合饲料份额提高 0.5%，达到 4.5%，禽配合饲料份额降低 1%，达到 46.5%，猪配合饲料份额降低 0.5%，达到 26.5%。尽管禽配合饲料产量最近两年丢失了一些市场份额，但依然占据配合饲料市场的主导地位（图 1-5）。

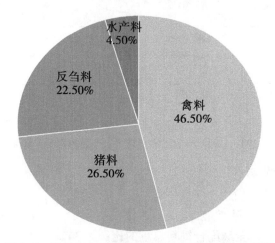

图 1-5　2017 年全球不同动物配合饲料产量占比情况

2017 年，全球配合饲料市场不同区域的份额出现轻微的变化。其中，亚太地区保持稳定，一直维持在全球 34% 的比例；拉丁美洲占比 16%，中东和非洲地区占比 7%，北美洲占比 22%，欧洲与俄罗斯占比 21%（图 1-6）。

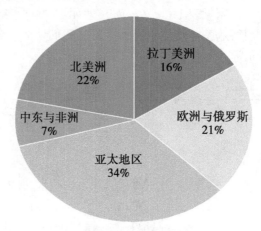

图 1-6　全球不同区域的配合饲料生产比例

2007 年以来，美国、欧盟 28 国、中国、巴西和墨西哥的配合饲料产量变化情况如图 1-7 所示，其中，中国配合饲料产量 2017 年有略微下降，而美国、巴西、墨西哥、欧盟 28 国均有所增长。

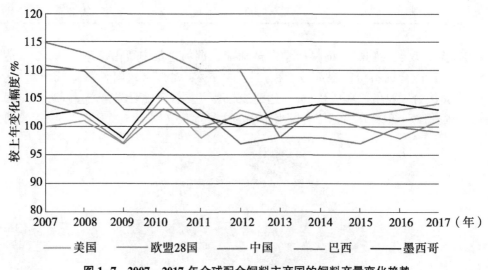

图 1-7　2007—2017 年全球配合饲料主产国的饲料产量变化趋势

2. 世界各地区的市场特点

（1）亚太地区的市场特点

2017 年，全球配合饲料产量排名前 25 位的国家中，亚太地区占 9 席（图 1-8）。亚太地区配合饲料产量占全球配合饲料总量的比例为 34%。

中国是全球第二大配合饲料生产国，同时也是最大的猪肉生产国及消费国，自 2012 年开始，中国配合饲料产量一直在轻微下滑（图 1-9）。

中国也是全球最大的水产配合饲料生产国，2017 年水产配合饲料增长 4.5%。受需

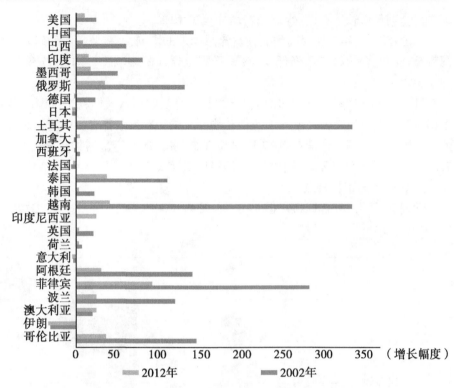

图 1-8 2017 年全球配合饲料产量前 25 位国家的饲料生产情况

注：图中数据为 2017 年各国家（地区）饲料产量较 2002 年和 2012 年的增长幅度

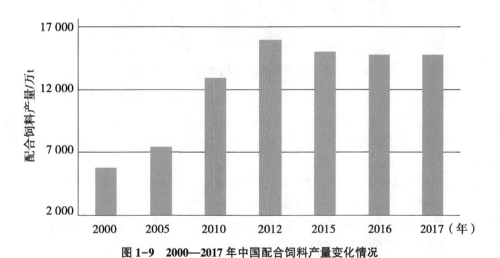

图 1-9 2000—2017 年中国配合饲料产量变化情况

求影响，猪饲料产量增加 9%。因为高致病性禽流感的暴发，中国鸡肉产量降低 6 个百分点。但综合来看，2017 年中国配合饲料产量相比 2016 年，仅降低了 0.5%。

印度的配合饲料产量持续增长，2017 年较 2016 年增长 5%，上升到全球第四。据 USDA 报告，受需求影响，印度奶牛饲料产量增加 15%，禽饲料产量增加超过 4.5%。

越南作坊式生产的饲料在 2017 年降低了 15%，工厂化生产的饲料增加了 4.5%；

家禽与猪饲料增长 3.5%，水产饲料增加至少 10%。

韩国在 2017 年主要受高致病性禽流感暴发的影响，鸡饲料产量降幅超过 5%；反刍饲料及全国配合饲料产量降低 4.5%。受需求增加的影响，韩国 2017 年猪饲料产量增加 3.5%。

日本的配合饲料产量增加 1%，支撑其成为全球第八大饲料生产国。尽管日本在奶牛饲料产量上有所降低，但国内其他动物品种的饲料产量都有小幅增长。

泰国的配合饲料产量在 2017 年增加近 5.5%，禽肉产量增加近 3%，猪饲料产品稍有减少。泰国水产配合饲料中的对虾饲料产量增长 25%。

（2）欧洲的市场特点

欧洲和俄罗斯配合饲料产量共占全球配合饲料总量 21% 的份额，比 2016 年减少了 1%（图 1-10）。

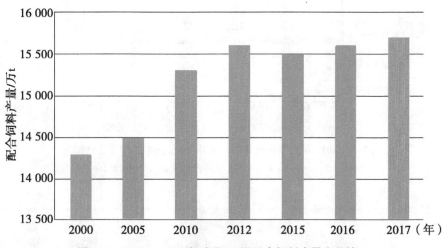

图 1-10　2000—2017 年欧盟 28 国配合饲料产量变化情况

欧盟 28 国配合饲料产量在 2014 年达到新高点，2015 年回落，2016 年再回高点，2017 年创新高。根据欧洲饲料生产者联合会（FEFAC）的数据，2017 年，欧盟 28 国的配合饲料产量达到了预期水平的 1.567 亿 t，比 2016 年提高了 0.2%。其中，禽饲料仍然占据主导地位，遥遥领先于猪饲料。

据 FEFAC 报道，最近 4 年，波兰饲料产业发展表现突出，其配合饲料产量以每年超过 7.5% 的增速增长，其中主要受禽饲料需求增长的影响。

2017 年，英国配合饲料产量提高 2%。德国、荷兰和意大利依然与 2016 年的产量持平。而法国和西班牙的配合饲料产量分别降低 1% 和 3%。

2017 年，俄罗斯的配合饲料产量提高 3.5%，主要来自东部地区猪肉消费量的恢复和鸡肉消费的增长。

（3）美洲的市场特点

北美洲地区主要生产国是美国和加拿大，2017 年北美洲地区配合饲料产量超过欧洲与俄罗斯，达到 22%。

2017 年，美国配合饲料产量较 2016 年提高 3.5%（图 1-11），仍占据全球配合饲料最大生产国的地位，主要原因是肉牛配合饲料产量增长 5%，猪肉产量增加接近 3.5%，鸡肉产量增加近 2%。

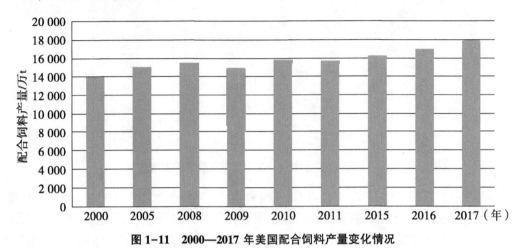

图 1-11 2000—2017 年美国配合饲料产量变化情况

美国配合饲料产量 2008—2011 年经历起伏波动，之后一直稳中趋增。

加拿大配合饲料产量提高 3%。2017 年加拿大马曼托巴省暴发仔猪腹泻，导致猪饲料产量下降，但总体看来，猪饲料产量的降低并不严重。加拿大最主要的增长点在禽饲料上，增长接近 4.5%。根据 USDA 数据显示，加拿大最近一次禽饲料增长超过 4% 是在 2001 年。

2017 年，拉丁美洲的配合饲料产量占据全球配合饲料总量的 16%。巴西作为世界第三大饲料生产国，2017 年的配合饲料产量较 2016 年提高了 2%。作为世界最大的鸡肉出口国，巴西的禽饲料产量依然持续增长。

2017 年，墨西哥配合饲料产量增长了 2.5%，但墨西哥在全球配合饲料产量排名中降到第 5 位。2017 年，墨西哥鸡饲料产量增加 3%，猪饲料增加了 1.5%。

2017 年，哥伦比亚的禽饲料产量较 2016 年提高了 6.5%，猪饲料增加了 1.5%，而水产饲料产量的增幅则达到了 20%。

（4）中东与非洲地区的市场特点

2017 年，中东与非洲地区的配合饲料产量占全球配合饲料总量的 7%，与上年相比没有太大变化，保持稳定增长。

土耳其挤进了全球配合饲料排名第 9 的位置，其配合饲料产量较 2016 年增长 10%。除反刍饲料增长之外，2017 年土耳其的禽肉产量增加了 13%，主要是出口增加。

2017 年，沙特阿拉伯的禽肉产量增加了 9%，主要得益于其本国最大家禽公司的扩张计划。

由于禽产业的持续发展抵消了禽流感的影响，南非饲料产量 2017 年提高了 2%。

整体而言，2017 年全球配合饲料产量的集中度进一步提高。其中，前 5 名生产国的配合饲料产量占到全球总产量的 50%；前 10 名生产国的配合饲料产量占到全球总产量的 63%；前 25 名生产国的配合饲料产量占到全球总产量的 87%（图 1-12）。

在美国的饲料工业发展中，广泛应用高科技进行严格的质量管理，在生产实际中普

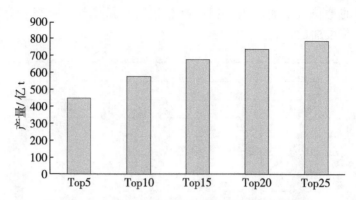

图1-12　2017年主要饲料生产国的配合饲料产量情况

遍注重加强质量管理。在美国，除加药饲料生产必须接受药品生产质量管理规范（GMP）管理以外，联邦政府和很多州政府都在食品、饲料行业中积极推行危害分析及关键控制点（HACCP）管理。他们积极运用HACCP管理制度的主要目的是保证饲料产品的质量，以提高企业竞争力。另外，很多肉食品加工企业和零售企业也要求为他们提供饲料的企业按照HACCP进行管理，所以，这些企业都在自觉地按照HACCP规定的原则对生产加以管理。饲料企业在生产中也都严格遵守联邦政府和州政府的各项法律法规。饲料相关的科学研究也得到非常高的重视，美国饲料企业内部基本上均有自己的科研机构，新产品开发、转化以及基础研究同时进行。其产品开发与转化的周期一般为半年到1年，基础研究的周期一般为2~3年。

和美国相比，欧盟各个国家中饲料生产更加注重科技的主导效应，注重提高饲料报酬率，获取饲料产品和畜禽饲养的最佳经济效益。根据各种动物的不同生长期，研究它们所需要的营养标准，作为生产配合饲料的依据；而在饲料配方上，主要采用程序控制设计配方，并经常变换，使得饲料转化率比较高。同时还积极开发其他的饲料资源，如蛋白质原料。

总体来看，实施产业一体化、延伸产业链、加大产业规模和提升管理水平是国际饲料行业今后发展的趋势，在未来10~20年中，饲料行业的发展机会与危机并存，科技的发展将起到决定性的作用。

（二）中国饲料工业发展现状

我国饲料工业发展起步于20世纪70年代末，在改革开放40年的发展进步中，大致经历了四个阶段：20世纪70年代末至80年代初的初创期、1983—2000年快速发展期、2001—2010年快速扩张期、2011年至今的稳定增长及整合扩张期。纵观40年的发展，我国饲料工业始终保持着高速发展，截至2011年，全国饲料产量超过美国，成为全球第一大饲料生产国。近几年，中国经济进入新常态，我国饲料行业发展速度开始减缓，产量增速逐年放缓，与畜牧业、水产养殖业深度融合发展呈现上升趋势，饲料工业的发展质量进一步提升，一批新产品、新技术、新工艺、新装备不断应用。我国饲料工业为发展现代养殖业，繁荣农村经济，改善人民生活，增强人民体质，做出了巨大的、不可替代的贡献。

改革开放 40 年来，饲料工业砥砺奋进，改革创新，建立了涵盖饲料加工工业、饲料原料工业、饲料添加剂工业、饲料机械工业，以及教学、科研、检验监测、技术推广等在内的完整的饲料工业体系。

行业未来的总体增长率略低于国民经济的平均增长，大体维持在 5%~6%。饲料生产呈持续增长态势，从 1991 年以来，饲料总产量环比增长率均高于 3%，表现出持续增长的态势，2013 年首次下降 0.6 个百分点除外（图 1-13）。饲料生产持续增长得益于养殖业的不断向前发展。在未来较长的时期内，随着小规模养殖户的逐步退出，养殖户使用工业饲料的比例将得到提高，这也将进一步拉动饲料生产；加之，随着人们对畜产品需求的增长，养殖业将进一步发展，对工业饲料的需求也将持续增长。

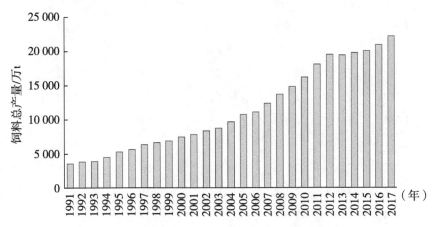

图 1-13　1991—2017 年中国饲料总产量变化情况

注：数据来源于历年《中国饲料工业年鉴》

产品与产业结构发生明显变化，1991 年，配合饲料、浓缩饲料与添加剂预混合饲料在饲料总产量中所占比例分别为 97.5%、1.65% 与 0.84%；而到 2017 年，三类饲料产品所占比例分别为 88.53%、8.37% 与 3.11%（表 1-4）。

表 1-4　1991—2017 年全国饲料产品结构变化情况

年份	配合饲料（万 t）	比例（%）	浓缩饲料（万 t）	比例（%）	添加剂预混合饲料（万 t）	比例（%）	饲料总产量（万 t）
1991	3 494	97.52	59	1.65	30	0.84	3 583
1992	3 636	95.84	126	3.32	32	0.84	3 796
1993	3 704	94.44	172	4.39	45	1.15	3 922
1994	4 232	93.57	231	5.11	59	1.30	4 523
1995	4 858	92.22	346	6.57	64	1.21	5 268
1996	5 118	91.23	419	7.47	73	1.30	5 610
1997	5 474	86.90	701	11.13	125	1.98	6 299
1998	5 573	84.45	887	13.44	138	2.09	6 599

年份	配合饲料 （万 t）	比例 （%）	浓缩饲料 （万 t）	比例 （%）	添加剂预混合饲料 （万 t）	比例 （%）	饲料总产量 （万 t）
1999	5 553	80.79	1 097	15.96	223	3.24	6 873
2000	5 912	79.58	1 249	16.81	253	3.41	7 429
2001	6 087	77.98	1 419	18.18	301	3.86	7 806
2002	6 239	75.00	1 764	21.20	316	3.80	8 319
2003	6 498	74.59	1 888	21.67	326	3.74	8 712
2004	7 031	72.78	2 224	23.02	406	4.20	9 660
2005	7 762	72.32	2 498	23.28	471	4.39	10 732
2006	8 117	73.40	2 456	22.21	486	4.39	11 059
2007	9 319	75.57	2 491	20.20	520	4.22	12 331
2008	10 590	77.49	2 530	18.51	546	4.00	13 667
2009	11 535	77.87	2 686	18.13	592	4.00	14 813
2010	12 974	80.08	2 684	16.35	579	3.58	16 202
2011	14 915	82.57	2 543	14.08	605	3.35	18 063
2012	16 363	84.13	2 467	12.68	619	3.18	19 449
2013	16 308	84.32	2 398	12.40	634	3.28	19 340
2014	16 935	85.85	2 151	10.90	641	3.25	19 727
2015	17 396	86.94	1 961	9.80	653	3.26	20 009
2016	18 395	87.94	1 832	8.76	691	3.30	20 918
2017	19 619	88.53	1 854	8.37	689	3.11	22 161

注：数据来源于历年《中国饲料工业年鉴》

中国饲料工业经历了一个非常迅速的发展过程，早期由于饲料企业进入门槛低，饲料企业数量急剧增多，到 2005 年饲料企业数量才开始下降。即使如此，饲料行业生产能力出现了相对过剩，饲料企业之间的竞争非常激烈。随着更多实力较强的大型国际饲料企业进入中国，使市场竞争更趋白热化；而国内大型的养殖企业与肉食品加工企业纷纷向产业链两端进行延伸，更加恶化了国内饲料企业的经营环境，这些因素共同导致国内很多饲料企业存在开工不足与产能闲置问题。一批行业领先企业通过兼并、收购与联盟等多种形式进行重组，逐步走上集团化与规模化道路。随着这种饲料企业集团化与规模化发展，饲料企业的数量明显降低，饲料工业的集中度明显提高。

2017 年工业饲料产量达到 2.22 亿 t，连续七年位居世界第一，年产值近 8 400 亿元，全球 2/3 的饲用维生素、2/5 的氨基酸由我国生产，稳居第一大生产和出口国的位置。我国饲料工业不仅规模大，而且体系健全，所有饲料添加剂均实现自主供给。饲料工业的产业集中度在不断提高。2017 年，全国 10 个省饲料产量超过 1 000 万 t，约占全国总产量的 70%；山东、广东两省饲料产量都超过 2 000 万 t；有 35 家年产 100 万 t 以上的企业集团，产量约占全国总产量的 62.3%；时产 10t 以上的成套机械设备超过 1 040 套。

截至 2017 年 12 月 31 日，全国共有 11 426 家饲料和饲料添加剂生产企业，配合饲料、浓缩饲料和精料补充饲料生产企业 7 492 家，添加剂预混合饲料生产企业 2 349 家；饲料添加剂和混合型饲料添加剂生产企业 1 785 家；单一饲料生产企业 2 086 家。2017 年全国商品饲料总产量 22 161.2 万 t，同比增长 5.9%。其中，配合饲料产量 19 618.6 万 t，同比增长 6.7%；浓缩饲料产量 1 853.7 万 t，同比增长 1.2%；添加剂预混合饲料产量 688.9 万 t，同比下降 0.3%。

2017 年饲料工业产值和营业收入突破 8 000 亿元，全国饲料工业总产值和总营业收入分别为 8 393.5 亿元、8 194.6 亿元，同比分别增长 4.7%、5.4%。其中，商品饲料工业总产值为 7 436.0 亿元，同比增长 2.0%；营业收入为 7 303.0 亿元，同比增长 3.0%。饲料添加剂总产值 899.3 亿元，同比增长 37.5%。其中，饲料添加剂 814.7 亿元，同比增长 39.2%；混合型饲料添加剂 84.5 亿元，同比增长 22.8%。

饲料添加剂总营业收入 831.3 亿元，同比增长 33.5%。其中，饲料添加剂 762.1 亿元，同比增长 36.9%；混合型饲料添加剂 69.2 亿元，同比增长 5.1%。

饲料机械设备总产值 58.3 亿元，同比下降 11.3%，饲料机械设备营业收入 60.3 亿元，同比下降 8.0%。

2017 年产业区域集中度进一步提高，饲料产量过千万吨省份 10 个，较 2016 年增加 1 个，新增地区为江西省。10 省区饲料总产量 15 424 万 t，占全国总产量 69.6%，较 2016 年增长 0.5 个百分点（表 1-5）。

表 1-5 2017 年饲料产量过千万吨省区

地区	饲料总产量（万 t）		
	2016 年	2017 年	同比
全国总计	20 918	22 161	6.0%
10 省小计	14 450	15 424	6.7%
10 省占全国比重	69.1%	69.6%	—
广东省	2 825	2 951	4.5%
山东省	2 587	2 939	13.6%
广西壮族自治区	1 216	1 346	10.7%
河北省	1 342	1 345	0.2%
湖南省	1 173	1 241	5.8%
江苏省	1 123	1 237	10.1%
辽宁省	1 074	1 193	11.1%
四川省	1 070	1 105	3.3%
河南省	1 137	1 061	-6.7%
江西省	902	1 005	11.4%

我国饲料总产量自2013年首次下降0.6个百分点之后,2014年、2015年分别增长2%、1.4%,2016年、2017年分别增长4.5%、5.9%(图1-14)。

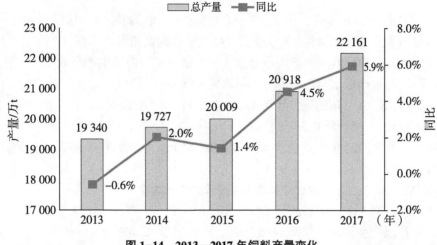

图1-14　2013—2017年饲料产量变化

我国配合饲料产量自2013年首次下降0.3个百分点之后,2014年、2015年分别增长3.8%、2.7%,2016年、2017年分别增长5.7%、6.7%(图1-15)。

图1-15　2010—2017年配合饲料产量

我国浓缩饲料产量自2010年一直下滑,但2017年同比增长1.2%(图1-16)。

我国添加剂预混合饲料产量自2010年以来稳步增长,但2017年同比下降0.3%(图1-17)。

2018年全国畜牧总站和中国饲料工业协会信息中心调查发布,据180家重点跟踪企业数据显示:由于今年饲料生产面临的形势非常复杂,从产业自身看,养殖端行情分化,生猪养殖亏损,叠加疫情因素;蛋禽、肉禽产能逐渐恢复中,水产饲料受天气及环保政策影响旺季不旺。前三季度,饲料总产量同比下降2.7%,2017年同期下降0.9%,今年前三季度生产情况低于2017年和2016年同期水平。前三季度饲料总产量连续4年下降,2018年同比下降2.7%,降幅较1~8月扩大0.5%。其中,配合饲料同比下降0.2%,连续

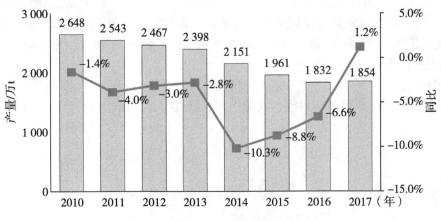

图 1-16 2010—2017 年浓缩饲料产量

图 1-17 2010—2017 年添加剂预混合饲料产量

4 年负增长；浓缩饲料同比大幅下降 16.5%（2015 年下降 8.5%，2016 年下降 5.9%，2017 年下降 1.4%）；预混合饲料近四年首次下降，同比下降 15.3%（表 1-6）。

表 1-6 2015—2018 年 1—9 月 180 家分类别饲料产量

年份	总产量（万 t）	同比（%）	配合饲料（万 t）	同比（%）	浓缩饲料（万 t）	同比（%）	添加剂预混合饲料（万 t）	同比（%）
2018	1 382.9	-2.7	1 193.7	-0.2	129.5	-16.5	59.6	-15.3
2017	1 421.0	-0.9	1 195.5	-1.5	155.0	1.4	70.4	5.9
2016	1 433.6	-1.0	1 214.1	-0.6	152.8	-5.9	66.5	2.0
2015	1 448.7	-7.0	1 221.4	-7.3	162.3	-8.5	65.2	2.9

企业经营利润缩减上半年 13 家上市饲料企业公告，实现总营业收入 1 028.8 亿元，同比增长 13.0%；营业总成本 911.8 亿元，同比增长 14.7%。实现利润总额 39.4 亿元，同比下降 20.0%，若剔除变动幅度巨大的正邦、金新农，利润总额同比下降 7.6%。11 家饲料上市公司中，除通威、海大、禾丰利润总额分别增长 14.4%、15.0%、75.3% 外，其他全为下降。

饲料企业利润下降原因，一是由于猪价下跌，养殖亏损，另外很重要的一个因素是中美贸易摩擦企业预期原料涨价大量备货，集中备货的情况下，5 月、6 月并未预期大涨，企业在 3 月、4 月高点备货是造成上半年企业经营利润下降的主要因素（图 1-18）。

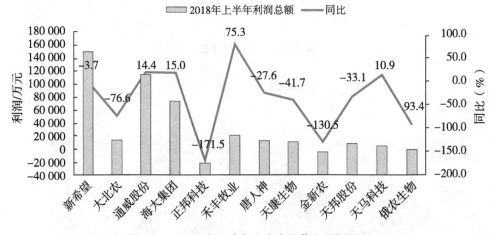

图 1-18　2018 年上半年上市企业营业利润同比

"十三五"期间，随着我国经济发展进入新常态，养殖业进入生产减速、结构优化、质量升级、布局调整、产业整合的新阶段，饲料工业发展面临着市场空间拓展更难、质量安全要求更严、资源环境约束更紧等诸多挑战，迫切要求加快推进供给侧结构性改革，实现发展动能转换。

1. 饲料需求进入低速增长期

从动物产品生产看，根据《全国农业现代化规划（2016—2020 年）》，2020 年全国肉类、奶类和养殖水产品预期产量分别为 9 000 万 t、4 100 万 t 和 5 240 万 t，分别比 2015 年增加 4.3%、5.9% 和 6%，禽蛋预期产量 3 000 万 t，与 2015 年基本持平。按照目前的技术水平，实现 2020 年增产目标，需增加 1 600 万 t 配合饲料消费。从养殖业转型拉动看，肉鸡和蛋鸡工业饲料普及率已超过 90%，规模化发展拉动饲料增产的潜力很小；生猪年出栏 50 头以上的比重为 72%，工业饲料普及率约为 75%，随着规模化比重进一步提升，可增加配合饲料需求 1 000 万 t 以上；牛羊养殖规模化也可释放部分需求。从生产效率看，我国平均每出栏一头肥猪的饲料消耗量比国际先进水平多出 10% 以上，肉鸡和蛋鸡多 5% 左右。随着养殖综合技术进步，未来 5 年饲料利用效率可望提高 3% 以上，节省配合饲料 600 万 t 左右。综合上述因素，预计未来 5 年饲料消费年均增长约 400 万 t，增速约为 1.9%。

2. 蛋白饲料原料主要依靠进口的格局不会改变

2015 年，全国蛋白饲料原料总消费量 6 750 万 t，进口依存度超过 80%，比 2010 年提高了 10 个百分点。其中，豆粕 5 050 万 t，基本依靠进口大豆生产，菜籽粕 1 060 万 t，30%依靠进口菜籽生产，鱼粉 150 万 t，85%靠进口。未来 5 年，我国蛋白饲料原料需求预计年均增长 100 万~125 万 t，约为"十二五"期间的一半；种植业结构调整加快推进，部分地区推广粮改豆和苜蓿等优质牧草种植，将适度提高自给能力；再加上进口品种和来源地增加，蛋白饲料原料供应的稳定性有望得到改善。但是，我国耕地资源优先用于保障口粮绝对安全和谷物基本自给，蛋白饲料原料依靠进口的格局不会改变。

3. 饲料质量安全要求更严格

新时期加强饲料质量安全监管，不仅要聚焦保障动物产品安全这个核心目标，还要兼顾消费升级、环境安全等新要求。当前，"瘦肉精"等老问题尚未彻底根除，新型非法添加物时有发现，饲料中霉菌毒素、重金属污染等问题也时有暴露，安全隐患不容忽视。随着城乡居民收入增长，以功能和特色为特征的动物产品生产进入快速发展期，饲料产品需要质量上配套提升。打好农业面源污染防治攻坚战，畜禽粪污治理任务艰巨，要求饲料产品绿色化发展，统筹兼顾减量排放、达标排放等环保要求。特别是长期使用一些传统饲料添加剂带来的负面影响日益受到关注，需要采取更有效的措施促进规范使用和减量使用。

4. 产业整合和融合需求更迫切

我国饲料行业已培育出一批具有较强竞争力的大企业，与中小企业的差距在不断拉大。"十三五"期间，随着市场竞争加剧，优势企业对中小企业的兼并重组和整合力度将进一步加大。饲料企业综合实力较强，在资本、管理、技术、人才等方面都有优势，为增强持续发展能力，融入养殖大产业、打造全产业链的步伐将进一步加快。东南亚、东北亚、非洲等新兴市场的饲料产业处于快速成长期，"走出去"对我国饲料企业拓展发展空间也日趋重要。总的来看，行业内部整合、全产业链和全球化发展将成为饲料企业做大变强、持续发展的决定性因素。

5. 技术竞争压力更大

互联网、生物技术、智能制造等新技术既是推动饲料工业升级的新动能，也是饲料企业创新发展中面临的主要压力和必须突破的瓶颈。饲料行业已有 10 多家企业公布了"互联网+"发展计划，在提高生产效率、降低经营成本、整合资源要素、提升服务能力等方面都可能带来革命性变化。生物饲料技术蓬勃发展，饲用微生物、酶制剂等产品种类不断增加、功能不断拓展，在促进饲用抗生素减量使用、饲料资源高效利用、粪污减量排放等方面展现出巨大潜力，已经成为饲料技术竞争的核心领域。加工装备自动化和智能化既可大幅降低劳动强度和人员需求，还能提高安全生产水平和产品质量，降低能耗和加工成本，是饲料加工升级的必然选择。

饲料工业"十三五"发展的总体目标是：饲料产量稳中有增，质量稳定向好，利用效率稳步提高，安全高效环保产品快速推广，饲料企业综合素质明显提高，国际竞争力明显增强。通过 5 年努力，饲料工业基本实现由大到强的转变，为养殖业提质增效、促环保提供坚实的物质基础。

（1）产量

工业饲料总产量预计达到 2.2 亿 t。其中，按产品类别分，配合饲料 2 亿 t，浓缩饲料 1 200 万 t，添加剂预混合饲料 800 万 t。按动物品种分，猪饲料 9 400 万 t，肉禽饲料 6 000 万 t，蛋禽饲料 3 100 万 t，水产饲料 2 000 万 t，反刍饲料 1 000 万 t，宠物饲料 120 万 t，毛皮动物等其他饲料 380 万 t。

国产蛋氨酸基本满足国内需求，维生素和其他氨基酸产能保持稳定；酶制剂和微生物制剂主要品种生产技术达到国际先进水平，产值比 2015 年增加 50%以上。

（2）质量

《饲料质量安全管理规范》全面实施，全国饲料产品抽检合格率稳定在 96%以上，非法添加风险得到有效控制，确保不发生区域性系统性重大质量安全事件。

（3）效率

猪生长育肥阶段饲料转化率平均达到 2.7∶1，商品白羽肉鸡饲料转化率达到 1.6∶1，蛋鸡产蛋阶段饲料转化率达 2.0∶1，淡水鱼饵料系数达到 1.5∶1，海水及肉食性鱼饵料系数达到 1.2∶1。年产 100 万 t 以上的饲料企业集团达到 40 个，其饲料产量占全国总产量的比例达到 60%以上。饲料企业与养殖业融合发展程度明显提高，散装饲料使用比例达到 30%。

三、饲料工业未来面临的挑战

近年来，禽流感、疯牛病甚至生物恐怖主义，日益引起人们的关注。各类媒体也充满了饲料及食品安全供应话题的讨论栏目，消费者对食品安全空前担心。维持消费者对饲料与食品产业链信心是饲料工业未来面临的重大挑战之一。要维护消费者对食品的消费信心，就必须建立全面的食品可追溯系统。越来越多的国家和地区为了满足人们对食品安全的需求，按 GMP 的标准来进行食品的规范生产，制定了自己的以 HACCP 为基础的食品安全管理体系及相应法规，并应用它对本国和进口国食品的安全和卫生进行管理和控制。

危害分析与关键控制点（Hazard analysis and critical control point，HACCP）是一种对食品安全危害予以识别、评估和控制的系统方法，其目的是控制化学物质、毒素和微生物对饲料和食品的污染。HACCP 管理体系科学、系统地提供了保护饲料在生产过程中免受生物危害、化学危害和物理性危害的手段，具有很强的适应性。HACCP 是以预防为主的质量保证办法，其核心是消除可能在饲料生产过程中发生的安全危害，最大限度减少了饲料生产的风险，避免了单纯依靠最终产品检验进行产品质量控制产生的弊端，是一种经济高效的质量控制方法。我国农业农村部饲料行业 HACCP 管理试点将按国际上通行的 HACCP 原则，通过在饲料企业中试行 HACCP 管理，逐步总结出适合我国国情和符合行业实际的 HACCP 管理模式和企业运行模式，建立饲料企业 HACCP 管理的通用模式和实施方法，为今后饲料行业 HACCP 管理体系的建立提供依据和基础支持。

GMP，全称（Good manufacturing practices），中文含义是"生产质量管理规范"或"良好作业规范""优良制造标准"。GMP 是一套适用于制药、食品等行业的强制性标准，要求企业从原料、人员、设施设备、生产过程、包装运输、质量控制等方面按国家有关法规达到卫生质量要求，形成一套可操作的作业规范帮助企业改善企业卫生环境，及时发现生产过程中存在的问题，加以改善。简要地说，GMP 要求制药、食品等生产企业应具备良好的生产设备、合理的生产过程、完善的质量管理和严格的检测系统，确保最终产品质量（包括食品安全卫生等）符合法规要求。食品安全是一个世界性的问题，食品安全更多地依赖于工艺。都按 GMP 的标准来进行食品的规范生产，任何时候都是行之有效的。

同时随着原油价格的持续上涨，利用玉米等原料开发乙醇等生物燃料似乎已成为北美地区的热门产业，与此同时传统饲料产业则面临原料成本费用增高的压力，一些可用于畜禽幼体的关键原料，例如乳清粉供应可能进一步紧张。如何运用最先进的动物营养研究成果，充分利用生物能源产业的副产品也成为一个亟待解决的课题。短期来看，生物能源产业将减少玉米供应量；从长期看，将影响大豆供应量。同时，由于北美洲地区是全球重要的谷物供应地，所以该地区生物能源产业也将影响其他地区的饲料产业。

当然大宗饲料原料价格的快速上涨，也势必要求提升畜牧业生产的专业化水平。马、狗等生活伴侣动物需求的快速扩大，正在催生一批新型饲料厂商的出现。另外，食品可追溯监管体系的进一步完善，也将促进饲料生产的专一化水平提高。在一体化饲料厂商所在区域，纯商业性饲料厂商面临更多的冲击。但通过调整产品结构，专业化生产块状饲料、畜禽幼体特殊饲料、预混料、饲料添加剂等，可以有效增强企业竞争力。

全球化问题在未来会加快。我们没有办法去避免在原料、在资源整合等方面的全球化问题。因此，饲料企业需要带着养殖业共同走出国门。而"走出去"以后的本土化是必然的。

畜产品品质风味问题、环境污染环保问题、生态问题，这些问题可能都会因为生物饲料发展而得到极大的缓解。饲料原料的发酵与处理会使饲喂动物的效率更高。全程使用发酵饲料，会成为未来发展的一种变革，如果我们全程使用发酵饲料，那么饲喂设备、运输设备、饲料配方、营养标准、检测手段通通都得改革，所以它会变革整个饲料工业。人们可以将粮食作物以饲料作物为主，比如粮改饲，这些都是促使饲料业大步发展的手段。

畜禽日粮的发展趋势：在未来，畜禽日粮将会朝着幼龄化、母体化、无抗化、环保化的方向发展。对于"无抗化"这个说法，学界、产业界都存在争议。人们都知道，生物饲料的应用是很重要的。目前农业农村部已经对几种抗生素下达禁令，这几种抗生素的禁用，将会涉及上千家企业，如果这个势头继续发展，与之相关的兽药企业、疫苗企业、饲料添加剂企业等都会因此而受到极大的影响，甚至很多企业会因此而关闭。所以，到目前为止，人们还很难做到"无抗"，然而，"无抗化"的趋势也是饲料业"不可抗拒"的。

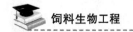

饲料营养发展趋势：在饲料营养方面，精准化、动态化、分子化、净能体系化、调控化、器官营养化将成为发展大势。其中的"动态化"我们可以这样理解：一般来讲，我们采取35天设置一个日粮标准，肉鸡14天，最短是1周。而在未来，3天一个配方，甚至1天一个配方，都是可能的。机械化、自动化的生产可以满足饲料营养的"动态化"发展。

饲料原料的发展趋势可总结为：种类复杂化；发酵预处理化；应用区域化；采购国际化。目前，饲料原料的种类已经越来越复杂，工业的发展，让多种原料的使用成为可能。豆粕、玉米等原料的发酵处理已经越来越普遍，因为发酵能够增加饲料的价值和功能。

饲料添加剂工业趋势：添加剂加工工艺、动物的营养诉求等因素都会影响饲料添加剂工业，使其逐渐朝着天然化、有机化、减量化、无抗化、无痕化和功能化的方向发展。

第二节　饲料添加剂的种类及发展趋势

饲料添加剂是配合饲料的核心，是现代规模化畜牧业生产的一个重要组成部分和标志，它在一定程度上反映了一个国家养殖业的水平。因此，世界各国，尤其是发达国家，都非常重视饲料添加剂的研究和开发。我国也十分重视饲料和饲料添加剂的研究、开发和利用，但由于种种原因，进展比较缓慢，直到近年来我国饲料工业及其相关行业的快速发展，才拉动了我国饲料添加剂工业的快速发展。目前我国已基本形成氨基酸、维生素、酶制剂、矿物质微量元素、调味剂等较为完整的现代饲料添加剂生产体系，市场潜力巨大，具有良好的发展前景。

一、饲料添加剂的种类

饲料添加剂可分为营养性饲料添加剂、一般饲料添加剂和药物饲料添加剂。营养性饲料添加剂主要包括饲料级氨基酸、维生素、矿物质、微量元素、酶制剂和非蛋白氮等。一般饲料添加剂是指为改善饲料品质、提高饲料利用率而掺入饲料中的少量或微量物质，主要包括诱食剂、着色剂、黏结剂、防霉剂和抗氧化剂等。与目前发达国家相比，我国的饲料添加剂工业还存在较大差距，主要表现在产品品种少、产量也少。目前国外已有300多个品种，我国已批准使用的只有173种（类）。根据中华人民共和国农业农村部第2045号公告（2013年12月），饲料添加剂品种目录如表1-7所示。

表 1-7 饲料添加剂品种目录（2013）

类 别	通用名称	适用范围
氨基酸、氨基酸盐及其类似物	L-赖氨酸、液体 L-赖氨酸（L-赖氨酸含量不低于 50%）、L-赖氨酸盐酸盐、L-赖氨酸硫酸盐及其发酵副产物（产自谷氨酸棒杆菌、乳糖发酵短杆菌，L-赖氨酸含量不低于 51%）、DL-蛋氨酸、L-苏氨酸、L-色氨酸、L-精氨酸、L-精氨酸盐酸盐、甘氨酸、L-酪氨酸、L-丙氨酸、天（门）冬氨酸、L-亮氨酸、异亮氨酸、L-脯氨酸、苯丙氨酸、丝氨酸、L-半胱氨酸、L-组氨酸、谷氨酸、谷氨酰胺、缬氨酸、胱氨酸、牛磺酸	养殖动物
	半胱胺盐酸盐	畜禽
	蛋氨酸羟基类似物、蛋氨酸羟基类似物钙盐	猪、鸡、牛和水产养殖动物
	N-羟甲基蛋氨酸钙	反刍动物
	α-环丙氨酸	鸡
维生素及类维生素	维生素 A、维生素 A 乙酸酯、维生素 A 棕榈酸酯、β-胡萝卜素、盐酸硫胺（维生素 B_1）、硝酸硫胺（维生素 B_1）、核黄素（维生素 B_2）、盐酸吡哆醇（维生素 B_6）、氰钴胺（维生素维生素 B_{12}）、L-抗坏血酸（维生素 C）、L-抗坏血酸钙、L-抗坏血酸钠、L-抗坏血酸-2-磷酸酯、L-抗坏血酸-6-棕榈酸酯、维生素 D2、维生素 D3、天然维生素 E、dl-α-生育酚、dl-α-生育酚乙酸酯、亚硫酸氢钠甲萘醌（维生素 K_3）、二甲基嘧啶醇亚硫酸甲萘醌、亚硫酸氢烟酰胺甲萘醌、烟酸、烟酰胺、D-泛醇、D-泛酸钙、DL-泛酸钙、叶酸、D-生物素、氯化胆碱、肌醇、L-肉碱、L-肉碱盐酸盐、甜菜碱、甜菜碱盐酸盐	养殖动物
	25-羟基胆钙化醇（25-羟基维生素 D_3）	猪、家禽
	L-肉碱酒石酸盐	宠物
矿物元素及其络（螯）合物 1	氯化钠、硫酸钠、磷酸二氢钠、磷酸氢二钠、磷酸二氢钾、磷酸氢二钾、轻质碳酸钙、氯化钙、磷酸氢钙、磷酸二氢钙、磷酸三钙、乳酸钙、葡萄糖酸钙、硫酸镁、氧化镁、氯化镁、柠檬酸亚铁、富马酸亚铁、乳酸亚铁、硫酸亚铁、氯化亚铁、氯化铁、碳酸亚铁、氯化铜、硫酸铜、碱式氯化铜、氧化锌、氯化锌、碳酸锌、硫酸锌、乙酸锌、碱式氯化锌、氯化锰、氧化锰、硫酸锰、碳酸锰、磷酸氢锰、碘化钾、碘化钠、碘酸钾、碘酸钙、氯化钴、乙酸钴、硫酸钴、亚硒酸钠、钼酸钠、蛋氨酸铜络（螯）合物、蛋氨酸铁络（螯）合物、蛋氨酸锰络（螯）合物、蛋氨酸锌络（螯）合物、赖氨酸铜络（螯）合物、赖氨酸锌络（螯）合物、甘氨酸铜络（螯）合物、甘氨酸铁络（螯）合物、酵母铜、酵母铁、酵母锰、酵母硒、氨基酸铜络合物（氨基酸来源于水解植物蛋白）、氨基酸铁络合物（氨基酸来源于水解植物蛋白）、氨基酸锰络合物（氨基酸来源于水解植物蛋白）、氨基酸锌络合物（氨基酸来源于水解植物蛋白）	养殖动物
	蛋白铜、蛋白铁、蛋白锌、蛋白锰	养殖动物（反刍动物除外）
	羟基蛋氨酸类似物络（螯）合锌、羟基蛋氨酸类似物络（螯）合锰、羟基蛋氨酸类似物络（螯）合铜	奶牛、肉牛、家禽和猪
	烟酸铬、酵母铬、蛋氨酸铬、吡啶甲酸铬	猪

续表

类 别	通用名称	适用范围
矿物元素及其络（螯）合物 1	丙酸铬、甘氨酸锌	猪
	丙酸锌	猪、牛和家禽
	硫酸钾、三氧化二铁、氧化铜	反刍动物
	碳酸钴	反刍动物、猫、狗
	稀土（铈和镧）壳糖胺螯合盐	畜禽、鱼和虾
	乳酸锌（α-羟基丙酸锌）	生长育肥猪、家禽
酶制剂 2	淀粉酶（产自黑曲霉、解淀粉芽孢杆菌、地衣芽孢杆菌、枯草芽孢杆菌、长柄木霉 3、米曲霉、大麦芽、酸解支链淀粉芽孢杆菌）	青贮玉米、玉米、玉米蛋白粉、豆粕、小麦、次粉、大麦、高粱、燕麦、豌豆、木薯、小米、大米
	α-半乳糖苷酶（产自黑曲霉）	豆粕
	纤维素酶（产自长柄木霉 3、黑曲霉、孤独腐质霉、绳状青霉）	玉米、大麦、小麦、麦麸、黑麦、高粱
	β-葡聚糖酶（产自黑曲霉、枯草芽孢杆菌、长柄木霉 3、绳状青霉、解淀粉芽孢杆菌、棘孢曲霉）	小麦、大麦、菜籽粕、小麦副产物、去壳燕麦、黑麦、黑小麦、高粱
	葡萄糖氧化酶（产自特异青霉、黑曲霉）	葡萄糖
	脂肪酶（产自黑曲霉、米曲霉）	动物或植物源性油脂或脂肪
	麦芽糖酶（产自枯草芽孢杆菌）	麦芽糖
	β-甘露聚糖酶（产自迟缓芽孢杆菌、黑曲霉、长柄木霉 3）	玉米、豆粕、椰子粕
	果胶酶（产自黑曲霉、棘孢曲霉）	玉米、小麦
	植酸酶（产自黑曲霉、米曲霉、长柄木霉 3、毕赤酵母）	玉米、豆粕等含有植酸的植物籽实及其加工副产品类饲料原料
	蛋白酶（产自黑曲霉、米曲霉、枯草芽孢杆菌、长柄木霉 3）	植物和动物蛋白
	角蛋白酶（产自地衣芽孢杆菌）	植物和动物蛋白
	木聚糖酶（产自米曲霉、孤独腐质霉、长柄木霉 3、枯草芽孢杆菌、绳状青霉、黑曲霉、毕赤酵母）	玉米、大麦、黑麦、小麦、高粱、黑小麦、燕麦

续表

类　别	通用名称	适用范围
微生物	地衣芽孢杆菌、枯草芽孢杆菌、两歧双歧杆菌、粪肠球菌、屎肠球菌、乳酸肠球菌、嗜酸乳杆菌、干酪乳杆菌、德式乳杆菌乳酸亚种（原名：乳酸乳杆菌）、植物乳杆菌、乳酸片球菌、戊糖片球菌、产朊假丝酵母、酿酒酵母、沼泽红假单胞菌、婴儿双歧杆菌、长双歧杆菌、短双歧杆菌、青春双歧杆菌、嗜热链球菌、罗伊氏乳杆菌、动物双歧杆菌、黑曲霉、米曲霉、迟缓芽孢杆菌、短小芽孢杆菌、纤维二糖乳杆菌、发酵乳杆菌、德氏乳杆菌保加利亚亚种（原名：保加利亚乳杆菌）	养殖动物
	产丙酸丙酸杆菌、布氏乳杆菌	青贮饲料、牛饲料
	副干酪乳杆菌	青贮饲料
	凝结芽孢杆菌	肉鸡、生长育肥猪和水产养殖动物
	侧孢短芽孢杆菌（原名：侧孢芽孢杆菌）	肉鸡、肉鸭、猪、虾
非蛋白氮	尿素、碳酸氢铵、硫酸铵、液氨、磷酸二氢铵、磷酸氢二铵、异丁叉二脲、磷酸脲、氯化铵、氨水	反刍动物
抗氧化剂	乙氧基喹啉、丁基羟基茴香醚（BHA）、二丁基羟基甲苯（BHT）、没食子酸丙酯、特丁基对苯二酚（TBHQ）、茶多酚、维生素E、L-抗坏血酸-6-棕榈酸酯	养殖动物
	迷迭香提取物	宠物
防腐剂、防霉剂和酸度调节剂	甲酸、甲酸铵、甲酸钙、乙酸、双乙酸钠、丙酸、丙酸铵、丙酸钠、丙酸钙、丁酸、丁酸钠、乳酸、苯甲酸、苯甲酸钠、山梨酸、山梨酸钠、山梨酸钾、富马酸、柠檬酸、柠檬酸钾、柠檬酸钠、柠檬酸钙、酒石酸、苹果酸、磷酸、氢氧化钠、碳酸氢钠、氯化钾、碳酸钠	养殖动物
	乙酸钙	畜禽
	焦磷酸钠、三聚磷酸钠、六偏磷酸钠、焦亚硫酸钠、焦磷酸一氢三钠	宠物
	二甲酸钾	猪
	氯化铵	反刍动物
	亚硫酸钠	青贮饲料
着色剂	β-胡萝卜素、辣椒红、β-阿朴-8′-胡萝卜素醛、β-阿朴-8′-胡萝卜素酸乙酯、β,β-胡萝卜素-4,4-二酮（斑蝥黄）	家禽
	天然叶黄素（源自万寿菊）	家禽、水产养殖动物
	虾青素、红法夫酵母	水产养殖动物、观赏鱼
	柠檬黄、日落黄、诱惑红、胭脂红、靛蓝、二氧化钛、焦糖色（亚硫酸铵法）、赤藓红	宠物
	苋菜红、亮蓝	宠物和观赏鱼

续表

类 别	通用名称		适用范围
调味和诱食物质4	甜味物质	糖精、糖精钙、新甲基橙皮苷二氢查耳酮	猪
		糖精钠、山梨糖醇	
	香味物质	食品用香料5、牛至香酚	养殖动物
	其他	谷氨酸钠、5′-肌苷酸二钠、5′-鸟苷酸二钠、大蒜素	
黏结剂、抗结块剂、稳定剂和乳化剂	α-淀粉、三氧化二铝、可食脂肪酸钙盐、可食用脂肪酸单/双甘油酯、硅酸钙、硅铝酸钠、硫酸钙、硬脂酸钙、甘油脂肪酸酯、聚丙烯酸树脂Ⅱ、山梨醇酐单硬脂酸酯、聚氧乙烯20山梨醇酐单油酸酯、丙二醇、二氧化硅、卵磷脂、海藻酸钠、海藻酸钾、海藻酸铵、琼脂、瓜尔胶、阿拉伯树胶、黄原胶、甘露糖醇、木质素磺酸盐、羧甲基纤维素钠、聚丙烯酸钠、山梨醇酐脂肪酸酯、蔗糖脂肪酸酯、焦磷酸二钠、单硬脂酸甘油酯、聚乙二醇400、磷脂、聚乙二醇甘油蓖麻酸酯		养殖动物
	丙三醇		猪、鸡和鱼
	硬脂酸		猪、牛和家禽
	卡拉胶、决明胶、刺槐豆胶、果胶、微晶纤维素		宠物
多糖和寡糖	低聚木糖（木寡糖）		鸡、猪、水产养殖动物
	低聚壳聚糖		猪、鸡和水产养殖动物
	半乳甘露寡糖		猪、肉鸡、兔和水产养殖动物
	果寡糖、甘露寡糖、低聚半乳糖		养殖动物
	壳寡糖［寡聚β-（1-4）-2-氨基-2-脱氧-D-葡萄糖］（n=2~10）		猪、鸡、肉鸭、虹鳟鱼
	β-1,3-D-葡聚糖（源自酿酒酵母）		水产养殖动物
	N,O-羧甲基壳聚糖		猪、鸡
其他	天然类固醇萨洒皂角苷（源自丝兰）、天然三萜烯皂角苷（源自可来雅皂角树）、二十二碳六烯酸（DHA）		养殖动物
	糖萜素（源自山茶籽饼）		猪和家禽
	乙酰氧肟酸		反刍动物
	苜蓿提取物（有效成分为苜蓿多糖、苜蓿黄酮、苜蓿皂甙）		仔猪、生长育肥猪、肉鸡
	杜仲叶提取物（有效成分为绿原酸、杜仲多糖、杜仲黄酮）		生长育肥猪、鱼、虾
	淫羊藿提取物（有效成分为淫羊藿苷）		鸡、猪、绵羊、奶牛
	共轭亚油酸		仔猪、蛋鸡

类 别	通用名称	适用范围
其他	4,7-二羟基异黄酮（大豆黄酮）	猪、产蛋家禽
	地顶孢霉培养物	猪、鸡
	紫苏籽提取物（有效成分为 α-亚油酸、亚麻酸、黄酮）	猪、肉鸡和鱼
	硫酸软骨素	猫、狗
	植物甾醇（源于大豆油/菜籽油，有效成分为 β-谷甾醇、菜油甾醇、豆甾醇）	家禽、生长育肥猪

注：1. 所列物质包括无水和结晶水形态。

2. 酶制剂的适用范围为典型底物，仅作为推荐，并不包括所有可用底物。

3. 目录中所列长柄木霉亦可称为长枝木霉或李氏木霉。

4. 以一种或多种调味物质或诱食物质添加载体等复配而成的产品可称为调味剂或诱食剂，其中：以一种或多种甜味物质添加载体等复配而成的产品可称为甜味剂；以一种或多种香味物质添加载体等复配而成的产品可称为香味剂。

5. 食品用香料见《食品安全国家标准食品添加剂使用卫生标准》（GB 2760）中食品用香料名单。

二、我国饲料添加剂工业的发展概况

饲料工业快速发展刺激了饲料添加剂工业的发展。近 10 年来，我国饲料添加剂工业得到长足发展，不仅主要品种产量和消耗量快速增长，而且品种基本齐全，产品质量稳步提高；区域布局合理，形成了多家规模大、具有影响力的生产企业；科技含量不断提高，产品国际竞争力逐步加强。截至 2017 年年底，添加剂预混合饲料生产企业 2 349 家；饲料添加剂和混合型饲料添加剂生产企业 1 785 家。我国饲料添加剂主要产品产量如图 1-19 所示。

饲料添加剂产量稳定增长，2017 年饲料添加剂产品总产量 1 034.6 万 t，同比增长 6.0%。其中，饲料添加剂 983.2 万 t，同比增长 6.6%；混合型饲料添加剂 51.4 万 t，同比下降 4.2%。

饲料工业"十三五"发展的总体目标是：添加剂预混合饲料产量 800 万 t；国产蛋氨酸基本满足国内需求，维生素和其他氨基酸产能保持稳定；酶制剂和微生物制剂主要品种生产技术达到国际先进水平，产值比 2015 年增加 50%以上。

（一）加大研发力度，开发绿色、高效的饲料添加剂

我国饲料工业起步较晚，因此在初期对饲料添加剂的研发投入很少，无法与发达国家和地区相比。随着我国饲料工业的飞速发展，人们对食品安全的重视程度逐步提高，我国对饲料添加剂的研发力度也在不断加大，开发高效、绿色的饲料添加剂成为一种必然趋势。新型的饲料添加剂应具有对生态环境无污染、在动物体内基本无残留等特点，在开发时应注意合理地利用资源，做到可持续发展。例如中草药饲料添加剂就是结合我国十分丰富的中草药资源自主研发的一类新型饲料添加剂产品。天然中草药取自动植物、矿物及其产品，具有各种成分结构的自然状态和生物活性。同时，这些物质经过长

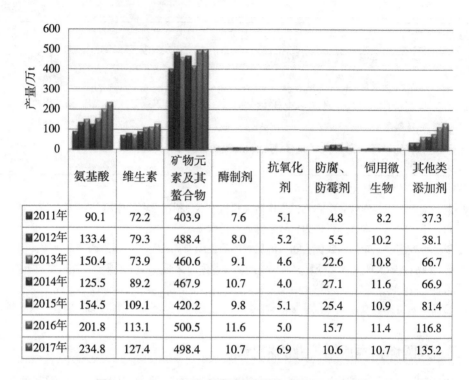

	氨基酸	维生素	矿物元素及其螯合物	酶制剂	抗氧化剂	防腐、防霉剂	饲用微生物	其他类添加剂
■2011年	90.1	72.2	403.9	7.6	5.1	4.8	8.2	37.3
■2012年	133.4	79.3	488.4	8.0	5.2	5.5	10.2	38.1
■2013年	150.4	73.9	460.6	9.1	4.6	22.6	10.8	66.7
■2014年	125.5	89.2	467.9	10.7	4.0	27.1	11.6	66.9
■2015年	154.5	109.1	420.2	9.8	5.1	25.4	10.9	81.4
■2016年	201.8	113.1	500.5	11.6	5.0	15.7	11.4	116.8
■2017年	234.8	127.4	498.4	10.7	6.9	10.6	10.7	135.2

图 1-19　2011—2017 年我国饲料添加剂主要产品产量

时间的实践和筛选，保留下来的是对人和动物有益无害和最易被吸收的外源精华物质，具有纯净的天然性。中草药饲料添加剂的多能性产生于其本身的许多成分和合理组配。中草药多为复杂的有机物，一般均含有有机酸、生物碱、苷、挥发油、蛋白质、多糖、淀粉、维生素、矿物质微量元素等多种营养成分。中草药饲料添加剂具有补充营养、增强免疫、激素样、维生素样、抗应激、促进畜禽生长、提高饲料转化率、改善畜禽产品品质、解毒驱虫、防霉抗菌等多种作用。

（二）建立完善的饲料添加剂的政策法规、质量标准和监管体系

为了生产出安全、高品质的畜产品，制定科学的饲料和饲料添加剂的质量标准是十分必要的。世界上发达国家和地区都非常重视饲料添加剂的营养标准化研究。早在 20 世纪 80 年代，美国就已制定了 100 多种饲料添加剂的质量标准，并每隔 3~5 年根据具体情况进行必要的修正以使其更好地满足社会发展的需要。我国自 20 世纪 80 年代中期以来，已陆续颁布了多项饲料添加剂质量标准。此外，还制定了如《饲料和饲料添加剂管理条例》《饲料添加剂品种目录》等多种政策法规来对饲料行业进行规范化管理，并不定期地对制定的法规和质量标准进行必要的修正（如农业农村部 318 号公告规定的《饲料添加剂品种目录》即是对 105 号公告规定的《允许使用的饲料添加剂品种目录》的修正）以适应我国社会和经济发展的需要。

（三）规模化、品牌化是饲料添加剂生产的重要趋势

国内外饲料行业的发展都遵循一个共同的规律：发展初期，厂家众多、规模小、不注重发展品牌产品，随着行业发展的深入，一些不注重发展品牌产品的企业和厂家或被有品牌产品的企业所兼并，或被市场所淘汰。有品牌产品的企业越做越大，品牌效应也日益明显。饲料行业最终要从最初的规模小、数量众多的小企业发展成为规模大、品牌效应明显的大企业。

三、我国饲料添加剂未来几年的研究发展方向

（一）多糖、寡糖及其衍生物

糖类化合物所具有的特殊生理功能已越来越引起人们的普遍关注。在未来的发展中，多糖和寡糖及其衍生物将会成为提升动物源性产品品质的重要饲料添加剂。其中多糖类产品可能主要为源于酵母细胞壁的 β-葡聚糖、源于微生物和植物的甘露聚糖、源于植物果实及海洋藻类的果胶和褐藻胶。寡糖类产品主要为木寡糖、甘露寡糖、壳寡糖、果寡糖、寡聚半乳糖醛酸和寡聚甘露糖醛酸及其衍生物。

（二）中草药及植物类

中草药和植物类饲料添加剂是我国最具有自主知识产权的产品。此类产品的未来发展方向可能主要集中在以下几个方面：一是具有特殊功效的中草药或天然植物中活性成分的确定；二是天然成分分离纯化及工厂化制备；三是中草药组方和特殊加工技术研究；四是检测方法的建立和产品质量标准的制定。

（三）多肽和寡肽

对于肽类物质的研究，可能主要集中在具有抗菌活性的多肽和寡肽上，其产品主要有乳铁蛋白及肽、酪蛋白肽、转铁卵清蛋白及肽和植物蛋白肽如大豆蛋白肽、玉米蛋白肽等。

（四）特异性生物酶

生物酶制剂对于饲料工业的发展起到了极大的促进作用。在继续提升现有大宗生物酶制剂产品品质的同时，生物酶制剂产品的发展极有可能向特异性生物酶如脂肪分解酶、糖蛋白酶以及满足饲料加工需要的特性酶类产品转变。目前国内酶制剂年消耗量约为 3 万 t，国内多数酶制剂产品质量不稳定，品种单一，影响了产品的性能发挥和使用效果。今后国内应加大对酶制剂的研究，重点研究酶制剂对动物生理、微生态、内分泌的影响；加强酶性质改良，包括酶的 pH 值、温度、抗蛋白酶能力等；开发和应用酶基因工程菌高效表达、分离技术及经济廉价生产技术等。

（五）新型微量元素类

众所周知，矿物质微量元素是不可再生性资源。目前采用的微量元素绝大多数是无机类化合物，其对人类生存环境造成的污染及对人类构成的危害已逐渐显露出来。因此，为了满足饲料工业和畜牧水产养殖业可持续发展的需要，同时也为了减少环境污染，新型微量元素类饲料添加剂（如无机盐类化合物的碱式铜、锌等）以及有机盐类化合物的氨基酸螯合物、寡肽螯合物等将会成为现有微量元素添加剂的替代产品。

（六）短链脂肪酸及其衍生物

短链脂肪酸及其衍生物可改善动物肠道 pH 值，抑制肠道病原菌的繁殖或可将其杀

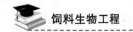

死，起到饲用抗生素的一些功效。可以说短链脂肪酸如甲酸、丙酸、丁酸及其衍生物将会是未来值得注重的。

总体来看，我国饲料工业从20世纪80年代开始发展以来，到现在为止已经取得了相当显著的成绩，也出现了一些规模较大、有一定品牌效应的企业。但随着全球经济的进一步发展，要想使饲料行业更深入、更健康的发展，我国的饲料添加剂行业还需更加重视有自主知识产权的新型饲料添加剂的研发，进一步完善饲料添加剂的质量标准和监管体系，以及使饲料添加剂的生产规模化和品牌化，因为只有生产出质优价廉的饲料添加剂产品，才能更好地适应越来越激烈的、全球一体化的市场竞争。

第三节　生物工程概述

生物工程被世界各国视为一项高新技术，它广泛应用于医药卫生、农林牧渔、轻工、食品、化工和能源等领域，促进传统产业的技术改造和新兴产业的形成，将对人类社会生活产生深远的革命性的影响。因此，生物技术对于提高国力，迎接人类所面临的诸如食品短缺、健康问题、环境问题及经济问题的挑战是至关重要的；生物技术是现实生产力，也是具有巨大经济效益的潜在生产力，生物技术将是21世纪高技术革命的核心内容，生物技术产业将是21世纪的支柱产业。许多国家都将生物技术确定为增长国力和经济实力的关键性技术之一。我国政府同样把生物技术列为高新技术之一，并组织力量研究和攻关。

一、生物工程的含义

生物工程（Bioengineering）有时也称生物技术（Biotechnology），是指人们以现代生命科学为基础，结合其他基础学科的科学原理，采用先进的生物工程技术手段，按照预先的设计改造生物体或加工生物原料，为人类生产出所需产品或达到某种目的。因此，生物技术是一门新兴的、综合性的学科。

先进的生物工程技术手段是指基因工程、发酵工程、酶工程、细胞工程和蛋白质工程等新技术。改造生物体是指获得优良品质的动物、植物或微生物品系。生物原料则指生物体的某一部分或生物生长过程产生的能利用的物质，如淀粉、糖蜜、纤维素等有机物，也包括一些无机化学品，甚至某些矿石。为人类生产出所需的产品包括粮食、医药、食品、化工原料、能源和金属等各种产品。达到某种目的则包括疾病的预防、诊断与治疗，食品的检验、环境污染的检测和治理等。

二、现代生物工程的分类和组成

生物工程是由多学科综合而成的一门新学科。就生物科学而言，它包括了微生物学、生物化学、细胞生物学、免疫学、育种技术等几乎所有与生命科学有关的学科，特别是现代分子生物学的最新理论成果更是生物技术发展的基础。现代生命科学的发展已在分子、亚细胞、细胞、组织和个体等不同层次上，揭示了生物的结构和功能的相互关系，从而使人们得以应用其研究成果对生物体进行不同层次的设计、控制、改造或模拟，并产生了巨大的生产能力。

（一）生物工程技术的分类

（1）从生物技术产生的时间和是否使用 DNA 重组技术上分为传统生物技术和现代生物技术。传统生物技术是指旧有的制造酱、醋、酒、面包、奶酪、酸奶及其他食品的传统工艺。现代生物技术是指 20 世纪 70 年代末 80 年代初发展起来的，以现代生物学研究成果为基础，以基因工程为核心的新兴学科。即从微观的细胞水平、分子水平及至原子水平（纳米生物学）对生物的生命奥秘进行研究的近代先进手段。

（2）以是否使用基因工程技术分类可分为基因工程技术和非基因工程技术两大类。基因工程是生物技术中的尖端技术，包括基因分析、基因图谱、基因指纹、基因提取、基因重组、转基因改性以及基因库建立等。非基因工程技术，如菌种筛选和诱变、高密度发酵工程技术、太空育种、细胞冷冻和冬眠、细胞体外培养、细胞杂交、克隆技术、胚胎移植、体外受精、试管婴儿等。

（3）按行业分为医药生物技术、工业生物技术、农业生物技术和海洋生物技术等。在每个行业生物技术中又细分为更专业的生物技术，如农业生物技术又分为饲料生物技术、食品生物技术、兽医生物技术、植物生物技术、动物生物技术等。

（二）现代生物工程技术的组成、相互关系和研究内容

现代生物工程（技术）一般包括基因工程、发酵工程、酶工程、细胞工程和蛋白质工程五个组成部分。

1. **基因工程（Gene engineering）**

基因工程是分子遗传学和工程技术相结合的产物，是生物技术的核心。其主要原理是应用人工方法把生物的遗传物质，通常是将脱氧核糖核酸（DNA）分离出来，在体外进行切割、拼接和重组，然后将重组了的 DNA 导入某种宿主细胞或个体，从而改变它们的遗传品性，以产生出人类需要的产物或创造出新的生物类型；有时还使新的遗传信息（基因）在新的宿主细胞或个体中大量表达，以获得基因产物（蛋白质）。这种通过体外 DNA 重组创造新生物并给予特殊功能的技术就称为基因工程，也称 DNA 重组技术。这是 20 世纪 70 年代以后兴起的一门新技术。

例如，在工业生产上，尤其是新医药业，利用大肠杆菌生产激素、胰岛素等产品。我国将抗病、抗虫基因导入小麦、棉花、马铃薯、烟草等作物，抗性效果达 60%～80%，可增产 10%左右，同时可相应减少 60%～80%的农药使用量。将聚醋纤维基因导入棉花，可生产抗皱棉绒，且棉绒长度提高，强度增强。将抗除草剂基因导入杂交稻，使稻田除草方便有效。我国抗赤霉病的小麦转基因新品种已达国际先进水平。美国育成的转基因烟草，可生产药用葡萄脑苷酯酶，单株含量相当于 2 000～8 000 个动物胚盘。在水产和畜牧业上，将金鱼的生长激素基因导入鲤鱼、鲫鱼中，产量提高达 20%；荷兰育成能分泌含有人乳铁蛋白的转基因奶牛，用其牛奶加工成特种婴儿奶粉，年产值达50 亿美元。此外，科学家已在研究将象、鲸的生长素导入猪、牛、羊而生产特大个体的家畜。在饲料工业中，将绿色木霉的纤维素分解酶基因转入载体微生物构建工程菌用于生产饲用纤维素酶。

2. 发酵工程（Fermentation engineering）或微生物工程（Microorganism engineering）

发酵工程又称微生物工程，是指利用微生物生长速度快、生长条件简单以及代谢过程特殊等特点，在合适条件下，通过现代化工程技术手段，由微生物的某种特定功能生产出人类所需的产品的技术。

微生物工程是大规模发酵生产工艺的总称，就是利用微生物的发酵作用，通过现代工程技术手段来生产有用物质，或者把微生物直接应用于生物反应器的技术。微生物工程是在发酵工艺基础上吸收基因工程、细胞工程和酶工程以及其他技术的成果而形成的。

发酵工程主要包括菌种的培养和选育，发酵条件的优化，发酵反应器的设计和自动控制，产品的分离纯化和精制等。发酵的原始材料包括菌种、培养基、氮源及某些微量元素。发酵过程分为上游、中游和下游过程，上游过程是对菌种进行选育或加以改造，以提高生产能力或者导入外源基因等从而获得优育菌种或工程菌；中游过程是指利用微生物进行发酵或生物转化，即通过优化发酵条件如温度、营养、供气量等，利用微生物或工程菌的生物合成、加工和修饰等以获得目标产物。下游过程是运用生物化学、物理学方法分离、纯化产品，最终将产品推向市场并获得社会或经济效益。

发酵工程与化学工业、医药、食品、能源、环境保护和农牧业等许多领域关系密切，对它的开发有很大的经济效益。从人们日常饮用的酒、乳酸饮料、调味的醋、酱油，到抗生素、益生素、激素、疫苗等，无一不是微生物发酵的产物，与人的生活密切相关的许多领域中都有广泛应用。如酿酒、制酱和醋等发酵技术古已有之。20 世纪 40 年代中期美国抗生素工业兴起，大规模生产青霉素以及日本的谷氨酸盐（味精）发酵成功，大大地推动了发酵工程的发展。20 世纪 70 年代以石油为原料生产单细胞蛋白，使发酵工程从单一依靠碳水化合物（淀粉）向非碳水化合物过渡，从单纯依靠农产品发展到利用矿产资源，如天然气、烷烃等原料的开发。20 世纪 80 年代初基因工程发展，人们能按需要设计和培育各种工程菌，在大大提高发酵工程的产品质量的同时，节约能源，降低成本，使发酵技术实现新的飞跃；之后，基因重组技术、细胞融合等生物工程技术的飞速发展，为人类定向培育微生物开辟了新途径，微生物工程应运而生。通过 DNA 的组装或细胞工程手段，能按照人类设计的蓝图创造出新的"工程菌"和超级菌，然后通过微生物的发酵生产出对人类有益的多种物质产品，如抗生素、酶、发酵食品、益生素等。

3. 酶工程（Enzyme engineering）

酶工程是指利用酶、细胞器或细胞所具有的特异催化功能，对酶进行修饰改造，并借助生物反应器和工艺过程来生产人类所需产品的一项技术。它包括酶的固定化技术、细胞的固定化技术、酶的修饰改造技术及酶反应器的设计等技术。

酶是一种由生物体产生的具有催化能力的蛋白质。生物体内的生物化学过程几乎都是在酶的催化作用下进行的，其催化效率是一般无机催化剂的数百万倍以上，生物酶的专一性很强，一种酶往往只对某一类物质具有催化作用和产生一定产物。而且其催化作用的条件要求也非常温和，可在常温、常压下进行，又有可调控性。因此，在食品加工、饲料生产、医药和化工等领域具有广泛的应用潜力。至今已知有 1000 多种酶，但已认识清楚并得到应用的还十分有限。例如，日本把酶工程用于酿造业使酱油的生产周期大大缩短。酶工程在麦芽糖、酒、醋的生产中也大有可为。我国利用葡萄糖异构酶生产的葡果糖浆，含果糖在 40% 以上，堪称"人工蜂蜜"，现已被广泛应用于面包、糕点、糖果等食品工业中。应用酶工程还可以改变蛋白质的性质，为人类或动物提供营养、多品位的食品或饲料。

4. 细胞工程（Cell engineering）

细胞工程是生物技术的重要组成部分，是指以细胞为基本单位，应用细胞学和类似工程设计的方法，通过细胞融合、核质移植或基因移植等方法，在体外条件下进行培养、繁殖；或人为地使细胞某些生物学特性按人们的意愿发生改变，从而达到改良生物品种和创造新品种，或加速繁育动物、植物个体，或获得某种有用的物质的过程。所以细胞工程应包括动物、植物细胞的体外培养技术、细胞融合技术（也称细胞杂交技术）、细胞器移植技术、克隆技术、干细胞技术等。因此，利用该技术不仅可在同一物种间进行杂交，甚至还可在不同物种间（如动物与植物、动物与微生物之间）进行细胞融合，形成前所未有的新物种。

例如，日本利用雌鱼细胞核发育激素控制鱼的性别，使大马哈鱼和比目鱼都变成雌性，因其个体比雄鱼大 1~3 倍，从而使产量倍增。美国采用荧光分拣 X、Y 精子，使奶牛场和肉牛场所繁殖的后代各得其所，节约了大量繁殖成本。而克隆技术则是用同体体细胞（如乳腺细胞）的细胞核代替精子融入卵细胞，使其形成子代胚胎，最终复制出外貌、体态等均与自体十分相像（并不完全相同）的新个体。克隆技术自 1997 年 2 月 4 日英国科学家公布克隆羊"多利"以来，目前世界各地已相继克隆出猪、牛、羊以及猴等多种动物。这种技术不仅对于优良纯种的保存和拯救某些濒临灭绝的珍稀动物，如大熊猫、中华鲟等是有效的，而且用克隆技术可以克隆动物或"人体器官"，在医药上将有效地解决器官异体移植生理适应的难度和大幅度地降低器官异体移植的成本。生物克隆技术现在已从细胞克隆向分子克隆推进，它将带来十分可观的经济、社会、生态效益。

5. 蛋白质工程（Protein engineering）

蛋白质工程是基因工程的延伸，被誉为第二代基因工程。在基因工程的基础上，结合蛋白质结晶学、计算机辅助设计和蛋白质化学等多学科的基础知识，通过对基因的人工定向改造等手段，从而达到对蛋白质进行修饰、改造、拼接以产生能满足人类需要的新型蛋白质的技术。例如，以蛋白质结构功能关系为基础，通过周密的分子设计，把天然蛋白质改造为符合人类需要的新的突变蛋白质或对蛋白质进行全新设计。全新设计的多肽与蛋白质分子可以按照人类的愿望创造自然界不存在的又能为人类利用的功能蛋白质。

上述生物技术的几个组成部分既自成体系又相互渗透、密切相关，是一个有机的整体。其中基因工程和细胞工程是生物技术的核心和基础，而酶工程和发酵工程是生物技术产业化的重要过程。例如，通过基因工程对细菌或细胞改造后获得的"工程菌"或"工程细胞"，都必须分别通过发酵工程或细胞工程来生产有用的物质；又如，通过基因工程技术对酶进行改造以增加酶的产量、酶的稳定性以及提高酶的催化效率等（图 1-20）。

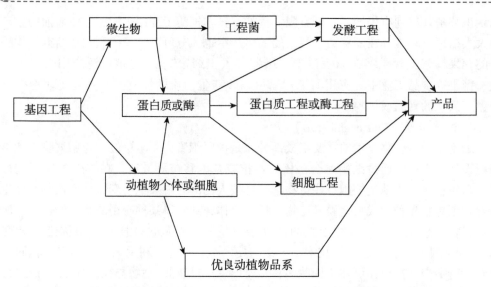

图 1-20　基因工程、发酵工程、酶工程、蛋白质工程和细胞工程之间的相互关系

三、生物工程研究发展简史和趋势

生物技术可分为传统生物技术和现代生物技术，现代生物技术从传统生物技术发展而来。

（一）传统生物技术

传统生物技术从史前时代起就一直为人们所开发和利用，并造福人类。在石器时代后期；我国人民就已利用谷物造酒，这是最早的发酵技术。在公元前 221 年，我国人民就能制作豆腐、酱和醋，并一直沿用至今。公元 10 世纪，我国就有了预防天花的活疫苗；到了明代，已经广泛地种植痘苗以预防天花。16 世纪，我国的医生已经知道被疯狗咬伤可传播狂犬病。在西方，苏美尔人和巴比伦人在公元前 6000 年就已开始啤酒发酵。埃及人则在公元前 4000 年就开始制作面包。

1676 年，荷兰人 Leeuwenhoek（1632—1723 年）制成了能放大 170~300 倍的显微镜并首先观察到了微生物。19 世纪 60 年代，法国科学家 L. Pasteur（1822—1895 年）首先证实发酵是由微生物引起的，并首先建立了微生物的纯种培养技术，从而为发酵技术的发展提供了理论基础，使发酵技术纳入了科学的轨道。到了 20 世纪 20 年代，工业生产中开始采用大规模的纯种培养技术发酵化工原料丙酮和丁醇。20 世纪 50 年代，在青霉素大规模发酵生产的带动下，发酵工业和酶制剂工业大量涌现。发酵技术和酶技术被广泛应用于医药、食品、化工、制革和农产品加工等部门。20 世纪初，遗传学的建立及其应用，产生了遗传育种学，并于 20 世纪 60 年代取得了辉煌的成就，被誉为"第一次绿色革命"。细胞学的理论被应用于生产而产生了细胞工程。在今天看来，上述诸方面的发展，还只能被视为传统的生物技术，因为它们还不具备高新技术的诸要素。

（二）现代生物技术

现代生物技术是以 20 世纪 70 年代 DNA 重组技术的建立为标志的。1944 年 Avery

等阐明了 DNA 是遗传信息的携带者。1953 年 Watson 和 Crick 提出了 DNA 的双螺旋结构模型，阐明了 DNA 的半保留复制模式，从而开辟了分子生物学研究的新纪元。由于一切生命活动都是由包括酶和非酶蛋白质行使其功能的结果，所以遗传信息与蛋白质的关系就成了研究生命活动的关键问题。1961 年，H. G. Khorana 和 M. W. Nirenberg 破译了遗传密码，揭开了 DNA 编码的遗传信息传递给蛋白质的秘密。基于上述基础理论的发展，1972 年，Berg 首先实现了 DNA 体外重组技术。它标志着生物技术的核心技术——基因工程技术的开始。它向人们提供了一种全新的技术手段，使人们可以按照意愿在试管内切割 DNA、分离基因并经重组后导入其他生物或细胞，借以改造农作物或畜牧品种；也可以导入细菌这种简单的生物体，由细菌生产大量有用的蛋白质，或作为药物，或作为疫苗；也可以直接导入人体内进行基因治疗。显然，这是一项技术上的革命。以基因工程为核心，带动了现代发酵工程、现代酶工程、现代细胞工程以及蛋白质工程的发展，形成了具有划时代意义和战略价值的现代生物技术（表 1-8）。

表 1-8　生物工程发展史上的重要事件

时期/年代	重要事件
前生物工程（经验生物工程）时期	
新石器时期	哪些生物可作为食物？那些生物是人类的天敌？
公元前 7000 年	白菜人工栽培成功
公元前 5000 年	水稻人工栽培成功
公元前 3000 年	人工驯养野猪成功
公元前 500 年	《诗经》收药 200 多种
公元前 221 年	制酱、制醋、做豆腐
公元 10 世纪	预防天花疫苗
1593 年（明朝末）	《本草纲目》收药 1 892 种
古典生物工程时期	
1590 年	荷兰人 Janssen 发明显微镜
1665 年	英国人 Hooke 出版《显微图像》
1735 年	瑞典植物学家 Linne 出版《自然系统》（生物分类）
1838 年	德国植物学家 Schleiden 发表《论植物的再生》——细胞学的开始（恩格斯誉称其为 19 世纪自然科学的三大发现之一）
1859 年	达尔文发表巨著《物种起源》
实验生物工程时期	
1865 年	孟德尔《植物杂交实验》
1865 年	Pasteur 加热灭菌消毒法
1917 年	Ereky 首次使用"生物技术"这一名词

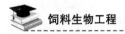

时期/年代	重要事件
1926 年	摩尔根《基因论》
1928 年	Fleming 发明青霉素
1930—1940 年	Hnuley 和 Dobzhansky 创立新达尔文主义（现代综合进化论）
1943 年	大规模工业生产青霉素
1944 年	Avery 证明遗传物质为 DNA 而非蛋白质
现代生物工程时期	
1953 年	Watson 和 Crick 发表核酸的分子结构
1957 年	Crick 提出了著名的 遗传信息流——分子生物学中心法则
1961 年	Monod 和 Jacob 提出乳糖操纵子模型
1965 年	我国科学家合成牛胰岛素
1966 年	生物界通用的 64 个遗传密码全部被破译
1973 年	Cohen 体外 DNA 重组技术
1975 年	Kohler 和 Miltein 建立了单克隆抗体技术
1978 年	Genentech 公司在大肠杆菌中表达出胰岛素
1981 年	第一台商业化 DNA 自动测序仪诞生
1981 年	第一个单克隆诊断试剂盒在美国被批准使用
1982 年	用 DNA 重组技术生产的第一个动物疫苗在欧洲获得批准
1988 年	PCR 方法问世
1990 年	HGP 计划开始
1990 年	美国批准第一个体细胞基因治疗方案
1997 年	Wilmut 培育出克隆羊——Dolly
1998 年	发现干细胞，美国《科学》杂志将其列在十大科学进展的首位
2000 年	人类基因组序列草图完成
2001 年	重要粮食作物——水稻基因图在中国完成
2003 年	人类基因组测序工作完成
2005 年	破译人类最好的朋友和最亲密的"亲戚"黑猩猩的 DNA
2006 年	发现 RNA 干扰机制
2007 年	英国科学家用干细胞培养出了心脏瓣膜细胞
2010 年	发现白介素-7 或可帮助治愈艾滋病
2011 年	美国科学家发现清除衰老细胞可以延缓衰老性疾病的发生
2012 年	"转录激活子样效应因子核酸酶"（TALENs）可以改变或关闭动物细胞的特定基因
2013 年	单细胞测序技术产生

时期/年代	重要事件
2014 年	首次发现"脂肪酸羟基脂肪酸"（FAHFA），可提高胰岛素敏感性，降低血糖，从而防治糖尿病
2016 年	日本科学家发现自噬的机制，开启揭示细胞循环自身内容物的新纪元
2017 年	科学家们首次成功编辑人类胚胎
2018 年	世界上首只体细胞克隆猴

现代生物工程的发展极其迅速，而对社会经济的发展亦将产生更加重大的影响。21世纪生物工程的发展，将会涌现出越来越多先进的技术和产品，并有可能在重大疾病的预防和治疗上取得突破，为人类最终了解生命、控制生命和操纵生命奠定坚实的基础。

（1）分子操作技术层出不穷，日新月异。针对基因、蛋白质、细胞和个体的各种分子操作技术将不断涌现，一经产生就会对生命科学和生物技术的发展产生巨大的推动作用。

（2）生物体基因组将得到阐明。目前，人类、小鼠、水稻、一些酵母和细菌的基因组已测序完毕。今后一个阶段，其他生物体基因组序列的测定仍将是一项长期的工作。

（3）功能基因组学研究不断深入。功能基因组学注释基因功能以及阐明其编码蛋白质的结构与功能将是生命科学发展的一个主流方向。结构基因组学、转录组学、蛋白质组学、代谢组学等各种组学技术将得到极大的发展。

（4）转基因动物和植物取得重大突破。现代农业生物技术在农业上的广泛应用作为生物技术的"第二次浪潮"在21世纪将全面展开，将会出现众多的"分子农场"，给农业和畜牧业的生产带来新的飞跃。

（5）系统生物学（Systems biology）将成为研究生命现象的关键技术。系统生物学的理论和研究方法将得以广泛应用，从综合和整体的角度研究一个生物系统中所有组成成分的构成以及在特定条件下这些组分间的相互关系，在 DNA、RNA、蛋白质相互作用及信息网络方面整合所获得的信息，然后开发出能描述系统结构和行为的数学模型并可加以模拟，以阐明生命活动发生、发展的机制。

（6）基因工程药物和疫苗的研发突飞猛进。新的治疗药物以及预防和治疗用疫苗将不断出现，其产业化前景非常看好，21世纪整个医药工业将面临全面的改造更新。

（7）基因治疗取得重大进展。"基因修补术"将变为现实，有可能革新整个疾病的预防和治疗领域。估计到21世纪中期，恶性肿瘤、艾滋病等严重危害人类健康的疾病在防治上可望获得突破。

（8）蛋白质工程技术获得有力的发展。蛋白质工程是基因工程的发展。21世纪，蛋白质的晶体学、分子生物学、结构生物学以及现代计算机技术和新的数学算法将更为有机地结合起来，人们可以随意设计、改造并获得任何新型的蛋白质分子。

（9）生物信息学技术更加发达。生物信息学是综合运用生物学、数学、物理学、信息科学以及计算机科学等诸多学科的理论方法，解决生命科学相关问题的一门崭新的交叉学科。生物信息学内涵非常丰富，其核心是基因组信息学，包括基因组信息的获取、处理、存储、分配和解释。21 世纪，随着更高速计算机的问世和新的有效算法的建立，以及全球通信网络的日趋扩大和完善，将加快生物信息技术的发展。

（10）生物经济（Bio-economy）将成为国民经济的一个重要组成部分。20 世纪末，全世界生物工程产品的年销售额已达到 6 000 亿美元，随着生物技术的不断发展和应用范围的不断扩大，其在国民经济中所占的比重将越来越大，至 21 世纪中期，估测将占全球 GDP 的 40%~50%，真正成为经济发展的半壁江山。

（三）生物工程的范围和未来

1. 生物工程概况及其领域

生物工程技术是近 20 年来发展最为迅猛的高新技术，越来越广泛地应用于农业、医药、轻工食品、海洋开发、环境保护及可再生物质能源等诸多领域，具有知识经济和循环经济特征，对提升传统产业技术水平和可持续发展能力具有重要影响。近 10 年来，生物技术获得突破性发展，生物技术产业产值以每 3 年增长 5 倍的速度递增，以生物技术为重点的第四次产业革命正在兴起，预计到 2020 年，全球生物技术市场将达到 30 000 亿美元，到 2025 年，人类社会将全面进入到生物经济社会。在发达国家，生物技术已成为新的经济增长点，其增长速度大致是 25%~30%。是整个经济增长平均数的 8~10 倍。

（1）生物农业

生物工程技术在农业中也大放异彩。1983 年，美国成功将转基因技术应用于植物，开启了转基因作物研发和商业化应用的大门。自 1996 年开始，全球农业转基因作物的商业化应用已超过 20 年。纵观转基因商业化应用的 20 年，转基因作物栽培面积大幅增长，截至 2016 年，全球转基因作物栽培面积达到 1.851 亿 hm^2，现在人们正在努力研究固氮基因粮食作物的转移，不仅粮食可以大幅度增多，成本大幅度降低，而且，传统的化肥工业将被改造，其产品有：杂交水稻、杂交玉米、抗病毒的新品种作物、生物杀虫剂（Bt）。

（2）生物医药

在生物医药领域，包括基因工程药物、基因工程疫苗、医用诊断试剂、活性蛋白与多肽、微生物次生代谢产物、药用动植物细胞工程产品以及现代生物技术生产的生物保健品等研究成果迅速转化为生产力，其中与基因相关的产业发展最强劲。全球医药生物技术产品占生物技术产品市场的 70%以上，占药物市场的 9%左右，以高于全球经济增长 5 个百分点的速度快速发展，仅单克隆抗体市场销售额就达 40 亿美元。

（3）化学工业

在化学工业方面生物工程充分发挥生物反应器的作用。从而节省能源、简化设备，进行各种类的石油化学产品的大量生产，其产品有：塑料、尼龙、玻璃、脂肪酸、杀虫剂、除草剂等。美国农业农村部于 2016 年发布报告称，到 2025 年，生物基化学品将占据全球化学品 22%的市场份额，其年度产值将超过 5 000 亿美元。我国全生物法生产琥珀酸、D-乳酸、1,3-丙二醇、生物柴油、长链二元酸等大宗化学品的产业化进程正在稳步推进，未来将大幅度推动产业链下游的拓宽与延伸。

（4）食品工业

食品生产是世界上最大的工业之一。在工业化国家中，食品消费至少占家庭预算的20%~30%。为了解决人口爆炸带来的食品短缺，生物工程技术正在发挥积极作用。它包含的内容也很广，如提高食品的质量、营养、安全性，以及食品保藏等；它有赖于现代生物知识和技术与食品加工、检测、保藏、生物工程原理的有机结合，其产品有：氨基酸、有机酸、核酸类物质的生产。

（5）环境保护

生物工程在环境保护中创造了奇迹，它表现在处理海上浮油、工业废水、城市垃圾；高分子化合物的分解；各种有毒物质的降解；污染事故的现场补救等。它与传统的污染防治技术和手段相比较，其主要的优越性表现在它是一个纯生态的过程，从根本上体现了可持续发展的战略思想。从全球生物环保技术产业化发展历程来看。德国较早开展生物环保技术的研发，此后荷兰等国在该领域快速发展商业化的技术。目前，德国、荷兰、英国、法国、美国、加拿大、日本等许多国家的生物环保技术成果已经进入商品化与产业化的发展阶段，并且催生了一批企业。据美国环境商业国际公司（EBI）的数据显示，2014年。全球环保产业产值达到1.047万亿美元，比2013年增长了3.6%。

（6）能源工业

能源是人类赖以生存的物质基础之一，是地球演化及万物进化的动力，它与社会经济的发展和人类的进步及生存息息相关。能源分为不可再生能源和可再生能源。可再生能源因为它是植物对太阳能的捕捉，是取之不尽、用之不竭的，因而它是生物工程主要研究对象之一。如利用纤维素等植物原料发酵生产酒精、甲烷和氢气；创造具有高效光合作用并能生产能源的植物。目前生物工程技术与能源的研究及开发已日益倍增，据世界生物质能协会（WBA）发布的《2017全球生物能源统计报告》数据显示，生物能源作为行业贡献最大与最具生命力的可再生能源，其2014年的总消费量为50.5EJ，占全球能源结构的14%；2016—2020年，预计全球生物燃料市场会保持稳定的上升态势，年均复合增长率将达到12.55%。

可以说生物工程是当代科学技术的宠儿，它广泛用于解决当今世界面临的许多重大课题，这些课题与人类生存休戚相关。正如世界微生物学国际联盟咨询委员海登教授所说："生物工程将成为导致工业调整和结构改革的动力。"

2. 生物工程发展趋势

生物工程技术在世纪之交已经以众多的成就为我们展示了一卷新的宏图，从医药革命到绿色革命；从新能源到永续的生态环境；生物技术的无限生机在于地球上的生命历经漫长进化保留下来的各种基因、蛋白质和各种生命过程都必有可能逐渐地为人类所用。未来的发展取决于技术平台的宽度和高度，从目前已有的生物技术来看主要有3个平台，即DNA重组、细胞培养和DNA芯片。已经取得的成果和已经形成的产业诸如基因治疗、基因工程药物、转基因动、植物、克隆动物、诊断试剂等。在未来的日子里，生物工程技术的新进展将会给农业、医疗与保健带来根本性的变化，并对信息、材料、能源、环境与生态等领域带来革命性的影响。科学家们预计，未来最主要的创新约有一半与生物工程技术相关，它们包括：基因组学和基因资源的开发；生物信息学；转基因动、植物；治疗性克隆和组织工程；生物能源和环保生物技术；生物芯片等众多迅猛发展的技术领域，同时还会形成以下几个新的平台：

第一是基因组平台：目前已有数十种微生物和四种模式生物。酵母、线虫、果蝇和拟南芥的基因组全序列已进入数据库，人类基因组全序列草图也已完成，这意味着有数十万的基因及其编码的蛋白质可供基因工程和蛋白质工程的操作，从而大大扩展生物工程技术的产业范围。

第二是生物芯片平台：它是分子生物学与化学和物理领域的多种高新技术的交叉和融合。以 DNA 芯片延伸含各种生物分子的硅片与纳米技术相结合，使离子操作的芯片发展成为可在活体内执行某种功能的组件。

第三是干细胞生物学平台：它是克隆动物和克隆组织器官的基础。这个平台的完善将为医学上器官移植、农业上优良家畜的繁殖带来革命性的进展。

第四是生物信息学平台：发展前景就是在计算机上模拟细胞内和机体内的生化代谢过程；甚至模拟进化的历程，这将使生物学真正进入理论生物学的新时期。

第五是神经科学平台：人类的高级神经活动、感觉、认知和思维终将在分子水平和细胞水平上被解析，在不久的将来就会在这个平台上出现新的生物技术，一方面为人类的自身和精神疾患带来福音，另一方面也会由此产生高度智能化的计算机和机器人。

以上是可以预计的五个平台，随着科学技术的发展还会有新的平台出现，生物技术的发展前景是难以估量的。到 21 世纪中期，当生物经济进入成熟阶段的时候，生物工程技术的应用将渗透到人们生活中的许多角落。

第四节 饲料生物工程

一、饲料生物工程的概念与研究内容

20 世纪 80 年代生物技术开始从实验室研究走向产业，1982 年美国 FDA（美国食品和药品管理局）批准胰岛素和生长激素投放市场，是作为生物技术产业化第一个浪潮的标志；到了 20 世纪 90 年代生物技术不仅在医药上迅速发展，而且在农业上也大放异彩，人们开始体会到生物技术已经走进人们的生活，这是生物技术产业发展的第二个浪潮；进入 21 世纪以来，随着人类基因组工程的提前完成，其他生命体基因组工程的日新月异，生物技术产业化的进程产生了质的飞跃，生物技术产业化几乎遍及人类经济生活的各个领域，标志着生物经济时代的来临，这是全球生物技术产业化发展的第三个浪潮。现代生物技术以现代生物学研究成果为基础，并辐射到各个生物科技领域，与多个学科交叉、渗透形成了许多分支学科，饲料生物技术也随之应运而生。伴随着生物技术的发展，饲料生物技术从 20 世纪 70 年代起步，而真正发展起来是在 90 年代，且主要是运用微生物发酵技术在饲料工业上的应用，研制和生产出了包括免疫调节剂、酶生物催化剂、生长激素、饲料特异型酵母培养物、黄曲霉结合剂、葡萄糖耐量因子、污染控制剂和矿物质蛋白盐等在内的生物产品，大大提高了饲料可利用价值；此外，生物技术在饲料生产上也开展了一些应用，如特定性能牧草的培育，高蛋白饲料玉米的培育，微生物在秸秆类粗饲料中的开发应用等。

饲料生物工程英文表述为 Feed bioengineering 或 Feed biotechnologies，即多种生物技术的集成，指以饲料和饲料添加剂为对象，运用基因工程、微生物工程（发酵工程）、酶工程、细胞工程、蛋白质工程和生化工程的原理和技术手段，研究和开发新型的饲料资源和饲料添加剂（如功能微生物制剂、饲用酶制剂、免疫调节剂、生长调节剂等）和制造工艺、参数和技术及其营养价值、生物学功效和作用机理的一门分支学科。其目的是提高饲料的吸收、利用、转化效率和动物的生产性能，改善动物的营养、健康状况和减轻养殖业造成的环境污染，最终为人类提供更为营养和健康的高品质动物食品。现代生物技术运用于畜牧业可以用来节省饲料，提高饲料利用率，提高环境质量，预防动物各种疾病，以达到动物生产的优质、高产和高效，同时还可生产出一大批新型的动物营养品、保健品、新型饲料添加剂和饲料，如肽型蛋白源。

饲料生物技术目前主要集中在饲料添加剂、饲料的生物加工、新型饲料资源的开发、动物产品品质的改善上，其中，生物活性饲料添加剂的研究进展最为迅速。概括起来，研究重点主要集中在以下几个方面：一是研究新型绿色饲料添加剂的工艺、参数和制造技术及其对营养代谢和免疫功能的调控及机理；二是研究培育新型绿色饲用微生物资源以及秸秆处理饲料生物加工、消除饲料抗营养因子、改善饲料理化特性和营养价值等；三是研究绿色饲料添加剂对抗生素的替代技术和对动物产品安全和品质的控制；四是研究活性物质（如肽类、糖肽）影响畜禽产品的主要成分（脂肪、肌肉等）的关键酶和关键基因的调控等。

饲料生物技术是一种高新技术，随着生物技术的飞速发展及其广泛应用，饲料生物技术已成为世界各国尤其是发达国家饲料与饲料添加剂革新、饲料产业技术更新升级的重要手段。不论是开辟新的饲料资源，还是解决饲料相关产业的环境污染问题；不论着眼于提高动物产品的产量，还是提高或改进动物产品质量，进而为人类生产天然无污染的动物产品，都越来越多地应用了这一高新技术。

二、饲料生物工程与相关学科的关系

饲料生物技术有三大基础学科，即现代生物技术（又称生物工程）、动物营养学和饲料学。首先，现代生物技术是所有自然科学领域中涵盖范围最广的学科之一，它包括分子生物学、细胞生物学、微生物学、生物工艺学、免疫生物学、人体生理学、动物生理学、植物生理学、微生物生理学、生物化学、生物物理学、遗传学等几乎所有生物科学的次级学科为支撑，又结合了诸如化学、化学工程学、数学、微电子技术、计算机科学、信息学等生物学领域之外的尖端基础学科，从而形成了一门多学科互相渗透的综合性学科（图 1-21）。其中又以生命科学领域的重大理论和技术的突破为基础。例如，如果没有 Watson 和 Crick 的 DNA 双螺旋结构及阐明 DNA 的半保留复制模式，没有遗传密码的破译以及 DNA 与蛋白质的关系等理论上的突破，没有发现 DNA 限制性内切酶、DNA 连接酶等工具酶，就不可能有基因工程技术的出现；同样，没有动植物细胞培养方法以及细胞融合方法的建立，就不可能有细胞工程的出现；没有蛋白质结晶技术及蛋白质三维结构的深入研究以及化工技术的进步，就不可能有酶工程和蛋白质工程的产生；没有生物反应器及传感器以及自动化控制技术的应用，就不可能有现代发酵工程的出现。另外，所有生物技术领域还使用了大量的现代化高精尖仪器，如超速离心机、电子显微镜、高效液相色谱仪、DNA 合成仪、DNA 序列分析仪等。这些仪器全部都是由微机控制的、全自动化的。这就是现代微电子学和计算机技术与生物技术的结合和渗透。没有这些结合和渗透，生物技术的研究就不可能深入分子水平，也就不会有今天的现代生物技术。其次，饲料生物技术是建立在生物技术基础之上的，因此，其除了与生物技术的基础学科有关之外，还特别与动物营养学、饲料学、饲料加工工艺学、动物生物化学、动物微生态学、动物微生物学等有密切关系。

图 1-21　生物技术与相关学科之间的关系

三、饲料生物工程技术的应用

我国畜牧业在资源、效益、规模等方面比较落后，加之近两年环保、限养、土地等政策导致养殖空间受到挤压，养殖成本居高不下，肉蛋奶等畜产品价格明显缺乏国际竞争力，养殖业也悄然发生着巨变，规模小，环保配套不达标的养殖场快速退出，大型养殖场的崛起，加速了饲料养殖的一体化，亟须饲料生物技术来解决相关的诸多问题。饲料资源是瓶颈，制约着畜牧业的发展，要利用现代饲料生物技术解决饲料资源不足、利用率低的问题；畜牧业和水产业产品的品质和安全问题的改善，需要利用饲料生物技术开发新型饲料添加剂以及抗生素替代品来解决；高度集约化饲养的畜禽面临不良的饲养环境（氨气、硫化氢等）需要生物净化剂来改善，并缓解大气污染；畜禽粪尿以及畜产品加工的废料、废水必须得到有效处理，同时化学药物、饲料、添加剂的不合理使用对畜产品、水源、土壤等造成的污染也必须加以控制；饲料成本占养殖成本的 60%~80%，也急需利用生物技术开发能显著提高饲料资源利用效率的添加剂。总之，我国畜牧业和水产业的快速可持续发展迫切需要饲料生物技术，研究和利用现代饲料生物技术是我国 21 世纪畜牧业可持续发展的重大战略方针。饲料生物技术在饲料工业中有着广泛的应用前景。

（一）开发单细胞蛋白

1. 单细胞蛋白的定义和生物学特点

单细胞蛋白（Single cell protein，SCP）是指利用各种基质大规模培养细菌、酵母菌、霉菌、微藻、光合细菌等而获得的微生物蛋白，是现代饲料工业和食品工业中重要的蛋白来源。利用生物技术生产的单细胞蛋白也在很大程度上缓解了现在蛋白饲料的紧张。SCP 的蛋白质含量可高达 16%~85%，而且含有各种丰富的氨基酸，其中赖氨酸含量高达 7.0% 以上，色氨酸、苏氨酸、异亮氨酸含量也比较丰富；单细胞蛋白质富含维生素，特别是 B 族维生素，其中硫胺素、核黄素、泛酸、胆碱、尼克酸的含量超过鱼粉。此外，单细胞蛋白还含有较为丰富的微量元素，包括磷、铁、锰、锌、铜、硒等，尤以无机磷较多，有利于有机物在动物体内代谢。主要的单细胞蛋白饲料的营养成分见表 1-9。SCP 消化利用率高（一般高于 80%），其最大特点是原料来源广，微生物繁殖快，成本低，效益高。藻类 SCP 的蛋白质含量高达 62%~70%，氨基酸组成均衡合理，还富含胡萝卜素、藻蓝蛋白、藻酸钠及类胰岛素等活性物质。

我国 SCP 的主要产品为饲料酵母。在国际上，SCP 的生产已经成为一项具有巨大经济效益的产业，全世界的总产量已经达到了 250 万 t。在当今世界蛋白质资源严重不足的情况下，发展 SCP 越来越受各国重视。

表 1-9　单细胞蛋白饲料的营养成分

成分	酵母菌	细菌	微藻	真菌
蛋白质（%）	16~20	65~85	50~60	30~60
脂肪（%）	—	5~15	2~3	7
碳水化合物（%）	—	13~35	18~20	—
维生素 B（mg/kg）	—	15~45	—	—
钙（%）	1.9	—	1.3	13.2
磷（%）	2.4	—	2.1	0.7

引自董衍明等（2005）。

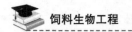

2. 生产 SCP 的微生物种类

主要有酵母、非病原性细菌、放线菌和真菌及藻类等，其中饲用酵母和藻类蛋白发展最快。酵母也可利用甲醇、乙醇、甲烷和多链烷烃生产单细胞蛋白。用于生产 SCP 的藻类有小球藻、栅藻、螺旋藻〔主要是钝顶螺旋藻（*Spirulina plalensis*）和极大螺旋藻（*S. maxima*）〕等。生产单细胞蛋白质的菌种见表 1-10。

表 1-10　生产单细胞蛋白质的菌种

品种	主要类别
酵母菌	啤酒酵母、产阮假丝酵母、热带假丝酵母、解脂假丝酵母
细菌	乳酸菌、粪链球菌、双歧杆菌、光合细菌、芽孢杆菌、纤维素分解菌等
微藻	螺旋蓝藻和小球藻等
真菌	霉菌：根霉、曲霉、青霉和木霉等
	担子菌：小齿薄耙齿菌和柳叶皮伞菌
	食用真菌：香菇、木耳等

引自李婷婷等（2015）。

3. 生产 SCP 的原料或基质

生产 SCP 的原料或基质种类丰富，来源广泛。利用某些废弃物如蔗渣、柠檬酸废料、果核、糖浆、动物粪便和污物等，造纸工业的纸浆废液，制糖业的糖蜜，酿酒业的梢类及废弃物等，各种植物秸秆、壳类、糖渣类、木屑等农村废弃物中的纤维素，淀粉厂废水废渣、油脂工业废水、果渣、石油、天然气等均可作为生产原料。关键是筛选出可在上述基质中迅速生长的优良菌种，通过现代微生物发酵工程技术或基因工程技术，生产出等级不同的 SCP 产品。林莺（2007）利用玉米秸秆发酵生产单细胞蛋白，研究发现，接入 10%的产阮假丝酵母（NWY-132）发酵至 12d 后，其发酵产物的粗蛋白含量可达 29.6%。

4. SCP 的应用效果

（1）单细胞蛋白饲料在猪日粮中应用

单细胞蛋白粉的不同比例替代豆粕饲喂生长育肥猪，对生长猪的生长性能有不同程度的影响，研究表明，单细胞蛋白粉替代豆粕饲喂生长育肥猪是可行的。刘垒等（2009）研究发现，用味精菌体蛋白替代中猪和大猪日粮中的豆粕后，当替代水平为20%时，对其生长性能等各个指标均无显著差异，可降低育肥猪的饲料成本。江绍安等（2005）研究发现，在生长育肥猪日粮中添加 3%～4%单细胞蛋白（替代豆粕蛋白的25%～33.3%）可提高日增重，降低饲料消耗和饲养成本，减少疾病发生率。Hellwing等（2007）研究发现，单细胞蛋白饲料—甲烷蛋白作为猪饲料日粮蛋白，其供应占仔猪日粮蛋白的41%，育肥猪日粮蛋白的44%，对猪的生长性能及健康无负面影响，猪的血浆代谢物中以及蛋白质相关的酶和脂肪代谢的产物中都不受单细胞蛋白—甲烷蛋白的影响。单细胞蛋白饲料属生物发酵制品，其营养成分及饲料利用率受发酵工艺、发酵基础和环境温度等因素影响较大，在日粮配制中必须充分考虑其营养成分构成，合理确定添加比例方能取得较佳的饲养效果。此外，研究发现，饲料中添加单细胞蛋白饲料后，对动物的肉质也有一定影响。例如：Overland 等（2005）研究发现，育肥猪日粮中添加部分单细胞蛋白饲料后，可以显著改善猪肉的脂肪质量，降低冷冻储存中猪肉的脂质氧化速率并提高猪肉的感官质量。

（2）单细胞蛋白饲料在鸡日粮中应用

研究发现，日粮中蛋白质、能量、氨基酸水平基本一致的条件下，由土霉素渣制取的单细胞蛋白取代进口鱼粉饲喂京白生长蛋鸡效果好，鸡生长发育正常，成活率高，开产早、产蛋多；虽然饲喂单细胞蛋白的鸡，生产 1kg 鸡蛋比鱼粉组多用料 5.4%，但 1kg 鸡蛋可以降低成本 4.8%。有实验表明利用单细胞蛋白饲料替代肉鸡日粮中的豆粕后，肉鸡体内的瘦肉与脂肪的比例得到显著提高，肉鸡腹部的脂肪含量会显著降低，同时可以提高和改善鸡肉制品在冷冻储藏下的稳定性和感官质量；此外，研究还发现，肉鸡日粮中加入单细胞蛋白饲料后，可显著减少鸡肉储存过程中脂质的氧化。

（3）单细胞蛋白饲料在反刍动物日粮中应用

Miller-Webster 等（2002）在反刍动物日粮中添加酵母可消化更多的微生物蛋白，减少氮的损失。Giger-Reverdin 等（2004）研究指出，用酵母粉饲喂产奶山羊可以显著提高产奶山羊瘤胃的缓冲能力，降低 pH 值。Schingoethe 等（2004）发现在热应激条件下，使用酵母饲料饲喂奶牛可以提高饲料利用率，减少饲料消耗。

（4）单细胞蛋白饲料在水产饲料中应用

Berge 等（2005）和 Aas 等（2006）研究发现，用单细胞蛋白饲喂大西洋鲑后，对其存活率、生长性能及健康均无显著影响；且大西洋鲑对单细胞蛋白的消化吸收利用能力较强，其消化道中各种消化吸收均无异常。黄志勇等（2005）研究表明，光合细菌可以明显提高养殖鱼的成活率以及生长速度，罗非鱼经过 2 周的养殖后，加入光合细菌的试验组比没加入光合细菌的对照组（成活率 80%）成活率显著提高，最高达 100%；平均体长、体重分别提高 3%~5%、20%~30%，效果显著。

微藻作为水产动物的饵料，主要以活饵料的形式应用在海产动物的人工育苗阶段。国外在鱼类、贝类、甲壳类育苗中应用的微藻已达 40 多种。利用微藻作为水生动物、禽畜饲料添加剂具有理想的应用效果。例如，小球藻干粉或提取物添加到鱼类的食物中，可改善养殖鱼的质量，如在香鱼（*Plecoglossus altivelis*）饵料中添加 1% 的小球藻提取物，可增强鱼对疾病的抵抗力，改善鱼肉的质量。用小球藻干粉或提取物对黄尾鱼进行的实验也得到了类似的结果。某些品系的小球藻在氮缺乏或在高盐的培养液中，可变为红色或橘黄色，体内可积累最大的类胡萝卜素和虾青素，这样的小球藻可添加到养殖鱼类和双壳类的饵料中，使其色泽更加鲜艳。螺旋藻不仅蛋白质含量很高，而且含有丰富的色素，特别是玉米黄素和类胡萝卜素含量丰富（通常为 3~7g/kg）。将其添加到养殖鱼、贝、虾类的饵料中，养殖动物的体色特别鲜艳。将螺旋藻添加到养殖的黄尾鱼、大马哈鱼和鳗鲡的饵料中，可减少死亡率，提高生长速度。日本已利用螺旋藻作为锦鲤、金鱼、红罗非鱼、对虾、黑尾虾的增色剂。将螺旋藻添加到母鸡饲料中，可增加蛋黄的颜色。

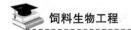

（5）单细胞蛋白饲料在其他方面的应用

最近，科学家研究发现了一种"吃"石油的细菌，能产生类似奶粉的"石油蛋白"，这种"石油蛋白"可用作动物饲料，也可加工成人类食品，是人类和动物一种未来新型的食物和饲料资源。但从长远观点来看，石油资源有限且价格不断上升，所以人们开始重视利用可再生资源来生产 SCP。

（二）对饲料资源改造，消除抗营养因子，提高利用率

除了传统的通过青贮的方式对粗饲料的处理以及微生物对血粉、羽毛粉的处理之外，生物技术可以在饲料加工的过程中改变某些饲料的成分或者去除有毒有害的物质，间接地做到节约饲料资源，降低饲料成本。

运用物理或化学方法可降低棉籽饼粕和菜籽饼粕中的棉酚和硫葡萄糖苷分解物的含量。然而通过利用生物技术培养出的菌群的作用，可使棉酚含量下降至饲用水平（300mg/kg）。张日俊等（2009）筛选出的棉籽饼粕脱毒微生物，其脱毒率达90%以上，其饲用价位显著提高，并使可溶性蛋白含量提高 3~11 倍。王启为等（2010）利用菜籽粕在马铃薯渣发酵生产蛋白饲料，研究发现，经过接种 1%的热带假丝酵母发酵 10d后，菜籽粕的脱毒率达到了 65%，饲料中粗蛋白质增加了 4.56%，真蛋白质增加了 2.76%。

在传统的青贮过程中，若加入适量的高效活性菌种（白腐菌、酵母菌、高等真菌等），可以使青贮后的粗饲料的菌体蛋白的含量明显增高，改善其质量，节约蛋白饲料的使用。

（三）开发各种饲料添加剂

动物日粮中添加氨基酸可以平衡氨基酸的比例，提高饲料蛋白质的利用效率，减少氮排出造成的环境污染，维生素可以提高动物机体营养物质的吸收代谢，维持动物生命和正常生长，在动物饲料中添加高剂量的某些维生素，可以增进动物免疫应答能力，提高抗病毒和抗应激能力，提高畜产品品质。发酵工程是将微生物学、生物化学和化学工程学的基本原理有机地结合起来，是一门利用微生物的生长和代谢活动来生产各种有用物质的工程技术。该技术可用于生产抗生素、维生素、酸化剂、色素；也可利用发酵法或半合成法生产维生素 C、维生素 B_2、维生素 B_{12}、维生素 D 以及 β-胡萝卜素、氨基酸、益生素、酶制剂、低聚糖、寡肽或活性肽等。

传统的饲料添加剂的生产存在着生产成本高，产量相对较少以及产品不纯的问题。利用生物技术的生产则有产量较高、生产周期短、成本低等优点。在饲料中均需添加一定量的维生素，利用生物技术可进行维生素的生产。现在的绝大多数商品维生素是发酵产品，生产的维生素成本高、纯度低、效价不太令人满意。而现在研究证明：利用基因技术筛选出某种或某几种能产生维生素的菌种或工程菌，可在体内或体外生产出维生素粗制品，降低生产成本。

目前，在配合饲料中普遍添加赖氨酸、蛋氨酸等单项氨基酸，可以增加限制性氨基酸，平衡氨基酸，提高饲料蛋白质的利用率。动物总共需要 10 种必需氨基酸。但目前只有赖氨酸、蛋氨酸、苏氨酸可以大规模发酵生产，即利用微生物发酵及遗传工程技术将合成特定氨基酸的基因克隆进入微生物细胞质粒中，从而借助某些微生物增殖生产氨

基酸。其他的氨基酸发酵生产的成本太高。利用生物技术构建工程菌可降低其他氨基酸的生产成本，从而达到规模化生产。随着理想氨基酸模型的深入研究，将具有生产不同氨基酸的菌种或其基因按理想营养模式进行组装，以期在体外或体内生产出满足动物需求的新一代理想天然产品——理想氨基酸复合制剂的研制开发，将会成为今后研制生产氨基酸的发展趋势。

利用饲料生物技术可以开发在饲料工业上使用的益生素类、生物活性肽类、生物添加剂、酶制剂等绿色饲料添加剂。

1. 功能微生物制剂

功能微生物制剂是具有特殊功能微生物制剂的统称。功能微生物与微生物饲料添加剂、益生菌剂（Probiotics）、微生态制剂等类似，但又不相同，其更加强调微生物的功能性。1994 年德国 Herborn 国际会议上认为："益生菌剂是含活菌和（或）死菌，包括其组分和产物的细菌制品，经口或经由其他孔膜途径投入，旨在改善孔膜表面微生物或酶的平衡，或者刺激特异性或非特异性免疫机制"。由于具有安全、无残留、无耐药性和无环境污染，且用量小、使用方便、保存期长、经济效益显著等特点，无使用抗生素的负面问题而被广泛地应用。目前生产的一系列多功能微生物制剂，是集生物肥料和生物农药两种功能于一身的微生物制剂。其核心部分是圆褐固氮菌菌株 YKT41，它具有 3 种功能：固定大气中的氮，释放土壤中被固定的磷和钾，为植物提供矿质营养；能有效防治植物病害，包括细菌性病害、真菌性病害和线虫病，特别是能有效防治植物根结线虫病；刺激植物生长。

2. 低聚糖类

目前用作饲料添加剂的低聚糖主要有异麦芽低聚糖、半乳聚糖、甘露蜜寡糖、低聚葡萄糖、半乳蔗糖、大豆低聚糖、低聚果糖等。与益生素相对应，寡糖等产品称为促生素（Prebiotics），它是为消化已有的有益细菌直接提供可发酵底物，促进有益微生物的大量增殖、调节消化道微生态平衡。这类产品分两类：一类是以促进有益细菌生长的低聚果糖；另一类是促进免疫反应的低聚甘露糖。一般认为，低聚糖与益生菌合用的效果好于单独使用低聚糖。低聚木糖不仅可作为甜味剂，增加动物采食量，还可作为益生元，改善肠道微生态平衡，预防腹泻，促进生长。大量研究表明，低聚木糖可提高饲料利用率，改善动物生长性能；增强机体免疫力，减少抗生素和 ZnO 用量；促进肠道蠕动，缓解便秘，减少肠道毒素产生；降低排泄物中有害气体浓度，减少呼吸道疾病发生等作用。

3. 酶制剂

饲料用酶多为水解系列酶，如蛋白酶、纤维素酶、β-葡聚糖酶、戊聚糖酶（阿拉伯糖木聚糖酶）、α-半乳糖苷酶、果胶酶、α-淀粉酶、液化淀粉酶、糖化酶（糖化淀粉酶）和植酸酶等。其中应用较多的有纤维素酶、葡聚糖酶、木聚糖酶、淀粉酶、蛋白酶、果胶酶和植酸酶等。添加饲用酶制剂能补充动物内源酶的不足，增加动物自身不能合成的酶，从而促进畜禽对养分的消化、吸收，提高饲料利用率，促进生长。这些酶绝大多数是利用微生物中某些酵母、曲霉菌和其他细菌来生产。今后以基因工程菌为先导的饲料酶的生产将会有更大的发展，这种酶也叫重组酶（Recombinant enzyme），这项生物技术涉及可表达有特异多肽序列编码的特异互补 DNA（cDNA）的克隆和分离，把 DNA 转入到作为表达载体（Expression vector）的某个菌株，该菌株要符合低成本和大规模发酵生产的要求，同时又能高水平地表达重组酶，最后再通过低成本的酶纯化方法而分离出纯化的重组酶。近年已发现，某些丝状真菌如黑曲霉（*Aspergillus niger*）、米曲霉（*A. oryzae*）和无花果曲霉（*A. ficuum*）就具有这种低成本生产各种重组蛋白（包括酶）的表达系统。目前我国年产 2 000 t 以上的酶制剂厂已有 40 多家。

4. 生物活性肽或小肽饲料添加剂

肽（Peptide）是指氨基酸间彼此以肽键（酸胺键）相互连接的化合物。含有少于 10 个氨基酸的肽称小肽或寡肽，超过的称多肽，超过 50 个氨基酸组成的多肽称蛋白质。肽键中的氨基酸由于形成肽键已经不是完整的分子，因此称为氨基酸残基。含有自由氨基的一端称 N 端，含有自由羧基的一端称为 C 端。生物活性肽（Bioactive peptides 或 Biopeptides）就是对动物具有特殊生理功能的肽类，这些功能包括促生长、免疫调节、抗菌、抗病毒、抗肿瘤作用以及促进营养物质吸收等特性。近些年来，已有很多种生物活性肽从微生物、植物及动物体分离出来，这些肽类分子结构的复合性程度不一，可从简单的二肽到大的环状分子结构，而且这些肽还可通过磷酸化、糖基化或酰基化而加以修饰。

（四）降解秸秆木质素

木质素与纤维素之间形成坚固的酯键，阻碍了瘤胃微生物对纤维素的降解。英国 ASTON 大学从秸秆堆中分离出一种白腐真菌，只降解木质素、不降解纤维素，用白腐真菌发酵切碎的麦秸，5～6 周后，不仅提高了蛋白质含量，可使秸秆的体外消化率从 19.63% 提高到 41.13%。在适宜条件下，白腐真菌的菌丝首先用其分泌的超纤维氧化酶溶解表面的蜡质，然后菌丝进入秸秆内部并产生纤维素酶、半纤维素酶、内切聚糖酶、外切糖酶进行降解木质素和纤维素，使其成为含有酶的糖类，从而使秸秆类饲料变得香甜可口，易于消化吸收。

迄今为止，已发现的自然界中能够降解木质素的微生物种类极其有限。木质素的完全降解被认为是某些真菌和细菌共同作用的结果，其中真菌的作用是主要的。具有降解木质素能力的微生物及其降解特性见表 1-11。能有效地使木质素矿化的微生物主要是白腐真菌以及相关的凋落物分解真菌。微真菌主要降解土壤、森林凋落物和堆肥中的碳氢化合物，它也能降解这些环境中的木质素，有些微真菌能使木质素矿化高达 27%。丝状细菌可使高达 15% 的木质素矿化，而非丝状细菌使木质素制品的矿化一般不会超过 10%，且只能降解低分子量木质素，这些微生物可能在木质素的最后矿化中起作用。褐腐真菌和软腐真菌也可以分泌一些降解木质素的酶类，但它们分解木质素的能力不是很强，因此研究报道较少。

表 1-11 具有降解木质素能力的微生物及其降解特性

微生物类群	降解特性
白腐真菌	选择性高效矿化木质素
凋落物分解真菌	矿化木质素

微生物类群	降解特性
微真菌	降解特定环境木质素
丝状细菌	部分矿化木质素
非丝状细菌	降解低分子量木质素
褐腐真菌及软腐真菌	降解木质素能力较弱

引自李海涛等（2011）。

目前认为最重要的木质素降解酶有 3 种，即木质素过氧化物酶（Lignin peroxidase，Lip）、锰过氧化物酶（Man-dependent peroxidase，Mnp）和漆酶（Laccase，Lac）。木质素过氧化物酶和锰过氧化物酶可使木质素分子中碳—碳键断裂成苯氧残基，漆酶对木质素有降解和聚合的双重作用。

在木质素降解过程中，碳源和氮源的来源以及营养限制对生物降解木质素有极大的影响，是木质素降解的关键因素。研究报道 *P. chrysosporium* 和 *Lentinula edodes* 只有在其他替代碳源如葡萄糖存在时才能降解木质素。王宜磊（2000）研究碳源和氮源对 *Coriolus versicolor* 木质素酶分泌的影响，发现淀粉含量丰富的物质做碳源有利于木质素降解酶的分泌。毕鑫等（2003）研究在静置和振荡 2 种方式下不同营养条件对白腐菌合成木质素过氧化物酶（Lip）的影响。静置培养时，碳氮比低的培养基中显示较高的酶活，碳源以葡萄糖和糊精同时存在及分段加入要比单一葡萄糖作为碳源时获得更高的酶活；振荡培养时，在碳氮比高的培养基中酶活最高，而类似于静置培养的氮源组合及分段模式却明显抑制 Lip 的合成。Cu^{2+}、Fe^{2+}、Mn^{2+} 等金属离子对木质素降解有很大的影响。余惠生等（1997）人研究 Cu^{2+} 对 *Panus conchatus* 产木质素降解酶的调控，结果表明，Mnp 的产生受 Cu^{2+} 浓度影响不大，而 Lac 的产生却受 Cu^{2+} 的严格调控。没有 Cu^{2+} 的存在，Lac 酶活力很低，适量的 Cu^{2+} 浓度能够提高 Lac 酶活力。许多研究表明，某些具有木质素结构类似物的添加可以明显提高木质素降解能力。

（五）开发动物代谢调节剂

代谢调节剂（Metabolic modifier）是能够以具体和指定的方式改变牲畜新陈代谢能力的复合物。代谢调节的总体效果包括：提高生产效率（每一单位饲料所增加的体重或产奶量）、改进家畜的肉质（肉与脂肪的比例）、增加产奶量以及减少牲畜粪便排泄量。美国批准在畜牧业中采用的第一项现代生物技术是用于乳制品行业的牛生长激素（Bovine somatotropin，bST）。每隔 14 天给乳牛注射一次结构重组的 bST，可以增加产奶量，提高生产效率（奶量与饲料之比）。在美国，bST 使产奶量提高 10%~15%，约合每天 4~6kg；如果有极好的管理和照料，产量会更高。bST 自从 1994 年开始在美国进入商业销售以来，得到越来越普遍的使用，目前的 bST 乳牛数量为 300 万头。bST 已在全世界 19 个国家得到商业使用。

生物技术为养猪业开发出猪生长激素（Porcine somatotropin，pST）。在猪的成长过程中使用重组 pST，可以加强肌肉生长，减少脂肪储存，从而得到瘦型猪，具有较高的市场价值。使用 pST 的猪有较强的营养吸收能力，进而提高饲料的利用率。在美国，pST 正在接受美国食品和药品管理局（FDA）的检验。pST 已在全世界 14 个国家得到了商业使用。

美国对牛和猪的生长激素进行了详细的调查，证明其对人体是安全的，并批准了生长激素作为长效缓释埋植剂及注射剂使用，但其不属于饲料添加剂。我国农业农村部发布的 193 号《食品动物禁用的兽药及其他化合物清单》中未包括生长激素。目前，除欧盟以外的很多国家都没有禁止生长激素的使用，而贸易利益可能是某些国家禁止使用这一激素的主要原因。

（六）开发生物饲料、发酵豆粕

由于抗生素的滥用和动物的不规范饲养管理，食品安全受到严重挑战。因此，要想从根本上保证食品安全，只有从食物链的角度综合考虑，才能获得彻底解决。近年来，中国农业大学张日俊等（2009）的研究发现，饲料经发酵后可产生更多的酸、酶、抑菌物质、促生长物质等，起到生长促健作用，可有效控制药物残留，是一种绿色饲料生产技术，是适应 21 世纪人类食品生产需要的第四代饲料技术。在整个饲料工业的过去和未来发展过程中，有五种替代技术即粉料、颗粒料、膨化料、发酵饲料（或生物饲料）和感官饲料。而生物饲料就是经微生物发酵后的饲料，是第四代饲料技术。感官饲料即综合利用以上各个阶段的最先进技术，加工成在色、香、味和消化利用率等方面全面改进的饲料。

生物饲料即指利用某些特殊的有益功能微生物与饲料（不含药物）及辅料混合发酵经干燥或制粒等特殊工艺加工而成的含活性益生菌的安全、无污染、无药物残留的优质饲料。

生物饲料是经过某些特殊的微生物发酵过的饲料，而这些微生物能够产生消化酶、有机酸、抑菌素、B 族维生素、氨基酸等物质，通过对饲料的发酵，也就能产生上述有益物质，相当于消化器官的延长和消化时间的增加。生物饲料进入动物体内，其菌体会对动物宿主产生一系列的改变，如①消化道内容物质量的修饰，如物理（pH 值，氧化还原电位等）的、生物化学的修饰；② 消化道解剖学的修饰，如不同腔室的体积、消化道壁结构、消化道黏膜可吸收面积的改变；③消化道生理学的修饰，如肠蠕动，消化道上皮细胞的再生，脂、糖、氮、水、无机物等物质的吸收和改善；④消化道免疫系统的修饰，如分泌 IgA 浆细胞数目的增加和派伊尔淋巴集结大小的增加，标志着免疫功能的增强；⑤对外来细菌的菌群屏障作用，如严格屏障作用和非严格屏障作用，有些细菌能分泌拮抗蛋白，抑制一些有害微生物的生长；⑥改善动物产品品质、风味。

应用饲料生物技术，可开发出新一代蛋白源—发酵豆粕（Fermented soybean，FSB），它是指将大豆粕经特殊筛选的有益微生物菌群发酵，并经干燥、粉碎而成的发酵蛋白粉，其中含有较少量的肽类物质和大量的有益功能微生物及其代谢产物（生物活性物质）。具有低过敏性和易消化的特点。FSB 是一种低抗原之发酵产品，可广泛适用于幼龄畜禽和水产动物饲料，是一种提供营养、保健及水质保护的特殊高蛋白饲料原料，可完全取代酵母粉，多提供能量及有效氨基酸，也提供了不少的未知生长因子（UGF），容易消化，含乳酸，具有强烈诱食效果及适口性，富含功能性有益芽孢杆菌、酵母菌、乳酸菌等，可有效抑制有害菌和致病菌。Jones 等（2010）将发酵豆粕用于饲养保育猪，并与鱼粉相比较，发现在发酵豆粕添加量达到 6%~7.5%时，保育猪的日增重量和饲料转化率都显著提高，其效果和鱼粉添加量 5%~6%的效果相接近，表明发酵豆粕在适量添加情况下可替代鱼粉等昂贵动物性蛋白饲料用于保育猪的生长发育。Jin 等（2015）研究表明，与豆粕和鱼粉相比，在饲养断奶猪方面，发酵豆粕可以很好地提高猪的氨基酸和其他营养物质表观消化率，有利于猪的生长和发育。Xu 等（2012）从生理学和肠道学角度分析了发酵豆粕喂养鸡的效果，发现与对照组相比，发酵豆粕替代量为 10%时，对于鸡的生长有促进作用，饲料转化率提高，十二指肠和空肠绒毛隐窝深度增加，血清中尿素氮含量、免疫球蛋白 G（IgG）减少。赵丽梅等（2011）研究表明，在金鲳鱼饲料中用发酵豆粕代替 23%的进口鱼粉。金鲳鱼的增重率、特定生长率、饲料系数与对照组无显著性差异（$P>0.05$）。

（七）控制畜牧业对环境的污染

养殖业对环境的污染，主要是指畜禽摄食饲料后，通过排泄物对自然环境和生活环境产生的污染。畜牧业生产中不仅废弃物数量巨大，而且污物大多为含氮物质，极易腐败，通常带有致病微生物，容易造成土壤、水体、空气污染，并通过被污染的水、饮料和空气，导致畜禽传染病和寄生虫的传播和蔓延，使某些人畜共患的烈性传染病直接危害人的健康。此外，动物鸣叫的噪声、禽场羽毛粉尘、恶臭以及蚊蝇等，也构成了对环境的污染。我国 2015 年大牲畜年底养殖数量为 12 195.7 万头，其中牛养殖量为10 817.3 万头，占 88.7%；生猪年出栏量达到 70 825 万头，年末存栏量 45 112.5 万头，禽蛋产量达到 2 999.2 万 t；但规模化的发展带来的环境污染问题也日渐突出，根据第一次全国污染源普查公报结果显示，规模化畜禽养殖粪便产生量 2.43 亿 t，尿液产生量 1.63 亿 t，畜禽粪便污染已居农业源污染之首。中国国家发展和改革委员会农村经济司司长吴晓 2017 年 9 月 30 日在北京表示，目前中国每年产生畜禽粪污总量达到近 40 亿 t，畜禽养殖业排放物化学需氧量达到 1 268 万 t，占农业源排放总量的 96%，是造成农业面源污染的重要原因。由此可见，畜牧业生产中的环境污染问题不仅破坏了养殖场及周边地区的生态环境，而且通过空气、水体、土壤等中介，污染和破坏了城市居民的生存环境，降低了人们的生活质量，直接或间接地影响了人体健康，同时也给畜牧场的自身发展以及畜牧业的可持续发展带来了不利影响。

解决畜牧业二次污染的方法有三种。一是提高畜禽饲料中氮磷的利用率，降低粪便中氮磷污染，是消除畜牧业环境污染的"治本"之举。为了达到这一目的，除了采用培养优良品种、科学饲养、科学配料、加工技术（饲料颗粒化、膨化或热喷）等手段外，应采用生物高新技术，开发环保型饲料，如在饲料中添加植酸酶制剂、复合酶制剂、微生物饲料添加剂，这样不仅能提高饲料中氮、磷的利用率，而且可大幅度减少畜禽生产过程中产生的臭味等，在一般情况下，可使氨气、硫化氢浓度下降 70%左右，苍蝇大大减少，产品质量（品味）大大提高。二是通过生物工程手段净化畜禽粪便及其污水，主要是将粪污直接利用微生物制剂发酵制成生物有机肥。三是利用厌氧发酵原理，将污物处理为沼气和有机肥。这些是目前世界上应用广泛、处理量较大、费用低廉、适应性较强、比较经济的方法。

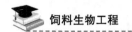

（八）在海洋生物加工废弃物、废水饲料资源化利用中的应用

由于世界人口的无限增长、可耕种土地的减少以及陆地资源的严重匮乏，人类必然向海洋更多地索取资源。多年来，海洋开发忽视资源高效利用和环境污染，结果海洋生物加工过程中产生了大量的废弃物（脏器组织、鳞片、鳍尾、碎肉等）、废水弃入或流入大海，导致海洋富营养化、赤潮频繁、物种减少、蓝色消退，最终影响人类生存。

目前，在湿法生产鱼粉时产生大量的废水（含蛋白质 4%~5%、含鱼油约 1.5%）。目前鱼粉鱼油加工废水未经任何处理直接排放，由于废水中富含大量的蛋白质及鱼油等营养成分，因而极易腐败，产生恶臭，严重地污染了环境，对近海养殖业已造成了一定的负面影响，它已成为当地的一大公害。该废水中 BOD（生物化学需氧量）高达 11 000 mg/L 及 COD（化学需氧量）浓度高达 70 000 mg/L。因此，如将鱼粉鱼油加工废水当作一种资源，向废水中投放酵母等微生物，可富集可溶性蛋白，生产出单细胞蛋白（SCP），还可大幅度减少废水中的 COD 及 BOD。

四、饲料生物工程技术展望

在 21 世纪，绿色科技是社会经济发展的主流。理想的绿色技术是采用无毒、无害的原料、催化剂和溶剂，高选择性的反应，极少的副产品，实现零排放；同时绿色反应也要求有一定的转化率，并达到技术上经济合理。我国把绿色技术列为中国 21 世纪科技发展议程的重要内容。饲料生物技术指以饲料和饲料添加剂为对象，运用基因工程、微生物工程（发酵工程）、酶工程、细胞工程、蛋白质工程和生化工程的原理和技术手段，研究和开发新型的饲料资源和饲料添加剂（如功能微生物制剂、饲用酶制剂、免疫调节剂、生长调节剂等）和制造工艺、参数和技术及其营养价值、生物学功效和作用机理的一门学科。使用生物技术开发的饲料有利于节约粮食，减缓人畜争粮的问题，为饲料的开源节流提供一种新的有效途径；另外，应用生物技术开发的饲料产品可降低畜禽粪氮、粪磷的排放量，从而大幅度减轻养殖业造成的环境污染。通过在饲料中应用生物技术产品可减少抗生素等有害的饲料添加剂的使用，对获得优质、安全的动物产品具有重要意义。

在未来，以饲料工业的需要为起点，以微生物工程、酶工程和生化工程的技术来改造传统的饲料产业，开发功能性饲料、环保饲料、生态饲料、绿色促生长剂和添加剂以及新的饲料资源，前景十分诱人。中国生物饲料开发国家工程技术研究中心主任、中国饲料经济专业学会理事长、博士生导师蔡辉益研究员 2016 年在第四届中国生物饲料科技大会上指出了生物饲料未来的研究重点主要集中在以下几个方面：第一，资源评估与发掘，建立生物饲料产品相关基因资源的高通量筛选技术和快速有效的功能评估系统，获得一批有自主知识产权、有应用价值的新基因资源。第二，构建基因工程技术平台，利用现代分子生物学技术和基因工程技术，构建高效生物反应器技术平台和多功能菌株改良技术平台，提高工程菌的蛋白表达量，降低生产成本，实现规模化廉价生产。第三，建立生物饲料蛋白质工程技术平台，通过对天然蛋白质的基因进行定向改造，创造出新的具备优良特性的蛋白质分子，从而提高蛋白活性，改善制品稳定性等。第四，建立生物饲料发酵工程技术平台，开发高效、稳定、实用的产品加工技术，加快生物饲料产业化步伐。第五，生物饲料产业化技术的系统集成，建立生物饲料产品的配套应用技术体系，促进重大生物饲料产品的研发、产业化和推广应用。第六，开发新型生物蛋白质和能量饲料，利用生物酶制剂降解饲料中的非淀粉多糖，利用微生物发酵或酶解方法降解豆粕、棉粕、菜粕中的抗营养因子，从而提高蛋白质和能量饲料的利用效率。第七，建立生物饲料产品的饲用价值和安全性评价技术，包括饲料的适口性，饲料对动物健康状况和畜产品品质的影响等。第八，建立生物饲料产品的高效配套应用技术，通过对优质、高效新产品的选择，以及发酵工程新技术、新工艺的研究，有效提高我国生物饲料产品及企业的整体水平，解决我国存在的人畜争粮、饲料利用率低、饲料安全卫生质量差、发酵工艺技术落后、产品少的问题，增强我国饲料行业和畜禽产品的市场竞争力。生物饲料产品预计到 2025 年市场份额将达到 200 亿美元/年，并且生产技术和应用技术水平将大幅度提高并标准化。生物饲料产品的大量应用，将终结养殖业的抗生素、化学添加剂时代。

本章小结

本章主要介绍了饲料和饲料添加剂分类及其工业发展现状与未来发展方向，重点介绍了饲料与饲料添加剂产业技术更新升级的重要高新技术——饲料生物技术的定义、应用与展望。饲料生物技术运用到的生物工程技术手段包括基因工程、微生物工程（发酵工程）、酶工程、细胞工程、蛋白质工程等，以后各章均是从不同角度，不同侧面对这些生物工程技术手段的原理、操作步骤以及在饲料和饲料添加剂工业中的应用进行展开和深化，所以本章是本书的逻辑起点。

复习思考题

1. 简述饲料工业存在的主要问题。
2. 简述饲料工业发展的主要趋势。
3. 简述饲料添加剂工业发展概况。
4. 简述饲料添加剂未来的研究发展方向。
5. 简述现代生物工程的分类和组成。
6. 简述现代生物工程的发展趋势。
7. 简述饲料生物工程技术在饲料工业和生产中的应用。

推荐参考资料

冯定远. 2001. 生物技术在饲料工业中的应用[M]. 广州：广东科技出版社.

张日俊. 2008. 现代饲料生物技术与应用[M]. 北京：化学工业出版社.

宋思杨. 2014. 生物技术概论（第四版）[M]. 北京：科学出版社.

廖湘萍. 2010. 生物工程概论（第二版）[M]. 北京：科学出版社.

王恬，王成章. 2018. 饲料学（第三版）[M]. 北京：中国农业出版社.

补充阅读资料

一些非常规饲料的开发利用

非常规饲料原料是指在配方中较少使用，或者对其营养特性和饲用价值了解较少的饲料原料。它是一个相对概念，不同地域、不同畜禽日粮所使用的饲料原料是不同的，在某一地区或某一日粮是非常规饲料原料，在另一地区或另一种日粮中可能是常规饲料原料。

非常规饲料原料来源广泛，成分复杂，它们的共同特点主要包括如下几个方面：一是营养价值较低，营养成分不平衡。二是含有多种抗营养因子或毒物，不经过处理不能直接使用或必须限制用量。三是适口性差，饲用价值较低。四是营养成分变异很大，质量不稳定，受到产地来源、加工处理以及贮存条件等多方面因素的影响。五是营养价值评定不太准确，没有较为可靠的饲料数据库，增加了日粮配方设计的难度。

根据饲料的营养特性，我国的非常规饲料可分为七大类：农作物秸秆和秕壳、糟渣和废液类饲料、林业副产物、非常规植物饼粕类、动物性下脚料、粪便再生饲料资源及矿物质饲料。非常规饲料资源（NCFR）对于家畜来说，是既有能量又有蛋白质的重要饲料来源（在 2000 年分别占到代谢能和粗蛋白产量的 36% 和 26%），几乎与主要的农作物同样重要，后者在 2000 年的贡献是约占 42% 的能量和 39% 的蛋白质产量。因此，从我国实际出发，加大对非常规饲料资源的开发、利用和研究将是畜牧业可持续发展的有效途径之一，对缓解我国饲料原料资源紧张，提高饲料产品质量和产量，降低养殖成本和发展现代畜牧业具有积极的促进作用。目前，通过微生物发酵的方法利用非常规饲料原料已成为非常规饲料开发利用的一种重要手段。

非常规生物饲料是在微生态理论指导下，将非常规饲料经过有益微生物的发酵生产和调制而成的饲料。由于非常规生物饲料主要是根据微生物的发酵作用、非常规饲料的营养特性及饲养对象对于营养的需求，将一定比例的有益微生物与非常规饲料组合发酵制备而成的，因此可达到改变非常规饲料的理化性状、增加适口性及营养价值和提高消化利用率等效果。非常规生物饲料作为非常规饲料的一种较为新型的饲料，在 21 世纪的作用已越来越引起饲料科技工作者的重视，具有广阔的应用前景。

农作物秸秆作为非常规饲料已经在畜牧业中被广泛使用，其处理技术也日趋成熟。林琳等以秸秆和大米渣为培养基原料，用啤酒酵母单菌发酵，在含水量 65%、pH 值 6.2 和发酵温度 28℃ 的条件下发酵，获得蛋白质含量平均达 58%，比发酵前粗蛋白提高约 20%。张卉等将玉米秸秆用担子菌发酵后蛋白质提高 32.8%，粗纤维降解 27.7%，粗脂肪提高 25%，还含有 16 种氨基酸及钙和磷等矿物质。潘锋利用多菌种混合发酵稻草秸秆，产物中纤维素降低 42.31%，半纤维素降低 31.45%，粗蛋白含量达到 21.51%，高于小麦和玉米，仅次于大豆，含有的 16 种氨基酸，总和占产物干物质的 14.31%，其必需氨基酸含量高于联合国粮农组织（FAO）规定的标准。农作物秸秆经过微生物的发酵处理，能降低纤维素和提高蛋白质含量，使饲料的适口性和畜禽对于秸秆饲料的利用率得到改善。而且微生物在生长繁殖过程中产生的活性物质（抗生素、维生素、有机酸、激素及赖氨酸等）和菌体能够调节畜禽体内的微生态环境，提高动物体的免疫力。

　　糟渣是另一类数量大且来源集中的非常规饲料资源，可以通过适量补充无机碳源和氮源，采用能有效降解纤维素并能大量产生蛋白质的菌株对其进行发酵来生产蛋白饲料，这既扩大了饲料来源，又提高了资源利用率。将苹果渣经黑曲霉单菌处理后，其发酵产物蛋白酶和纤维素酶活力分别为 3 674U/g 和 1 207U/g，果胶与单宁的降解率分别为 99.0% 和 66.1%，同时，蛋白质与氨基酸的含量明显提高，可溶性糖含量降低，其营养价值得到明显改善。苹果渣经过热带假丝酵母菌和啤酒酵母菌混合发酵后，其发酵产物粗蛋白含量由 20.1% 提高到 29.3%，粗脂肪和灰分含量也大幅提高，营养价值得到了全面改善。酒糟和马铃薯渣是糟渣类中生产量最大的，刘军等研究利用混合菌种协同发酵白酒糟，发现在发酵时间为 48h、投料（投料比为 40%）70g、接种量 3.6%、pH 值 6.31 及尿素投加量 0.5% 的条件下发酵，比单纯使用酒糟发酵蛋白含量有明显提高。据祝英报道，利用米曲霉、黑曲霉、产朊假丝酵母和热带假丝酵母混合发酵马铃薯渣后可将粗蛋白含量从 3.56% 提高到 30.67%，粗蛋白含量提高了 8.6 倍。

　　林业副产物主要包括树籽、树叶、嫩枝和木材加工下脚料。其中槐树叶、榆树叶和松树针等蛋白质含量一般占干物质的 25%～29%，是很好的蛋白质补充料且含有大量的维生素和生物激素，如，桑树叶用乳酸菌处理后其粗蛋白含量提高到 29.56%，而且桑树叶含有必需氨基酸——赖氨酸，对于家畜必需氨基酸有很好的补充作用。将复合菌（产朊假丝酵母、米曲霉、枯草芽孢杆菌和黑曲霉的比例为 1:1:2:1）按 1.5% 的比例接种至葵花盘粉，其发酵产物粗蛋白含量可达 15.33%，以新鲜发酵饲料替代奶牛饲料中的部分精料，可以有效提高奶牛的采食量。此外甜橙皮渣经过黑曲霉、康宁木霉和产朊假丝酵母的混合发酵，其蛋白质含量是纯甜橙皮渣的 3～4 倍，这样的饲料未添加任何无机物或有机氮，全天然，无污染且蛋白质含量高。

　　非常规植物饼粕类主要有芝麻饼、花生饼、向日葵饼、胡麻籽饼、油茶饼、菜籽饼、橡胶籽饼、油棕饼和椰子饼等。这类非常规饲料大都含有抗营养因子，不能直接用于家畜的饲喂。研究者发现去除其抗营养因子的方法很多，其中微生物发酵处理是最常用的一种。利用黑曲霉处理油茶饼粕，发酵后粗蛋白提高 41.8%，真蛋白提高 48.2%，同时油茶饼粕中的抗营养因子单宁降低 78.7%，茶皂素降低 65.3%，其饲用价值极大改善。利用热带假丝酵母菌 ZD-3 和黑曲霉菌 ZD-8 对棉籽饼进行单菌及复合固体发酵，复合发酵极显著降低棉籽饼底物游离棉酚含量，脱毒率达 91.64%，复合发酵效果优于单菌发酵。

　　动物性下脚料主要指屠宰场下脚料、皮革工业下脚料、水产品加工厂下脚料和昆虫等动物性饲料资源。这类非常规饲料含大量的蛋白质且能满足家畜对于必需氨基酸的需求。含有羽毛角蛋白饲料和啤酒糟粉的粗饲料可通过有效微生物（EM）制剂发酵，使粗蛋白提高 20.15%、蛋白质体外消化率提高 74.55% 且粗纤维降低 46.3%。猪血粉也可利用枯草芽孢杆菌进行发酵，其发酵后可溶性蛋白含量上升了 53.77%，氨基酸态氮含量增加了 4.44 倍，且具有较浓的醇香味。

　　菌糠是指以农作物秸秆、棉籽壳、甘蔗渣、玉米芯、锯木、工业废物（酒糟、醋糟、造纸厂废液、制药厂黄浆液等）为主要原料栽培食用菌后的废弃培养物。据资料显示，我国食用菌产量从 1978 年的 6 万 t，增加到 2007 年的 1 682 万 t，占世界总产量的 70%以上，年产生菌糠 600 万~700 万 t。据中国食协行业信息部提供的数据，2012年，中国食用菌总产量达到 2571.7 万 t，推算菌糠已超过 1000 万 t。菌糠经过加工处理后能成为一种新型蛋白质饲料，但目前大多数被废弃，成为一大环境污染源。菌糠培养物原料的营养价值不高，但因食用菌的栽培原料经真菌的生物发酵和酶解作用，纤维素、半纤维素和木质素被不同程度降解，通过食用菌的生物固氮作用、酶解作用等一系列转化过程，粗蛋白、粗脂肪含量比原培养物提高 2.2~2.9 倍，粗纤维、木质素和抗营养因子大幅度降低。如纤维素降低 50%，木质素降低 30%以上，棉酚降低 60%以上。同时产生许多糖类、有机酸和生物活性物质。不但营养物质增加，还提高了营养物的消化率、适口性和安全性。对 17 种菌糠常规营养成分含量测定结果显示：干物质 69%~92%，粗蛋白 5.80%~15.44%，粗脂肪 0.12%~4.53%，粗纤维 2.00%~37.11%，无氮浸出物 33.0%~63.5%。经过发酵处理的平菇菌糠，粗蛋白从 10.60%提高到 25.83%。

综上，非常规饲料经微生物处理后，很好地解决了非常规饲料含有抗营养因子和毒素、营养成分少及适口性差等缺陷。对于非常规生物饲料的研究，已受到人们的极大重视。

饲料工业面临严峻的形势：饲料原料价格持续上涨，供应量逐渐下降，紧缺已见端倪，科学技术尤其是高新技术的应用越来越显重要，在各种高新技术中，生物工程技术作为进一步提高动物生产力和饲料转化率的新技术，正越来越为人们广泛重视。因为它可节省饲料，减少环境污染，为发展高产、优质和高效养殖业开辟新的广阔前景。

第二章
基因工程及其在饲料中的应用

【学科发展】

基因技术的第一次尝试

1973 年，Syanley N. Cohen 和 Annie C. Y. Chang 选用了一种在细菌中广泛存在的小型质粒，并以 Cohen 名字的首字母命名为 pSC101（下图）。该质粒携带有四环素抗性的 tc 基因。之所以选用这种质粒，是因为它只有一个 GAATTC 的序列，可被 *EcoR* I 限制性切割，切割位点位于 G 和 A 之间。如果质粒中含有多个被酶识别的靶序列，酶切将导致质粒被分割成多个而不是一个片段。而且为了确定细菌带有外源基因，酶切位点不能位于抗性基因的那一段序列。

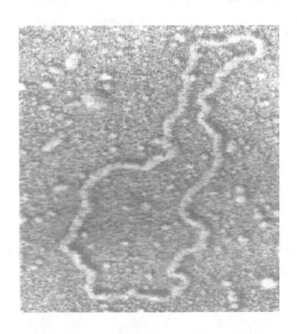

Cohen 和 Boyer 又使用 *EcoR* I 酶切的另一种携带卡那霉素抗性的大肠杆菌质粒 pSC102。这种质粒仅有一个酶切识别位点，酶切后其卡那霉素基因的序列也未遭到破

坏，且酶切会使环形的质粒 DNA 转变为带有黏性末端的线性结构。因为上述两种质粒都在 G/AATTC 位点被切割，所以它们具有相同的黏性末端，可使这两种片段松散地结合在一起。紧接着，研究者又向片段的混合物中添加 DNA 连接酶这种"胶水"，于是就产生了新的更大的重组质粒（Recombinant plasmid）。接着，向大肠杆菌溶液中添加能增加细胞壁对 DNA 通透性的无机盐氯化钙（CaCl₂），使转入的重组 DNA 就能进入细菌细胞，这个步骤被称为转化（Transformation）。带有双重抗性（Dual resistance）的质粒的细菌能同时在含有四环素和卡那霉素的培养基中生长，而其他的大部分细菌死去了。一个幸存的细菌能够复制产生 n 个相同的后代形成一个单菌落（Clone）：即一群遗传特征完全一致（Genetically identical）的细胞。

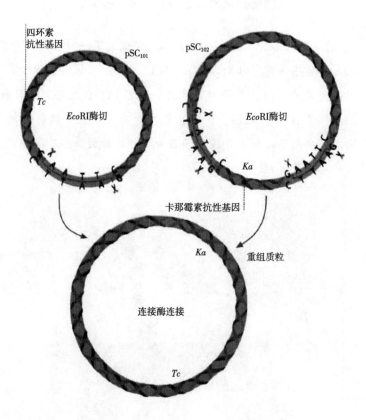

Cohen 实验室为此而欢欣鼓舞！人类历史上第一次将两种不同生物的基因转入同一种生物。

第一节 基因工程及其发展

20 世纪 70 年代初，美国斯坦福大学的 S. Cohen 等第一次将两个不同的质粒加以拼接，组成了一个杂合质粒，并将其引入大肠杆菌体内表达。这种被称为基因转移或 DNA 重组的技术，立即在学术界引起了很大的震动。由于基因转移将不同的生命元件按照类似于工程学的方法组装在一起，产生出人们所期待的生命物质，因此也被称为基因工程。基因工程的出现使人类跨进了按照自己的意愿创建新生物的伟大时代。1973 年，也被人们公认为基因工程诞生元年。基因工程从诞生至今不到 50 年，但这一学科却获得了突飞猛进的发展。

一、基因工程的概念

基因工程（Genetic engineering），也叫基因操作、遗传工程或重组体 DNA 技术。它是一项将生物的某个基因通过基因载体运送到另一种生物的活性细胞中，并使之无性繁殖（称之为"克隆"）和行使正常功能（称之为"表达"），从而创造生物新品种或新物种的遗传学技术。一般来说，基因工程是专指用生物化学的方法，在体外将各种来源的遗传物质（同源的或异源的、原核的或真核的、天然的或人工合成的 DNA 片段）与载体系统（病毒、细菌质粒或噬菌体）的 DNA 结合成一个复制子。这样形成的杂合分子可以在复制子所在的宿主生物或细胞中复制，继而通过转化或转染宿主细胞，使之生长和筛选转化子，并进行无性繁殖，使之成为克隆。然后直接利用转化子，或者将克隆的分子自转化子分离后再导入适当的表达体系，使重组基因在细胞内表达，产生特定的基因产物。

基因工程中内外源 DNA 插入载体分子所形成的杂合分子又称为嵌合 DNA 或 DNA 嵌合体（DNA chimera）。构建这类重组体分子的过程，即对重组体分子的无性繁殖过程又称为分子克隆（Molecular cloning）、基因克隆（Gene cloning）或重组 DNA（Recombinant DNA）。

在典型的基因工程实验中，被操作的基因不仅能够克隆，而且能够表达。但是在另外一种情况下，为了制备和纯化一段 DNA 序列，人们只需将这一段 DNA 在受体细胞中克隆就可以了，无须让它表达，这也是一种基因工程实验。

二、基因工程发展简史

1972 年，美国斯坦福大学的学者首先在体外进行了 DNA 改造的研究，他们把 SV40（一种猴病毒）的 DNA 和 λ 噬菌体 DNA 分别切割，又将两者连接在一起，成功构建了第一个体外重组的人工 DNA 分子。1973 年，Cohen 等人首次在体外将重组的 DNA 分子导入大肠杆菌中，成功地进行了无性繁殖，从而完成了 DNA 体外重组和扩增的全过程。在这个工作的基础上，基因工程就诞生了。现在，有关领域的科学家已能使异源基因在受体细胞成功地表达具有特异生物学活性的蛋白质。通过体外基因重组，可以人工创造出新的生物物种。

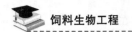

基因工程技术经历了安全问题的争论和改造载体阶段，当前已将突破点集中于外源基因在受体细胞内的表达问题上，确切地说，更集中于真核基因在原核细胞表达的基因工程技术。使外源基因在受体细胞内表达出有生物学活性的蛋白质，不仅涉及对基因工程的许多细节的认识，还广泛涉及人们对受体细胞、基因结构与功能的关系以及基因表达调控的认识。

基因工程技术的迅速发展得益于现代遗传学和生物化学成果的积累和运用。限制性内切核酸酶的发现、对噬菌体和细菌质粒的生物学研究成果以及 Southern 印迹技术、聚合酶链式反应（PCR）、脉冲场凝胶电泳技术等重大的发现和技术革新都给基因工程带来新的进展和突破。现在，已经有了快速、自动化的 DNA 序列分析技术和 DNA 合成技术，以及灵敏度极高的基因检测和基因表达检测技术，一些原先非常繁杂的基因工程技术在一定程度上自动化或常规化了。近代分子生物学在理论上的三大发现和技术上的三大发明对基因工程技术的诞生起到了决定性的作用。

1. 基因工程技术的三大理论基础

20 世纪 40~60 年代，分子生物学上三大理论的发现为基因工程技术奠定了理论基础。这三大理论包括：一是 20 世纪 40 年代 Avery 等人通过肺炎球菌的转化试验证明了生物的遗传物质是 DNA，而且证明了通过 DNA 可以把一个细菌的性状转移给另一个细菌。这一发现被誉为现代生物科学的开端，也是基因工程技术的理论先导。二是 20 世纪 50 年代 Watson 和 Crick 发现了 DNA 分子的双螺旋结构及 DNA 半保留复制机理。三是 20 世纪 60 年代关于遗传信息中心法则的确立，即生物体中遗传信息是按 DNA→RNA→蛋白质的方向进行传递的。

Avery 等关于 DNA 是遗传物质的发现和遗传信息中心法则的阐述，表明决定生物体具有不同性状的关键物质——蛋白质分子的产生是由生物体中所含有的 DNA 所决定的，因此可以通过对 DNA 分子的修饰改造改变生物的性状。根据 DNA 半保留复制的机理，对 DNA 分子的修饰改造可以通过 DNA 的复制进行传递。因此，上述三大理论发现为基因工程技术的诞生奠定了理论基础。

2. 基因工程技术的三大技术基础

三大理论发现，虽然从理论上确立了基因工程的可能性，但在进行基因工程技术操作时，科学家还面临着三个基本技术问题：一是如何从生物体庞大的双链 DNA 分子中将所需要的基因片段切割下来；二是如何将切割下来的 DNA 片段进行繁殖扩增；三是如何将所获得的基因片段重新进行连接。20 世纪 70 年代，由 Smith 等人发现的核酸限制性内切酶、DNA 连接酶和可以作为基因工程载体的细菌质粒的发现，从技术上解决了上述三个问题，因而被认为是使基因工程从理论走向实践的三大关键性的技术发明。

3. 不断发展的基因研究与基因工程技术

基因和基因工程研究经历了安全问题的争论和改造载体两个阶段，当前的研究重点是外源基因在受体细胞内的表达问题，这涉及对基因工程的许多细节的认识，还广泛涉及对受体细胞、基因结构与功能的关系以及基因表达调控的认识。

1985 年，意大利裔美国病毒学家杜尔贝科（R. Dulbecco）提出"人类基因组计划"。1986 年第一只胚胎细胞克隆动物（绵羊）在英国诞生。1990 年，"人类基因组计划"正式启动。1996年第一只体细胞克隆动物（绵羊）"多莉"在英国诞生。1998年，中、日、美、英、韩5国科学家共同制定"国际水稻基因组测序计划"。1999年，国际人类基因组计划联合研究小组宣布已经完整破译出人体第22对染色体的遗传密码。2000年，中、美、日、德、法、英6国科学家成功绘制出了人类基因组草图。2000年5月，"中国超级杂交水稻基因组计划"正式启动。2001年，中、美、日、德、法、英6国科学家联合公布了人类基因组图谱及初步分析结果。2003年4月，"中华人类基因组单体型图计划"正式启动，这一计划是"国际人类基因组单体型图计划"的重要组成部分，由中国内地、中国台湾、中国香港特别行政区科学家联手合作。2003年4月，中、美科学家分别测定出非典型肺炎病毒的基因图谱。2003年4月，美、英、日、法、德和中国科学家经过11年努力共同绘制完成了人类基因组序列图，实现了人类基因组计划（HGP）的所有目标。发现人类基因组由30亿对碱基组成，含有约2.5万个基因。2006年，日本的 S. Yamanakaz（山中伸弥）选择了 Oct3/4、Sox2、c-Myc 和 Klf4 四个关键基因，通过反转录病毒载体将它们转入到小鼠的成纤维细胞，使其变成多功能干细胞，这种通过向皮肤成纤维细胞的培养基中添加几种胚胎干细胞表达的转录因子基因，诱导成纤维细胞转化成的类多能胚胎干细胞，称为诱导多能干细胞，为基因治疗和器官移植开拓了一条新路。2007年5月31日，J. D. Watson 获得了美国"贝勒医学院"（Baylor College of Medicine）和"454生命科学公司"赠予的完整基因组图谱的数据光盘，这是世界上第一份"个人版"基因组图谱。2007年，美国 J. C. Venter 宣布，他们从生殖支原体内提取整组基因，随后经过一系列技术，建立新的染色体。这个染色体有381个基因，包括58万对碱基。随后，科学家们将它嵌入已经被剔除了 DNA 的细菌细胞之中。2009年，美国威斯康星医学院和 Sigma-Aldrich 公司等单位利用锌指核酸酶（Zinc finger nuclease, ZFN）基因打靶技术成功构建了世界首例基因敲除大鼠（Knockout rat）。2010年，J. C. Venter 研究所宣布第一个合成的细菌基因组产生，这个人工合成的细菌被命名为"辛西娅"（Synthia），它是人类科学史一个合成生命（Synthetic life）。2011年，法国南特大学首次利用转录激活因子样效应物核酸酶（Transcription activator-like effector nuclease, TALEN）基因打靶技术成功构建了基因敲除大鼠。2012年，J. O. Kitzman 等完成了人类胎儿非侵入性全基因组测序，为单基因遗传疾病非侵入性产前诊断和治疗开启了一扇希望之门。2013年《科学》第339卷6121期刊登了2篇（麻省理工学院、哈佛医学院）具有重要意义的 CRISPR（规律性成簇间隔的短回文重复序列，Clustered Regularly Interspaced Short Palindromic Repeat）/Cas 技术论文。利用基因工程手段改造了细菌的 CRISPR/Cas 系统，具有比 TALEN 更快的基因组编辑时效性。2014年4月，中国科学院新疆生态与地理研究所研究员张道远带领团队，通过从耐旱灌木白花柽柳中克隆得到 TaMnSOD 基因，利用转基因技术遗传转化到新疆主栽棉花品种中，获得 T4 代转基因株系，通过形态及生理生化检测证实转基因株系具备更强的抗旱性。2014年7月，美国费城坦普尔大学医学院的研究人员通过剪辑技术，首次找到了一种将艾滋病毒从人体细胞中彻底清除的方法。这一突破标志着从人体细胞中清除潜在 HIV-I 病毒的努力首次获得成功——这还可以治疗其他潜在感染。但目前还不能进入临床应用。2014年12月，日本研究人员利用一种基因重组新技术，能让蚕发出绿光。日本广岛大学教授山本卓等开发的这种基因重组新技术名为"PITCh法"，主要利用了能够切断基因组中特定基因的酶以及生物机体修复受损DNA（脱氧核糖核酸）的机制。2016年，世界首个"三亲"婴儿在美国纽约诞生。为避免遗传来自约旦母亲的遗传疾病，医疗团队利用新技术，从母亲和捐赠者的卵子中取走含有大多数DNA细胞核，再将母亲的细胞核注入捐赠者只余下健康线粒体的卵子之中，然后再和父亲的精子受精。诞生的男婴继承了"三位"父母基因，他的头发及眼睛颜色等，都源自父母的基因，但同时有约0.1%DNA是来自捐赠者。2017年，布莱恩·马度（Brian Madeux）成为人类历史上首次接受基因改造疗法的患者。这款基因疗法应用了锌指核酸酶（ZFN）基因组编辑技术，能将编码正常IDS的基因插入到肝细胞基因组里，从而使部分肝细胞能够被基因改造（约1%），产生IDS酶控制病情。2018年，全球第一对经基因编辑的双胞胎女婴露露和娜娜在深圳诞生。深圳南方科技大学生物系副教授贺建奎声称，团队通过改造双胞胎CCR5基因，使她们可对艾滋病免疫。

第二节　基因工程技术原理

基因是控制一切生命运动的物质形式。基因工程的本质是按照人们的设计蓝图，将生物体内控制性状的基因进行优化重组，并使其稳定遗传和表达。这一技术在超越生物王国种属界限的同时，简化了生物物种的进化程序，大大加快了生物物种的进化速度。基因工程的研究与发展，一是促进了大规模生产生物活性分子。利用细菌（如大肠杆菌和酵母等）基因表达调控机制相对简单和生长速度较快等特点，令其超量合成其他生物体内含量极微但却具有较高经济价值的生化物质。二是加快了设计构建新物种。借助于基因重组、基因定向诱变甚至基因人工合成技术，创造出自然界中不存在的生物新性状乃至全新物种。三是加速了搜寻、分离、鉴定生物体尤其是人体内的遗传信息资源。目前，日趋成熟的DNA重组技术已能使人们获得全部生物的基因组，并迅速确定其相应的生物功能。

一、基因工程的基本过程

基因工程的基本内容是有目的地对遗传物质功能单位进行综合，创造有价值的生物分子或新的动物、植物或微生物品系。基因工程与其他工程一样，是有设计、有蓝图、有预期目的而进行的一种创造性的工作。基因工程实验设计可以是多种多样的，具体的操作方法也可以灵活变动，各不相同，但其基本过程大体是一样的，工艺流程概括成图2-1所示的模式图。

基因工程是在实验室条件下，进行肉眼看不见的分子水平上的操作，实验所采用的核酸试剂一般是以微克（10^{-6}g）、纳克（10^{-9}g）来进行计算和计量的。

基因工程的基本过程主要包括：

（1）切　从供体细胞中分离出基因组DNA，用限制性核酸内切酶分别将外源DNA（包括外原基因或目的基因）和载体分子切开。

（2）接　用DNA连接酶将含有外源基因的DNA片段接到载体分子上，构成DNA

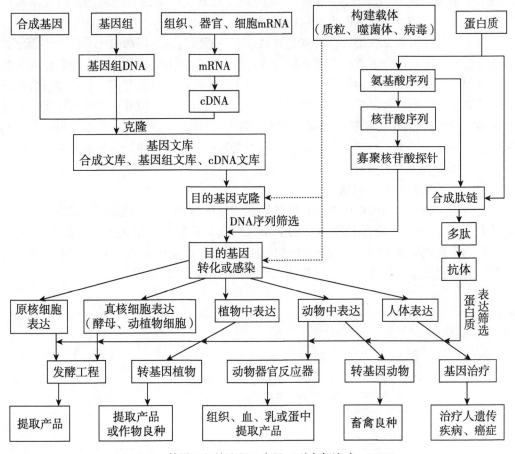

图 2-1 基因工程的流程示意图 (引自贺淹才，2007)

重组分子。

（3）转 借助于细胞转化手段将 DNA 重组分子导入受体细胞中。

（4）增 短时间培养转化细胞，以扩增 DNA 重组分子或使其整合到受体细胞的基因组中。

（5）检 筛选和鉴定经转化处理的细胞，获得外源基因高效稳定表达的基因工程菌或细胞。

二、基因工程的操作步骤

（一）目的基因的制取

1. 外源基因与目的基因

基因工程主要是通过人工方法分离、改造、扩增并表达生物的特定基因，从而深入开展核酸遗传研究或者获取有价值的基因产物。通常我们把插入到载体内那个特定的片段基因称为"外源基因"，而将那些已被或者准备要被分离、改造、扩增或表达的特定基因或 DNA 片段称为"目的基因"。人们想要生产一种蛋白质，为此蛋白质编码的

DNA 片段就是目的基因。例如，胰岛素基因是胰岛素生产中的目的基因。研究某基因与疾病的关系，被研究的基因也是目的基因。

由于原核细胞和真核细胞，特别是真核细胞的基因组内基因数目十分巨大，因此这些基因组不可能直接全部重组。要从数以万计的核苷酸序列中挑选出非常小的感兴趣的目的基因，是基因工程中的第一个难题。基因工程中常用的目的基因，如乙型肝炎病毒表面抗原基因、生长激素基因、干扰素基因等，都仅有几千个或几百个甚至更少的碱基对的 DNA 片段。人生长激素释放抑制因子的基因只有 42 个碱基对。要想获得某个目的基因，必须对其性质、结构有所了解，然后根据目的基因的性质制定分离基因的方案。

2. 目的基因制取的策略

（1）鸟枪法制取目的基因

直接从生物细胞基因组中获取目的基因最常用的方法是"鸟枪法"（Shotgun），又称"霰弹枪法"。其是将某种生物体的全基因组或单一染色体切成大小适宜的 DNA 片段，分别连接到载体 DNA 上，转化受体细胞，形成一套重组克隆，从中筛选出含有目的基因的期望重组子。鸟枪法制取目的基因的示意图如图 2-2 所示。

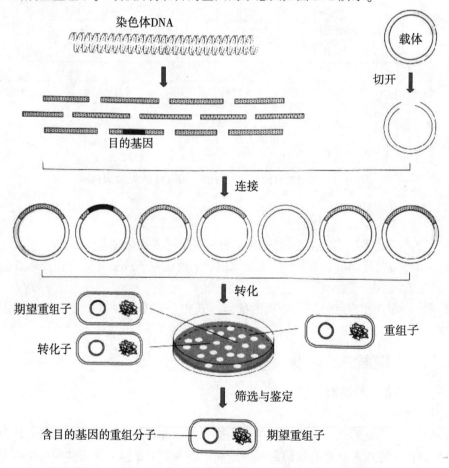

图 2-2　鸟枪法制取目的基因的示意图（引自张惠展，2015）

"鸟枪法"的主要步骤：

①制备目的基因组 DNA 片段

从供体的生物细胞中提取其染色体 DNA，然后用内切酶或其他机械方法将完整的双链 DNA 分子随机切割成适当长度的片段，这样得到的 DNA 片段群的某一片段上可能刚好有所需要的目的基因。

② 外源 DNA 片段的全克隆

根据外源 DNA 片段的末端性质及大小确定克隆载体（鸟枪法一般选择质粒或 λ-DNA 作为克隆载体），然后将这些片段连接到合适的基因载体上，引入受体细胞（大多选择大肠杆菌）中进行分子克隆，即进行目的基因的增殖。

③期望重组子的筛选

从众多的鸟枪法克隆中快速检出期望重组子的最有效手段是菌落（菌斑）原位杂交法或外源基因产物功能检测法，前者需要理想的探针，后者则依赖于简便筛选模型的建立。如克隆淀粉酶、蛋白酶或抗生素抗性基因时，利用外源基因产物功能检测法筛选期望重组子是最理想的选择。在既无探针又难以建立快速筛选模型的情况下，也可采用限制性酶切图谱法对所重组克隆进行分批筛选。例如，已知目的基因位于 2.8kb 的 *Eco*R I DNA 片段中，可用 *Eco*R I 分别酶解所有的重组分子，初步确定含有 2.8kb 限制性插入片段的重组克隆，然后再根据目的基因内部的特征性限制性酶切位点进行第二轮酶切筛选，最终找到期望重组子。

④目的基因的定位

在绝大多数情况下，利用鸟枪法获得的期望重组子只是含有目的基因的 DNA 片段，必须通过亚克隆在已克隆的 DNA 片段上准确定位目的基因，然后对目的基因进行序列分析，搜寻其编码序列以及可能存在的表达调控序列。鸟枪法克隆目的基因的工作量之大是可想而知，对目的基因及其编码产物的性质了解得越详尽，工作量就越少。

（2）非随机鸟枪法制取目的基因

非随机鸟枪法是在标准鸟枪法制取目的基因的基础上衍化而来的，其可在克隆前就制备非随机的待克隆 DNA 片段，这样可以有效地缩小筛选的规模和工作量。非随机鸟枪法制取目的基因是在已知目的基因两侧的限制性酶切位点以及两个位点之间的距离的情况下，用特定的限制性内切酶完全降解染色体 DNA，酶解产物通过琼脂糖凝胶电泳分离，然后从电泳凝胶上直接回收特定大小的 DNA 片段，经过适当的纯化后与载体 DNA 直接拼接，而使重组克隆中期望重组子的存在概率就大大增加的制取目的基因的方法。非随机鸟枪法制取目的基因的基本程序如图 2-3 所示。

（3）cDNA 法

cDNA（Complementary DNA）是与 mRNA 互补的 DNA，严格地讲，它并非生物体内的天然分子，有些 RNA 肿瘤病毒能够通过其自身基因组编码的反转录酶（即依赖于 RNA 的 DNA 聚合酶），将 RNA 反转录成 DNA，作为基因复制和表达的中间环节，但这种 DNA 分子并非是与特定 mRNA 相对应的 cDNA。将供体生物细胞的 mRNA 分离出来，利用反转录酶在体外合成 cDNA，并将之克隆在受体细胞内，通过筛选获得含有目的基因编码序列的重组克隆，这就是 cDNA 法克隆蛋白质编码基因的基本原理。

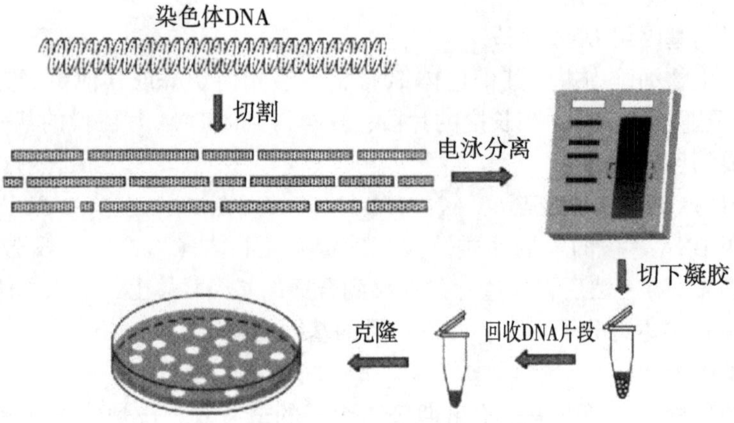

图 2-3　非随机鸟枪法制取目的基因的示意图（引自张惠展，2015）

　　与鸟枪法相比，cDNA 法的优点是显而易见的。首先，cDNA 法能选择性地克隆蛋白编码基因，而且由 mRNA 反转录合成的 cDNA 对特定的基因而言只有一种可能性，这样大大缩小了后续筛选样本的范围，减轻了筛选工作量；其次，cDNA 法克隆的目的基因相当"纯净"，它既不含有基因的 5′端的调控区，同时又剔除了内含子结构，有利于在原核细胞中的表达；最后，cDNA 通常比其相应的基因组拷贝要小数倍甚至数十倍，一般只有 2~3kb 或更小，便于稳定地克隆在一些表达型质粒上。因此，利用 cDNA 法将真核生物蛋白编码基因克隆在原核生物中进行高效表达，是基因工程常用的战略思想。

　　反转录合成目的基因的操作步骤：

　　① mRNA 的分离纯化

　　从生物细胞中分离 mRNA 比分离 DNA 困难得多，mRNA 在细胞内尤其在细菌内的半衰期极短，平均只有几分钟，而且由于基因表达具有严格的时序性，目的基因的表达程序对相应 mRNA 的成功分离至关重要。此外，mRNA 在体外也不甚稳定，这对分离纯化过程和方法都提出了更高的要求。尽管如此，目前发展起来的基因表达检测技术以及 mRNA 高效分离方法已较圆满地解决了上述难题。即使在细胞中只存在 1~2 个 mRNA 分子，也可由 cDNA 法成功克隆。

　　除了极少数特例（如组蛋白基因）之外，几乎所有的真核基因 mRNA 分子的 3′末端都带有一段多聚的腺苷酸结构，即通常所说的 poly（A）尾巴。利用这种性质，用与寡聚（dT）共价结合的磁珠可从真核细胞的裂解液中提取把有带 poly（A）尾巴的 mRNA 与其他 RNA（RNA，tRNA 等）和 DNA 等分离出来。高质量 mRNA 的制备的方法中，多采用 mRNA 制备 kit 分离 poly（A）RNA。

　　② 双链 cDNA 的体外合成

　　真核生物 mRNA 的 polyA 结构不但为 mRNA 分离纯化提供了便利，而且也使得 cDNA 的体外合成成为可能。将纯化的 mRNA 与事先人工合成的 oligo-dT（12~20 个碱基）退火，后者成为反转录酶以 mRNA 为模板合成 cDNA 第一链的引物（图 2-4）。反转录酶以 4 种 dNTP 为底物，沿 mRNA 链聚合 cDNA 至 5′末端帽子结构处，完成 cDNA 第一链的合成。有时，反转录酶会在接近 5′末端帽子结构途中停止聚合反应，尤其当

mRNA 分子特别长时，这种情况发生的频率很高。导致 cDNA 第一链的 3′端区域不同程度地缺损。为了克服这一困难，发展出一种随机引物的合成方法，即事先合成一批 6~8 个碱基的寡聚核苷酸随机序列，以此替代 oligo-dT 为引物合成 cDNA 第一链，然后用 T4DNA 连接酶修补由多种引物合成的 cDNA 小片段切口（nick），最终的产物仍是 DNA-RNA 的杂合双链。cDNA 第二条链的合成大致有自身合成法（图 2-5）、置换合成法（图 2-6）和引物合成法（图 2-7）三种方法。

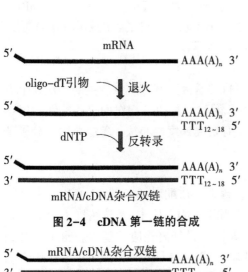

图 2-4 cDNA 第一链的合成

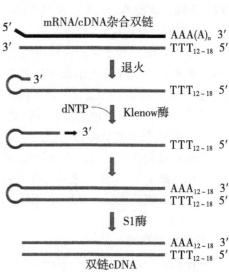

图 2-5 自身合成法合成 cDNA 第二链

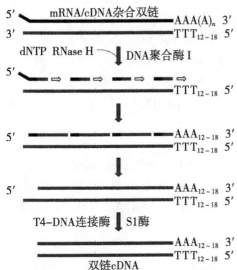

图 2-6 置换合成法合成 cDNA 第二链

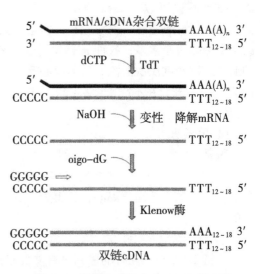

图 2-7 引物合成法合成 cDNA 第二链

③ 双链 cDNA 的分子克隆

双链 cDNA 合成后，根据所选用载体（通常是质粒或 λ-DNA 克隆位点的性质，双链 cDNA 或直接与载体分子拼接，或分别在 cDNA 和线性载体分子两个末端上添加互补的同聚核苷酸尾，或在 cDNA 分子两端装上合适的人工接头，创造可从重组分子中重新回收克隆片段的限制性酶切位点序列，甚至还可在 cDNA 合成时就进行周密的设计，联合使用上述方法。

除了这种先体外合成 cDNA 双链分子，然后再将其与载体 DNA 进行拼接的方法外，还有一种方法，其通过巧妙的设计，将 mRNA 直接黏附在特定的质粒载体上，进行 cDNA 合成，从而使 cDNA 合成与克隆融为一体，大大提高了克隆效率。

④ cDNA 重组克隆的筛选

常规的目的重组子筛选法均可用于 cDNA 重组克隆的筛选，其中较为理想的首推探针原位杂交法。但在某些情况下，探针并不容易或根本无法获得，此时可采用 mRNA 差异显示（Differential display mRNA by PCR）来筛选出较为特殊的目的基因 cDNA 重组子，如某些组织特异性或时序特异性表达的目的基因等。

（4）物理化学法分离目的基因

利用物理化学法直接从生物细胞基因组分离目的基因，其基本原理主要是从几个方面来利用核酸 DNA 双螺旋之间存在着碱基 G 和 C 配对、A 和 T 配对的这些特性，以达到从生物基因组分离目的基因的目的。目前主要有密度梯度离心法、单链酶法、分子杂交法。

① 密度梯度离心法

液体在离心时，其密度随转轴距离而增加。碱基 GC 配对的双链 DNA 片段密度较大，利用精密的密度梯度超离心技术可使切割适当片段的不同 DNA 按密度大小分布开来。进而通过与某种放射性标记的 mRNA 杂交来检验，分离相应的基因。密度梯度超离心技术不仅可以分离细胞中的 DNA，也可以分离生物细胞中的某些目的基因的 mRNA。一般细胞含 mRNA 并不丰富，大多数细胞 mRNA 只占总 RNA 百分之几，mRNA 种类又非常多，各种 mRNA 链长短不一，总 mRNA 提取出来后：提取到铺在已预制了不同密度层次溶液介质的离心管中，人们可以利用密度梯度超离心技术将大小不同的 mRNA 分离在不同密度层次上，然后可以根据所需的 mRNA 的大小，在相应层次上提取。

② 单链酶法

碱基 GC 配对之间有三个氢键，比 AT 配对的稳定性高。当用加热或其他变性试剂处理 DNA 时，双链上 AT 配对较多的部位先变成单链，应用单链特异的 S1 核酸酶切除单链，再经氯化铯超速离心，获得无单链切口的 DNA。海胆 rDNA 就是这样首先分离得到的。

③ 分子杂交法

单链 DNA 与其互补的序列总有"配对成双"的倾向，这就是分子杂交的原理。利用分子杂交的基本原理（如 DNA 与 DNA 配对或者 DNA 与 RNA 配对）既可以分离，又可以鉴别某一基因。例如果蝇的 18S、28S rDNA 就是这样首次被分离得到的。分子杂交方法不仅可以分离和鉴定目的基因，还是整个基因工程许多环节的重要鉴定和筛选的手段，在以后的章节还会再提及分子杂交方法。

（5）化学合成基因

如果已知某种基因的核苷酸序列，或者根据某种基因产物的氨基酸序列，仔细选择密码子，可以推导出该多肽编码基因的核苷酸序列，从而将核苷酸一个一个缩合起来成为一个个寡聚核苷酸片段，甚至可以将寡聚核苷酸片段一个连一个成为一个更长的寡聚核苷酸片段，直到连成一个基因的核苷酸片段。换句话说，这种方法是建立在 DNA 序列分析基础上的。当把一个基因的核苷酸序列搞清楚后，可以按图纸先合成一个个含少量（10~15 个）核苷酸的 DNA 片段，再利用碱基对互补的关系使它们形成双链片段，然后用连接酶把双链片段逐个按顺序连接起来，使双链逐渐加长，最后得到一个完整的基因。

DNA 的合成有磷酸二酯法、磷酸三酯法、亚磷酰胺法、氢磷酸法等，现在常用的是固相亚磷酰胺法（或 β-乙腈亚磷酸胺法），使用全自动合成仪，将一个个不同的单核苷酸按照需要连接起来，再经脱保护处理、纯化，获得一个特定的 DNA 片段。

（6）PCR 扩增目的基因

聚合酶链式反应（Polymerase chain reaction，PCR）是一种在体外模拟天然 DNA 复制过程的核酸扩增技术，使目的 DNA 片段在很短的时间内获得几十万乃至百万倍的拷贝。利用 PCR 技术可以直接从基因组 DNA 或 cDNA 中快速、简便地获得目的基因片段，快速进行外源基因的克隆操作。PCR 扩增目的基因的前提是必须知道目的基因两侧或附近的 DNA 序列。

① 从基因组中直接扩增目的基因

如果知道目的基因的全序列或其两端的序列，通过合成一对与模板互补的引物，就可以十分有效地扩增出所需的目的基因。如果大量扩增未知序列的特异 DNA 片段，或是更长的 DNA 片段，则需选择特殊类型的 PCR 策略，如套式 PCR、反向 PCR、不对称PCR、简并 PCR、锚定 PCR 等。

② 从 mRNA 中扩增——逆转录 PCR

逆转录 PCR 是通过 mRNA 逆转录生成 cDNA，再进行 PCR 扩增反应的基因克隆（分离）技术。RACE（Rapid amplification of cDNA ends，RACE）-PCR 是通过 PCR 进行 cDNA 末端快速克隆的技术。cDNA 末端快速扩增是一种从低丰度转录本中快速扩增 cDNA 5′和 3′末端简单而有效的方法，cDNA 完整序列的获得对基因结构、蛋白质表达和基因功能的研究至关重要。

（7）全基因组测序

全基因组测序是指对某种生物的基因组中的全部基因进行测序。其能检测个体基因组中的全部遗传信息，准确率可高达 99.99%以上。全基因组测序最具有代表性的技术是高通量测序技术（High throughput sequencing）和第三代测序技术。

以 Sanger 的双脱氧链终止法和 Maxam 化学降解法为基础发展而来的各种 DNA 测序技术被称为第一代测序技术。特点是易掌握、精确度高，缺点是操作过程复杂，耗时长，费用高昂。以 Illumina 公司的 Solexa Genome Analyzer 测序平台，ABI 公司的 Solid 平台等平台最具代表性的第二代测序技术。特点是高通量、精确度高、速度快和成本较低；一次能对几十万到几百万条 DNA 分子进行序列测序，使对一个物种的基因组或转录组测序变得方便易行。以单分子测序技术为基础的新一代测序方式被称为第三代测序技术。该技术以高通量测序技术为基础，主要包括 Helico Bioscience 单分子测序技术（TSMS），Pacific Bloscience 单分子实时测序技术（SMRT），Oxford Nanopore 纳米孔单分子测序技术。第三代测序技术精度可达 99.9999%，相对第二代技术精度更高、速度更快，而且降低了错误率。

在全基因组测序获得生物的全部碱基序列后，理论上可以选择鸟枪法、cDNA 法、PCR 扩增法、化学合成法或其组合获得目的基因。

（二）基因载体的选择与构建

基因工程载体（Vector）的本质也是 DNA，它是可以携带外源 DNA 片段进入宿主细胞，并在细胞内自主复制扩增和表达的工具。基因工程载体必须具备以下条件：一是具备复制子，能在宿主细胞内携外源 DNA 片段独立复制；二是有供选择的遗传标记；三是有合适的限制内切核酸酶位点，以供外源 DNA 的插入。

常用的载体有质粒、噬菌体、柯斯质粒或称黏粒、人工染色体和病毒等。

基因工程载体按照其作用的不同可以分为克隆载体和表达载体。克隆载体（Cloning vector）可携带外源基因 DNA 进入宿主细胞并无性繁殖。而表达载体（Expression vector）则可以使携带的外源基因在宿主细胞内转录、翻译成产物蛋白质。根据宿主细胞的不同，表达载体又有原核表达载体和真核表达载体之分。在某些载体上引入了两种不同细胞（如大肠杆菌和酵母细胞）的复制起始位点，因此在两种宿主细胞中都可以繁殖，称为穿梭载体（Shuttle vector）。

1. 原核生物的基因工程载体

（1）质粒载体

所谓质粒（Plasmid）是存在于某些细菌、蓝藻及酵母细胞中的一类小型闭环状双链 DNA 分子。它是细胞染色体外遗传因子，具有独立于染色体的自主复制功能。它不但能遗传给子代细胞，某些质粒还可以在同种细胞间进行结合转移。多种抗生素抗性基因就是由质粒所携带的。质粒具有不相容性（Plasmid incompatibility），即两种不同的质粒不能稳定地共存于同一宿主细胞内。

作为基因工程载体用的质粒大多是由来自于大肠杆菌的质粒经过改造后获得的，如 pBR322、pSP 系列、pGEM 系列等。其中 pBR322 是最早被使用的一种质粒载体，其结构如图 2-8 所示。在这些质粒载体中都含有多个位点可供外源基因的插入，从而将目的基因携带到宿主细胞中进行扩增。但质粒载体一般只能携带长度小于 15kb 的外源 DNA 插入片段。质粒中的某些基因会赋予宿主细胞某些遗传性状（标志），如氨苄青霉素抗性基因（amp^r）、四环素抗性基因（tet^r）和氯霉素抗性基因（Cm^r）等，根据质粒所赋予细菌的这些表型改变，可以识别细胞中是否有质粒的存在以及质粒中是否有外源基因的插入，是筛选转化子细菌的根据。

（2）噬菌体载体

噬菌体（Bacteriophage）的本质是感染细菌的病毒。利用噬菌体可以感染细菌并在细菌体内自主复制的特性可以将之改建成基因工程载体。用作载体 DNA 的噬菌体主要有 λ 噬菌体（Bacteriophage lambda）和 M13（Bacteriophage M13）两种。

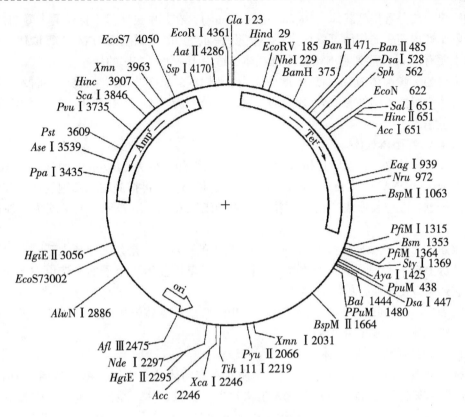

图 2-8 pBR322 质粒图谱

① λ 噬菌体载体

λ 噬菌体 DNA 是一条长约 48kb 的双链线性 DNA。其分子两端各有一个 12bp 的互补单链序列，是天然的黏性末端，称为 cos 位点（Cohesive-endside），进入宿主细胞后依靠 cos 位点黏性末端的互补结合，可以形成环状 DNA 分子，并进行早期转录。cos 位点又是包装蛋白装配病毒颗粒时的识别位点。λ 噬菌体在宿主细胞内有两种生长方式：部分环状 λ 噬菌体 DNA 大量复制后开始晚期转录，产生包装蛋白和裂解蛋白，装配成 λ 噬菌体颗粒并裂解宿主细胞再进行下一轮感染，这种生活方式称为溶菌生长（或裂解生长，Lytic growth），在培养皿上可见到清亮的噬菌斑（Bacteriophage plaque）；另一种生长方式为溶源生长（Lysogenic growth），λ 噬菌体 DNA 整合到宿主细胞染色体 DNA 中，形成一个稳定的、遗传的、非感染性的前病毒形式，称为原噬菌体，原噬菌体不批量繁殖，只有宿主细胞受损时，噬菌体基因组才从染色体插入位点上脱出，开始裂解生长。λ 噬菌体 DNA 可分为左臂、右臂和中央片段三个部分。左、右两臂中含有其繁殖所必需的基因序列，而中央片段仅与溶源生长有关，不是其生活所必需的，其表达产物的主要作用是阻止裂解生长，所以这一区域可被外源 DNA 取代。

利用 λ 噬菌体的上述特性，对其中央区段进行改造，构建了两类基因工程载体：一是插入型载体（Insertion vector），在其中央区段中只含有一个限制性内切酶位点，外源基因 DNA 片段可以插入到此位点中。此类载体主要有 λgt 系列载体，适用于 cDNA 文

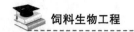

饲料生物工程

库的构建。二是置换型载体（Replacement vector），在其中央区段中保留两个酶切位点，通过限制性内切酶的作用可以切除一段核酸序列，并由外源基因 DNA 进行取代。这类载体主要有 Charon 序列和 EMBL 序列载体，适用于基因组文库的构建。

重组的 λ 噬菌体 DNA 的总长度应在野生型 DNA 长度的 75%~105%，插入型和置换型载体中可插入的外源 DNA 片段的长度范围分别为 2.5~17kb 和 8~23kb，比质粒载体的容量稍大。

② M13 噬菌体载体

M13 噬菌体是一种丝状单链噬菌体，其基因组是长度为 6407bp 的闭环正链 ssDNA（Single strand DNA），感染大肠杆菌后变为双链 DNA。它可抑制宿主细胞的生长，但并不杀死细胞，经包装形成噬菌体颗粒再分泌到细胞外，在培养平板上呈现为混浊的噬菌斑。

改建的 M13 噬菌体载体 M13mp 有两个最大的特点：一是允许包装大于病毒单位长度的外源 DNA；二是引入了作为筛选标记的 *lac*Z 基因使得重组子的筛选更加方便。另外，它还可以用于制备单链 DNA 分子。

将 M13mp 系列载体中的 *lac*Z 片段与 pBR322 质粒载体连接改造，则形成了一系列新的质粒载体，如 pUC 系列载体。

（3）柯斯质粒/黏粒载体

柯斯质粒（Cosmid），又称黏粒，是质粒和噬菌体的杂交体，将 λ 噬菌体 DNA 上的 cos 黏性末端引入质粒 DNA 上就人工构建出了黏粒载体。黏粒中包含了质粒中的复制起始位点（ori）、抗药性标记基因、外源基因插入位点和 cos 位点。黏粒 DNA 上的 cos 位点也可以被 λ 噬菌体包装蛋白识别，从而可以在体外包装成病毒颗粒，并感染宿主细胞、DNA 环化，其复制方式与噬菌体不同而与质粒一样，也不产生噬菌斑。由于黏粒载体 DNA 比 λ 噬菌体载体 DNA 小得多，只有 4~6kb，因此可以插入长度为 29~45kb 的外源基因片段。

将真核生物复制起始位点（如 SV40 复制位点）连接到黏粒载体中，则可以构建出黏粒穿梭载体，它在大肠杆菌和真核生物中都可以复制。

2. 真核生物的基因工程载体

（1）酵母穿梭质粒

酵母穿梭质粒既含有细菌的复制子和抗药性标记，同时也含有酵母菌的复制子和选择标记。酵母质粒载体可分为整合载体和自我复制载体两种类型。

（2）酵母人工染色体

酵母人工染色体（Yeast artificial chromosome，YAC）是参照酵母染色体结构人工构建的双链线状 DNA。YAC 除具有一般载体的特点，包括含有真核细胞复制起始点（自主复制序列，Autonomously replicating sequence，ARS）、筛选标记及限制性内切酶位点外，还具有真核生物染色体的特点，包括能使染色体在分裂过程中正确分配到子细胞的着丝粒，有染色体末端复制所必需的端粒。如图 2-9 所示。为便于在大肠杆菌中也能进行操作，YAC 还构建了 *E. coli* 复制起始点和 *amp*ʳ 基因，使它成为 *E. coli* 和酵母细胞的穿梭载体。转入酵母细胞后，其行为与酵母自身染色体几乎完全一致。其最大的优势是可以克隆大片段外源基因组 DNA（100~500 kb）。

（3）Ti 质粒和 Ri 质粒

Ti 质粒是存在于根癌农杆菌（*Agrobacterium tumefaciens*）中的长度为 185kb 的双链环状 DNA 分子。它能高效率地感染植物细胞，其中的一段长为 20kb 的 T-DNA 序列能随机整合到植物细胞染色体 DNA 中，诱导植物肿瘤（冠瘿瘤，Crown-gall nodule）的发生，并合成一种氨基酸类似物冠瘿碱（欧品，Opine），被农杆菌利用作为碳源和氮源。

利用 Ti 质粒的这种特性可以作为植物基因工程的表达载体使用，大至 50kb 的外源基因可以插入欧品合成酶基因启动子的下游，在植物细胞中表达。

与 Ti 质粒相似的是存在于发根农杆菌（*A. rhizogenes*）中的 Ri 质粒，也可作为植物基因工程的载体。

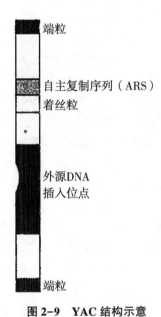

图 2-9　YAC 结构示意

（4）动物 DNA 病毒载体

动物细胞中没有类似细菌质粒的附加体，只能利用 DNA 或 RNA 病毒来构建载体。动物 DNA 病毒可以在细胞中产生较高的拷贝数，并具有强大的转录启动子。经改建后可以作为理想的哺乳动物细胞表达载体。

① SV_{40} 病毒载体。猴病毒 SV_{40}（Simian virus 40）是一种寄生于猴肾细胞中的双链环状 DNA 病毒，基因组全长为 5.2kb。

虽然天然野生型 SV_{40} 病毒本身就可以作为基因工程载体使用，但一般是利用 SV_{40} 基因组中的某些元件用于哺乳动物细胞穿梭表达载体的构建，如 SV_{40} 复制起始点、早期转录单位启动子与增强子、转录终止信号与剪接信号序列等。这类载体主要有 pSV 系列、pMSG、pMT 等，主要用于外源基因在真核动物细胞中的表达和表达调控的研究。

② 牛乳头状瘤病毒载体。牛乳头状瘤病毒（Bovine papilloma virus，BPV）基因组全长为 8kb，它像质粒一样为染色体外独立复制单位（附加体，Episome）。BPV 感染动物细胞后不能整合到宿主细胞染色体 DNA 上，因此非常适合于构建穿梭载体，如 pB-PV。

③ 昆虫杆状病毒载体。苜蓿银纹夜蛾多核型多角体病毒（AcMNPV）是目前应用最广泛的一种昆虫杆状病毒（Baculovirus）表达载体。AcMNPV 是一种带外壳的双链 DNA 病毒，可感染节肢动物细胞，对脊椎动物细胞无感染性。其基因组长达 128kb，对外源基因 DNA 的容纳能力高达 100kb，并可允许外源基因的多拷贝插入。其多角体蛋白基因的启动子活性非常强，表达效率高，表达产物可占细胞蛋白总量的一半以上。外源基因插入多角体蛋白基因后使其失活，表现出与非重组病毒不同的空斑形态，便于进行重组子的筛选。目前采用构建的杆状病毒表达载体主要有 pVL 系列和 pAC 系列。

④ 其他 DNA 病毒载体。人类腺病毒（Adenovirus）和腺病毒伴随病毒（Adenovirus-as-sociated virus，AAV）载体目前已被广泛应用于人类基因治疗研究中。单纯疱疹病毒、乙型肝炎病毒等也可以被改造为人类基因治疗的基因转移载体。

人痘病毒（Vaccinia virus）作为基因工程载体的应用主要是制备多价活疫苗。

（5）反转录病毒载体

反转录病毒（Retrovirus）是一类单链 RNA 病毒，长 8~10kb。其基因组两端分别含有一个长末端重复序列（Long terminal repeat，LTR），LTR 中含有强的转录启动子序列。中间区段中含有核心蛋白（gag）、反转录酶（pol）和外壳蛋白基因（env）三种基因，有些肿瘤病毒还含有一个癌基因（onc）。

反转录病毒可以改建成 2 类基因工程载体：① 卸甲载体（Disarmed vector），用外源基因取代天然完整反转录病毒中的癌基因，现在较少使用；② 穿梭载体，利用反转录病毒（如鼠白血病病毒等）的 LTR、包装信号等 DNA 元件与质粒 DNA 重组构建而成，已被广泛应用于人类基因治疗研究中。

（三）基因与载体的连接

基因与载体的连接在基因工程中的实质是将目的基因与载体在体外重组，即从不同来源的 DNA（染色体 DNA 或重组 DNA 分子）中将目的基因片段（DNA 片段）特异性切下，同时打开载体 DNA 分子，将两者连接成杂合分子。

基因与载体的连接操作包括载体的选择、连接前的处理和末端连接三个方面。

1. 载体的选择

根据重组连接的目的，可将载体分为克隆载体和表达载体。

（1）克隆载体

如果所进行的重组连接实验暂时还不考虑表达量的问题，只是为目的基因的获得或者使该基因克隆、亚克隆或扩增、构建 DNA 文库，可以选用一般的克隆型载体。λ 噬菌体和 cos 质粒由于能够克隆较大片段的外源基因，所以多用于建立基因文库，以期在尽可能少的重组子中包含有所需该生物体所有的 DNA 片段，有利于筛选目的基因。M13 单链噬菌体载体在细菌中呈现两种存在方式——双链复制型和单链型。双链复制型可作克隆载体使用，而在克隆了外源基因之后，则又可用其单链形式作模板，以便复制后进行序列分析。由于基因重组的目的，主要是使外源性基因在宿主细胞内得到扩增，因此最常用的克隆载体是质粒。质粒载体大都能在宿主菌内高拷贝复制，而且具有一个或几个单一酶切位点以及与单一酶切位点相关的有利于重组子筛选的抗药性标志。但因一些质粒载体在插入的外源基因中前面的启动子不够强，其表达的外源基因产物也常不多。因此，人们利用一些细菌或病毒的强启动子组建了一些高表达载体。

（2）表达载体

表达型载体是能够使外源基因在宿主细胞内进行高效率表达的载体，一般要有强启动子和正确的终止子，能够高效、高拷贝地转录目的基因，并且产生稳定的 mRNA 和翻译蛋白质。如果所进行的重组连接实验必须考虑表达量的问题，例如在接近进入基因工程中下游的实验，想要获得高表达量的外源基因，就要用表达载体。但有时在上游基因工程只是为获得目的基因或使该基因克隆、亚克隆或扩增，从而使表达目的基因的产物容易检测，这些情况下也要选用表达型载体。

根据目的基因产生的蛋白质序列，表达载体又分为融合型表达载体与非融合型表达载体。融合型蛋白载体（Fusion protein vector）表达融合蛋白，有切割型和非切割型两类。有时为了得到活性天然蛋白，可使用切割型载体，方法是用蛋白酶或溴化氰将融合蛋白切开，只要目的基因蛋白不存在该蛋白酶酶切位点或溴化氰断裂位点，就可从融合蛋白中得到有活性的融合蛋白。

强启动子组建的高表达载体一般有三类：

① 含 λ 噬菌体的 pL 启动子的质粒。λ 噬菌体的 pL 启动子是一个很强且易于调控的启动子，如质粒 pPLa23ll 就是在质粒 pBR322 中加入 pL 启动子的载体质粒。外源基因插入质粒 pPLa2311 的 PstI 酶切位点，可使氨苄青霉素的抗性基因灭活，重组质粒转化宿主菌之后，对氨苄青霉素敏感，但仍保留质粒中的抗卡那霉素的性质。根据这些特性，即可将含有重组质粒的菌株筛选出来。由于 pL 启动子很强，在此质粒上的外源基因也就表达大量的蛋白产物。不过外源基因表达的蛋白产物对宿主菌具有一定的毒性，因此大量表达这种蛋白质不利于宿主菌的生长繁殖，甚至可使宿主菌中毒死亡。为了解决这个矛盾，后来又构建了温度敏感型载体。温度敏感型载体含有从温度突变体细菌得到的温度敏感型基因，它是利用一个含有 λ 噬菌体 pL 启动子的 pKC30 质粒，在宿主菌的基因组中整合进一个温度敏感的 λ 抑制子基因（λcITS857）。在较低温度下（31℃）质粒中的 pL 启动子的活性被 cI 基因产物所抑制，pL 启动子不工作，外源基因不表达，但宿主菌仍可自由生长，待宿主菌增殖达一定数量后，将培养物温度提高到 42℃，此时 cI 基因的活性被破坏，pL 启动子启动，指导合成大量 mRNA，从而表达大量的目的基因产物。

② 含 lac 启动子的质粒，如质粒 pOP203-13 和 pB-gaLBC。lac 启动子是大肠杆菌乳糖操纵子内半乳糖酶基因（*lacZ* 基因）前的一个强启动子。将目的基因插入这种含有 *lacZ* 基因和 lac 启动子的质粒的 *Eco*R I 单一酶切位点后，即可表达 β-半乳糖苷酶的外源基因编码肽链的融合蛋白。

③ 含 trp 启动子的质粒。trp 肠杆菌色氨酸操纵子中的强启动子。例如质粒 pNCV，曾经成功地用于人流感病毒血凝素和口蹄疫病毒 VP3 抗原的表达。外源基因可以插入

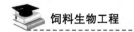

在其 EcoR I 或 Pst 位点。

为了进一步提高启动子的强度，使目的基因高效表达，人们还将上述的 lac 启动子和 trp 启动子串联起来，从而提高转录速度。质粒 pTAC12 就含有上述两个启动子，其用途和 1ac 启动子相似，但转录和表达功能更高。人们还在不断构建更多更好的这类质粒。目的基因只有克隆在能够高效表达的质粒内，才能达到基因高效表达。

病毒载体大都含有较强的启动子，能保证插入的外源基因有效转录和表达，产生较多的 RNA 和蛋白多肽。病毒载体感染真核细胞，是向真核细胞内导入外源基因十分有效的途径。

2. 连接前的处理

为了将目的基因重组于载体分子之中，需要将载体 DNA 和目的基因分别进行适当处理，使其可以互相连接，形成新的重组分子。一般采用内切酶法将载体 DNA 分子切割成可与外源基因连接的线性分子。载体 DNA 通常有许多酶切位点，但是并不是所有的酶切位点都可用于重组切割，理想的酶切位点应该符合下列几个条件。

（1）位于载体上特定的酶切位点要尽可能少，最好是单一酶切位点，这样能保证目的基因和载体 DNA 以最高的概率正确组合。如质粒 pBR322 上的 *BamH* I 和 *Pst* I 位点位于该质粒的氨苄青霉素基因上，当外源基因插入这个位点后，带有重组子的宿主菌失去抗氨苄青霉素的能力，从而可以用"影印法"筛选出来。先将转化菌培养在不含青霉素的固体培养基上，形成散的菌落，随后用白金耳蘸取菌落，分别接种到另一个含有氨苄青霉素的固体培养基上，那些失去抗氨苄青霉素特性的菌落在接种到含氨苄青霉素的培养基上后不能生长，证明它们已插入了外源基因。根据菌落影印位置，可由原来不含这种抗生素的培养基上的菌落中筛选出带有重组子，也就是带有目的基因的宿主菌。这种"插入灭活"负性选择标记是基因重组常用的筛选手段，但转化菌中是否含有重组质粒需要进行另外一次选择才能判定。还有一种正性标记选择，可以直接在转化菌落中挑出含有重组质粒的细菌，操作就更为简便。如质粒 pUR222 含有抗氨苄青霉素基因和半乳糖苷酶（*lacZ*）基因，转化大肠杆菌后，可利用"α-互补"菌落蓝白色筛选原理，证明其中是否含有重组质粒。

（2）在酶切位点之前要有一个较强的启动子，使插入的目的基因可在该启动子的指导下高效表达。高效表达质粒 pMH621 的 *Bgl* II 位点前有一个 OMP 多肽基因启动子 OMPF，外源基因插入后可以表达出外源基因与 OMP 多肽融合的蛋白。其突出优点是因 OMP 多肽是细菌外膜蛋白的主要成分，从而可使外源基因能在细菌外膜上表达，十分有利于目的基因产物的收获和提取。

（3）选择的载体必须在连接重组后对基因转录和翻译过程中的编码区读框不改变。在基因重组工作中，除载体 DNA 要处理外，目的基因也须切割和修饰，使其适于与载体 DNA 连接，而且必须考虑目的基因插入载体后与载体启动子之间的距离，务必要使目的基因在转录时处于正确的阅读框架之中，以便表达出原有的多肽序列。

3. 末端连接

DNA 分子之间的重组本质上由 DNA 连接酶介导的双链缺口处磷酸二酯键的修复反应，而这种双链缺口结构的形成依赖于 DNA 片段单链末端之间碱基互补作用。载体

DNA和目的基因DNA的连接，按DNA片段末端性质不同，主要包括5种连接方式：相同黏性末端的连接、平头末端的连接、不同黏性末端的连接、人工黏性末端的连接和酶切位点的定点更换。

（1）相同黏性末端的连接

如果外源DNA和载体DNA均用相同的限制性内切酶切割，则不管是单酶酶解还是双酶联合酶解，两种DNA分子均含相同的末端（经双酶切后，两种DNA的两个末端序列不同），因此混合后它们能顺利连接成重组DNA分子。经单酶处理的外源DNA片段在重组分子中可能存在正反两种方向，而经两种非同尾酶处理的外源DNA片段只有一种方向与载体DNA重组（图2-10）。上述两种重组分子均可用相应的限制性核酸内切酶重新切出外源DNA片段和载体DNA，即克隆的外源DNA片段可以原样回收。

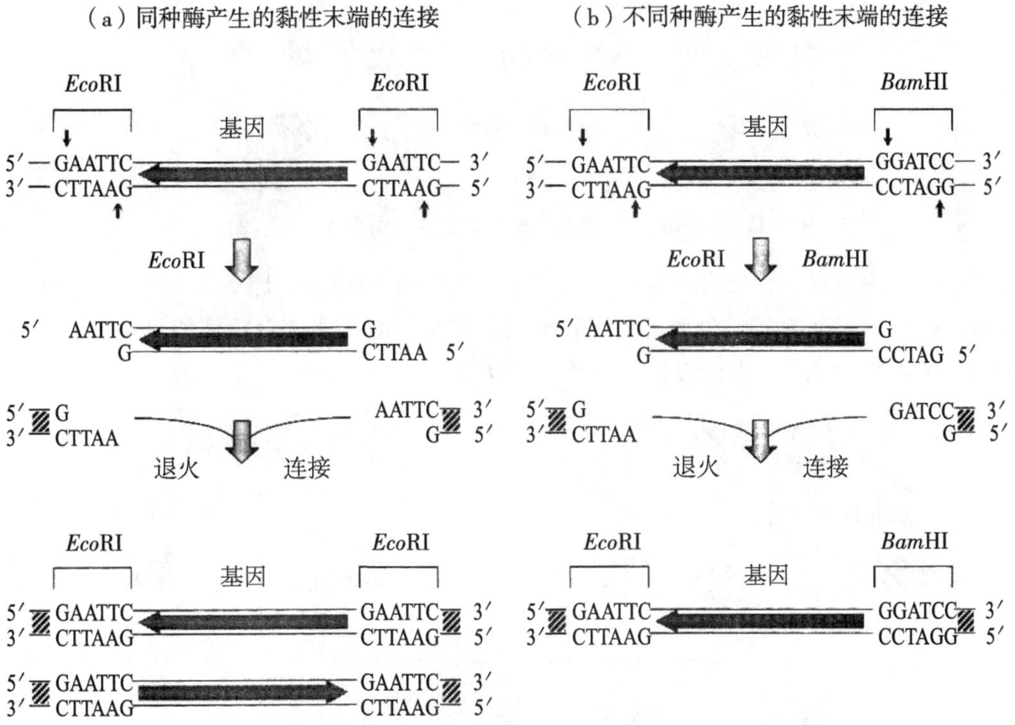

（a）同种酶产生的黏性末端的连接　　　（b）不同种酶产生的黏性末端的连接

图2-10 限制性核酸内切酶产生的黏性末端的连接（引自张惠展，2017）

用两种同尾酶分别切割外源DNA片段和载体DNA，因产生的黏性末端相同也可直接连接。一个极端的例子是外源DNA用同尾酶A和B水解，而载体用这组同尾酶的另外两个成员C和D酶切，则两种DNA分子的4个末端均相同，它们都属于最简单的相同黏性末端的连接。值得注意的是，多数同尾酶产生的黏性末端一经连接，重组分子便不能用任何一种同尾酶在相同的位点切开（图2-11）。

（2）平头末端的连接

T4-DNA连接酶既可催化DNA黏性末端的连接，也能催化DNA平头末端的连接（图2-12）。前者在退火条件下属于分子内的作用，而后者则为分子间的反应。从分子

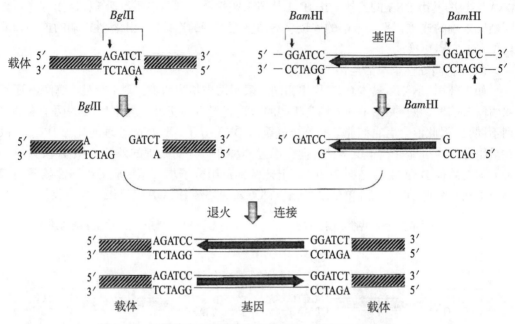

图 2-11 同尾酶产生的黏性末端的连接 （引自张惠展，2017）

反应动力学的角度讲，后者反应更为复杂，且速度也慢得多，因为一个平头末端的 5′ 磷酸基团或 3′羟基与另一个平头末端的 3′羟基和 5′磷酸基团同时相遇的机会显著减少，通常平头末端的连接速度是黏性末端的 1/100~1/10。

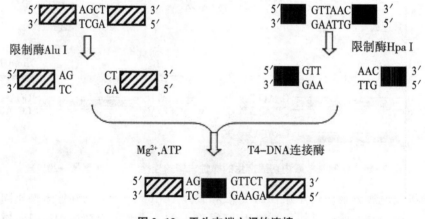

图 2-12 平头末端之间的连接

为了提高平头末端的连接速度，可采取以下措施：① 增加连接酶用量，通常使用黏性末端连接用量的 10 倍；② 适宜的 ATP 浓度对大多数连接反应而言，0.5mmol/L 的 ATP 浓度较为合适。③ 增加 DNA 平头末端的浓度，提高平头末端之间的碰撞概率；④ 加入 NaCl 或 LiCl 以及 PEG；⑤ 适当提高连接反应温度，提高平头末端连接与退火无关，适当提高反应温度既可以提高底物末端或分子之间的碰撞概率，又可增加连接酶的反应活性，一般选择 20~25℃较为适宜。

（3）不同黏性末端的连接

不同的黏性末端原则上无法直接连接，但可将它们转化为平头末端后再进行连接，所产生的重组分子往往会增加或减少几个碱基对，并且破坏了原来的酶切位点，使重组的外源 DNA 片段无法酶切回收；若连接位点位于基因编码区内，则会破坏阅读框架，使之不能正确表达。

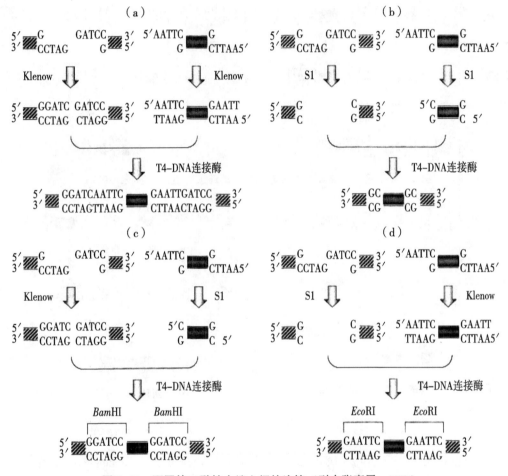

图 2-13 不同的 5′黏性末端之间的连接（引自张惠展，2017）

不同黏性末端的连接有四种类型：① 待连接的两种 DNA 分子都具有 5′突出末端（图 2-13）。在连接反应之前，两种 DNA 片段或用 Klenow 酶补平或用 S1 核酸酶切平，然后进行连接。前者产生的重组分子多出 4 对碱基，而后者产生的重组分子则少去 4 对碱基。一般情况下大多使用 Klenow 酶补平的方法，因为 S1 核酸酶掌握不好，容易造成双链 DNA 的降解反应；② 一种 DNA 分子具有 3′突出末端，另一种 DNA 携带 5′突出末端（图 2-14）。这种情况要求两种 DNA 分子在连接前，分别进行相应的处理，若 5′突出末端用 Klenow 酶补平，而 3′突出末端用 T4-DNA 聚合酶修平，则连接产生的重组 DNA 分子并没有改变碱基对的数目；③ 待连接的两种 DNA 分子都具有 3′突出末端（图 2-15）。用 T4-DNA 聚合酶将这两种 DNA 的 3′突出末端切除，形成平头末端后再连接，所产生的重组分子同样少了 4 对碱基；Klenow 酶对这种结构没有活性；④ 两种 DNA 分子均含不同的两个黏性末端（图 2-16）。通常先用 Klenovv 酶补平一种 DNA 分子的 5′ 突出末端，再用 T4-DNA 聚合酶切平 3′ 突出的另一末端，而且两种 DNA 分子可以混合处理。

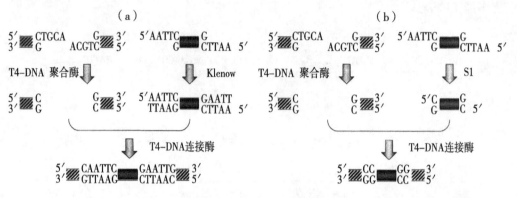

图 2-14　3′黏性末端与 5′黏性末端之间的连接（引自张惠展，2017）

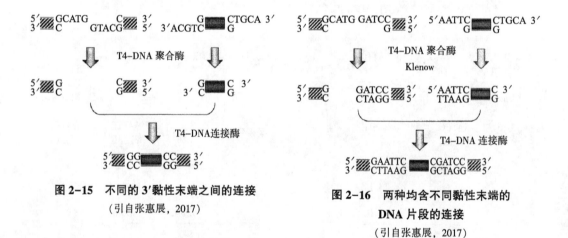

图 2-15　不同的 3′黏性末端之间的连接
（引自张惠展，2017）

图 2-16　两种均含不同黏性末端的
DNA 片段的连接
（引自张惠展，2017）

在有些情况下，含不同 5′ 突出黏性末端的两种 DNA 分子经 Klenow 酶补平连接后，形成的重组分子可恢复一个或两个原来的限制性内切酶识别序列，甚至还可能产生新的酶切位点。

（4）人工黏性末端的连接

相同黏性末端的连接、平头末端的连接和不同黏性末端的连接大都破坏了原来的限制性内切酶识别序列，导致重组的外源 DNA 片段难以酶切回收。为了克服这一困难，可用 TdT 处理经酶切的 DNA 片段，使之在 3′ 末端增补核苷酸同聚尾，然后进行连接；同时由 TdT 酶产生的人工黏性末端还可有效避免载体分子内或分子间以及外源 DNA 片段之间的连接，以提高重组率。

① 5′ 突出的末端（图 2-17）。若外源 DNA 片段含 *Eco*RI 的黏性末端，则先用 Klenow 酶补平，然后用 TdT 酶加上多聚 C 的人工黏性末端，使得 *Eco*RI 酶切口在连接

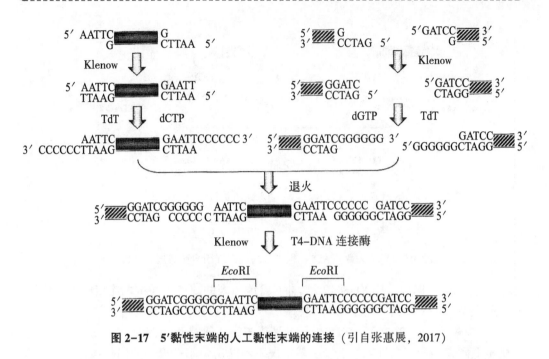

图 2-17 5′黏性末端的人工黏性末端的连接 （引自张惠展，2017）

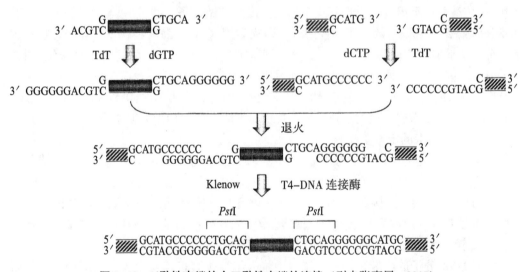

图 2-18 3′黏性末端的人工黏性末端的连接 （引自张惠展，2017）

后完好保留；载体 DNA 分子则在补平后加上多聚 G 的互补人工黏性末端，两种分子退火粘在一起。由于 TdT 酶并不能精确控制多聚核苷酸末端的碱基数目，因此在同一 DNA 分子的两个人工黏性末端以及两个分子之间的人工黏性末端有可能长度不等，但若此时再用 Klenow 酶填补缺口，经连接后便能形成完整的重组分子，而克隆的外源 DNA 片段仍可用 *Eco*RI 回收。

②3′突出的末端（图 2-18）。若外源 DNA 片段带有 PstI 的黏性末端，则用 TdT 酶直接加上多聚 G 的人工黏性末端（目的是保留 PstI 的酶切位点），而载体分子则加上多

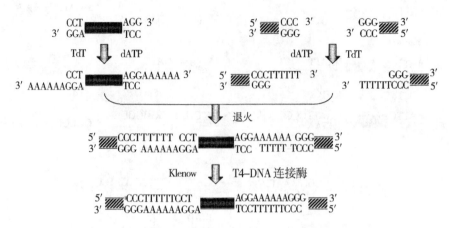

图 2-19　平头末端的人工黏性末端的连接（引自张惠展，2017）

聚 C 的互补末端，退火后用 Klenow 酶填补有可能出现的缺口，并将之连接成重组分子，此时克隆的外源 DNA 片段可用 PstI 回收。

③ 平头末端（图 2-19）。DNA 分子的平头末端不管是否由限制性内切酶产生，经 TdT 酶接上同聚尾人工黏性末端后，一般情况下不能用限制性内切酶回收插入片段，但可用 S1 核酸酶从重组分子上切下这个插入片段。其做法是：两种 DNA 分子分别用 TdT 酶增补多聚 A 和多聚 T 的人工黏性末端，退火后用 Klenow 酶填补缺口，并将之连接成重组分子。此时或克隆后只需将重组分子稍稍加热，AT 配对区域就会出现单链结构，用 S1 核酸酶处理即可回收插入片段，而重组分子的其他区域一般不会出现大面积连续的 AT 区域，因此其 Tm 总是高于 AT 人工黏性末端（通常由 30~50 个 AT 碱基对组成）区域的 Tm，只要掌握合适的加热温度便能保证 S1 核酸酶作用位点的正确性。

（5）酶切位点的定点更换

在有些分子克隆实验中，需要将 DNA 上的一种限制性内切酶识别序列转化成另一种酶的识别序列，以便 DNA 分子的重组。有两种方法可以达到这个目的。

① 加装人工接头。接头（Linker）是一段含某种限制性内切酶识别序列的人工合成的寡聚核苷酸，通常为八聚体和十聚体。图 2-20 所示的是一种利用人工接头片段在 DNA 上更换或增添限制性内切酶识别序列的标准程序。

如果 DNA 分子的两端是平头末端，则将人工接头直接连接上去，然后用相应的限制性内切酶切出黏性末端。若要在 DNA 分子的某一限制性内切酶的识别序列处接上另一种酶的人工接头，可先用前一种酶把 DNA 切开，然后依照 5′突出末端用 Klenow 酶补平以及 3′突出末端用 T4-DNA 聚合酶切平的原则，将 DNA 末端处理成平头，再接上相应的人工接头。

② 改造识别序列。其原理是利用一种限制性内切酶的识别序列改造另一种酶的识别序列，从而使前者迁移到后者的位置上。例如，将 DNA 上的 *Alu*I 识别序列改造成 *Eco*RI 识别序列，其操作程序如图 2-21 所示：先用 *Alu*I 切开 DNA 片段，将任何一段含 *Eco*RI 识别位点的 DNA 片段用 *Eco*RI 切开，并以 Klenow 酶补平黏性末端，两种 DNA 分

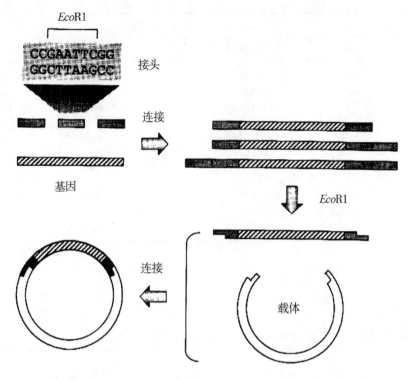

图 2-20 在 DNA 上加装人工接头

(引自张惠展，2017)

子连接，再用 EcoRI 切开重组分子，原来的 AluI 位点即转化为 EcoRI 位点。这里应区分两种情况：第一，DNA 片段上有多个 AluI 位点需要同时换成 EcoRI 识别位点；第二，DNA 分子上只有一个 AluI 位点，两种情况的操作方式并不完全相同。

表 2-1 中为限制性核酸内切酶原位转换的对应关系。任何能提供 3′G 的限制性内切酶识别序列，包括其黏性末端经 Klenow 酶补平或经 T4-DNA 聚合酶切平，均可转变为 EcoRI 识别序列以及与 EcoRI 相似的其他酶的识别序列，如 AvaII，BamHI，BstEII 等。根据同样的原理，还可将提供 3′C、3′A、3′T 的限制性内切酶识别序列更换成相应的其他酶识别序列。

表 2-1 限制性核酸内切酶原位转换的对应关系

A 酶切口			⟶	B 酶切口			
		酶	识别序列			酶	识别序列
3′碱基对供体	3′—G	AluI	AG/CT	5′碱基对供体	5′—G	EcoRI	G/AATTC
		XbaI	T/CTAGA			BamHI	G/GATCC
		XmaI	C/CCGGG			HinfI	G/ANTC

		A 酶切口	⟶	B 酶切口	
		酶	识别序列	酶	识别序列
3′碱基对供体	3′—C	*Bam*HI	G/GATCC	5′—C	*Xho*I	C/TCGAG
		*Bgl*II	A/GATCT		*Xma*I	C/CCGGG
		*Bcl*I	T/GATCA		*Hpa*II	C/CGG
	3′—A	*Sal*I	G/TCGAC	5′碱基对供体	5′—A	*Bgl*II	A/GATCT
		*Dpn*I	GA/TC		*Mae*II	A/CGT
		*Xca*I	GTA/TAC		*Spe*I	A/CTAGT
	3′—T	*Eco*RI	G/AATTC	5′—T	*Bcl*I	T/GATCA
		*Eco*RV	GAT/ATC		*Xba*I	T/CTAGA
		*Hind*III	A/AGCTT		*Taq*I	T/CGA

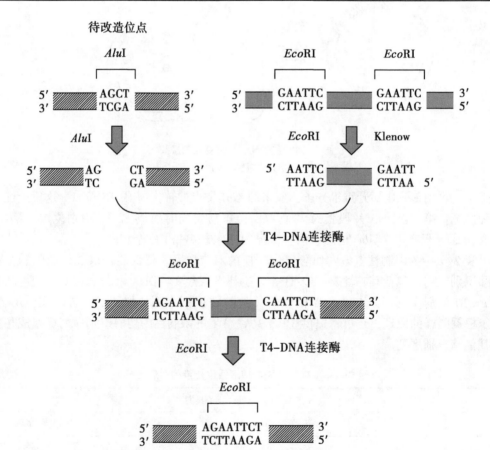

图2-21 酶切位点的原位转换（引自张惠展, 2017）

（四）重组 DNA 导入受体细胞

目的基因与载体在体外构建完成后，必须导入特定的受体细胞，使之无性繁殖并高效表达外源基因或直接改变其遗传性状，这个导入过程及操作统称为重组 DNA 分子的转化（Transformation）。对于不同的受体细胞，往往采取不同的转化策略，本节主要阐述以细菌尤其是大肠杆菌为例的转化原理和方法。

1. 重组 DNA 转化的基本概念

DNA 重组技术中的转化仅仅是一个将 DNA 重组分子人工导入受体细胞的单元操作过程，它沿用了自然界细菌转化的概念，但无论在原理还是在方式上均与细菌的自然转化有所不同，同时也与哺乳动物正常细胞突变为癌细胞的细胞转化概念有着本质的区别。重组 DNA 人工导入受体细胞有多种方法，包括转化、转染、接合以及其他物理手段，如受体细胞的电穿孔和显微注射等，这些导入方法在 DNA 重组技术中统称为转化操作。

对大肠杆菌而言，转化是以质粒为载体，将携带外源基因的载体 DNA 导入受体细胞的过程。转染是以噬菌体为载体，用 DNA 连接酶使噬菌体 DNA 环化，再通过质粒转化方式导入受体菌。转导（或感染）是以噬菌体为载体，在体外将噬菌体 DNA 包装成病毒颗粒，使其感染受体菌。习惯上，人们不仔细追究这些用词的含义，通称转染为广义的转化。

细菌自然转化的全过程包括五个步骤：① 感受态的形成；典型的革兰氏阳性细菌由于细胞壁较厚，形成感受态时细胞表面发生明显的变化，出现各种蛋白质和酶类，负责转化因子的结合、切割及加工。感受态细胞能分泌一种小分子量的激活蛋白或感受因子，其功能是与细胞表面受体结合，诱导某些与感受态有关的特征性蛋白质（如细菌溶素）的合成，使细菌胞壁部分溶解，局部暴露出细胞膜上的 DNA 结合蛋白和核酸酶等。② 转化因子的结合；受体菌细胞膜上的 DNA 结合蛋白可与转化因子的双链 DNA 结构特异性结合，单链 DNA 或 RNA、双链 RNA 以及 DNA-RNA 杂合双链都不能结合在膜上。③ 转化因子的吸收；双链 DNA 分子与结合蛋白作用后，激活邻近的核酸酶，一条链被降解，而另一条链则被吸收到受体菌中，这个吸收过程为 EDTA 所抑制，可能是因为核酸酶活性需要二价阳离子的存在。④ 整合复合物前体的形成；进入受体细胞的单链 DNA 与另一种游离的蛋白因子结合，形成整合复合物前体结构，它能有效地保护单链 DNA 免受各种胞内核酸酶的降解，并将其引导至受体菌染色体 DNA 处。⑤ 转化因子单链 DNA 的整合；供体单链 DNA 片段通过同源重组，置换受体染色体 DNA 的同源区域，形成异源杂合双链 DNA 结构。受体菌染色体组进行复制，杂合区段亦半保留复制，当细胞分裂后，此染色体发生分离，于是新形成一个转化子。

2. 细菌受体细胞的选择

野生型细菌一般不能直接用作基因工程的受体细胞，因为它对外源 DNA 的转化效率较低，并且有可能对其他生物种群存在感染寄生性，因此必须通过诱变手段对野生型细菌进行遗传性状改造，使之具备：① 细菌受体细胞的限制缺陷性；② 细菌受体细胞的重组缺陷性；③ 细菌受体细胞的转化亲和性；④ 细菌受体细胞的遗传互补性；⑤ 细菌受体细胞的感染寄生缺陷性。就大肠杆菌而言，应该具备以下性能：① 感受态细胞（Competent cell），经过一定方法处理后，具有接受外源 DNA 能力的大肠杆菌；② 限制性内切酶缺陷型，即外源 DNA 进入受体菌不至于被降解；③ DNA 重组缺陷型，即可以保持外源 DNA 在受体菌内的完整性；④ 符合安全标准，即这类大肠杆菌不适于在人体内生存，不适于在非培养条件下生存，在非培养条件下其 DNA 容易解体。同时，其 DNA 不容易转移，其质粒只能在宿主细胞中进行复制，还要便于监视。

3. 细菌受体细胞的转化方法

（1）钙离子诱导的完整细胞转化

以质粒 DNA 转化大肠杆菌的感受态细胞（图 2-22）。将处于对数生长期的细菌置于 0℃的 $CaCl_2$ 低渗溶液中，使细胞膨胀；同时 Ca^{2+} 使细胞膜磷脂层形成液晶结构，使得位于外膜与内膜间隙中的部分核酸酶离开所在区域，这便构成了大肠杆菌人工诱导的感受态。此时加入 DNA，Ca^{2+} 又与 DNA 结合形成抗脱氧核糖核酸酶（DNase）的羟基-磷酸钙复合物，并黏附在细菌细胞膜的外表面上。经短暂的 42℃热脉冲处理后，细菌细胞膜的液晶结构发生剧烈扰动，随之出现许多间隙，致使通透性增加，DNA 分子便趁机渗入细胞内。此外在上述转化过程中，Mg^{2+} 的存在对 DNA 的稳定性起很大的作用，$MgCl_2$ 与 $CaCl_2$ 又对大肠杆菌某些菌株感受态细胞的建立具有独特的协同效应。目前，Ca^{2+} 诱导法已成功用于大肠杆菌、葡萄球菌以及其他一些革兰氏阴性菌的转化。

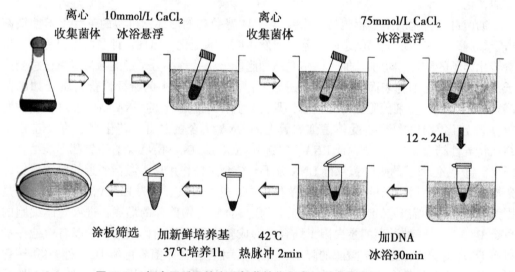

图 2-22 钙离子诱导的大肠杆菌转化程序（引自张惠展，2017）

（2）聚乙二醇（PEG）介导的细菌原生质体转化

在高渗培养基中生长至对数生长期的细菌，用含适量溶菌酶的等渗缓冲液处理，剥除其细胞壁形成原生质体，后者丧失了一部分定位在膜上的 DNase，有利于双链环状 DMA 分子的吸收。此时，再加入含待转化的 DNA 样品和 PEG 的等渗溶液，均匀混合。离心去除 PEG，将菌体涂布在特殊的固体培养基上再生细胞壁，最终得到转化细胞。这种方法不仅适用于芽孢杆菌和链霉菌等革兰氏阳性细菌，也对酵母菌、霉菌甚至植物等真核细胞有效。只是不同种属的生物细胞，其原生质体的制备与再生的方法不同，而且细胞壁的再生率严重制约转化效率。

（3）电穿孔驱动完成的细胞转化

电穿孔（Electroporation）又称电转化（Electrotransformation）或高压电穿孔法

（High-voltage electroproration），是一种电场介导的细胞膜可渗透化处理技术。受体细胞在电场脉冲的作用下，细胞壁形成一些微孔通道，使 DNA 分子直接与裸露的细胞膜脂双层结构接触，并引发吸收过程。具体操作程序因转化细胞的种属而异。对于大肠杆菌而言，大约 50μL 的细胞悬浮液与 DNA 样品混合后，置于装有电极的槽内，然后选用电穿孔装置（图 2-23），大约 25μF、2.5kV 和 200Ω 的电场强度处理 4.6ms，即可获得理想的转化效率。虽然电穿孔法转化较大的重组质粒（>100kb）的转化效率是小质粒（约 3kb）的 1/1 000，但该法比 Ca^{2+} 诱导和原生质体转化方法理想，因为后两种方法几乎不能转化大于 100kb 的质粒 DNA。而且，几乎所有细菌均可找到一套与之匹配的电穿孔操作条件，因此电穿孔转化方法已成为细菌转化的标准程序。

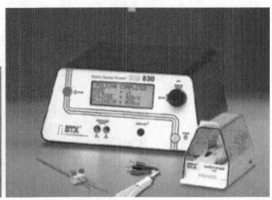

图 2-23　两种用于电转化的电穿孔仪

（4）基于细菌接合的完整细胞转化

接合（Conjugation）是指通过细菌细胞之间的直接接触导致 DNA 从一个细胞转移至另一个细胞的过程。这个过程是由结合型质粒完成的，它通常具有促进供体细胞与受体细胞有效接触的接合功能以及诱导 DNA 分子传递的转移功能，两者均由接合型质粒上的有关基因编码。在 DNA 重组中常用的绝大多数载体质粒缺少接合功能区，因此不能直接通过细胞接合方法转化受体细胞，然而如果在同一个细胞中存在着含接合功能区域的辅助质粒，则有些克隆载体质粒能有效地接合转化受体细胞。因此，首先将具有接合功能的辅助质粒转移至含重组质粒的细胞中，然后将这种供体细胞与难以用上述转化方法转化的受体细胞进行混合，促使两者发生接合作用，最终导致重组质粒进入受体细胞。接合转化的标准程序如图 2-24 所示。

（5）基于 λ 噬菌体感染的大肠杆菌转染

以 λ-DNA 为载体的重组 DNA 分子，由于其相对分子质量较大，通常采取转染的方法将之导入受体细胞内。在转染之前必须对重组 DNA 分子进行人工体外包装，使之成为具有感染活力的噬菌体颗粒。用于体外包装的蛋白质可直接从大肠杆菌的溶原株中制备，现已商品化。这些包装蛋白通常分成分离放置且功能互补的两部分，一部分缺少 E 组分，另一部分缺少 D 组分。包装时，只有当这两部分的包装蛋白与重组 λ-DNA 分子三者混合后，包装才能有效进行，任何一种蛋白包装溶液被重组分子污染后均不能包装

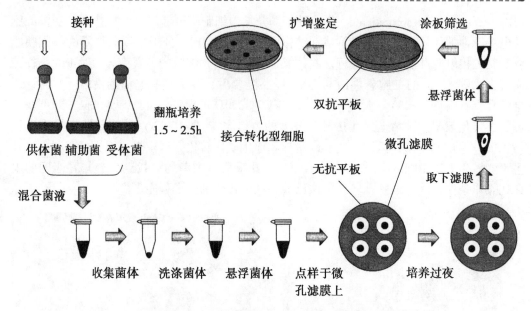

图 2-24　细菌接合转化操作程序（引自张惠展，2017）

成有感染活力的噬菌体颗粒，这种设计是基于安全考虑。整个包装操作过程与转化一样简单：将 λ-DNA 载体和外源 DNA 片段的连接反应液与两种包装蛋白组分混合，在室温下放置 1h，加入一滴氯仿，离心除去细菌碎片，即得重组噬菌体颗粒的悬浮液。将之稀释合适的倍数，并与处于对数生长期的大肠杆菌受体细胞混合涂布，过夜培养即可获得含透明噬菌斑（即克隆）的转化平板，后者用于筛选与鉴定操作。

4. 其他受体细胞的转化方法

基因工程体构建中，除了细菌受体细胞的转化方法，还有真菌、动物和植物的受体细胞的转化方法。包括物理方法裸 DNA 直接注射、微粒轰击、电穿孔、显微注射等；化学方法磷酸钙共沉淀法、DEAE-葡聚糖转染法和脂质体转染法等。生物方法主要为质粒转化和病毒介导的基因转移。

（1）酵母菌受体细胞的转化方法

① 利用酵母的原生质球进行转化。首先，酶解酵母细胞壁，产生原生质球，再将原生质球置于 DNA、$CaCl_2$ 和多聚醇（如聚乙二醇）中，多聚醇可使细胞壁具有穿透性，并允许 DNA 进入。然后使原生质球悬浮于琼脂中，并使其再生新的细胞壁。

② 利用锂盐进行转化。对酵母菌转化常用醋酸锂的方法。这种方法不需要消化酵母的细胞壁产生原生质球，而是将整个细胞暴露在 Li^+ 盐（如 0.1mol/L LiCl）中一段时间，再与 DNA 混合，经过一定处理后，加 40% PEG4000，然后经热应激等步骤，即可获得转化体。转化体的选择可以通过在合适的琼脂培养基上进行平板培养细胞，不需要从琼脂中去收集它们。

③ 利用基因枪法进行转化。基因枪法，又叫粒子轰击细胞法或微弹技术，是用压缩气体（氦或氮等）动力产生一种冷的气体冲击波进入轰击室（可免遭由"热"气体冲击波引起的细胞损伤），把黏有 DNA 的细微金粉打向细胞，穿过细胞壁、细胞膜、

细胞质等层层构造到达细胞核,完成基因转移。以 λ 噬菌体粒子作为微弹轰粒轰击能转化酿酒酵母,把 λ 噬菌体克隆进质粒 YEP352,用氦驱动生物弹装置(图 2-25)及 gt22 转化酿酒酵母 YW1。涂布选择平板表面,接种 1 亿个 YWl 细胞,用包被了 YE352 DNA 的钨粒子轰击平板。用此法还可以向活细胞中导入生物菌株、蛋白、核酸、细胞器、染色体及细胞核,进行植物种质转化和人类基因治疗。

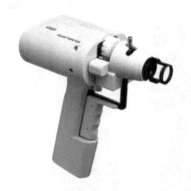

图 2-25　两种用于基因工程的基因枪

(2) 农杆菌 Ti 质粒转化植物技术

叶盘法结合根癌土壤杆菌是一种简单易行的植物细胞转化、选择与再生的方法。具体做法是:先将实验材料(如烟草)的叶子表面进行消毒,再用消毒过的不锈钢打孔器从叶子上取下圆形小片,即叶盘。为了对叶盘进行接种处理,需将它放在根癌土壤杆菌培养液中浸泡 4~5min,然后用滤纸吸干,放在看护培养基上进行培养,注意需将叶子背面接触培养基。叶盘在看护培养基上培养 2 天后,转移到含有适当抗生素的选择培养基上进行培养。经过数周后,叶盘周围会长出愈伤组织并分化出幼苗。对这些幼苗的进一步检测(如测胭脂碱,用 Southern 印迹法、Northern 印迹法、免疫分析法等)可以确定它们是否含外源基因以及外源基因的表达情况。

(3) 哺乳动物细胞基因导入法

将目的基因导入哺乳动物细胞的方法多种多样,大体分为:① 磷酸钙沉淀法或共转化法;② 脂质体载体法;③ 病毒载体的转染;④ 微注射技术;⑤ DEAE 葡聚糖转染技术等。其中微注射技术是创造转基因动物的有效途径。

微注射技术又称直接显微注射(Direct microinjection),一般是用微吸管吸取供体 DNA 溶液,指在显微操作仪器系统下(图 2-26),准确地插入受体细胞核中,并将 DNA 注射进去。

显微注射技术操作关键点:

① 外源基因的制备。这种基因可处于质粒上,但注射前质粒已经酶切而线性化。有的载体 DNA 会干扰外源基因的表达,因此注射前需要先从载体上将它们切下。

② 收集受精卵。在受孕后的几小时内,父母双方的遗传物质还未结合前,从供体取出单细胞的受精卵。

③ 显微注射。在做转基因动物研究时,将平皿放置在显微注射仪上,移动载物台,

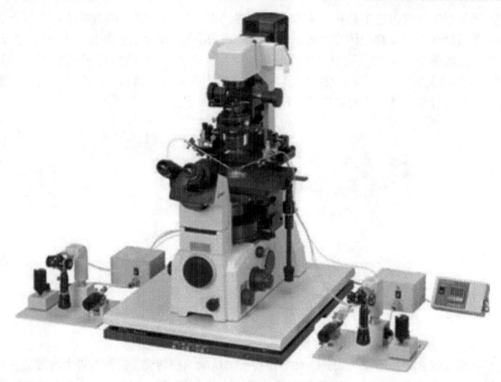

图 2-26　一种显微注射仪

把视野移到受精卵液滴处。注射时，先用显微操作仪慢慢移动固定受精用的微吸管，同时使注射器缓慢减压，吸引目标受精卵并固定之，再用另一侧显微操作仪移动微注射针，对准雄前核迅速刺入，并导入目的基因（图 2-27）。各研究者向雄前核导入目的基因的拷贝数相差悬殊，从 100 个到 10 万个不等，但注入的液体量比较衡定，每个卵不超过 10pL。熟练的操作者每小时可注射 200 个细胞。除受精卵为导入目的基因的比较理想的目标外，有时也选择已发育到几个细胞阶段的早期胚胎甚至囊胚，以培育嵌合体型转基因动物。

④ 卵移植。在几次细胞分裂后，将带有理想基因的受精卵移入母体，使受精卵孕育。

（4）逆转录病毒载体的转染

逆转录病毒载体可高效地介导基因转染大多数细胞，包括那些不易转染的细胞，甚至包括各类型细胞的原代培养细胞、悬浮细胞及体内细胞。逆转录病毒载体是具有感染性的病毒颗粒，可以介导目的基因转染到分裂细胞。逆转录病毒载体通过病毒中膜糖蛋白和宿主细胞表面的受体相互作用而进入宿主细胞。介导逆转录病毒进入宿主细胞的受体在细胞表面广泛存在，因此可以使用逆转录病毒载体介导目的基因转染到多种类型的细胞。

5. 转化细胞的扩增

转化细胞的扩增是指受体细胞经转化后立即进行短时间的培养，使转化细胞的数量扩增到能为后续的筛选鉴定单元操作创造条件。如 Ca^{2+} 诱导转化后的受体细胞在 37℃

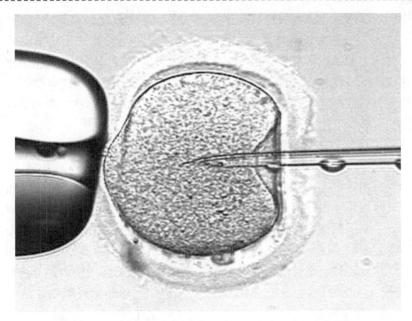

图 2-27　正在对细胞进行 DNA 显微注射的实时动态观察

培养 1h、原生质体转化后的细胞壁再生过程以及 λ 重组 DNA 分子体外包装后与受体细胞的混合培养等。

转化细胞的扩增是否成功，须满足三个方面：① 增殖的转化细胞数量能够满足筛选环节的需要；② 载体 DNA 上携带的标记基因拷贝数得以扩增及表达，这是进行筛选单元操作的前提条件；③ 克隆的外源基因的表达，如果重组 DNA 分子的筛选与鉴定依赖于外源基因表达产物的检测，则外源基因必须在转化细胞扩增期间表达。

（五）目的基因的表达

外源基因在合适的体系中得到高效表达，是基因工程的最终目的之一。然而，转化子的筛选与重组子的鉴定是基因工程表达体系生产前必须做的操作环节。这主要源于 DNA 体外重组操作中，外源 DNA 片段与载体 DNA 的连接反应物一般不经分离直接用于转化，由于重组率和转化率不可能达到 100% 的理想极限，因此必须使用各种筛选与鉴定手段区分转化子（接纳载体或重组分子的转化细胞）与非转化子（未接纳载体或重组分子的非转化细胞）、重组子（含重组 DNA 分子的转化子）与非重组子（仅含空载载体分子的转化子），以及目的重组子（含目的基因的重组子）与非目的重组子（不含目的基因的重组子）。而且，在一般情况下，经转化扩增单元操作后的受体细胞总数（包括转化子与非转化子）已达 $10^9 \sim 10^{10}$ 个，从这些细胞中快速准确地挑出目的重组子的策略是将转化扩增物稀释一定的倍数后，均匀涂布在用于筛选的特定固体培养基上，使之长出肉眼可分辨的菌落或噬菌斑（克隆），筛选与鉴定出重组子。

1. 转化子的筛选与重组子的鉴定

（1）基于载体遗传标记的筛选与鉴定

载体遗传标记法的原理是利用载体 DNA 分子上所携带的选择性遗传标记基因筛选转化子和重组子。由于标记基因所对应的遗传表型与受体细胞是互补的，因此在培养基中施加合适的选择压力，即可保证转化子显现（长出菌落或噬菌斑），而非转化子隐去（不生长），这种方法称为正选择。经过一轮正选择，往往可使转化扩增物的筛选范围缩小成千上万倍。如果载体分子含第二个标记基因，则可利用这个标记基因进行第二轮的正选择或负选择（视标记基因的性质而定），从众多转化子中筛选出重组子。其筛选与鉴定方法有抗药性筛选法、营养缺陷型筛选法、显色模型筛选法、噬菌斑筛选法和探针重组筛选法等。

（2）基于克隆片段序列的筛选与鉴定

如果用于重组连接的外源 DNA 片段或目的基因是同种分子（如 PCR 扩增产物），则重组子即为目的重组子；然而，如果外源 DNA 片段是包含目的基因在内的多种分子的混合物，此时重组子中既有目的重组子又有非目的重组子，需要进一步加以区分并鉴定。一般而言，基于载体遗传标记的筛选与鉴定程序并不能区分目的重组子与非目的重组子。不过在大多数情况下，待克隆的目的基因或 DNA 片段的部分序列至少是已知的，因此依据克隆片段序列而设计的筛选与鉴定程序具有广泛的实用性。其筛选与鉴定方法有 PCR 鉴定法、菌落原位杂交法、限制性酶切图谱法、琼脂糖凝胶电泳法、次级克隆法和 DNA 序列测定法等。

（3）基于外源基因表达产物的筛选与鉴定

如果克隆在受体细胞中的外源基因编码产物是蛋白质，则可通过检测这种蛋白质的生物功能或结构来筛选和鉴定目的重组子。使用这种方法的前提条件是重组分子必须拥有能在受体细胞中发挥功能的表达元件，也就是说外源基因必须表达其编码产物，并且受体细胞本身不具有这种蛋白质的功能。其筛选与鉴定方法有蛋白质生物功能检测法、放射免疫原位检测法和蛋白凝胶电泳检测法等。

2. 基因工程表达体系

基因工程的最终目的之一就是使外源基因在合适的体系中得到高效表达，生产出具有重要价值的蛋白质产品。基因工程表达体系主要可分为原核表达体系和真核表达体系。

（1）原核表达体系

大肠杆菌（*E. coli*）是最常用的原核表达体系，其优点是大肠杆菌生长迅速、工艺简单、表达量高、产品纯化方便，非常适合大规模化生产。目前商品化的基因工程药物绝大多数是采用大肠杆菌表达体系进行生产的。枯草杆菌（*Bacillus subtilis*）等其他原核表达体系则较少被采用。

目前，有许多操作简单的高效表达载体被商品化可供选择。根据表达目的的不同、目的基因产物性质的不同，可以选择不同类型的原核表达载体，目前主要有三种类型的载体。① 非融合型表达载体。表达出具有天然一级结构的蛋白质多肽链。其优点是其结构与功能更接近于生物体内天然的蛋白质，其缺点是容易被宿主细胞内的蛋白酶破坏。② 融合型表达载体。在目的基因的 5′端增加一段为宿主细胞自身的蛋白质编码的 DNA 序列（如谷胱甘肽巯基转移酶基因，*GST*），或者人工设计的特定序列（如 6 个组氨酸标记物，His-tag），表达出来的产物是目的蛋白和另一段多肽链组成的融合蛋白。融合表达的优点是可以提高表达效率、减少蛋白酶的水解破坏，并方便产品的纯化

（可采用亲和层析）。但融合蛋白有可能失去原来的活性，必须在以后用适当的方法（蛋白酶切、溴化氰裂解等）将附加序列切除。这两种表达体系的表达产物一般都是不溶性蛋白质，在细胞内聚集形成的包涵体（Inclusion body）中，有利于防止蛋白水解酶对表达蛋白的降解，而且包涵体中杂蛋白含量较少，也方便了产品的纯化；但另一方面，由于包涵体中的多肽链没有正确折叠，基本不具备生物学活性，其折叠、复性非常困难。③ 分泌型表达载体。在外源基因的 5′端增加一段为信号肽编码的核酸序列，因而表达产物可分泌到细胞间质或细胞外。分泌表达产物是可溶性蛋白质，一般都具有生物学功能。其缺点是表达效率较低，信号肽酶切不太完全。

E. coli 表达体系的缺点是：① 原核细胞缺乏某些转录后加工机制，不能进行内含子的剪接，因此只能表达 cDNA，而不能表达真核基因组 DNA；② 由于缺乏适当的翻译后加工机制，表达的真核蛋白质不能进行正确的糖基化修饰，这常常会影响某些蛋白质的正确折叠和生物学活性；③ 高效表达的外源蛋白质大多为不溶性的蛋白质，为使其折叠为正确的空间结构并具有生物学活性，必须在体外进行复性处理，但完全复性非常困难；④ 很难大量表达可溶性蛋白。

（2）真核表达体系

常用的真核表达体系有酵母、昆虫和哺乳动物细胞。与原核表达体系比较，真核表达体系的最大优势是表达产物的活性高、免疫源性好，因为表达的蛋白质能够被正确折叠和进行翻译后修饰；表达产物都是可溶性的，并可以分泌到培养液中，结合无血清或低血清培养基培养能方便纯化工艺；而且真核生物细胞能进行转录后剪接，可以直接表达含内含子的基因组 DNA。

但真核表达体系的缺点也是很明显的：操作难度大、生长繁殖慢、表达周期长、表达量较低、生产成本低。常用于真核表达的酵母细胞有酿酒酵母（Saccharomyces cerevisiae）和毕赤酵母（Pichia pastoris）。常用的哺乳动物细胞是中国仓鼠卵巢细胞（CHO）。

第三节　基因工程技术在饲料中的应用

可用作动物饲料的资源众多，可分为牧草类、大田类、叶菜类、根茎瓜类、树叶及水生饲料等。但是由于人口压力、经济压力、环境污染、过度放牧等多种因素造成饲料资源日渐减少，品质下降。为此，必须研究如何开辟新的饲料资源、提高饲料作物产量、提升饲料营养品质、促进营养物质的消化吸收。在这个领域中，基因工程最引人注目的应用成就在于改良作物品种，使其具有抗生物胁迫（病虫害）、耐非生物胁迫（干旱、盐碱、寒冷）、提升光合和固氮效能（提高产量）、改善作物品质（营养价值、储藏加工性能）等优良性能，这为农业和畜牧业注入了革命性生机。然而与基因工程技术在生物医药等领域中轰轰烈烈的应用研究相比，在动物饲料与营养学领域的应用研究相对平静了许多，但也更为实际与理智，可供今后去扩展的空间也更加广阔。

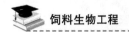
一、利用基因工程技术改良饲料作物的工艺流程

依据转基因供体与受体之间的亲缘关系以及构建物的成分结构而言，植物转基因技术可细分为异源转基因（Transgenesis）、同源转基因（或种内转基因，Intragenesis）和顺式转基因（Cisgenesis）三种不同的概念（表2-2），但其操作工艺基本相同（图2-28）。

表2-2　植物转基因技术的细分

	编码序列的来源	调控序列的来源	转基因构建物的类型	表达序列的方向	DNA转移边界序列	筛选标记基因
异源转基因	所有类型的异源生物	编码序列与调控序列新组合	正义、反义、反向重复序列	农杆菌Ti质粒的T-DNA	存在
同源转基因	相同物种或性相容性物种	编码序列与调控序列新组合	正义、反义、反向重复序列	植物来源的DNA序列	不存在
顺式转基因	相同物种或性相容性物种	天然基因的原组合	正义	不使用转移边界序列	不存在

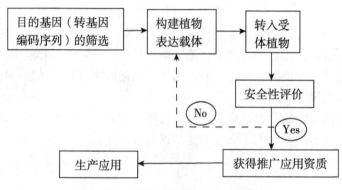

图2-28　植物转基因操作的工艺流程

二、基因工程技术在饲料作物改良中的应用

（一）提高饲料作物产量

1. 固氮与固碳工程

氮素是限制农作物产量的重要因素。而化学氮肥的大量使用不仅消耗巨大能源，破坏土壤结构，而且造成自然环境的严重污染，对生态系统和人类健康产生严重的威胁。某些生物固氮菌具有将空气中的氮气还原为氨的能力，充分有效地利用这种生物固氮作用，已成为当前研究的热点之一。利用基因工程技术对以肺炎克氏杆菌（*Klebsielle pneumoniae*）为代表的自生固氮菌、以大豆和苜蓿根瘤菌（*R. meliloti* 和 *B. japonicum*）为代表的共生固氮菌以及以固氮螺菌（*Azospirllum*）为代表的联合共生固氮菌的固氮基因结构、表达调控机制与固氮酶活性的调节等进行了深入的研究。美国科学家采用基因工程技术改造了大豆和苜蓿根瘤菌的固氮酶基因，使这两种作物的产量提高了15%，这是目前世界上首例通过了遗传工程菌安全性评价并进入有限商品化生产的工程根瘤

菌。通过基因工程改造固氮菌，在发酵罐中发酵，再制作成菌肥使用，不但能提高豆科作物的结瘤量，甚至可以使非豆科植物（如小麦、玉米、水稻等）也能固氮。国际水稻所计划构建一种超级固氮细菌，能减少水稻50%的氮肥用量。科学家正在研究采用转基因技术将固氮基因直接转移到植物细胞染色体中，使得植物不依靠固氮菌自身就能固氮。

光合作用效率的高低同样也是决定农作物产量的一个重要因素。如果能将光合作用效率较高作物中的决定光合作用酶的基因转移到光合作用效率较低的作物中，便可能使光合作用效率提高。美国科学家已经分离出5种控制细菌光合作用第一步反应的基因，使这方面的研究有了一个良好的开端。日本科学家最近发现，一种红藻中的RuBisCO的活性比一般植物中高3倍，他们正利用叶绿体转化技术将该基因导入植物，以使植物具有更高的光合作用能力。

2. 提高抗病、抗虫能力

农作物病虫害是导致农作物减产的重要因素，而农药的广泛使用则带来了严重的环境污染、农药残留和耐药性的产生。利用基因工程技术改造可以培育出具有抗菌、抗病毒、抗虫的农作物品种，从而增加动物饲料资源。

（1）抗病毒作物

植物在受到某些植物病毒的感染后，其产物能抑制新病毒的入侵，因而具备了免疫力。因此可以将植物病毒的部分基因（如外壳蛋白基因、病毒复制酶基因和某些病毒的卫星RNA等）转移到植物细胞中，从而使转基因植物产生对该病毒的抗性。在田间试验中，移植了烟草花叶病毒（TMV）外壳蛋白基因的烟草和番茄对该病毒的防治效果达到90%。水稻黄矮病是我国水稻的一个主要病害，我国科学家将水稻黄矮病毒的N蛋白基因转入水稻获得抗该病毒的株系。对苜蓿花叶病毒、大豆花叶病毒、马铃薯X和Y病毒等也进行了类似的试验。

黄瓜花叶病毒（CMV）和烟草环斑病毒（TobRV）中的卫星RNA被认为是病毒的寄生物，将它转移到植物中，大量卫星RNA的产生可以抑制该病毒RNA的复制。

另一种抗病毒机制是利用转基因植物产生病毒的反义RNA（antisenseRNA），从而抑制病毒基因的转录与翻译。张春庆（2013）设计并构建了黄淮海地区玉米SCMV（甘蔗花叶病毒，引起我国北方玉米矮花叶病的主要病毒）的3个RNA干涉（RNAi）载体，经过接种试验，证明这3种RNAi载体均可介导玉米对SCMV的抗性。

（2）抗真菌作物

植物病害中最常见的病原微生物是真菌。几丁质（Chitin）是植物真菌细胞壁的重要组分，而几丁质酶（Chitinas）可以破坏几丁质。将从灵杆菌（*S. marcescens*）中分离的几丁质酶转移到烟草、番茄、马铃薯、莴苣和甜菜中，大田试验结果证明，这种转基因植物的抗真菌感染能力与施用杀真菌剂同等有效。在抗真菌病转基因大豆研究上，Cunha等（2010）获得过表达草酸脱氢酶（OXDC）的抗茎腐病（Sclerotinia stem rot，SSR）转基因大豆株系。

（3）抗菌作物

利用抗菌肽、溶菌酶等基因繁育的转基因植物具备了一定的抗细菌感染的能力。采用基因工程技术还在植物细胞自身中找到了多种具有抗病作用的基因，如番茄的抗细菌基因 *pto* 和 *cf* 9，以及我国科学家发现的具有抗水稻白叶枯病作用的基因 *Xa*21，并用它们培育出了新的抗菌作物。

最近报道，国际水稻所已将四种不同的抗稻瘟病基因累加到同一水稻品种中，获得了广谱抗稻瘟病材料。

（4）抗虫作物

苏云金杆菌（*Bacillus thurigiensis*，Bt）产生的 δ-内毒素（晶体蛋白，125kD），对很多昆虫包括棉蚜虫的幼虫具有剧毒作用，但对成虫和脊椎动物无害。苏云金芽孢杆菌蛋白对幼虫作用的机理：苏云金芽孢杆菌产生的由 1 187 个氨基酸残基组成的无活性毒素原蛋白，幼虫接触到毒素原蛋白后，其消化道中的蛋白酶将之水解成 68kD 的毒性片段，后者与幼虫中肠细胞表面的受体结合，从而干扰细胞的生理过程而使幼虫死亡。

将苏云金芽孢杆菌晶体蛋白编码基因移植到农作物体内的研究持续了多年，但由于芽孢杆菌基因的密码子使用规律与植物有较大的差异，而且毒素蛋白原的分子也太大。使得这个全长基因在植物细胞中的表达率甚低。为此，改进表达效率的方法是重点克隆晶体蛋白与毒性有关的 N 端 1~615 位氨基酸编码区，其中 1~453 位氨基酸编码序列人工合成，同时将该合成型基因置于 CaMV P_{35S} 双启动子串联结构的控制之下（图 2-29），这使得毒性蛋白在棉花细胞中的表达水平提高近 100 倍。

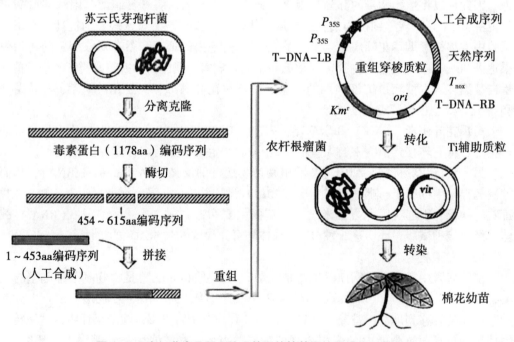

图 2-29　含细菌毒晶蛋白编码基因的转基因植物操作工艺流程

多年来的应用实践表明：表达苏云金芽孢杆菌重组毒晶蛋白的转基因植物能有效抵御很多对农作物和森林构成严重危害的食叶性麟翅目害虫。毒晶蛋白转基因农作物显著减少了化学除草剂的使用量，其中最重要的转基因农作物包括大豆、长米、棉花、油菜。然而该系统也有缺陷：① 其抗虫谱相对比较窄，通常一种毒晶蛋白分子只能针对一种害虫有效，如表达 CryAc 型毒晶蛋白的转基因农作物主要控制绿棉铃虫（Heliuthis virescens）和玉米螟（Ostrinia nubilalis）。尽管更先进的转基因农作物同时表达多元毒晶蛋白（如 Cry34Ab/Cry35Ab），但这种策略受到基因转移的容量限制；② 毒晶蛋白仅对幼虫有效；③ 害虫对其产生耐受性的问题也日益突出。因此，寻找并开发其他抗虫基因资源十分重要。

许多天然具有抵御昆虫取食能力的植物中含有蛋白酶抑制因子（PI），干扰昆虫取食后的消化，导致营养不良而死亡。豇豆蛋白酶抑制因子（Cowpea trypsin inhibitor）是一种低分子量丝氨酸蛋白酶抑制剂，它的抗昆虫谱广，对几乎所有的昆虫都有效，而对人畜无害，现已被成功导入番茄、甘薯、烟草等植物中。来自番茄、马铃薯丝氨酸蛋白酶抑制剂、来自水稻的半胱氨酸蛋白酶抑制剂和来自菜豆的 α-淀粉酶抑制剂等对某些昆虫的消化酶有抑制作用，也可作为抗虫基因。利用植物外源凝集素蛋白（Lectin）也可以干扰昆虫的消化功能。Lectin 转基因植物的抗同翅目昆虫和飞虱的作用也初见成效。植物血凝素（PHA）也有一定的抗虫作用，昆虫激素（如神经肽、保幼激素酯酶等）转基因植物也在积极研究之中。

（5）微生物农药（植物生态工程）

从植物表面微生物中将其中的有益微生物筛选分离出来，经发酵工程可制备成微生物农药。澳大利亚使用 K-84 放射农杆菌防治玫瑰根瘤病，防病效果达 90% 以上。而美国分离的 PGPR 细菌则对某些蔬菜的增产幅度达 100% 以上。转 Bt 基因的杀虫工程菌株对菜青虫、小菜蛾等具有活性。通过转座子诱变的荧光假单胞工程菌株对小麦全蚀病具有活性。科学家正在利用基因工程技术研究兼具防病、杀虫、增产效果的"超级"细菌。

3. 提高抗逆能力

农作物所处的非生物逆境包括盐碱、干旱、洪涝、严寒或高温、营养贫瘠、重金属胁迫、紫外线等。克隆与非生物逆境信号传导相关的基因并转入植物将可能使转基因植物获得对非生物逆境的抗性。

利用基因工程技术对植物的干旱与盐应答基因进行了一定的研究，找到了一些可能与耐旱、耐盐有关的基因。植物体内的糖醇类化合物是一种渗透调节剂，提高这些渗透调节物质的生物合成水平成为植物耐旱、耐盐基因工程的首选策略，将山梨醇-6-磷酸脱氢酶或甘露醇-3-磷酸脱氢酶转入植物细胞内，可提高细胞内山梨醇或甘露醇的水平，具有一定的抗旱、抗盐碱能力。从小盐芥分离出的一种多磷酸肌醇激酶 ThIPK2，通过根癌农杆菌介导转化到大豆中，与未转化的大豆植株相比，转化植株更具有耐缺水性、耐盐性和耐氧化性（Liu 等，2012）。日本理化研究所可持续资源科学中心开发出一种全新的转基因水稻，其中成功表达了来自拟南芥的肌醇半乳糖苷合成酶基因，使其更具耐旱性（Selvaraj 等，2017）。Choi 等（2012）研究发现拟南芥中 CYP450 对种子体积增大和抗水胁迫有重要作用。转录因子 DREB1 和 DREB2 在不依赖 ABA 的抗旱信号传导途径中，通过触发应激反应基因的表达，可以显著提高植物耐旱性（Lata 等，2011）。转录因子 HYR 作为主要调节者，通过直接激活光合作用基因，进而增强植物光合作用。转 HYR 基因水稻在正常生长条件，以及干旱和高温胁迫条件下其产量均会显著增加（Ambavaram 等，2014）。胚胎发育晚期丰富蛋白（Late embryogenesis abundant protein，LEA）是植物胚胎发生后期种子中大量积累的一类蛋白质，与植物抗逆性密切相关。该蛋白已在多种植物中成功表达以增加植物耐旱性（Duan 等，2012）。例如，表达小麦脱水蛋白 DHN-5 的转基因拟南芥植株在盐胁迫或者干旱胁迫条件下，长势较好，种子发芽率和保水性显著增强，脯氨酸含量较高（Brini 等，2011）。利用其他基因工程技术也可以增强作物的抗旱性，主要包括水和离子的吸收与转运，如水通道蛋白和离子转运蛋白、ROS 清除机制、热休克蛋白，以及植物解旋酶等（Amin 等，2012）。

乙醇脱氢酶转基因植物能提高抗涝能力。导入拟南芥叶绿体的甘油-3-磷酸乙酰转移酶基因来调节叶绿体膜脂的不饱和度，可使获得的转基因烟草的抗寒性增加。歧化酶和过氧化物酶也能提高植物的抗寒能力。金属硫蛋白、谷胱甘肽合成酶转基因植物可获得抗重金属镉的能力。

土壤中缺乏一些植物生长所必要的无机盐也是一种逆境，通过基因工程手段也可以使植物获得抵抗这种逆境的能力。如山梨醇合成能力强的转基因烟草对于硼缺乏具有一定的抗性。

在抗营养逆境方面，转谷氨酸脱氢酶基因玉米可以大大提高对氮肥的利用率，其生长量提高了 10%。

大多数除草剂对农作物的生长也有一定的不良影响，转入从细菌中分离得到的除草剂抗性基因（如草甘膦抗性基因），可使植物获得抗除草剂能力。

（二）改善饲料营养品质

1. 改善蛋白质品质

牧草是反刍家畜的主要食物来源，通过转基因可以提高牧草的总蛋白质含量和必需氨基酸含量。目前已成功培育出高含硫氨基酸豆科牧草、高赖氨酸玉米、高赖氨酸大麦和富含白蛋白的三叶草新品种等。此外，科研人员通过将坚果中富含蛋氨酸的蛋白基因与菜豆蛋白基因嵌合在油菜籽中，再通过转基因技术在油菜籽中表达，从而生产出坚果蛋白，使种子中的蛋氨酸的含量也增加了将近 34%。这些高蛋白农作物的出现极大促进了反刍动物生长和发育，也提高了对饲料的利用率。

利用基因工程技术修饰植物储藏蛋白（如 α-玉米醇溶蛋白）的基因序列，以提高植物蛋白质中赖氨酸和色氨酸的含量。对拟南芥菜、甘蓝型油菜和极乐豆种子的 2S 白蛋白基因进行修饰，成功提高了其蛋氨酸的含量。

还有人在探索人工合成一段高含量必需氨基酸的 DNA（High essential amino acid encoding DNA，HEAAE-DNA）导入植物中，使其富含各种必需氨基酸。

巴西豆 2S 白蛋白（BN 2S）特别富含蛋氨酸（18%）和半胱氨酸（8%），将 BN 2S 基因导入烟草和油菜中大大提高了蛋氨酸的含量。

通过转基因还可以增加某些必需氨基酸的生物合成，使游离必需氨基酸含量增加。

2. 改变碳水化合物含量与品质

通过转基因可以改变植物中碳水化合物的含量与种类，改变水果、蔬菜的风味或改变直链淀粉与支链淀粉的比例。如通过转基因使番茄、马铃薯等作物的淀粉减少而蔗糖含量增加。果聚糖是果糖的多聚体，可被人体肠道中的微生物发酵，刺激双歧杆菌生长，释放短链脂肪酸进入循环系统，营养保健价值较高。3～6 聚体的果聚糖有甜味，是低能量的助甜剂，有助于降体重，因此国际上果聚糖的销售量很大。将果聚糖转移酶基因导入白三叶草和苜蓿，转基因植株中水溶性碳水化合物含量增加。将果糖基转移酶编码基因导入烟草和马铃薯细胞内，在获得的转基因植株中，果聚糖含量高达 8%（干重）以上，具有良好的开发前景。

3. 改变脂类含量与品质

增加或抑制脂肪生物合成途径中关键酶在转基因植物中的表达，以改变脂肪的含量、脂肪酸链长度及不饱和脂肪酸的比例，从而改变脂肪酸的结构和组成。乙酰辅酶 A（ACC）羧化酶被认为是油料种子形成过程中控制脂肪合成的关键酶，已从油菜、小麦及玉米中克隆出编码此酶的基因。高油玉米与普通玉米相比有许多优越性，具有高油脂、高能量、高蛋白质及富含脂溶性维生素和赖氨酸的特点，同时又具有良好的饲料加工性状和无毒副作用，品质和安全性俱佳。据报道，高油性玉米种子（含油量通常为4%，而高油性玉米种子约为 8%）可改善谷物在家禽及猪饲料中所占比例，用于奶牛，可提高产乳量。在普通饲料里，配合高油性玉米，可提高家禽的能量，使这种谷物饲料中无须再添加脂肪。在对谷物进行处理时，也不会产生粉尘，更无须担心饲料的贮藏问题。

另外，植物籽实中的必需脂肪酸含量也是人们关心的问题。Calgene 公司的研究人员成功地从椰子中纯化出了溶血磷脂酰转移酶（LPAAT），该酶可以控制组成植物油类的三酰甘油分子中特殊位置的脂肪酸，利用这项技术，人们可以提高植物中必需脂肪酸含量，从而提高油脂的营养价值。

4. 消除抗营养因子

大豆由于其蛋白质含量高，品质优良，在动物饲料生产中的应用非常广泛，其主要缺点是含有抗营养因子。美国杜邦公司已育成了抗营养因子（主要是糖类）水平较低的大豆新品系。植物饲料中磷多以植酸磷形式存在，目前已成功把植酸酶的基因转入大豆、大麦中，培养出含高植酸酶的大豆、大麦，使磷的营养利用率得到提高。我国独立研发、拥有自主知识产权的粮食作物——转植酸酶基因玉米，内含的植酸酶可以分解饲料中的植酸磷，释放可被动物利用的无机磷；同时，可减少动物粪便中磷的含量，减轻对环境的污染。

菜籽粕作为蛋白质饲料，具有价格低廉的优点，但其含有的硫葡萄糖甙和芥子酸等抗营养因子限制了其在饲料配合中的用量，目前通过基因改良或转基因技术已成功培育出双低油菜籽品种，显著降低了硫葡萄糖甙和芥子酸含量，可使菜粕在动物饲粮中的用量提高一倍左右（弓剑，2007）。已经证明，单宁能防止反刍动物采食大量新鲜豆科牧草引起的臌胀病，单宁含量以占牧草干重的 1%～3% 为宜，超过 5% 时，牧草的营养价值和适口性降低。Moris（1997）将参与缩合单宁生物合成的关键酶基因转入苜蓿，增加了转基因植株中的单宁含量。百脉根体内单宁含量较高，影响其适口性，利用基因工程技术可减少百脉根体内的单宁含量。

5. 其他品质的改善

β-胡萝卜素作为食品添加剂可减少某些癌症的发病率。番茄果实中有大量的胡萝卜素前体物质番茄红素，但不产胡萝卜素。从番茄红素转变成 β-胡萝卜素需要八氢番茄红素合成酶。将该酶编码基因导入番茄或其他农作物中，可培育出高产 β-胡萝卜素的多种转基因植株并用于保健食品的开发。

从拟南芥中克隆了 γ-生育酚甲基转移酶（γ-tocopherol methyltransferase）。在油料农作物中表达这种酶，可以将种子中 γ-维生素 E 前体转化成 α-维生素 E，从而改善油料农作物的营养价值。

Calgene 公司利用反义 RNA 技术抑制番茄果实软化过程中的关键酶，通过抑制乙烯的生成，使番茄果实在储存期的软化推迟。此技术已于 1994 年被 FDA 批准上市。

铁是微量元素之一。动物缺铁会引起贫血症。Lucca 等（2002）将一种富含铁的大豆贮藏蛋白质——铁蛋白基因在水稻中表达，其籽粒的含铁量是普通水稻的 3 倍。为了进一步增加籽粒中的铁含量，作物学家专注于植物体内的铁运输。水稻中铁转运蛋白烟草胺合成酶的表达有助于促进籽粒中铁的运输，从而有效提高铁浓度（Johnson 等，2011）。

三、基因工程技术在新型饲料添加剂开发中的应用

（一）益生菌的基因工程改造

益生菌（Probiotics）活菌制剂又称微生态制剂，通过维持肠道内微生态的平衡而发挥作用，具有防治疾病、增强机体免疫力、促进生长等多种功能。我国农业农村部于 2013 年 12 月公布了《饲料添加剂品种目录》，其中可用于养殖动物的微生物添加剂有：芽孢杆菌（如地衣芽孢杆菌、枯草芽孢杆菌），乳酸杆菌（如嗜酸乳杆菌、干酪乳杆菌、乳酸乳杆菌等）和酵母菌（如产朊假丝酵母、酿酒酵母）等。

采用基因工程技术，可以将外源基因转移到益生菌细胞中，构建的重组子菌株可以直接添加到饲料中或者再移植到肠道内，增强其原有的益生功能或者发挥出外源基因的特殊功能。

有人将富含赖氨酸的人工合成基因转入到乳酸杆菌和芽孢杆菌细胞中，重组的乳酸杆菌和芽孢杆菌的赖氨酸分泌量可得到提高。将 α-淀粉酶基因导入芽孢杆菌中，可生产耐高温的 α-淀粉酶。

酵母菌更是在基因工程中最为广泛使用的受体菌之一，其技术体系较为完善。将鱼生长激素基因导入酵母细胞饲喂鱼苗，可使小鱼的生长加快。将干扰素基因导入酵母细胞中作为饲料，有可能增强动物的抗病能力。将牛乳铁蛋白基因转入酵母细胞的研究也在进行中，有可能增强动物的抗菌能力。

改造的双歧杆菌质粒极有可能作为双歧杆菌基因工程的载体使用。益生元是能促进益生菌繁殖的化学物质，主要是低聚糖类，但是益生元需要通过日粮添加。通过基因工程，有可能使益生菌获得自我产生益生元（如双歧杆菌生长因子等）的能力，从而可在肠道持续发挥作用。

（二）采用基因工程技术开发抗生素替代品

抗生素作为饲料添加剂在动物饲料中的广泛使用使许多病原菌对它们产生了抗药性，同时也严重破坏了动物肠道的微生态平衡；抗生素在畜禽体内的残留严重影响了畜禽产品的质量和人类健康，并对环境产生巨大安全隐患。世界各国为提高食品的安全，纷纷限制或禁用抗生素。为此，寻找替代抗生素的绿色饲料添加剂势在必行，这样才能从根本上制止药物残留，提高畜产品品质，保证消费者的安全。正在研究的抗生素替代品中，抗菌肽类是最具有应用前景的替代品。

抗菌肽是生物机体自身产生一系列多肽类拮抗物质，以阻止病害的传播和病原微生物的进一步入侵。迄今为止，已在多种生物中（如昆虫、蛙类、植物、细菌及高等动物等）发现了数百种内源性抗菌肽。这些抗菌肽除了具有广谱的抗菌活性外，同时还有高效的抗真菌、抗病毒、抗原虫活性。其中，防御素是哺乳动物中研究最多的抗菌肽，包括 α-防御素和 β-防御素两大类。主要存在于哺乳动物的白细胞、吞噬细胞或小肠的潘氏细胞中。防御素通常由 27~54 个氨基酸残基组成，通过保守的半胱氨酸构成 3 个稳定的链内二硫键，这也是区别其他抗菌肽的主要特征之一。防御素抗微生物谱非常广泛，对革兰氏阳性菌和阴性菌、分枝杆菌、螺旋体、真菌和一些被膜病毒、恶性肿瘤细胞等具有毒杀作用。

抗菌肽作为抗生素替代品的优点是，具有广谱抗菌作用，同时无毒副作用、无残留，不会导致细菌耐药性的产生，稳定性好，而且对畜禽具有促生长作用。

由于抗菌肽的天然含量极低，因此必须通过基因工程技术大量生产抗菌肽，或者生产抗病菌的转基因动植物产品。据美国学者报道，抗菌肽可以作为饲料防霉剂。柞蚕抗菌肽应用于预防及治疗鸡白痢效果明显。现已成功实现人防御素基因在酿酒酵母和毕赤酵母细胞中的高效表达，初步结果表明抗菌抗病毒效果良好。另外，采用转基因动物技术将抗菌肽基因转入畜禽体内，有可能繁育出抗病新品种。

白细胞介素和干扰素是细胞因子，可作用于动物体免疫系统的各个效应因子，改善免疫功能，对多种抗原均有增强作用，受到临床兽医的关注，已开始在动物疫病预防和兽医临床治疗中使用，是非常有前景的抗生素替代品。IFN 是第一个应用于临床的基因工程产品。目前 IFN-2α、IFN-2β、IFN-2γ 都有基因工程产物，40 多个国家使用干扰素制剂，治疗 30 多种疾病。干扰素主要用于病毒性感染、肿瘤、免疫系统疾病的治疗，如对鸡新城疫、流感、鸡痘、传染性法氏囊病、马立克氏病、网状内皮组织增殖病的治疗。IFN 产品在临床上的推广应用将大大促进病毒性疾病治疗水平的提高（因抗生素对病毒没有作用），有极其广泛的应用前景。

目前，白细胞介素和干扰素可通过大肠杆菌、酵母菌基因工程重组（Recombinant）而得。

（三）基因工程饲用酶制剂

饲用酶制剂在近几年发展迅速。目前的饲料用酶有 20 多种，大多为水解系列酶，如蛋白酶、纤维素酶、β-葡聚糖酶、戊聚糖酶、α-半乳糖苷酶、果胶酶、各种淀粉酶和植酸酶等。动物饲料中含有大量不易消化的，甚至抗营养的成分，特别是单胃动物（如猪、家禽等）不易消化非淀粉的多聚糖，如 β-葡聚糖和木聚糖等。这些饲用酶制

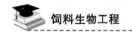

剂的使用可以提高蛋白质、碳水化合物的消化吸收率。

目前的饲用酶制剂大多是通过传统的微生物发酵工程来生产，但也已开始逐步向基因工程技术靠拢。采用基因工程技术生产的饲用酶具有产量高、活性强、稳定性好等优点。其中，采用基因工程技术大量生产植酸酶已获得成功。

植酸是一种抗营养物质，它能结合多种矿物质（磷、钙、铁、锌）和蛋白质，造成这些营养物质的吸收不良。而植酸酶是一类能降解植酸的磷酸酶，可提高饲料中矿物质（特别是磷）和氨基酸的消化吸收率，同时还能减轻畜禽业废水对环境的污染。从野生菌种中提取植酸酶产量低、价格昂贵，限制了它的应用。目前已分离克隆了十几个植酸酶编码基因，将这些植酸酶基因转入酵母或曲霉细胞中表达，重组的植酸酶基因表达水平大大高于野生菌株，生产成本降低。

四、转基因植物的安全性

自 1983 年第一株转基因植物，转基因烟草问世以来，科学家已成功对大豆、玉米、油菜、棉花等 300 多种植物进行了遗传转化。具有抗除草剂、抗病、抗虫、丰产等优良的农艺性状的转基因产品得到了一定范围的推广种植，但转基因植物大面积种植进展缓慢，主要原因是公众对转基因作物的环境安全性和食品安全性的担忧。

（一）标记基因的安全性

标记基因是一种已知功能或已知序列的基因，能够起着特异性标记的作用。就基因工程而言，标记基因是重组 DNA 载体的重要标记，通常用来检验转化成功与否；是对目的基因进行标志的工具，通常用来检测目的基因在细胞中的定位。

目前抗性标记基因常与目的基因共同转化。被广泛应用的标记基因主要有① 编码可使抗生素失活的蛋白酶基因，如新霉素磷酸转移酶基因（npt Ⅱ）和潮霉素磷酸转移酶基因（hpt）等。② 编码可使除草剂失活的基因，如膦丝菌素乙酰转移酶基因（bar, pat）和 5-烯醇丙酮酰草莽酸-3-磷酸合成酶基因（epsps）等。

标记基因的安全性质疑主要包括：① 可能会转移到微生物中，使得病原菌获得抗性，从而导致目前临床使用的抗生素失效；② 可能发生基因漂移，经自然杂交传递到近缘野生种杂草中，可能使杂草获得抗性，产生除草剂难以杀灭的超级杂草。③ 标记基因扩散到环境中，可能造成生态失衡；④ 可能对人类健康和食品安全产生负面影响，可能引起植物基因组变异和植物生化系统的化学物质合成改变，这些对人体有何种影响尚无安全可靠评价。此外，目前使用的抗性标记基因会分泌一些有毒物质，阻碍转化细胞再生，降低转化效率；限制了多个基因的转化。

目前虽然没有充分证据说明转基因植物对人类健康和食品安全的负面影响，但转基因植物的"基因漂移"造成基因污染已有不少事实。最为典型的是抗除草剂转基因油菜。1998 年加拿大发现称为 Canola 的油菜，含有抗草甘膦、抗固杀草和抗咪唑啉等除草剂的"广谱抗除草剂基因"。

（二）转基因植物的安全性评价和争论的问题

转基因植物的安全性，主要指环境安全性和食用安全性。环境安全性是指转入植物的外源基因和标记基因是否会扩散，生物多样性是否会遭到破坏，作物、杂草、害虫的进化程度是否会发生改变等问题。食用安全性是指转基因植物中的外源基因或标记基因是否会有潜在的毒副作用。

1. 对转基因植物的食用安全性争论

（1）转基因食品是否与传统食品一样，可以提供人类或动物生长繁衍必需的营养物质

人们担心转基因操作可能导致某种营养物质的减少，甚至缺失，从而造成营养水平发生变化，影响食用价值，长期食用后对人体产生难以预料的影响。

（2）转基因食品对人体或动物是否具有毒性

很多消费者常疑虑：长期吃转基因食品会影响身体健康吗？吃了转基因食品会被转基因吗？为什么害虫吃了含 Bt 基因的植物会死亡，而人吃了没事呢？支持转基因的人认为：一般来说，食物要先经加热煮熟，然后再吃，蛋白质加热后会变性。

（3）转基因食品是否比传统食品的过敏性强

过敏性的产生可能有三个方面的原因：① 转入基因表达的蛋白质产物可能对人体存在过敏性；② 转基因操作可能引发植物体内内源的过敏性物质含量升高；③ 转基因操作可能导致植物产生新的过敏性物质。

（4）转基因食品中的抗生素抗性基因的安全性问题

转基因生物基因组中插入的外源基因通常连接了抗生素标记基因，用于帮助转化子的选择。抗生素标记基因可能产生的不安全因素：① 标记基因的表达产物是否有毒或有过敏性，以及表达产物进入肠道内是否继续保持稳定的催化活性；② 标记基因的水平转移。由于微生物之间可能通过转导、转化或接合等形式进行基因水平转移，标记基因转移到人体胃肠道有害微生物体内，可能导致微生物产生耐药性，影响抗生素的治疗效果。

（5）转基因食品是否存在非期望效应

转基因是否会使原来沉默的毒素合成途径得以激活。在植物的进化过程中，会有因突变而沉默的代谢途径，这些代谢途径的产物或者中间产物有可能是毒素。若转基因植物具有长期安全食用的历史和长期的育种进程，表明沉默的代谢途径被育种过程中导入的外源基因激活的可能性不大。但对于没有长期食用和育种历史的作物，则需要进行评价，因为缺乏必要的信息来预测这些作物产生毒素的可能性。

已知常见的植物毒素及抗营养因子有生氰素、葡萄糖异硫氰酸盐、配糖生物碱、游离棉酚、凝集素、草酸盐、酚类物质、植酸盐、蛋白酶抑制剂、皂素和单宁等。在转基因后，以上成分及主要营养成分是否有改变，是食品安全性分析的重要内容。

2. 对转基因植物的环境安全性争论

（1）目标害虫对转基因植物的抗性

自然界生物间的协同进化或生物与非生物抑制因子间的对抗可能出现生物适应或被淘汰的结果。根据协同进化理论，转基因抗病虫作物的应用也将面临目标病虫害对抗性植物的适应和产生抗性的问题。通常选择压力越大，害虫抗性产生越快。以转 Bt 基因为例，Bt 毒蛋白在植物各营养器官中的表达通常是高剂量的持续表达，因此提高了对害虫的选择压力，可能促使害虫对 Bt 作物产生抗性，从而削弱 Bt 作物的

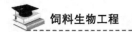

经济效益和优势。

此外，抗虫转基因作物的大量种植，还可能发生目标害虫的"行为抗性"和宿主转移现象。一方面，害虫可能区分 Bt 毒蛋白在植株不同部位的表达量，从而选择性地取食 Bt 毒素含量较低的部位，提高种群的存活率；另一方面，如果目标害虫宿主植物来源较广，在不适口的情况下转至非转基因作物上产生危害。目前尚无证据表明目标害虫对转基因植物产生抗性。尽管如此，国际上普遍提倡通过转基因植物种子和非转基因种子混合播种、提供非转基因作物庇护所、种植替代宿主植物或提高自然植被多样性等策略，预防和应对目标害虫对转基因植物产生抗性。

（2）转基因植物对非目标害虫的毒性及其宿主嗜好性的影响

转基因植物本身及其转入基因编码产物不仅会对目标生物起作用，还有可能对非目标生物产生直接毒性作用，或通过食物链和食物网对非目标生物产生间接影响。这方面的评估指标通常包括非目标生物的生物学特性指标。在田间，由于转基因作物对目标害虫具备很强的针对性，目标害虫的种群数量下降，导致生物群落中种与种间竞争格局发生变化，某些非目标害虫由于其较强的适应性而成为主要害虫。

（3）转基因植物对有益生物及天敌的影响

转基因植物不仅要控制目标害虫，而且必须与天敌协调共存。随着转基因植物的大面积推广，其花粉对家蚕等经济昆虫和传粉蜂类的潜在影响受到关注。此外，转基因植物的环境释放，有可能通过基因水平转移、根系活性分泌物改变和残体中生化成分的改变影响整个土壤生态系统的功能。

转基因抗虫植物表达的杀虫蛋白不仅作用于目标害虫。也必然影响非目标害虫和天敌的生活力。这些影响包括转基因植物表达的毒蛋白或改性蛋白对天敌存活和发育的直接毒害或通过害虫对天敌产生的间接毒害，天敌对转基因作物的目标害虫行为、生理、生殖的反应，天敌种类及种群数量的变化，天敌群落结构和种群动态的变化等。针对捕食性天敌，多数研究表明取食了转基因作物的植食性昆虫对捕食性昆虫的个体生长发育、生殖、捕食行为等特性均无不良影响；转基因植物花粉和汁液对捕食性天敌没有直接毒性。但也有研究表明转基因抗虫植物对捕食性昆虫生物学特性产生不利影响。针对寄生性天敌，部分研究表明取食了转基因植物的植食性昆虫宿主对寄生性昆虫的个体寄生、发育、行为等产生不良影响；也有研究表明转基因植物或其产物对寄生蜂生物学特性无不良影响。

（4）转基因植物对生物多样性及环境生态系统的影响

在生态环境中稳定下来的转基因植物，可能在生态系统中通过食物链产生累积、富集和级联效应。转基因作物由于有较强的针对性和专一性，会使生物群落结构和功能发生变化，一些物种种群数量下降，另一些物种数量急剧上升，导致均匀度和生物多样性降低，系统不稳定，影响正常的生态营养循环流动系统。转基因植物对生物多样性和生态系统的影响可能是微妙的、难以觉察的，需要进行长期的监测和研究。目前影响较大的相关报道有美国黑脉金斑蝶事件、墨西哥玉米受污染事件、加拿大抗除草剂油菜事件。

（5）基因漂移及杂草化问题

转基因植物可能通过与野生植物异种杂交而使目标基因进入野生植物，从而引发基因漂移（指的是一种生物的目标基因向附近野生近缘种的自发转移，导致附近野生近缘种发生内在的基因变化，具有目标基因的一些优势特征，形成新的物种，以致整个生态环境发生结构性的变化）。发生基因漂移需要具备两个条件：一是该转基因植物可与同种或近缘种植物进行异花授粉；二是这些同种或近种植物与该转基因植物在同一区域种植，而且转基因植物的花粉可以传播到这些植物上。根据这两个条件，转基因玉米、甜菜、油菜及一小部分转基因水稻有可能产生基因漂移。基因漂移的后果是产生适应性或竞争力更强的品种，从而导致生态系统的失衡。如果转基因植物中外源基因表达的是提升植物繁殖优势的特性，如抗除草剂、抗霜冻、延长种子在土壤中的活性时间、调剂花期、调节植物固氮能力等特性，则更可能发生这种生态系统的失衡。如果转基因植物可使野生植物具有抗虫特性，则可影响野生植物所维持的昆虫自然种群数量和群落结构，威胁某些生物的生存。如果这种基因流发生在转基因作物和生物多样性中心的近缘野生种之间，则可能降低生物多样性中心的遗传多样性；如果这种基因流发生在转基因植物和有亲缘关系的杂草之间，则可能产生难以控制的杂草。此外，转基因抗病毒植物可能通过重组过程产生新的植物病毒株系，这对自然生态系统的风险难以估量。

（6）应用转基因植物后植保费用的变更

目前应用的大多数抗虫转基因植物所使用的目的基因为 Bt 基因，不同的毒素基因分别具有高度专一性，只能作用于其靶标害虫。由于转基因抗虫植物的应用，对目标害虫的田间用药量将会大幅度下降，可能导致次要害虫种群增长，进而增大农药的使用量，降低转基因植物的预期经济和环境效益。

3. 转基因植物食品安全性评价的原则

（1）科学性原则（Science-base principle）

指对转基因生物进行安全性评价的过程中应以科学的态度、科学的方法，利用科学试验获得的数据和结果进行科学和客观的评价。

（2）实质等同性原则（Substantial-equivalent principle）

实质等同性原则要求对转基因食品从营养和毒理学两个方面进行评价。即比较转基因食品与传统食品的等同性和相似性，除转基因所导致的性状之外，在营养成分、毒性、致敏性、杂质水平、新成分的结构与功能等食品安全性方面与传统食品没有实质差异，则认为安全。反之，若有实质差异，则需要从营养和毒理学两个方面进行全面评价。

（3）预防原则（Precautionary principle）

对转基因生物可能带来的生物安全问题及风险应给予充分的重视。采取必要的措施来防止可能出现的危害。即使目前不能充分肯定该危害必然出现，也应该采取有效的措施来避免这种严重的或不可逆的危害。

（4）个案分析原则（Case-by-case principle）

对不同的转基因生物应进行逐个评估。必须针对具体的外源基因、受体植物、转基因操作方式、转基因植物的特性及其释放的环境等进行具体的研究和评价，通过综合全

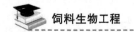

面的考察得出准确的评价结果。

（5）逐步评估原则（Step-by-step principle）

对转基因生物进行分阶段、分环节逐步开展评价。一般有 4 个步骤：① 在完全可控的环境（如实验室和温室）下进行评价；② 在小规模和可控的环境下进行评价；③ 在较大规模的环境条件下进行评价；④ 进行商品化之前的生产性试验。

（6）熟悉原则（Familiarity principle）

确认对转基因受体、目的基因、转基因方法以及转基因生物的用途和其所要释放的环境条件等方面情况的熟悉和了解程度，这样才能在生物安全评价的过程中给予科学的判断。

目前的科学技术水平还无法精确的预测一个基因在一个新的遗传背景中会产生什么样的相互作用。各国政府及公众对转基因植物及其产品的态度表现不一。人们不能因为转基因植物的应用存在风险就束之高阁，而应该将其风险与给农业、消费者和环境带来的利益进行衡量和比较，大力发展风险评估技术体系，定量评估其风险程度，长期监测其潜在生态风险，充分保障转基因植物的安全性，消除消费者的疑惑，以期最大限度地控制转基因植物商业化生产过程中的生态风险，推动转基因植物的研究、开发和应用。

本章小结

本章主要介绍了基因工程的概念、发展简史、技术原理、基本过程和操作步骤，基因工程技术在饲料作物改良和新型饲料添加剂开发的应用，以及转基因植物的安全性评价。

基因工程技术的迅速发展得益于近代分子生物学在理论上的三大发现和技术上的三大发明。基因工程的基本过程主要包括：切、接、转、增、检；操作步骤主要有目的基因的制取、载体的选择与构建、目的基因与载体的连接、重组基因导入受体细胞和目的基因的表达鉴定 5 个步骤。

基因工程技术革命性的作用是使作物品种具有抗生物胁迫（病虫害）、耐非生物胁迫（干旱、盐碱、寒冷）、提升光合和固氮效能（提高产量）和改善作物品质（营养价值、储藏加工性能）等优良性能。目前，科学家已成功对烟草、大豆、玉米、油菜、棉花等 300 多种植物进行了遗传转化。

转基因植物的安全性，主要指环境安全性和食用安全性。环境安全性是指转入植物的外源基因和标记基因是否会扩散，生物多样性是否会遭到破坏，作物、杂草、害虫的进化程度是否会发生改变等问题。食用安全性是指转基因植物中的外源基因或标记基因是否会有潜在的毒副作用。转基因植物食品安全性评价的原则：科学性原则、实质等同性原则、预防原则、个案分析原则、逐步评估原则、熟悉原则。

复习思考题

1. 简述奠定基因工程技术的三大理论发现和三大技术发明。

2. 简述基因工程的基本过程。

3. 简述目的基因有哪些制取的方法。

4. 举例说明原核生物的基因工程载体和真核生物的基因工程载体。

5. 简述目的基因与载体末端连接的 5 种主要方式。

6. 简述重组基因在大肠杆菌中的转化过程。

7. 简述原核表达体系与真核表达体系的差异。

8. 简述基因技术改良饲料作物的工艺流程。

9. 简述如何进行转基因植物的安全性评价。

10. 简述饲料或饲料添加剂的开发中如何利用基因工程技术。

推荐参考资料

郑振宇，王秀利. 2014. 基因工程[M]. 武汉：华中科技大学出版社.

伦内贝尔. 2009. 基因工程的奇迹[M]. 北京：科学出版社.

张惠展，欧阳立明，叶江. 2015. 基因工程[M]. 第三版，北京：高等教育出版社.

金红星. 2016. 基因工程[M]. 北京：化学工业出版社.

张惠展. 2017. 基因工程[M]. 上海：华东理工大学出版社.

补充阅读资料

抗生素替代与微生态制剂的研发

我国自 1990 年成为世界第一产肉大国以来，连续数年一直居世界第一，2013 年中国肉类总产量已达 8 535 万 t，人均占有量超过 60kg，高于世界平均水平。然而随着肉品产量的增长，食品安全事件也随之增加。肉类产品的安全问题，不仅是其自身感染病原菌引起的疾病，药物残留也是影响肉品安全问题的主要原因，尤其是抗生素物残，严重危害消费者的健康。

随着人们对抗生素大量使用所造成危害的认识，许多发达国家已相继出台相应的法律、法规，规范、限制或禁止抗生素的使用。为了养殖行业的可持续发展，开发新型绿色的饲料添加剂已成为各国畜牧科学家研究的热点，其中微生态制剂以其在畜牧业、水产养殖业等行业取得的显著效果而日益得到人们的重视。

微生态制剂是在微生态学理论指导下，调整微生态失调，保持微生态平衡，提高宿主健康水平的正常菌群及其代谢产物和选择性促进宿主正常菌群生长的物质制剂总称。微生态制剂按照其主要成分分为 3 类：益生菌（Probiotics）、益生元（Prebiotics）和合生素（Synbiotics）。益生菌是指有益的微生物及代谢产物，具有调节和维持消化道内微生态平衡、提高饲料转化率、促进动物生长的作用；益生元是一类能够促进机体健康，具有一定选择性的物质，如免疫寡糖、多糖；合生元是益生菌与益生元的混合制剂。微生态制剂的作用机制：① 竞争性排斥病原性细菌，调节胃肠道微生态平衡；② 微生物及其分泌产物能够抑制有害菌的生长，例如乳酸杆菌产生的乳酸，能够降低肠道内 pH

值，杀灭不耐酸的有害菌；③ 增强免疫应答，以抵抗致病性微生物；④ 抗病毒作用；⑤ 促进动物生长，提高饲料转化率；⑥ 生物降解作用，可以减少养殖环境中氨氮、亚硝酸氮、硫化氢等有害物质。我国农业农村部《饲料添加剂品种目录》允许添加的微生态制剂主要有芽孢杆菌类、乳酸菌类、曲霉菌类和酵母菌类等 34 种。美国食品药物管理局（FDA）和美国饲料管理协会（AAFCO）公布的可以直接添加到饲料中的微生物菌种有 42 种，而欧盟则有 72 种。

微生态制剂已被证实可作为代替抗生素的绿色环保饲料添加剂的产品之一，具有广阔的应用前景。但未来需注意以下几个问题：① 菌种反复扩培后，如何保持其优良特性；② 如何保持活菌数量，且不受加工、运输、储藏和使用环境的影响而失去活性；③ 可用于微生态制剂的菌种较少，且大多数菌种的作用机制尚不完善，不利于微生态制剂的研发和应用；④ 复合菌剂的开发亦成为重点；⑤ 完善微生态制剂产品的行业标准。针对目前微生态制剂产品存在的问题，科学家提出利用基因工程、蛋白质工程、细胞工程、酶工程和发酵工程的手段，在分子水平上对基因进行操作，从而改造生物机能和生物类型。从而筛选出具有高生产性能的益生菌菌种，使其具有耐冷、耐热、耐酸和代谢特性等。

目前，基因工程技术已通过筛选或被证明具有改良菌株，扩大菌种应用范围，增强作用效果，解决传统生物技术无法解决微生态制剂产品效果不稳定、易失活等问题。例如筛选半永久性肠道定居菌株的机制研究，一条技术路线是利用益生菌作为体内生物反应器表达外源基因而达到改良的目的；另一条技术路线是对益生菌内源基因进行遗传修饰而达到改良的目的。与传统诱变方法相比，这两条技术路线对染色体 DNA 进行直接定向操作，菌株原有的优良性状可能得到更好的保留。目前双歧杆菌、乳酸杆菌、芽孢杆菌、酵母菌等都可以作为基因工程受体菌。

利用益生菌作为体内生物反应器表达外源基因主要包括：① 以益生菌作为基因工程中的受体菌，使之表达一些有用的外源基因，同时改造遗传基因，使其生物学功能得到扩大，提高菌株的黏附定植力，获得稳定、耐温度变化、耐氧、耐酸、耐抗生素的优良菌株。同时，利用基因工程的方法也存在一定风险，如益生菌的安全性问题，有的转基因微生物含有抗药因子，可以通过结合、转化、转导等方式向正常的肠道菌群转移，这可能会和滥用抗生素一样制造出超级细菌，以至于任何抗生素都无法消灭，对动物和人体健康带来不利的影响。② 对益生菌内源基因进行有害基因的敲除、缺陷型菌株的构建、功能性内源基因的改造等遗传修饰，使益生菌的功能进一步增强。芽孢杆菌作为一种理想的抗生素替代物，许多研究利用基因敲除技术对芽孢杆菌重要的功能基因进行开发和利用，形成新的微生态制剂产品。检测微生态制剂饲喂后微生物在肠道内的定植率和存活率的绿色荧光蛋白技术（Green Fluorescent Protein，GFP）也是通过对益生菌进行基因改造而实现的，这种技术可分辨出同种类的微生物是动物摄入的还是宿主内源产生的。目前，GFP 已在枯草芽孢杆菌、德氏乳杆菌、干酪乳杆菌及植物乳杆菌等益生菌中得到了表达。

微生态制剂作为可替代抗生素的产品之一，以其无毒无害、促进生长、改善环境、成本低廉等特点被广泛应用于养殖行业中。但是微生态制剂在应用中的产品活性低、稳定性差，以及微生态制剂作用机制尚不明确等问题制约了其在养殖业中的进一步发展。因此，选育优良菌种、研制混合制剂（复合微生态制剂）、优化生产工艺、改良微生态制剂保存方法、评估微生态菌剂与动物自身肠道菌群和环境之间的关系、研究微生态制剂作用机制等是新型微生态制剂的主要工作方向。随着基因工程、代谢组学等现代分子生物学手段应用于微生态制剂产品在细菌组分上的分析和体内验证分析，随着生物多样性和入侵性之间关系研究的深入，作为抗生素替代物的微生态制剂的产品质量和功能性质会有显著提高，微生态制剂也会促进动物养殖业的健康可持续发展。

第三章
发酵工程及其在饲料中的应用

【知识拓展】

葡萄酒为什么会变酸

19世纪中期，在欧洲十分发达的酿酒工业突然遇到了麻烦，许多酒厂生产的葡萄酒因在空气中变酸而大受损失。在解释这一奇怪现象时，以德国的李比西为代表的一方，他们认为这是由于酒吸收了空气中的氧而引起的化学变化，而以法国的巴斯德为代表的另一方则认为这是由于微生物作用的结果。

为了得出令人信服的结论，经过大量的试验，巴斯德终于发现使葡萄酒变酸的罪魁祸首是一种名叫醋酸杆菌的微生物，由于这种细菌从空气中进入酒里，才使葡萄酒变成了醋酸。在试验过程中，巴斯德还发现，不同类别的微生物可以引起不同种类的发酵。醋酸杆菌能使酒变酸，而一种名叫酵母菌的微生物却可以让葡萄汁变成葡萄酒。他还发现，不同微生物要求不同的生活环境。如果控制好微生物所需要的生活条件，就可以使发酵达到预期的结果。巴斯德的研究不仅解决了酿酒业的难题，而且也促进了传统发酵技术的发展。

第一节 发酵工程概述

发酵工程（Fermentation engineering）是生物技术的重要组成部分，也是生物技术产业化的重要环节。它是一门将微生物学、生物化学、计算机科学、自动化控制和化学工程学的基本原理有机地结合起来，利用微生物的生长和代谢活动来生产各种有用物质的工程技术。由于它以培养微生物为主，所以又称微生物工程（Microbial engineering）。

发酵现象早已被人们所认识，但了解它的本质却是近200年来的事。英语中发酵一词Fermentation是从拉丁语Fervere派生而来的，原意为"翻腾"，它描述酵母作用于果汁或麦芽浸出液时的现象。沸腾现象是由浸出液中的糖在缺氧条件下降解产生的二氧化碳所引起的。在生物化学中把酵母的无氧呼吸过程称作发酵。我们现在所指的发酵早已被赋予了不同的含义。发酵是生命体所进行的化学反应和生理变化过程，是生物化学反应根据生命体的遗传信息不断进行分解合成，以取得能量来维持生命活动的过程。发酵产物是指在反应过程当中或反应到达终点时所产生的代谢物。呼吸作用最终生成CO_2和水，而发酵最终是获得各种不同的代谢产物。因而，现代对发酵的定义是：通过微生物（或动植物细胞）的生长培养和化学变化，大量产生和积累专门的代谢产物的反应过程。

在生物化学或生理学上发酵是指微生物在无氧条件下，分解各种有机物质产生能量的一种方式，或者更严格地说，发酵是以有机物作为电子受体的氧化还原产能反应。如葡萄糖在无氧条件下被微生物利用，产生乙醇并放出二氧化碳的同时获得能量，又如丙酮酸被还原为乳酸而获得能量等。工业上所称的发酵是泛指利用生物细胞制造某些产品或净化环境的过程，它包括厌氧培养的生产过程，如乙醇、丙酮丁醇、乳酸等，以及通气（有氧）培养的生产过程，如抗生素、氨基酸、酶制剂等的生产。产品既有细胞代谢产物，也包括菌体细胞、酶等。典型的发酵过程如图3-1所示，培养基经灭菌后进入到发酵罐中，在控制通气、温度、转速等条件下由微生物进行发酵。发酵结束后，对发酵液进行分离纯化，最终得到产品。

一、发酵工程的产品类型

工业上的发酵产品多种多样，但总的来说，有5个主要类别：

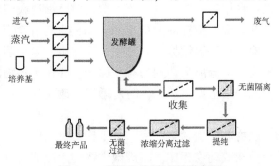

图3-1 典型的发酵过程示意图

（1）以菌体为产品；

（2）以微生物酶为产品；

（3）以微生物的天然代谢产物为产品；

（4）将一个化合物经过发酵改造化学结构——生物转化过程；

（5）以工程菌发酵产物为产品。

以下将对这五类产品作简要的叙述。

（一）菌体

工业生产菌体，主要是以发酵收获细胞为生产目标，对收获细胞活性的要求则随应用目的而异。早在1900年，面包酵母已经有了大规模的生产。用作人类食物的酵母生产，则是在第一次世界大战时在德国发展起来的。而微生物细胞来源的食用蛋白质的生产，直到1960年才做深入的研究。

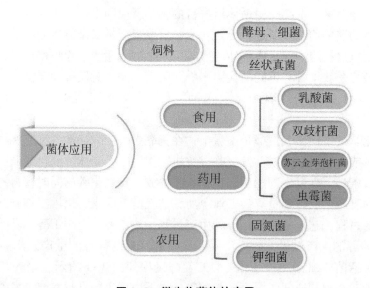

图 3-2　微生物菌体的应用

如今，随着微生物的各类功能被不断开发，工业生产的菌体在各个领域都有了较为广泛的应用（图3-2）。已有许多单细胞蛋白如酵母、细菌、藻类、丝状真菌和放线菌等的蛋白作为饲料被大量应用；活性乳酸菌、双歧杆菌、食用酵母等活性益生菌在超市的冰柜中已经随处可见；食用菌、药用真菌等大型真菌已渗透我们的生活，在餐桌上都可以看到它们的身影；苏云金芽孢杆菌、虫霉菌、白僵菌等作为新型的微生物杀虫剂，具有药效稳定、使用方便、环保等优势；固氮菌、钾细菌、磷细菌等生物增产菌也有了大量应用。一些从植物体上分离筛选到的有益菌株，存在于植物体内器官和体表组织中，与植物相互依存，能增强植物体活力，防病增产，改良品质。

（二）微生物酶

工业上曾由植物、动物和微生物生产酶。微生物酶可以用发酵技术大量生产，这是其最大的优点。而且与植物或动物相比，改进微生物的生产能力也方便得多。微生物酶主要应用于食品及其有关工业中。酶的生产受到微生物本身的严格控制，为改进酶的生产能力可以改变这些调控环节，如在培养基中加入诱导物和采用菌株的诱变和筛选技术，以消除反馈阻遏作用等。

近半个世纪以来，提纯结晶出的酶制剂已有千种以上，广泛应用于各个行业（图3-3）。例如，广泛用于食品加工、纤维脱浆、葡萄糖生产的淀粉酶就是一种最常用的酶制剂，其他如可用于澄清果汁、精炼植物纤维的果胶酶，用于从废弃农副物料中分解纤维素以回收葡萄糖的纤维素酶，以及在皮革加工、饲料添加剂等方面用途广泛的蛋白酶，洗衣剂、清洁剂中混合的蛋白酶、脂肪酶、纤维素酶等，都是在工业和医药业上十分重要的酶制剂，还有一些在医疗上作为诊断试剂或分析试剂用的特殊酶制剂也逐渐被深入研究和应用。在饲料行业中，植酸酶、半纤维素酶、蛋白酶、脂肪酶等可以被用来消除抗营养因子、补充内源酶。

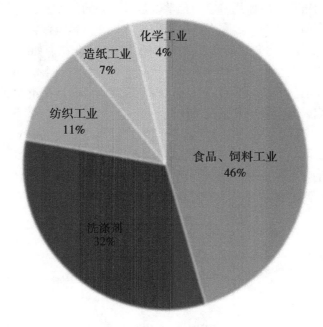

图 3-3　微生物酶在各领域的应用比率

（三）天然代谢产物

随微生物生长所产生的物质，如氨基酸、有机酸、核苷酸、维生素、脂类和碳水化合物等，称为初级代谢产物。通过发酵工程技术，微生物被培养并高效地将可再生碳水化合物转化为各种有用产品，如抗生素、生物杀虫剂、生物染色剂、生物表面活性剂、生物碱、类固醇等次级产物，在食品、医药、精细化学品、生物能源、生物材料以及生物质资源化方面发挥着重要作用。

大部分微生物的传统发酵产品，都是利用微生物的初级代谢产物，如豆腐乳、泡菜、咸菜等发酵处理食物，葡萄酒、啤酒、黄酒等不同底物发酵成的酒精类产物，以及酱油、食醋、豆豉等发酵调味品。这些传统发酵技术大部分都应用于食品，因为不需要对机理的完全理解，只需要日积月累的观察获得制作经验即可，这也是古代劳动人民充分发挥粮食潜在利用价值的智慧结晶。

在食品、药物和保健品等的生产工业中，利用微生物生产获得天然氨基酸、核苷酸、蛋白质、核酸、维生素等既能降低成本，又能减少化工合成带来的步骤复杂、污染产生多、能耗多等问题。而其产品已经与我们的生活息息相关。如味精的主要成分谷氨酸钠，过去大部分都是从海带中直接提取，但早在1957年，利用微生物发酵法制取谷氨酸钠就已经实现大规模工业化生产了。在超市中，除了传统发酵的农副产品外，很多常见的蛋白粉、维生素补充物都是微生物发酵的直接产品，此外，各种零食中的添加剂、某些药物里的部分成分，也都是微生物发酵而来。

（四）转化过程产物

生物细胞或其产生的酶能将一种化合物转化成化学结构相似，但在经济上更有价值的化合物。转化反应有催化脱氢、氧化、羟化、缩合、脱羧、氨化、脱氨化或同分异构作用等。生物的转化反应比用特定的化学试剂有更多的优点，反应是在常温下进行，而且还不需要重金属催化剂。如在大肠杆菌中进行代谢工程操作，将葡萄糖大量转化为苹果酸（图3-4）。微生物转化还可以生产更有价值的化合物。如利用生物转化过程生产甾体、手性药物、抗生素和前列腺素等。转化发酵过程的奇特之处是先产生大量菌体，然后催化单一反应。一些最新型的过程是将全细胞或酶固定在惰性载体上，具有催化作用的固定化细胞或酶可以反复多次使用。

近年来，也有学者研究微生物在生产植物次级代谢产物工业上的应用，发展了用微生物转化法来获取植物次生代谢产物的新途径，包括酚类、黄酮类、糖苷类、萜类、甾类、皂苷类、生物碱等重要产品，克服了天然植株中有生物活性的次生代谢产物含量低、提取成本过高、化学合成法工艺流程复杂、副产物多、易造成环境污染以及存在安

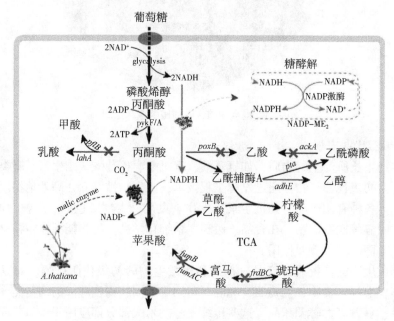

图3-4　利用代谢工程在大肠杆菌中产苹果酸

（引自 Dong et al. 2016）

全隐患等许多问题。

（五）工程菌发酵产物

生物工程菌发酵，是指对利用生物技术方法所得的"工程菌"以及细胞融合等技术获得的"杂交细胞"等进行培养。其所生产的产物多种多样，如胰岛素、生长激素、疫苗、血细胞合成素、单克隆抗体等。

胰岛素生产是此领域最重要最早的成功范例。纵观胰岛素生物制造的发展简史（图 3-5），从 1921 年至今，医学上一直采用注射胰岛素以降低人体内血糖含量来治疗糖尿病。但胰岛素以往主要从牛、猪等大牲畜的胰腺中提取，产率极低。基因工程技术的问世，为解决这个问题提供了一条崭新的途径。1981 年人胰岛素基因产品投入市场，解决了胰岛素药源不足的问题。目前，也逐渐发展出了如促红素等新型降血糖药物，但无一不是利用工程菌株发酵生产。

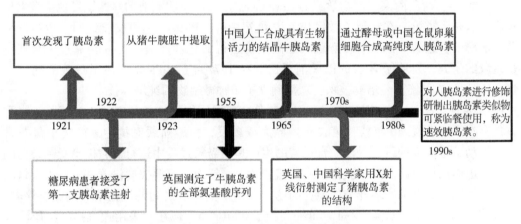

图 3-5 胰岛素生物制造的发展简史

而随着基因工程的逐渐进步，各类菌株的改造也越来越成熟，人们可以更方便地以特定的目的改造菌株，从而能利用工程菌生产各种复杂的物质。利用微生物易于改造、繁殖快的特点，研究人员们将生产目标产物的代谢路径相关基因导入合适的微生物中，通过筛选、再改造等步骤，使原来不产复杂物质的微生物能够产生目标产物，如紫杉醇等自然界较难获取的抗癌物质的微生物法生产、单克隆抗体等均是近年来的研究生产热点。

二、发酵工程的发展史及特点

（一）传统发酵时期

人类利用自然发酵现象生产食品已有几千年的历史。酿酒是最传统的发酵技术之一，大约在 9 000 年前就有人开始使用谷物酿造啤酒。在 4 000 年前的龙山文化时期，我国就出现了黄酒酿造技术。豆酱、醋、豆腐乳、酱油、泡菜、奶酪等传统食品的生产历史也均在 2 000 年以上。在人们没有亲眼看到微生物前，就能利用大自然的经验生产发酵产物。

在传统发酵时期，虽然在古埃及已经能酿造啤酒，但一直到 17 世纪才能在容量为

1 500 桶（一桶相当于 110L）的木质大桶中进行第一次真正的大规模酿造。即使在早期的酿造中，人们也尝试着对发酵过程进行控制。据历史记载，在 1757 年已应用温度计；在 1801 年就有了原始的热交换器。在 18 世纪中期，Cagniard-Latour、Schwann 和 Kutzing 分别证实了乙醇发酵中的酵母活动规律。Paster 最终使科学界信服在发酵过程中酵母所遵循的规律。但并非所有的酿酒过程都是纯种培养，如在英国麦酒酿造中并未运用纯种培养，确切地说，许多小型的传统麦酒酿造过程，至今仍在使用混合酵母。

醋的生产，原先是在浅层容器中进行，或是在木桶中将残留的酒精缓慢氧化而生产醋，并散发出天然香味。认识到空气在制醋过程中重要性后，人们终于发明了"发生器"。在发生器中，填充惰性物质（如焦炭、煤和各种木刨花），醋从上面缓慢滴下。可以将醋发生器视作第一个需氧反应器。

（二）近代发酵时期

1680 年，荷兰商人、博物学家 Leeuwenhoek 用自己发明制造的显微镜发现了微生物世界，这是人类第一次看到了微生物。19 世纪中叶，Pasteur 通过实验证明了酒精发酵是由活酵母引起的，并指出发酵现象是微生物进行的化学反应。Pasteur 通过一系列发酵现象的研究，发明了著名的巴氏消毒法。在 1872 年，Brefeld 创建了霉菌的纯培养法，Koch 完成了细菌纯培养技术，从而确立了单种微生物的纯培养技术。

1928 年，Fleming 发现了青霉菌能抑制其菌落周围细菌生长的现象，并证明了青霉素的存在。20 世纪 40 年代，第二次世界大战爆发，由于前线对抗生素的需求量非常大，推动了青霉素的研究进度。青霉素的生产是在需氧过程中进行，它极易受到杂菌的污染。虽然已从液体发酵中获得很有价值的知识，然而还要解决向培养基中通入大量无菌空气的问题和高黏度培养液的搅拌问题。青霉素发酵从最初的浅盘培养到深层培养，使青霉菌的发酵水平从 40U/ml 效价提高到了 200U/ml。现在常采用通气搅拌深层液体培养。青霉素发酵技术的迅速发展推动了抗生素工业乃至整个发酵工业的快速发展。早期青霉素生产与溶剂发酵的不同点还在于青霉素生产能力极低，因而促进了菌株改良的进程，并对以后的工业起着重要的作用。由于实验工厂的崛起，使发酵工业得到进一步的发展，它可以在半生产规模中试验新技术。与此同时，大规模回收青霉素的萃取过程，也是另一大进展。在这一时期，发酵技术有重大的变化，因而有可能建立许多新的过程，包括其他抗生素、赤霉素、氨基酸、酶和甾体的转化。1944 年，人们发现了用于治疗结核杆菌感染的链霉素，随后又陆续发现金霉素、土霉素等抗生素。此阶段的发酵工程表现出的主要特征是微生物液态深层发酵技术的应用。

1900—1940 年，主要的新产品是酵母、甘油、柠檬酸、乳酸和丁醇丙酮。其中面包酵母和有机溶剂的发酵有重大进展。面包酵母的生产是需氧过程，酵母在丰富的养料中快速生长，使培养液中的氧耗尽，在减少菌体生长的同时形成乙醇。限制营养物的初始浓度，可使细胞生长只受到碳源限制，而不受缺氧的影响，然后在培养过程中补充少量养料。该技术称为分批补料培养法，已广泛应用于发酵工业中，以防止出现缺氧现象，并且还将早期使用的向酵母培养液中通入空气的方法，改进为经由空气分布管进入培养液。

在第一次世界大战时，Weizmann 开拓了丁醇丙酮发酵，并建立了真正的无杂菌发酵。所用的过程至今还被认为是减少污染菌并符合卫生标准的方法。虽然丁醇丙酮发酵是厌氧的，但在发酵早期还是容易受到需氧菌的污染；而在后期的厌氧条件下，也会受到产酸的厌氧菌的污染。发酵罐是由低碳钢制成的具有半圆形的顶和底的圆桶，它可以在压力下进行蒸汽灭菌而使杂菌污染减少到最低限度。但是，使用 200m³ 容积的发酵器，使得接种物的扩增和保持无杂菌状态都带来困难。19 世纪 40 年代的有机溶剂发酵技术发展，是发酵技术的主要进展。同时，也成功地为无杂菌需氧发酵过程铺平道路。

（三）现代发酵时期

随着基础生物科学，如生物化学、酶学、微生物遗传学等学科的飞速发展，再加上新型分析方法和分离方法的发展，发酵工程领域的研究及应用有了显著进步。特别是在微生物人工诱变技术以及微生物代谢调控技术等方面取得了可喜的成果。如采用微生物进行甾体化合物的转化技术，成功地将甾体转化成肾上腺皮质素、性激素等。如利用代谢调控为基础的新的发酵技术，使野生的生理缺陷型菌株代谢产生谷氨酸。又如可通过人工诱变育种技术，选育获得谷氨酸高产菌株，从而大大提高了谷氨酸产量，实现了谷氨酸的工业化生产，也由此促进了代谢调控理论的研究，推动了其他氨基酸，如 L-氨基酸、L-苏氨酸等的工业化生产步伐。由氨基酸发酵而开始的代谢调控发酵，使发酵工业进入了一个新的阶段。随后，核苷酸、抗生素，以及有机酸等也可以通过代谢调控技术进行发酵生产。

1953 年，Watson 与 Crick 提出 DNA 的双螺旋结构模型，为基因重组奠定了基础。20 世纪 70 年代，人们成功实现了基因的重组和转移。基因工程不仅能在不相关的生物间转移基因，而且还可以很精确地对生物的基因组进行编辑，因而可以赋予微生物细胞具有生产高等生物细胞所产生化合物的能力。由此形成新型的发酵过程，如胰岛素和干扰素的生产，使工业微生物所产生的化合物超出了原有微生物的范围。为了进一步提高工业微生物常规产品的生产能力，也可采用基因操作技术。基因操作技术引起了发酵工业的革命，并出现大量新型过程。但是要开拓新的过程，还是要依靠大量细胞培养技术，它曾经从酵母和溶剂发酵开始，经由抗生素发酵，而到大规模连续菌体培养。如今各种微生物基因改造技术使得许多菌种的人工改造都可以实现，大大丰富了发酵工业的范围，使得发酵技术发生了革命性的变化。

在生物技术日益成熟的今天，发酵生产也有了许多新的发展方向。生物转化技术成为国内外著名化学公司争夺的热点，并逐步从医药领域向化工领域转移，使传统的以石油为原料的化学工业，向条件温和、以可再生资源为原料的生物加工过程转移。

同时，生物催化合成已成为化学品合成的重要支柱之一。利用生物催化合成的化学品不但具有条件温和、转化率高的优点，而且可以合成手性化合物及高分子。手性化合物是目前国外生物技术的主要生产产品。应用手性技术最多的是制药领域，包括手性药物制剂、手性原料和手性中间体。

此外，利用生物技术生产有特殊功能、性能、用途或环境友好的化工新材料，也是化学工业发展的一个重要趋势。它具有原料来源广、制备简单、质量好及环境污染少等优点，特别是利用生物技术可生产一些用化学方法无法生产或生产成本高，以及对环境产生不良影响的新型材料，如丙烯酰胺、壳聚糖等。目前国外许多大公司如杜邦、孟山

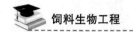

都等都在生物新材料研究上投入了大量的人力和物力。可以预见生物技术新材料的研究和开发不但具有较好的经济效益，而且对环境治理及社会发展具有十分重要的推动作用。

第二节　发酵工程菌种的来源

一、工业发酵常见微生物种类

自然界中存在着各种各样的微生物，它们具有不同的形态结构和生理特征，可以分成不同的类群。其中，细菌、放线菌、酵母和霉菌等已广泛应用于发酵工业，有的直接利用其菌体细胞，有的则利用其代谢产物或转化机能。

微生物具有体积小、种类多、分布广、繁殖快、便于培养和容易发生变异等特点，并且在生产中不易受时间、季节、地区的限制，所以在工业生产上越来越被重视，应用越来越广泛。如前所述，发酵工程是以微生物的生命活动为中心的，各种发酵生产都必须有相应的微生物。微生物的生物学性状和发酵条件决定了相应产物的生成。

工业上使用的微生物统称为工业微生物。由于发酵工程以及基因工程正在进入高速发展期，藻类等其他微生物也正在逐步地变为工业生产菌。本章主要介绍与发酵工程有关的主要微生物类群（图3-6）。

（一）细菌

细菌是自然界中分布最广、数量最多的一类微生物，属单细胞原核生物，具有较典型的核分裂或二分裂繁殖特点。工业生产常用的细菌有以下几种。

1. 枯草芽孢杆菌（*Bacillus subtilis*）

枯草芽孢杆菌为生孢繁殖的需氧菌。营养细胞呈杆状，大小一般为 $(0.7\sim0.8)\mu m\times(2\sim3)\mu m$，菌端呈半圆形。芽孢耐高温，一般需要100℃、3h的条件才能杀死。有的芽孢抗高温能力更强，在100℃煮沸8h后尚能发育生长，故需高温灭菌才行。它能在铵盐溶液中发酵各种糖类生成酸。

由于芽孢耐高温，所以分布较广，常存在于枯草和土壤中。一般来说为腐败菌，如在酱油、酱类和白酒制曲时，如果水分含量大，温度较高，就容易造成枯草芽孢杆菌迅速繁殖，不但会消耗原料蛋白质和淀粉，而且会生成刺鼻的氨味，造成曲子异臭，使制曲失败。经科研获得的枯草芽孢杆菌能产生大量的淀粉酶和蛋白质，这些已分离到的优良菌种在工业生产上得到了广泛应用。例如，ASl. 393枯草芽孢杆菌被用于生产中性蛋白酶，而发酵生产酱油、食醋及饴糖时就可采用 BF7658 枯草芽孢杆菌生产的 α-淀粉酶。

2. 大肠杆菌（*Escherihia coli*）

细胞呈杆状，长度为 $0.5\mu m\times(1.0\sim3.0)\mu m$，有的近似球状，有的则为长杆状，革兰氏染色阴性。能运动或不运动，运动者周生鞭毛。许多小种产生荚膜或微荚膜，无芽孢。大肠杆菌可发酵葡萄糖和乳糖产酸产气。大肠杆菌的谷氨酸脱羧酶在工业上被用来进行谷氨酸定量分析。大肠杆菌还可以用来制取天冬氨酸、苏氨酸和缬氨酸等。在医药

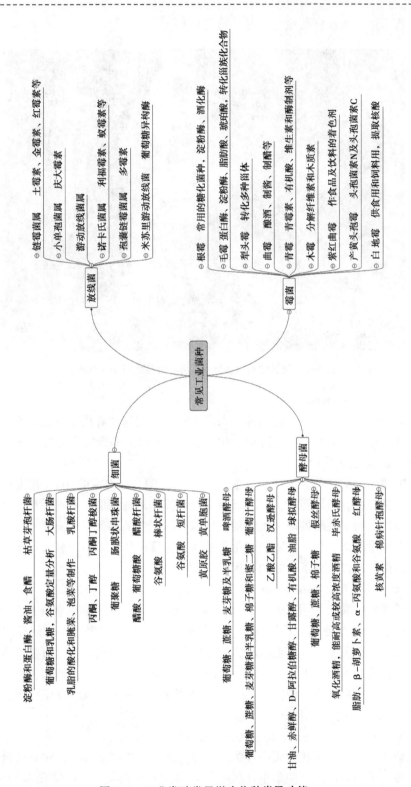

图3-6　工业发酵常见微生物种类及功能

和基因工程方面，大肠杆菌也是很好的研究材料。

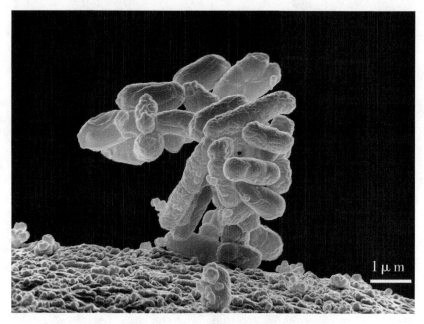

图3-7　常见细菌—大肠杆菌电镜照片（WIKI 百科）

3. 乳酸杆菌（*Lactobacillus*）

细胞呈杆状或球状，常成链生长，大多不运动，能运动者周生鞭毛。革兰氏染色阳性。无芽孢。正常菌落粗糙。发酵碳水化合物，85%以上的产物为乳酸。厌氧或兼性厌氧。最适生长温度为 45~50℃。

常用的德氏乳酸杆菌为杆状，大小为（0.5~0.8）μm×（2~9）μm。在麦芽汁糖化液内，繁殖特别旺盛。菌体肥壮，产酸能力强。在固体培养基上，菌落微小。在肉汁培养基内略带浑浊。由于乳酸菌能产生乳酸，所以可用于食品的保存和调整食品的风味。在食品工业上如干酪的成熟、乳脂的酸化和腌菜、泡菜制作等无不与乳酸杆菌有关。在酱油酿造过程中，它也起到了良好的作用。

4. 丙酮丁醇梭菌（*Clostridium acetobutyleum*）

细胞呈杆状，端圆，（0.6~0.7）μm×（2.6~4.7）μm，芽孢囊（1.3~1.6）μm×（4.7~5.5）μm。单生或成对，但不成链。芽孢卵圆，中生或次端生，使芽孢囊膨大成梭状或鼓槌状，无荚膜，以周毛运动，有淀粉粒。革兰氏染色阳性，可能变为阴性，专性厌氧菌。在葡萄糖琼脂上形成圆形紧密隆起的菌落，乳脂色，不透明，液化明胶。能发酵多种糖类，包括淀粉、糊精等。生产上多用来生产丙酮丁醇。发酵适温 30~32℃，生长适温 37℃，最适 pH 值 6.0~7.0。

5. 肠膜状串珠菌（*Leuconostoc mesenteroides*）

细胞呈球状或双凸镜状，大小（0.5~0.7）μm×（0.7~1.2）μm，成对或链，常排列成短链。革兰氏染色阳性，菌落小，灰白，隆起，无液化明胶。能同化多种糖，产酸、产气。微需氧至兼性厌氧。生长需缬氨酸和谷氨酸。此菌在蔗糖液中形成特征性葡聚糖黏液，促使形成这一特征的温度是 20~25℃。在厌氧条件下能分解葡萄糖。此菌生长温度在 10~37℃，适温为 20~30℃。因其常使糖汁变黏而无法加工，故为糖厂之害菌，但它却是葡聚糖的主要生产菌。

6. 醋酸杆菌（*Acetobacter*）

细胞从椭圆形到杆状，（0.6~0.8）μm×（1.0~3.0）μm。有单个的、成对的，也有成链的。在培养物中易呈多种畸形菌体，如丝状、梯状、弯曲等。鞭毛有两种类型，一种是周生鞭毛，另一种是端生鞭毛。不形成芽孢。醋酸杆菌是化能异养菌，革兰氏染色阴性。因为没有芽孢，热抵抗力较弱。根据醋酸杆菌发育时对温度的要求和特性，可将醋酸杆菌分为两类：一般发育适温在 30℃ 以上，以氧化酒精成醋酸为主的称为醋酸杆菌；另一类发育适温在 30℃ 以下，氧化葡萄糖为葡萄糖酸的称为葡萄糖氧化杆菌（*Gluconobacter*）。在醋酸杆菌中常用的有 ASl.41，外形为短杆状，两端钝圆，革兰氏染色阴性，对培养基要求粗放，在米曲汁培养基中生长良好，好气性，氧化酒精为醋酸，于空气中使酒精变浑浊。表面有薄膜，有醋酸味。也能氧化醋酸为 CO_2 和 H_2O。繁殖适宜温度为 31℃，发酵温度一般为 36~37℃。

7. 棒状杆菌（*Corynebacterium*）

细胞呈杆状，直形或微弯。不运动，仅少数致病菌能运动。无芽孢。革兰氏染色阳性，也有些阴性反应者。菌体内着色不均匀，好氧或厌氧。调味品生产中，如谷氨酸生产常用的菌种北京棒状杆菌（*Corynebacterium pekinense*），其细胞通常为短杆状至小棒状，有时微呈弯曲，两端钝圆，不分枝。呈多形态，培养 6h 后细胞有延长现象。细胞排列为单个、成对或"八"字形。细胞大小为（0.7~0.9）μm×（1.0~2.5）μm。在 26~37℃ 培养时生长良好，41℃ 时生长较弱。pH 值 5~10 均能生长，最适 pH 值为 6~7.5。生物素是其必需的生长因素，硫胺素或某些氨基酸有促进其生长的作用。能利用葡萄糖、果糖、甘露糖、麦芽糖等产酸，但均不产气。在含葡萄糖和尿素或铵盐的适宜培养基中通气培养，能大量积累 L-谷氨酸。

8. 短杆菌（*Brivibacterium*）

细胞为短而不分枝的直杆状，一般在（0.5~1.0）μm×（1.0~5）μm，大多数不具鞭毛。在肉汁蛋白胨培养基上生长良好。有时产生非水溶性色素，呈红色、橙红色、黄色、褐色。革兰氏染色阳性。不形成芽孢，为好氧微生物。多数用葡萄糖发酵产酸，不发酵乳糖。此属菌有谷氨酸发酵能力，在利用糖质原料的谷氨酸发酵中，需要生物素作为生长因子，才能满足谷氨酸发酵需求。短杆菌属中的黄色短杆菌（*Brivibacterium flavum*）和硫殖短杆菌（*Brivibacterium thiogenitalis*）被大量用于谷氨酸发酵生产。

9. 黄单胞菌（*Xanthomonas*）

细胞呈直杆状，两端钝圆稍尖，大小为（0.4~0.7）μm×（1.2~1.5）μm。革兰氏染色阴性，无芽孢，不生鞭毛。在含蔗糖的琼脂平板上可形成圆形、边缘整齐、黏稠光滑的黄色菌落，液体培养产生黄色黏稠的胶状物荚膜多糖，其黄色物质为一种非水溶性色素。野油菜黄单胞菌在通气条件下，于 pH 值 6.8~7.0、温度 28~30℃ 时，能以淀粉作为碳源发酵生产黄原胶。

（二）放线菌

放线菌因其菌落呈放射状而得名。它是一个原核生物类群，在自然界中分布很广，尤其在有机质丰富的微碱性土壤中较多。大多腐生，少数寄生。它的最大经济价值在于能产生多种抗生素。在微生物中发现的抗生素，有 60% 以上是放线菌产生的，因此人们在抗生素发酵工业中，非常重视对放线菌的研究与运用。常用的放线菌有以下几种。

1. 链霉菌属（*Streptomyces*）

链霉菌的气生菌丝多分枝，无分隔，直径 0.5～2μm。气生菌丝产生许多孢子串生的孢子链，孢子链长短不等（图 3-8）。此属中不少菌种能产生抗生素，这些抗生素占各种微生物（包括放线菌）所产抗生素的 50% 以上。

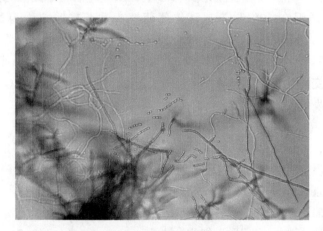

图 3-8 常见放线菌—链霉菌光镜照片（WIKI 百科）

（1）灰色链霉菌（*Streptomyces griseus*）

在葡萄糖-硝酸盐培养基上生长时，菌落平而薄，初为白色，逐渐变为橄榄色。气生菌丝浓密，粉状，呈水绿色。发育适温 37℃，生产链霉素温度为 26.5～27.5℃。

（2）龟裂链霉菌（*Streptomyces rimosus*）

1950 年就被发现此菌能产生氧四环素（也称土霉素）。菌丝白色，呈树枝状；孢子为灰白色，呈柱形；菌落为灰白色，其表面后期有皱褶，呈龟裂状。

（3）金霉素链霉菌（*Streptomyces aureofaciens*）

在 PDA 培养基上生长时，其基内菌丝能产生金黄色的色素，但其气生菌丝无色，孢子初为白色，经 5～7 天培养后，则由棕灰色转变为灰黑色。因该菌所产生的抗生素为金霉素（氯四环素），故称金霉素链霉菌。如其培养基中的 NaCl 以 NaBr 代替时，则此链霉菌又可产生四环素。

（4）红霉素链霉菌（*Streptomyces erythreus*）

此菌生长有扩展性，有不同规则的边缘，菌丝深入培养基内，初为白色，后变为微黄色，菌落周围白色乳状，气生菌丝细，有分枝。最适温度 25℃，产生红霉素。

2. 小单孢菌属（*Micromonospora*）

小单孢菌与一般放线菌有不同之处。菌丝体纤细，0.3～0.6μm。有分枝和分隔，不断裂。菌丝体长入培养基内，不形成气生菌丝，而在基内菌丝体上长出孢子梗，其顶端生一个球形、椭圆形或长圆形的孢子。大小约为（1.0~1.5）μm×（0.9~1.2）μm。菌落致密，与培养基紧密结合在一起，表面凸起，多皱或光滑、疣状，平坦者较少。菌落常为黄橙色、红色、深褐色、黑色和蓝色。这是产生抗生素较多的一个属。如绛红小单孢菌（*Micromonospora purpurea*）和棘孢小单孢菌（*Micromonospora echinospora*）都能产生庆大霉素。

3. 游动放线菌属（*Actinoplanes*）

一般不形成气生菌丝，基内菌丝分枝，直或卷曲，多数不分隔，直径0.2~2.0μm，孢囊在基内菌丝体上形成，大小为5~22μm，着生在孢囊梗上或菌丝上，孢囊梗直或有分枝，在每枝顶上有一至数十个孢囊。孢囊孢子在孢囊内盘卷或呈直行排列，成熟后分散为不规则排列。孢子呈球形（1~1.5μm），有时端生1~40根鞭毛，能运动。孢囊成熟后，孢囊孢子释放出来。有的菌种能形成分生孢子。

4. 诺卡氏菌属（*Norcardia*）

基丝较链霉菌纤细，0.2~0.6μm，有横隔，一般无气丝。基丝培养十几个小时形成横隔，并断裂成杆状或球状孢子。菌落较小，其边缘多呈树根毛状。主要分布于土壤中。有些种能产生抗生素（如利福霉素、蚁霉素等），也可用于石油脱蜡及污水净化中脱氰等。

5. 孢囊链霉菌属（*Streptosporangium*）

孢囊孢子无鞭毛，气丝的孢子丝盘卷成球形孢囊。其孢囊有两层壁，外壁较厚，内壁为薄膜，孢囊内形成孢囊孢子。这类菌亦可产生抗生素，如可抑制细菌、病毒和肿瘤的多霉素等。

我国生产的创新霉素由济南游动放线菌新菌（*Actinoplanes tsinanensi* sn. sp）产生。米苏里游动放线菌（*Actinoplanes missouriensis*）能以木糖为诱导物，大量生产葡萄糖异构酶。近年来不仅从放线菌中发现一些医药上使用的抗生素新品种，而且还进一步将放线菌所产生的抗生素开发应用到农牧业和食品工业上。如灰色链霉菌所产生的杀稻菌素S用于稻瘟病的防治；可可链霉菌所产生的多辣霉素，对水稻纹枯病、稻瘟病、小麦白粉病以及果木真菌均有良效。

（三）酵母菌

酵母菌是单细胞真核微生物，在自然界中普遍存在，主要分布于含糖质较多的偏酸性环境中，如水果、蔬菜、花蜜和植物叶子上，以及果园土壤中（图3-9）。酵母菌大多为腐生。生长最适温度为25~30℃。工业上常用的酵母菌有以下几种：

1. 啤酒酵母（*Saccharomyces cerevisiae*）

啤酒酵母是酵母属中应用最广泛的一个种。在麦芽汁培养基上生长的啤酒酵母，其细胞为圆形、卵圆形或椭圆形。细胞单生、双生或成短串、成团。酵母细胞大型的为（5~10）μm×（6~12）μm，小型的为（3~9）μm×（4.5~10）μm。细胞的长宽比例为1~2。

啤酒酵母能发酵葡萄糖、蔗糖、麦芽糖及半乳糖，不能发酵乳糖和蜜二糖。对棉籽糖只能发酵1/3左右。在氮源中能利用硫酸铵，不能利用硝酸钾。啤酒酵母的应用范围十分广泛，常用于传统的发酵行业，如啤酒、白酒、果酒、酒精、药用酵母片以及制造面包等，所以又称为酿酒酵母。近几年来，还利用啤酒酵母提取核酸、麦角固醇、细胞

图 3-9　常见酵母菌—酿酒酵母电镜照片（WIKI 百科）

色素 C、凝血质和辅酶 A 等。由于酵母菌体内的维生素、蛋白质含量较高，食用安全，所以啤酒酵母作为一种单细胞蛋白可作食用、药用和饲料用酵母。它的转化酶可用于转化蔗糖，制造酒心巧克力。在维生素的微生物法测定中，啤酒酵母常被用于测定生物素、泛酸、硫胺素、肌醇等的含量。

2. 葡萄汁酵母（*Saccharomyces uvarum*）

葡萄汁酵母在麦芽汁中 25℃培养 3 天后，细胞呈卵形、椭圆形或腊肠形。在麦芽汁琼脂培养基上菌落为乳白色，平滑、有光泽、边缘整齐。能产生子囊孢子，每个子囊内有孢子 1~4 个。孢子呈圆形或椭圆形，表面光滑。此菌发酵能力甚强，在液体培养中常出现混浊现象。葡萄汁酵母与酿酒酵母相似。主要的区别在于它能发酵棉籽糖和蜜二糖。葡萄汁酵母也能发酵葡萄糖、蔗糖、麦芽糖和半乳糖，但不能发酵乳糖。能利用硫酸铵，不能利用硝酸钾。葡萄汁酵母常用于啤酒酿造的底层发酵，也可食用、药用或做饲料。

3. 汉逊酵母（*Hansenula*）

此属酵母营养细胞的形态多样，呈圆形、椭圆形、卵圆形、腊肠形不等。多边芽殖。有的种类能形成假菌丝。子囊形状与营养细胞相同。子囊孢子 1~4 个，形状为帽形、土星形、圆形、半圆形，表面光滑。异常汉逊酵母是汉逊酵母属中一个常见的种，细胞圆形，直径 4~7μm。也有腊肠形的，为（2.5~6）μm×（4.5~20）μm，腊肠形中也有长达 30μm 者。多边芽殖，能由细胞直接形成子囊，每个子囊内有 1~4 个子囊孢子，但大多数为 2 个。子囊孢子呈礼帽形，由子囊内放出后常不散开。该变种生长在麦芽汁琼脂斜面上的菌落平坦，呈乳白色、无光泽、边缘丝状。在麦芽汁中培养后，表面有白色菌醭，培养液变混浊，底部有菌体沉淀。不能发酵乳糖及蜜二糖。对麦芽糖及半乳糖弱发酵或不发酸。能同化硝酸盐，氧化烃类，也能利用煤油作碳源。此属酵母多能产生乙酸乙酯，从而增加产品香味，可用于酿酒和食品工业。但由于它能利用酒精作碳源，又能在饮料表面产生干皱的菌醭，所以又是酒精生产的有害菌。

4. 球拟酵母（*Toruiopsis*）

球拟酵母的细胞为球形、卵形，多边出芽繁殖。在麦芽汁斜面上菌落为乳白色，表面皱褶，无光泽，边缘整齐或不整齐。在液体培养基中有沉渣及酵母环出现，有时亦能产生菌醭。此属酵母有一定的经济意义，有些种能产生不同比例的甘油、赤鲜醇、D-阿拉伯糖醇，有时还有甘露醇。在适宜条件下，能将 40% 葡萄糖转化成多元醇。还有的能产生有机酸、油脂等。有的能利用烃类生产蛋白质。此属菌酒精发酵能力较弱，能产生乙酸乙酯（因菌种而异），增加白酒和酱油的风味。

5. 假丝酵母（*Candida*）

细胞圆形、卵形或长形。多边出芽繁殖。能形成假菌丝。在麦芽汁琼脂培养基上菌落为乳白色，平滑，有光泽，边缘整齐或呈菌丝状。液体培养的能形成浮膜。能发酵葡萄糖、蔗糖、棉籽糖，但不能发酵麦芽糖、半乳糖、乳糖、蜜二糖。不分解脂肪，能同化硝酸盐。假丝酵母的蛋白质和维生素 B 含量都比啤酒酵母高。它能以尿素和硝酸盐作氮源，在培养基中不加其他因子即可生长。它能利用造纸工业中的亚硫酸废液，也能利用糖蜜、马铃薯淀粉和木材水解液等。因此能利用假丝酵母来处理工业和农副产品加工业的废弃物，生产可食用的蛋白质，在综合利用中很有价值。此属中有的菌能转化 50% 的糖为甘油。假丝酵母也是脂肪酶的生产菌种，在工业上可用于绢纺原料的脱脂。

6. 毕赤氏酵母（*Pichia*）

细胞为椭圆形、长椭圆形或腊肠形，单个或成短链。异形接合形成子囊孢子。子囊孢子椭圆形。在麦芽汁琼脂上菌落为乳白色，无光泽，边缘有细缺口。在麦芽汁中培养，培养液表面有白而皱的粗糙菌醭，底内有菌体沉淀。此菌分解糖的能力弱，不产生酒精。但能氧化酒精，能耐高或较高浓度酒精。常使酒类和酱油产生白花，形成浮膜，为酿造工业中的有害菌。

7. 红酵母（*Rhodotorula*）

细胞圆形、卵形或长形。多边芽殖，有明显的红色或黄色色素。很多种因有荚膜而形成黏质状菌落。本属中有高产脂肪的菌种，可由菌体提取大量脂肪。有的种对烃类有弱氧化作用，并能合成 β-胡萝卜素。如黏红酵母黏红变种能氧化烷烃生产脂肪，含量可达干生物量的 50%~60%。在一定条件下还能产生 α-丙氨酸和谷氨酸，产蛋氨酸的能力也很强，可达干生物量的 1%。

8. 棉病针孢酵母（*Nematspora gossypii*）

又名棉病囊霉。在麦芽汁和马铃薯培养基上 26℃ 培养生长良好。开始时湿润的匍匐菌丝蔓延生长；菌落无色或灰白色，2~3 天后渐趋淡黄色，5 天后呈柠橙黄色，7~10 天后菌落周围的培养基因核黄素的扩散而呈黄绿色。生物素是促进该菌生长的重要因素，甘氨酸对核黄素的产生有促进作用。曾有人报道，用猪油或玉米油可以代替所有碳源培养该菌，且生长良好；棉病囊霉能危害许多重要的经济作物，如棉花、柑橘、番茄等，最早是从染病的棉桃上分离而来。该菌具有大量合成核黄素的能力，产量可达 4 187 μg/mL，因此它是核黄素生产的重要菌种。

（四）霉菌

凡生长在营养基质上形成绒毛状、网状或絮状菌丝的真菌统称为霉菌。霉菌在自然界分布很广，大量存在于土壤、空气、水中和生物体内外等处。霉菌喜偏酸性环境，大多数为好氧型微生物。多腐生，少数寄生。工业上常用的霉菌有藻状菌纲的根霉、毛霉、犁头霉，子囊菌纲的红曲霉，半知菌类的曲霉、青霉等。

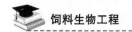

1. 根霉（*Rhizopus*）

根霉在自然界分布很广，是一种常见的霉菌。它对环境的适应性很强，生长迅速。幼龄菌落为白色，棉絮状。中期为灰黑色。老熟后菌丝丛中密布黑色小点，即孢子囊。菌丝无横隔，为单细胞真菌。在培养基上生长时，由营养菌丝体产生弧形生长的匍匐菌丝，向四周蔓延。匍匐菌丝与培养基接触处分化出一丛假根。从假根着生处向上生出直立的孢子囊柄，其顶端膨大形成圆形的囊，称为孢子囊。囊内生有许多孢子。成熟后的孢子囊壁破裂，释放出孢子。根霉在生命活动中分泌的淀粉酶，能将淀粉转化为糖。因此，根霉可作为常用的糖化菌种。我国民间酿制甜酒用的小曲就主要含有根霉。由于根霉能分泌丰富的淀粉酶，而且又含有酒化酶，所以在生产中可边糖化边发酵。根霉生长适温较高，因而适于在高温季节使用。根霉的应用十分广泛，目前常用的菌种有米根霉、华根霉、河内根霉和甘薯根霉。

（1）米根霉（*Rhizopus oryzae*）

米根霉的最适温度37℃，但41℃时还能生长。米根霉的淀粉酶活力极强，多作糖化菌使用。也具有酒精发酵能力及蛋白质分解能力。大量存在于酒药与酒曲中。此菌由于耐高温，为在夏季生产豆腐乳提供了方便条件，解决了豆腐乳旧法生产只能在冬季进行的困难。

（2）华根霉（*Rhizopus chinentis*）

华根霉的最适温度为30℃。当发酵温度达45℃时，一般还能生长。此种菌淀粉液化能力强，有溶胶性。能产生酒精、芳香脂类等物质。在酒药与酒曲中大量存在。它是酿酒所必需的主要霉菌，也是酸性蛋白酶和豆腐乳生产中的主要菌种。

2. 毛霉（*Mucor*）

毛霉分布亦较广，在基质表面生成灰色、白色或黄褐色的棉絮状菌落。菌丝不分枝，不具横隔膜，为多核单细胞真菌。菌丝发育成熟时，顶端产生圆形、柱形或犁头形囊轴，围绕囊轴形成圆形孢子囊。孢子囊梗有不分枝、总状分枝和假轴状分枝三种类型。毛霉多见于阴湿低温处，其中常见的有鲁氏毛霉（*Mucor rouxianus*），它最初是在我国小曲中分离出来的。此菌能产生蛋白酶和淀粉酶，有分解大豆蛋白的能力，可用来制作豆腐乳，也用于酒精的生产；总状毛霉（*Mucor racemosus*），我国著名的四川豆豉即用此菌制成；高大毛霉（*Mucor mucedo*），此菌分布较广，在牲畜粪便上或白酒厂阴湿的堆积物上常可见到。它能产生脂肪酸、琥珀酸，对甾族化合物也有转化作用。

3. 犁头霉（*Absidia*）

犁头霉的菌丝和根霉相似，但犁头霉产生弓形的匍匐菌丝，并在弓形的匍匐菌丝上长出孢子梗，不与假根对生。孢子梗往往有2~5支，成簇，很少单生而且常呈轮状或不规则的分枝。孢子囊顶生，多呈犁形。囊轴呈锥形、近球形等。孢子小而呈单孢，大多无色，无线状条纹。接合孢子生于匍匐菌丝上。犁头霉分布在土壤、粪便和酒曲中，空气中也有它们的存在。常为生产的污染菌，其中有的是人畜的病原菌。犁头霉对甾族化合物有较强的转化能力，如蓝色犁头霉（*Absidia coerulea*）能转化多种甾体。

4. 曲霉（*Aspergillus*）

曲霉菌丝有横隔，菌丝体由多细胞菌丝所组成。营养菌丝匍匐生长于培养基表层。

匍匐菌丝可以分化出厚壁的足细胞。在足细胞上生出直立的分生孢子梗，顶端膨大成顶囊，顶囊一般呈梯形、椭圆形、半球形或球形。在顶囊表面，以辐射状生出一层或两层小梗，称为初生小梗和次生小梗。在小梗上着生有一串串分生孢子。分生孢子具有各种形状、颜色和纹饰。曲霉在发酵工业、医药工业、食品工业和粮食贮存等方面有着极重要的作用。几千年来我国民间就用曲霉酿酒、制酱、制醋等，应用十分广泛。

（1）米曲霉（*Aspergillus oryzae*）

米曲霉有较强的蛋白质分解能力，同时又具有糖化能力，所以很早就利用米曲霉来生产酱油和酱类。米曲霉在酿酒生产中被作为糖化菌。此外，它还是重要的蛋白酶和淀粉酶的生产菌。

（2）黄曲霉（*Aspergillus flavus*）

培养适温37℃。黄曲霉产生液化型淀粉酶，并比黑曲霉强。蛋白质分解能力次于米曲霉。黄曲霉能分解DNA，产生脱氧胞苷酸、脱氧腺苷酸、脱氧鸟苷酸和脱氧胸腺嘧啶核苷酸。黄曲霉中有些菌能产生黄曲霉毒素，引起家畜家禽中毒，甚至死亡，这种黄曲霉毒素也是致癌物质。我国有关部门对使用过的黄曲霉进行过产毒试验。为了防止污染食品，保障人民身体健康，现已停止使用会产生黄曲霉毒素的菌种，改用不产毒素的菌种。黄曲霉与米曲霉极为相似，容易混淆。因而除了观察菌落个体特征外，还要结合生理特性加以区别。米曲霉在含0.05%茴香醛的察氏培养基上，分生孢子呈现红色，而黄曲霉则无此反应。

（3）黑曲霉（*Aspergillus niger*）

黑曲霉具有多种活性强大的酶系，如淀粉酶、蛋白酶、果胶酶、纤维素酶和葡萄糖氧化酶等。还能产生多种有机酸，如抗坏血酸、柠檬酸、葡萄糖酸等，所以在工业上被广泛应用，是生产柠檬酸和葡萄糖酸的重要菌种。黑曲霉群属还包括乌沙米曲霉（又名佐美曲霉）、邬氏曲霉、适于甘薯原料的甘薯曲霉，以及由乌沙米曲霉变异而来的白曲霉等。一些白曲霉中较优良的菌种不仅能分泌较丰富的淀粉酶、果胶酶和纤维素酶，而且酶系较纯，酶活力较强，同时又较耐粗放培养。因此，被北方酒精厂及白酒厂所广泛采用。

（4）栖土曲霉（*Aspergillus terricola*）

培养温度为32~34℃，含有较丰富的蛋白酶，为蛋白酶生产菌种。例如AS3.942为中性蛋白酶生产菌。

5. 青霉（*Penicillium*）

青霉的菌丝与曲霉相似，有分隔，但无足细胞。其分生孢子梗的顶端不膨大，无顶囊（图3-10）。分生孢子梗经过多次分枝，产生几轮对称或不对称的小梗，形如扫帚。小梗顶端产生成串的分生孢子。分生孢子一般为蓝绿色或灰绿色。青霉的孢子耐热性较强，菌体繁殖温度较低，是制曲时常见的杂菌，对制曲危害较大。它使酒味发苦，同时对曲房等建筑物也有腐蚀作用，是酿酒上的有害菌。但有些青霉菌，不仅是生产青霉素的重要菌种，还被用来生产有机酸、维生素和酶制剂等。

（1）产黄青霉（*Penicillium chrysogenum*）

产黄青霉能产生多种酶类及有机酸。在工业生产上主要用其变种来生产青霉素，也

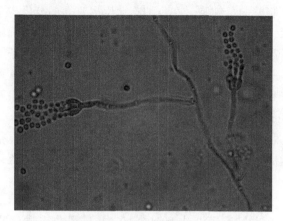

图 3-10 常见霉菌—青霉光镜照片（WIKI 百科）

能用来生产葡萄糖氧化酶、葡萄糖酸、柠檬酸和抗坏血酸等。

（2）桔青霉（*Penicillium citrinum*）

桔青霉可产脂肪酶、葡萄糖氧化酶和凝乳酶，有的菌系能产生 5′-磷酸二酯酶，可用来分解核酸，生产 5′-核苷酸。此菌分布普遍，在霉腐材料和贮存粮食上常发现生长，会引起病变，并具有毒性。此外，还有娄地青霉，具有分解油脂和蛋白质的能力，可用于制造干酪，其菌丝含有多种氨基酸；展开青霉主要用于生产灰黄霉素。

6. 木霉（*Trichoderma*）

木霉的菌丝生长初期为白色。菌丝在培养基上生长成平坦菌落。菌落生长迅速，棉絮状或致密层束状，表面有不同程度的绿色。菌丝有隔，分枝繁杂。分生孢子梗为菌丝的短侧枝，上有对生或互生分枝。在分枝上又可连续分枝。分枝末端为小梗，小梗上可生出瓶状、束状、对生、互生或单生等不同的分生孢子。依靠黏液，分生孢子在小梗上聚成球形或近球形的孢子头。分生孢子有球形、椭圆形、倒卵形等。壁光滑或粗糙，透明或亮绿色。木霉在土壤中分布广泛，在木材及其他物品上亦常能找到。有些菌株能分解纤维素和木质素等复杂的有机物。若能利用这一特性，以纤维素来代替淀粉原料进行发酵生产，这对国民经济将有十分重要的意义。但木霉也常造成蔬菜、谷物和大型真菌等的霉变，使木材、皮革及其他纤维性材料霉烂，给生产和生活造成一定危害。

7. 紫红曲霉（*Monascus purpureus*）

紫红曲霉是红曲霉属的一种。菌丝具有不规则的分枝。细胞内多核，含有橙红色的颗粒，直径 3~7μm。菌丝和分枝顶端产生分生孢子，单生或成短链。分生孢子呈球形。有性生殖时，在长短不一的梗上产生单一的原闭囊壳（子囊果）。渐渐成熟后，成为橙红色的闭囊壳，直径为 25~75μm，闭囊壳内含有十多个球形子囊。每个子囊内又有 8 个光滑的卵圆形、无色或淡色的子囊孢子，大小一般是（5~6.5）μm×（3.5~5）μm。紫红曲霉在麦芽汁琼脂培养基上生长良好。菌丝体最初为白色，逐渐蔓延成膜状。老熟后菌落表面有褶皱和气生菌丝，呈紫红色。菌落背面也有同样的颜色。紫红曲霉喜酸性环境，生长最适 pH 值 3.5~5，即使在 pH 值 2.5 时也能生存。生长最适温度为 32~35℃，有时达 40℃也能生长。对酒精有极强的抵抗力。紫红曲霉在我国民间早有利用，主要用作食品及饮料的着色剂，用红曲配制红酒、玫瑰醋、红腐乳，以及其他食品。此外用它制成的红曲又可以作中药，有消食活血、健脾胃的功能。近年来，紫红曲霉还被用来生产糖化酶等酶制剂。

8. 产黄头孢霉（*Cephalosporium chrysogen*）

菌丝分枝，有隔，纤细，宽 1~1.2μm，浅黄色。分生孢子梗短，不分枝，无隔，微黄色，很少产生孢子。在籼米饭培养基上培养半月，可产生大量的不正常的孢子，形态多样，单细胞或有一隔，直或弯曲，（5~12）μm×（2~4.2）μm。这种孢子壁较厚，可达 0.5μm，可像分生孢子一样萌发繁殖。能够生产头孢菌素 N 及头孢菌素 C，与青霉素一样同属 β-内酰胺抗生素，毒性极低，其衍生物称为先锋霉素。

9. 白地霉（*Geotrichum candidum*）

白地霉是地霉属中常见的一个种。裂殖，孢子单个或连接成链，长筒形、方形，也有椭圆形，末端钝圆。孢子绝大多数为 （4.9~9.6）μm×（5.4~16.6）μm。在麦芽汁中，28~30℃培养一天，生成白色醭。毛绒状或粉状，韧或易碎，为真菌丝。生长温度 33~37℃。对葡萄糖、甘露糖、果糖等发酵能力较弱。能同化甘油、乙醇、山梨醇、甘露醇，能分解果胶、油脂等，不同化硝酸盐。菌体细胞含有丰富的蛋白质、脂肪、维生素和大量的核酸。它具有适应性强、生长快、产量大、培养方法简单等特点。白地霉菌体的蛋白质营养价值很高，可供食用和饲料用，也可用来提取核酸，在废料废水的综合利用上也很有价值。

二、工业微生物来源

微生物是地球上分布最广、种类最丰富的生物种群。为了适应环境压力，微生物常常能产生许多特殊的生理活性物质，所以微生物是人类获取生理活性物质的丰富资源。微生物菌种筛选包括采样、富集培养、纯种分离、初筛和复筛。

（一）采样

采集微生物样品时，材料来源越广泛，越容易获取新的菌种。土壤具备微生物生长所需的营养、水分和空气，是微生物菌种的主要来源。在实际采样过程中，应根据分离筛选的目的，选取不同区域、有机质含量、酸碱度、植被状况的土壤去采集样品。采土样时，先除去表层土，取 5~25cm 深处的土样 10~15g，装入事先准备好的信封或塑料袋，并对其进行编号，记录采样地点、时间、土质等。取样后，应尽早分离菌株，以避免不能及时分离而导致微生物死亡。

同时还可以根据所筛选微生物的特殊生理特点进行采样。如筛选纤维素酶产生菌，可选择有很多枯枝落叶、富含纤维素的森林土；筛选蛋白酶产生菌株，可选择肉类加工厂、饭店排水沟的污泥；筛选淀粉酶产生菌，可选择面粉厂、酒厂、糕点厂等场所的土壤；筛选酵母菌可选择果园土壤或蜜饯、甘蔗堆积处。在高温、低温、酸性、碱性、高盐、高辐射强度等特殊环境下，往往能筛选到极端微生物。温泉、火山爆发处、堆肥处，往往能筛选到高温微生物；南极、北极地区、冰窖、海洋深处，往往能筛选到低温微生物；海底往往能筛选到耐压菌。

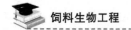

（二）富集培养

在自然界采集的土样，一般含有多种微生物，目的微生物通常不是优势菌，数量较少，通过富集培养增加待分离微生物的相对或绝对数量可增加分离成功率。富集培养是根据微生物生理特点，设计一种选择性培养基，将样品加到培养基中，经过一段时间的培养，目的微生物迅速生长繁殖，数量上占一定优势，从中可有效分离目的菌株。在富集培养中，既可以通过控制营养和培养条件增加目的微生物的绝对数量，也可以通过高温、高压、加入抗生素等方法减少非目的微生物的数量，增加目的微生物的相对数量，从而达到富集的目的。如筛选纤维素酶产生菌，可以选择以纤维素为唯一碳源的培养基，使目的菌迅速生长繁殖，而其他不能利用纤维素的非目的菌不能生长或生长缓慢。从土壤中筛选芽孢杆菌时，先将样品在80℃加热10min，以杀死不产芽孢的微生物，再进行富集培养，就可以使目的菌具有生长优势。如果样品中已含有较多数量的目的微生物，则不必进行富集培养，将样品稀释后直接在培养基平板上进行纯种分离即可。

（三）纯种分离

纯种分离常采用稀释法和划线法。稀释法是将样品先用无菌水稀释，再涂布到固体培养基平板上，培养后获得单菌落；划线法是用接种环挑取微生物样品在固体培养基平板上划线，培养后获得单菌落。稀释法能使微生物样品分散更均匀，更容易获得纯种，而划线法更简便、快速。纯种分离中通常使用分离培养基对微生物进行初步的分离。分离培养基是根据目的微生物的特殊生理特性或其代谢产物的生化反应而设计的培养基，可提高目的微生物分离纯化的效率。常用的分离方法包括透明圈法、变色圈法、生长法和抑菌圈法等。

（四）初筛和复筛

在纯种分离过程中，对于有些微生物，可通过代谢产物与指示剂、显示剂或底物的生化反应在分离培养基平板上直接定性分离。对于这一类微生物，纯种分离后可直接在琼脂平板上进行初筛。但并不是所有的微生物都可以用琼脂平板定性分离，有些往往需要采用摇瓶培养法进行初筛，对生产性能进行测定。初筛要求筛选到尽可能多的菌株，工作量很大，因此，设计一种快速、简便的筛选方法往往会事半功倍。初筛得到的菌株需要进一步通过复筛，以获得较好的菌株。复筛通常采用摇瓶培养法，产物的检测通常采用更为准确的定量测定方法。

（五）菌种的选育

要使发酵工业产品的种类、产量和质量有较大的改善，首先必须选取性能优良的生产菌种，菌种选育包括根据菌种的自然变异而进行的自然选择，以及根据遗传学基础理论和方法利用诱变育种技术、原生质体融合技术、基因工程技术而进行的诱变育种、细胞工程育种、基因工程育种等。

第三节　发酵工程的发酵过程

一、培养基的配制

广义上讲培养基是指一切可供微生物细胞生长繁殖所需的一组营养物质和原料。同时培养基也为微生物提供除营养外的其他生长所必需的条件。常用的培养基都必须符合一些基本的条件，例如都必须含有合成细胞组成所必需的原料；满足一般生化反应的基本条件；一定的 pH 值条件等。但工业生产上选择的培养基俗称发酵培养基，还应包括能够促进微生物合成产物所必需的成分。

培养基的种类很多，如广泛用于微生物分类研究的各种分类培养基，用于微生物分离的各种鉴定培养基等。本章就微生物培养基的分类作简单的介绍，重点围绕微生物发酵培养基展开。

微生物发酵过程由于所使用微生物的种类和生产产品类别的不同，所采用的发酵培养基也不尽相同。但是一个适用于大规模发酵的培养基应该具有以下几个共同的特点：① 培养基能够满足产物最经济的合成；② 发酵后所形成的副产物尽可能的少；③ 培养基的原料应因地制宜、价格低廉，且性能稳定、资源丰富，便于采购运输，适合大规模储藏，能保证生产上的供应；④ 所选用的培养基应能满足总体工艺的要求，如不应该影响通气、提取、纯化及废物处理等。

能否设计出一个好的发酵培养基，是发酵产品工业化成功中非常重要的一环。有关发酵培养基的设计，目前虽然可以从微生物学、生物化学、细胞生理学等找到理论上的阐述，但对于具体产品在培养基设计时会受到各种因素的制约，如原材料的成本、发酵厂的地理位置等，因而大规模发酵培养基的设计应该说具有相当的艺术性。尽管如此，在许多情况下，还是需要对培养基进行科学的设计，只有这样才能在实践中少走弯路，早日实现发酵产品的工业化。

对发酵培养基进行科学的设计，包括两个方面的内容，一是对发酵培养基的成分及原辅材料的特性有较为详细的了解，二是在此基础上结合具体微生物和发酵产品的代谢特点对培养基的成分进行合理的选择和优化。

（一）培养基的类型及功能

培养基按其组成物质的纯度、状态、用途可分为三大类型。

1. 按纯度分类

按培养基组成物质的纯度可分为合成培养基和天然培养基（复合培养基）。前者所用的原料其化学成分明确、稳定。例如药用葡萄糖、$(NH_4)_2SO_4$、KH_2PO_4 等，这种培养基适合于研究菌种基本代谢和过程的物质变化等科研工作。在生产某些疫苗的过程中，为了防止异性蛋白质等杂质混入，也常用合成培养基。但这种培养基营养单一、价格较高，不适合用于大规模工业生产。发酵培养基普遍使用天然培养基，它的原料是一些天然动、植物产品，相对于合成培养基来讲，其成分不那么"纯"。例如花生饼粉，蛋白胨等。这些物质的特点是营养丰富，适于微生物的生长。一般天然培养基中不需要另加微量元素、维生素等物质，而培养基组成的原料来源丰富（大多为农副产品）、价格低廉、适于工业化生产。

但由于成分复杂，不易重复，如对原料质量等方面不加控制会影响生产的稳定性。

2. 按状态分类

按培养基的状态，可分为固体培养基、半固体培养基和液体培养基。固体培养基比较适合于菌种和孢子的培养和保存，也广泛应用于有子实体的真菌类，如香菇、白木耳等的生产。近年来由于机械化程度的提高，在发酵工业上又开始应用固体培养基进行大规模生产，其组分常用麸皮、大米、小米、木屑、禾壳和琼脂等，有的还另加一些营养成分。半固体培养基即在配好的液体培养基中加入少量的琼脂，一般用量为 0.5% ~ 0.8%，培养基即成半固体状态，主要用于鉴定细菌、观察细菌运动特征及噬菌体的效价滴度等。液体培养基 80% ~ 90% 是水，其中配有可溶性的或不溶性的营养成分，是发酵工业大规模使用的培养基。

3. 按用途分类

培养基按其用途可分为孢子培养基、种子培养基和发酵培养基 3 种。

孢子培养基：孢子培养基是供菌种繁殖孢子的一种常用固体培养基，对这种培养基的要求是能使菌体迅速生长，产生较多优质的孢子，并要求这种培养基不易引起菌种发生变异，所以对孢子培养基的基本配制要求如下：① 营养不要太丰富（特别是有机氮源），否则不宜产孢子，如灰色链霉菌在葡萄糖、硝酸盐、其他盐的培养基上都能很好地生长和产生孢子，但若加入 0.5% 酵母膏或酪蛋白后，就只长菌体而不产孢子；② 所用无机盐的浓度要适量，不然也会影响孢子量和孢子颜色；③ 要注意培养基的 pH 值和湿度。生产上常用的孢子培养基有：麸皮培养基、小米培养基、大米培养基、玉米碎屑培养基，以及用葡萄糖、蛋白胨、牛肉膏和食盐等配制的琼脂斜面培养基。大米和小米常用作霉菌孢子培养基，因为它们含氮量少、疏松、表面积大，所以是较好的孢子培养基，大米培养基的水分控制在 21% ~ 25% 较为适宜。在酒精生产中，当制曲（固体培养）时，曲料水分含量需控制在 48% ~ 50%，而曲房空气湿度需控制在 90% ~ 100%。

种子培养基：种子培养基是供孢子发芽、生长和大量繁殖菌丝体，并使菌丝体长得粗壮，成为活力强的"种子"。所以种子培养基的营养要求比较丰富和完全，氮源和维生素的含量也要高些。但总浓度以略稀薄为好，这样可达到较高的溶解氧，供大量菌体生长和繁殖。种子培养基的成分要考虑在微生物代谢过程中能维持稳定的 pH 值，其组成还要根据不同菌种的主要特征而定。一般种子培养基都用营养丰富而完全的天然有机氮源，因为有些氨基酸能刺激孢子发芽。但无机氮源容易被利用，有利菌体的迅速生长，所以在种子培养基中常包括有机氮源和无机氮源。最后一级的种子培养基的成分最好能较接近于发酵培养基，这样可使种子进入发酵培养基后能迅速适应，快速生长。

发酵培养基：发酵培养基是供菌体生长、繁殖和合成产物之用。它既要使种子接种后能迅速生长，达到一定的菌丝浓度，又要使长好的菌体能迅速合成所需产物。因此，发酵培养基的组成除有菌体生长所必需的元素和化合物外，还要有合成产物所需的特定元素、前体和促进剂等。但若因生长和合成产物所需的总的碳源、氮源或其他营养物质总的浓度太高，或生长和合成产物两个阶段各需的最佳条件要求不同时，则可考虑培养基用分批补料工艺来加以满足。

（二）发酵培养基的成分及来源

工业微生物绝大部分是异养型微生物，它需要碳水化合物、蛋白质和前体等物质提供能量和构成特定产物的需要。

1. 碳源

碳源是组成培养基的主要成分之一。其主要功能有两个：一是为微生物菌种的生长繁殖提供能源和合成菌体所必需的碳成分；二是为合成目的产物提供所需的碳成分。常用的碳源有糖类、油脂、有机酸和低碳醇等，在特殊的情况下（如碳源贫乏时），蛋白质水解物或氨基酸等也可被微生物作为碳源使用。

（1）糖类

糖类是发酵培养基中最广泛应用的碳源，主要有葡萄糖、糖蜜和淀粉糊精等。

葡萄糖是最容易利用的碳源，几乎所有的微生物都能利用葡萄糖，所以葡萄糖常作为培养基的一种主要成分，并且作为加速微生物生长的一种有效糖。但是过多的葡萄糖会过分加速菌体的呼吸，以致培养基中的溶解氧不能满足需要，使一些中间代谢物（如丙酮酸、乳酸、乙酸等）不能完全氧化而积累在菌体或培养基中，导致 pH 值下降，影响某些酶的活性，从而抑制微生物的生长和产物的合成。

糖蜜是制糖生产时的结晶母液，它是制糖工业的产物。糖蜜中含有丰富的糖、氮类化合物、无机盐和维生素等，它是微生物发酵培养基价廉物美的碳源。这种糖蜜主要含有蔗糖，总糖可达 56%~75%。一般糖蜜分甘蔗糖蜜和甜菜糖蜜，二者在糖的含量和无机盐的含量上有所不同，即使同一种糖蜜由于加工方法不同其成分也存在着差异，因此使用时要注意。糖蜜常用在酵母和丙酮丁醇的生产中，抗生素等微生物工业也常用它作为碳源。在酒精生产中使用糖蜜代替甘薯粉，则可省去蒸煮、糖化等过程，简化了酒精生产工艺。

淀粉糊精等多糖也是常用的碳源，它们一般都要经过菌体产生的胞外酶水解成单糖后再被吸收利用。淀粉在发酵工业中被普遍使用，因为使用淀粉除了可克服葡萄糖代谢过快的弊病，价格也比较低廉。常用的淀粉为玉米淀粉、小麦淀粉和甘薯淀粉。有些微生物还可直接利用玉米粉、甘薯粉和土豆粉作为碳源。

（2）油和脂肪

油和脂肪也能被许多微生物作为碳源和能源。这些微生物都具有比较活跃的脂肪酶。在脂肪酶的作用下，油或脂肪被水解为甘油和脂肪酸，在溶解氧的参与下，进一步氧化成二氧化碳和水，并释放出大量的能量。因此当微生物利用脂肪作为碳源时，要供给比糖代谢更多的氧，不然大量的脂肪酸和代谢中的有机酸会积累，从而引起 pH 值的下降，并影响微生物酶系统的功能。常用的油有豆油、菜籽油、葵花籽油、猪油、鱼油、棉籽油等。

（3）有机酸

有些微生物对许多有机酸（如乳酸、柠檬酸、乙酸等）有很强的氧化能力，因此有机酸或它们的盐也能作为微生物的碳源。有机酸的利用常会使 pH 值上升，尤其是有机酸盐氧化时，常伴随着碱性物质的产生，使 pH 值进一步上升，以醋酸盐为碳源时其

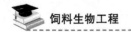

反应式如下:

$$CH_3COONa + 2O_2 \rightarrow 2CO_2 + H_2O + NaOH$$

从上述可见,不同的碳源在分解氧化时,对 pH 值的影响各不相同,因此不同的碳源和浓度,不仅对微生物的代谢有影响,而且对整个发酵过程中 pH 值的调节和控制也均有影响。

(4)烃和醇类

近年来随着石油工业的发展,微生物工业的碳源也有所扩大。正烷烃(一般指从石油裂解中得到的 14~18 碳的直链烷烃混合物)已用于有机酸、氨基酸、维生素、抗生素和酶制剂的工业发酵中。另外石油工业的发展促使乙醇产量的增加,国外乙醇代粮发酵的工艺发展也十分迅速。据研究发现自然界中能同化乙醇的微生物和能同化糖质的微生物一样普遍,种类也相当多,乙醇作碳源其菌体收得率比葡萄糖作碳源还高。因而乙醇已成功地应用在发酵工业的许多领域中,如乙醇已作为某些工厂生产单细胞蛋白的主要碳源。

2. 氮源

氮源主要用于构成菌体细胞物质(氨基酸、蛋白质、核酸等)和含氮代谢物。常用的氮源可分为两大类:有机氮源和无机氮源。

(1)有机氮源

常用的有机氮源有花生饼粉、黄豆饼粉、棉籽饼粉、玉米浆、玉米蛋白粉、蛋白胨、酵母粉、鱼粉、蚕蛹粉、尿素、废菌丝体和酒糟等。它们在微生物分泌的蛋白酶作用下,水解成氨基酸,被菌体吸收后再进一步分解代谢。有机氮源除含有丰富的蛋白质、多肽和游离氨基酸外,往往还含有少量的糖类、脂肪、无机盐、维生素及某些生长因子。由于有机氮源营养丰富,因而微生物在含有机氮源的培养基中常表现出生长旺盛、菌丝浓度增长迅速的特点。有些微生物对氨基酸有特殊的需要,例如在合成培养基中加入缬氨酸可以提高红霉素的发酵单位,因为在此发酵过程中缬氨酸既可供作氮源,又可供红霉素合成之用。在一般工业生产中,因其价格昂贵,都不直接加入氨基酸。大多数发酵工业借助于有机氮源,来获得所需的氨基酸。在赖氨酸生产中,甲硫氨酸和苏氨酸的存在可提高赖氨酸的产量,但生产中常用黄豆水解液来代替。只有当生产某些用于人类的疫苗,才取用无蛋白质的化学纯氨基酸作培养基原料。

玉米浆也是一种很容易被微生物利用的良好氮源,因为它含有丰富的氨基酸(丙氨酸、赖氨酸、谷氨酸、缬氨酸、苯丙氨酸等)、还原糖、磷、微量元素和生长素。玉米浆中含有的磷酸肌醇对促进红霉素、链霉素、青霉素和土霉素等的生产有积极作用,玉米浆是玉米淀粉生产中的副产物,其中固体物含量在 50% 左右,还含有较多的有机酸,如乳酸,所以玉米浆的 pH 值在 4 左右。由于玉米的来源不同,加工条件也不同,因此玉米浆的成分常有较大波动,在使用时应注意适当调配。

尿素也是常用的有机氮源,但它成分单一,不具有上述有机氮源的特点。但在青霉素和谷氨酸等生产中也常被采用。尤其是在谷氨酸生产中,尿素可使 α-酮戊二酸还原并氨基化,从而提高谷氨酸的生产。

有机氮源除了提供菌体生长繁殖的营养外,有的还是产物的前体。例如缬氨酸、半胱氨酸是合成青霉素和头孢菌素的主要前体，甘氨酸可作为 L-丝氨酸的前体等。

（2）无机氮源

常用的无机氮源有铵盐、硝酸盐和氨水等。微生物对它们的吸收利用一般比有机氮源快，所以也称之为迅速利用的氮源。但无机氮源的迅速利用常会引起 pH 值的变化，如：

$$(NH_4)_2SO_4 \rightarrow 2NH_3 + H_2SO_4$$
$$NaNO_3 + 4H_2 \rightarrow NH_3 + 2H_2O + NaOH$$

反应中所产生的 NH_3，被菌体作为氮源利用后，培养液中就留下了酸性或碱性物质。这种经微生物生理作用（代谢）后能形成酸性物质的无机氮源叫生理酸性物质，如硫酸铵。若菌体代谢后能产生碱性物质，则此种无机氮源称为生理碱性物质，如硝酸钠。正确使用生理酸碱性物质，对稳定和调节发酵过程的 pH 值有积极作用。例如，在制液体曲时，用 $NaNO_3$ 作氮源，菌丝长得粗壮，培养时间短，且糖化力较高，这是因为 $NaNO_3$ 的代谢而得到的 NaOH 可中和曲霉生长中所释放出的酸，使 pH 值稳定在工艺要求的范围内。又如在另一株黑曲霉发酵过程中用硫酸铵作氮源，培养液中留下的 SO_4^{2-} 使 pH 值下降，而这对提高糖化型淀粉酶的活力有利，且较低的 pH 值还能抑制杂菌的生长，防止污染。

氨水在发酵中除可以调节 pH 值外，它也是一种容易被利用的氮源，在许多抗生素的生产中得到普遍使用。以链霉素为例，从其生物合成的代谢途径中可知：合成 1mol 链霉素需要消耗 7mol 的 NH_3。红霉素生产中也有通氨的，它可以提高红霉素的产率和有效组分的比例。氨水因碱性较强，因此使用时要防止局部过碱，加强搅拌，并少量多次地加入。另外在氨水中还含有多种嗜碱性微生物，因此在使用前应用石棉等过滤介质进行除菌过滤。这样可防止因通氨而引起的污染。

3. 无机盐及微量元素

微生物在生长繁殖和生产过程中，需要某些无机盐和微量元素如磷、镁、硫、钾、钠、铁、氯、锰、锌、钴等，以作为其生理活性物质的组成成分或生理活性作用的调节物，这些物质一般在低浓度时对微生物生长和产物合成有促进作用，在高浓度时常表现出明显的抑制作用。而各种不同的微生物及同种微生物在不同的生长阶段对这些物质的最适浓度要求均不相同。因此，在生产中要通过试验预先了解菌种对无机盐和微量元素的最适宜的需求量，以稳定或提高产量。

在培养基中，镁、磷、钾、硫、钙和氯等常以盐的形式（如硫酸镁、磷酸二氢钾、磷酸氢二钾、碳酸钙、氯化钾等）加入，而钴、铜、铁、锰、锌等缺少了对微生物生长固然不利，但因其需要量很小，除了合成培养基外，一般在复合培养基中不再另外单独加入。因为复合培养基中的许多动、植物原料如花生饼粉、黄豆饼粉、蛋白胨等都含有微量元素，但有些发酵工业中也有单独加入微量元素的，如生产维生素 B_{12}，尽管用的也是天然复合材料，但因钴是维生素 B_{12} 的组成成分，因此其需要量是随产物量的增加而增加，所以在培养基中就需要加入氯化钴以补充钴。

磷是核酸和蛋白质的必要成分，也是重要的能量传递者——三磷酸腺苷的成分。在代谢途径的调节方面，磷起着很重要的作用，磷有利于糖代谢的进行，因此它能促进微生物的生长。但磷过量时，许多产物的合成常受抑制。例如在谷氨酸的合成中，磷浓度过高就会抑制6-磷酸葡萄糖脱氢酶的活性，使菌体生长旺盛、而谷氨酸的产量却很低，代谢向缬氨酸方向转化。但也有一些产物要求磷酸盐浓度高些，如黑曲霉 NRRL30 菌种生产 α-淀粉酶，若加入 0.2%磷酸二氢钾则活力可比低磷酸盐提高 3 倍。还有报道用地衣芽孢杆菌生产 α-淀粉酶时，添加超过菌体生长所需要的磷酸盐浓度，则能显著增加 α-淀粉酶的产量。许多次级代谢过程对磷酸盐浓度的承受限度比生长繁殖过程低，所以必须严格控制。

镁除了组成某些细胞叶绿素的成分外，并不参与任何细胞物质的组成。但它处于离子状态时，则是许多重要酶（如己糖磷酸化酶、柠檬酸脱氢酶、羧化酶等）的激活剂。镁离子不但影响基质的氧化，还影响蛋白质的合成。镁离子能提高一些氨基糖苷抗生素产生菌对自身所产的抗生素的耐受能力，如卡霉素、链霉素、新霉素等产生菌。镁常以硫酸镁的形式加入培养基中，但在碱性溶液中会形成氢氧化镁沉淀，因此配料时要注意。

硫存在于细胞的蛋白质中，是含硫氨基酸的组成成分和某些辅酶的活性基、如辅酶A、硫辛酸和谷胱甘肽等。在某些产物如青霉素、头孢菌素等分子中硫是其组成部分。所以在这些产物的生产培养基中，需要加入如硫酸钠或硫代硫酸钠等含硫化合物作硫源。

铁是细胞色素、细胞色素氧化酶和过氧化氢酶的组成成分，因此铁是菌体有氧氧化反应必不可少的元素。工业生产上一般用铁制发酵罐，这种发酵罐内的溶液即使不加任何含铁化合物，其铁离子浓度已可达 $30\mu g/mL$。另外一些天然培养基的原料中也含有铁，所以在一般发酵培养基中不再加入含铁化合物。

氯离子在一般微生物中不具有营养作用，但对一些嗜盐菌来讲是需要的。在一些产生含氯代谢物如金霉素和灰黄霉素等的发酵中，除了从其他天然原料和水中带入的氯离子外，还需加入约 0.1%氯化钾以补充氯离子。啤酒在糖化时，氯离子含量在 20~60mg/L 范围内能使啤酒口味柔和，并对酶和酵母的活性有促进作用，但氯离子含量过高会引起酵母早衰，使啤酒带有咸味。

钠、钾、钙离子虽不参与细胞的组成，但仍是微生物发酵培养基的必要成分。钠离子与维持细胞渗透压有关，故在培养基中常加入少量钠盐，但用量不能过高，否则会影响微生物生长。钾离子也与细胞渗透压和透性有关，并且还是许多酶的激活剂，它能促进糖代谢。在谷氨酸发酵中，菌体生长时需要钾离子约 0.01%，生产谷氨酸时需要量为 0.02%~0.1%（以 K_2SO_4 计）。钙离子能控制细胞透性，常用的碳酸钙本身不溶于水，几乎是中性，但它能与代谢过程中产生的酸起反应，形成中性化合物和二氧化碳，后者从培养基中逸出，因此碳酸钙对培养液的 pH 值有一定的调节作用。在配制培养基时要注意两点：一是培养基中钙盐过多时，会形成磷酸钙沉淀，降低了培养基中可溶性磷的含量。因此，当培养基中磷和钙均要求较高浓度时，可将二者分别消毒或逐步补加；二是先要将配好的培养基（除 $CaCO_3$ 外）用碱调到 pH 值近中性，才能将 Ca 加入培养基中，这样可防止 $CaCO_3$ 在酸性培养基中被分解，而失去其在发酵过程中的缓冲能力。所采用的 $CaCO_3$ 要对其中 CaO 等杂质含量作严格控制。

锌、钴、锰、铜等微量元素大部分作为酶的辅基和激活剂，一般来讲只有在合成培养基中才需加入这些元素。

4. 水

水是所有培养基的主要组成成分，也是微生物机体的重要组成成分。因此，水在微生物代谢过程中占着极其重要的地位。它除直接参与一些代谢外，又是进行代谢反应的内部介质。此外，微生物特别是单细胞微生物由于没有特殊的摄食及排泄器官，它的营养物、代谢物、氧气等必须溶解于水后才能通过细胞表面进行正常的活动。此外，由于水的比热较高，能有效地吸收代谢过程中所放出的热，使细胞内温度不致骤然上升。同时水又是一种热的良导体，有利于散热，可调节细胞温度。由此可见，水的功能是多方面的，它为微生物生长繁殖和合成目的产物提供了必需的生理环境。

对于发酵工厂来说，恒定的水源是至关重要的，因为在不同水源中存在的各种因素对微生物发酵代谢影响甚大。特别是水中的矿物质组成对酿酒工业和淀粉糖化影响更大。因此，在啤酒酿造业发展的早期，工厂的选址是由水源来决定的。当然，尽管目前已能通过物理或化学方法处理得到去离子或脱盐的工业用水，但在建造发酵工厂，决定工厂的地理位置时，还应考虑附近水源的质和量。

水源质量的主要考虑参数包括 pH 值、溶解氧、可溶性固体、污染程度以及矿物质组成和含量。在抗生素发酵工业中，一个高单位的生产菌种在异地不能发挥其生产能力的因素纵然很多，但由于水质不同而导致这种结果也时有发生。又如在酿酒工业中，水质是获得优质酒的关键因素之一。

5. 生长因子、前体、产物促进剂和抑制剂

发酵培养基中某些成分的加入有助于调节产物的形成，这些添加的物质包括生长因子、前体、产物抑制剂和促进剂。

（1）生长因子

从广义上讲，凡是微生物生长不可缺少的微量的有机物质，如氨基酸、嘌呤、嘧啶、维生素等均称生长因子。生长因子不是对于所有微生物都必需的，它只是对于某些自己不能合成这些成分的微生物才是必不可少的营养物。如以糖质原料为碳源的谷氨酸生产菌均为生物素缺陷型，以生物素为生长因子。又如目前所使用的赖氨酸产生菌几乎都选谷氨酸产生菌的各种突变株，均为生物素缺陷型，需要生物素作为生长因子，同时也是某些氨基酸的营养缺陷型，如丝氨酸等，这些物质也是生长因子。

有机氮源是这些生长因子的重要氮来源，多数有机氮源含有较多的 B 族维生素和微量元素及一些微生物生长不可缺少的生长因子。最有代表性的是玉米浆，玉米浆中含有丰富的氨基酸、还原糖、磷、微量元素和生长素，是多数发酵产品良好的有机氮源，对许多发酵产品的生产有促进作用。从某种意义上来说，玉米浆被用于配制发酵培养基是发酵工业中的一个重大发现。

（2）前体

前体指某些化合物加入发酵培养基中，能直接被微生物在生物合成过程中结合到产物分子中去，而其自身的结构并没有多大变化，但是产物的产量却因加入前体而有较大的提高。前体最早是从青霉素的生产中发现的。在青霉素生产中，人们发现加入玉米浆

后，青霉素单位可从 20U/mL 增加到 100U/mL，进一步研究发现单位增长的主要原因是玉米浆中含有苯乙胺，它能被优先合成到青霉素分子中去，从而提高了青霉素 G 的产量。在实际生产中前体的加入不但提高了产物的产量，还显著提高了产物中目的成分的比重，如在青霉素生产中加入苯乙酸可生产青霉素 G，而用苯氧乙酸作为前体则可生产青霉素 V。大多数前体如苯乙酸对微生物的生长有毒性，以及菌体具有将前体氧化分解的能力，因此在生产中为了减少毒性和增加前体的利用率常采用少量多次的工艺流程。

（3）产物促进剂

所谓产物促进剂是指那些非细胞生长所必需的营养物，又称非前体，但加入后却能提高产量的添加剂。促进剂提高产量的机制还不完全清楚，其原因是多方面的，如在酶制剂生产中，有些促进剂本身是酶的诱导物；有些促进剂是表面活性剂，可改善细胞的透性，改善细胞与氧的接触从而促进酶的分泌与生产，也有人认为表面活性剂对酶的表面失活有保护作用；有些促进剂的作用是沉淀或螯合有害的重金属离子。各种促进剂的效果除受菌种、种龄的影响外，还与所用的培养基组成有关，即使是同种产物促进剂，用同一菌株，生产同一产物，在使用不同的培养基时效果也会不一样。

二、培养基和设备灭菌

生物化学反应过程，特别是细胞培养过程，往往要求在没有杂菌污染的情况下进行，这是由于生物反应系统中通常含有比较丰富的营养物质，因而很容易受到杂菌污染（称为染菌），进而产生各种不良后果：① 由于杂菌的污染，使生物化学反应的基质或产物消耗，造成产率的下降；② 由于杂菌所产生的某些代谢产物，或染菌后发酵液的某些理化性质的改变，使产物的提取变得困难，造成收得率降低或使产品质量下降；③ 污染的杂菌可能会分解产物而使生产失败；④ 污染的杂菌会大量繁殖，会改变反应介质的 pH 值，从而使生物化学反应发生异常变化；⑤ 发生噬菌体污染，微生物细胞被裂解而使生产失败等。

当然，某些培养过程，由于培养基中的物质不易被微生物利用，或者温度、pH 值不适于一般微生物生长，因而可在不很严格的条件下生产，如单细胞蛋白的生产。但是绝大多数的培养过程要求在严格的条件下进行纯种培养，具体采取以下措施：① 设备灭菌并确保无泄漏；② 所用培养基必须灭菌；③ 通入的气体（如好氧培养中的空气）应经除菌处理；④ 种子无污染，确保纯种；⑤ 培养过程中加入的物料应经灭菌处理，并在加入过程中确保无污染，这点在连续培养中尤其重要。

所谓灭菌，就是指用物理或化学方法杀灭或去除物料或设备中一切有生命物质的过程。应用的范围有：① 培养基灭菌；② 气体除菌；③ 设备及管道灭菌等。常用的灭菌方法有以下几种。

（1）化学灭菌

一些化学药剂能使微生物中的蛋白质、酶及核酸发生反应而具有杀菌作用。常用的化学药剂有甲醛、氯（或次氯酸钠）、高锰酸钾、环氧乙烷、季铵盐（如新洁尔灭）、臭氧等。由于化学药剂也会与培养基中的有些成分作用，而且加入培养基后不易去除，所以化学灭菌法不用于培养基的灭菌。但染菌后的培养基可以用化学药剂处理。

（2）射线灭菌

射线灭菌即利用紫外线、高能电磁波或放射性物质产生的 γ 射线进行灭菌的方法。波长为（2.1~3.1）×10⁻⁷ m 的紫外线有灭菌作用，最常用的是波长为 2.537×10^{-7} m 的紫外线。但紫外线的穿透力低，所以仅用于表面消毒和空气的消毒。也可利用（0.06~1.4）×10⁻¹⁰ m 的 X 射线或由 Co60 产生的 γ 射线进行灭菌。近年来，微波灭菌设备的兴起，为灭菌提供了新的选择。

（3）干热灭菌

干热灭菌常用的干热条件为在 160℃下保温 1h。干热灭菌不如湿热灭菌有效，其 Q_{10}（即温度升高 10℃，灭菌常数增加的倍数）为 2~3，而湿热灭菌对耐热的芽孢 Q_{10} 可达 8~10，对营养细胞则更高。一些要求保持干燥的实验器具和材料（如培养皿、接种针、固定化细胞用的载体材料等）可以用干热灭菌。

（4）湿热灭菌

湿热灭菌即利用饱和水蒸气进行灭菌。由于蒸汽有很强的穿透力，而且在冷凝时放出大量冷凝热，很容易使蛋白质凝固而杀灭各种微生物。同时，蒸汽的价格低廉，来源方便，灭菌效果可靠。所以培养基灭菌、发酵设备及管道的灭菌、实验用器材的灭菌，普遍采用湿热灭菌。通常的蒸汽灭菌条件是在 121℃（表压约 0.1Ma）维持 30min。

（5）过滤除菌

过滤除菌即利用过滤方法截留微生物，达到除菌的目的。本方法只适用于澄清流体的除菌。工业上利用过滤方法大量制备无菌空气，供好氧微生物的深层培养使用。热敏性培养基也采用过滤方法实现除菌处理，在产品提取过程中，也可利用无菌过滤方法处理料液，以获得无菌产品。

以上几种灭菌方法，有时可根据需要结合使用。例如动物细胞离体培养的培养基中通常含有血清、多种氨基酸、维生素等热敏性物质，在制备这类培养基时，可将其中的热敏性溶液用无菌过滤的方法除菌，其他物质的溶液则采用湿热灭菌，也可将热敏性物料在较低温度下或较短时间内灭菌，再与其他部分合并使用。

三、培养与发酵

（一）种子扩大培养

种子扩大培养是指将保存在砂土管、冷冻干燥管中处于休眠状态的生产菌种接入试管斜面活化后，再经过扁瓶或摇瓶及种子罐逐级扩大培养而获得一定数量和质量的纯种过程，这些纯种培养物称为种子。

目前工业规模的发酵罐容积已达几十立方米或几百立方米。如按 10% 左右的种子量计算，就要投入几立方米或几十立方米的种子。要从保藏在试管中的微生物菌种逐级扩大为生产用种子是一个由实验室制备到车间生产的过程。其生产方法与条件随不同的生产品种和菌种种类而异。如细菌、酵母菌、放线菌或霉菌生长的快慢，产孢子能力的大小及对营养、温度、需氧等条件的要求均有所不同。因此，种子扩大培养应根据菌种的生理性，选择合适的培养条件来获得代谢旺盛、数量足够的种子。这种种子接入发酵罐后，将使发酵生产周期缩短，设备利用率提高。种子液质量的优劣对发酵生产起着关

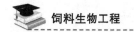

键性的作用。

作为种子的准则是：① 菌种细胞的生长活力强，移种至发酵罐后能迅速生长，迟缓期短；② 生理性状稳定；③ 菌体总量及浓度能满足大容量发酵罐的要求；④ 无杂菌污染；⑤ 保持稳定的生产能力。

种子质量的最终指标是考察其在发酵罐中所表现出来的生产能力。因此首先必须保证所产菌种的稳定性，其次是提供种子培养的适宜环境，保证无杂菌侵入，以获得优良种子。

菌种稳定性的检查：生产上所使用的菌种必须保持有稳定的生产能力，虽然菌种保藏在休眠状态的环境中，但微生物或多或少会出现变异的危险，因此定期考察及挑选稳定菌种投入生产是十分重要的。其方法是取出少许保藏菌种置于灭菌生理盐水中，逐级稀释，在含有琼脂培养基的双碟上划线培养，菌液稀释度以双碟上所生长的菌落不过密为宜。挑出形态整齐、孢子丰满的菌落进行摇瓶试验，测定其生产能力，以不低于其原有的生产活力为原则，并取生产能力高的菌种备用。一般地，不管用什么方法保藏菌种，一年左右都应作自然分离一次。

无（杂）菌检查：在种子制备过程中每移种一步均需进行杂菌检查。通常采用的方法是：种子液显微镜观察，肉汤或琼脂斜面接入种子液培养进行无菌试验和对种子液进行生化分析。其中无菌试验是判断有无杂菌的主要依据。无菌试验主要是将种子液涂在平板上划线培养、斜面培养和酚红肉汤培养，经肉眼观察平板上是否出现异常菌落、酚红肉汤是否变黄色及镜检鉴别是否污染杂菌。在移种的同时进行上述试验，经涂平板及接入肉汤后于37℃培养，在24h内每隔2~3h取出在灯光下检查一次。24~48h检查一次，以防生长缓慢的杂菌漏检。种子液生化分析项目为主要取样测定其营养消耗的速度、pH值变化、溶解氧利用情况、色泽、气味是否异常等。

（二）发酵过程技术

发酵原本是指在厌氧条件下葡萄糖通过酵解途径生成乳酸或乙醇等的分解代谢过程，现在从广义上将发酵看作是微生物把一些原料养分在合适的发酵条件下经特定的代谢转变成所需产物的过程。微生物具有合成某种产物的潜力，但要想在生物反应器中顺利长大，即以最大限度地合成所需产物却非易举。发酵是一种很复杂的生化过程，其好坏涉及诸多因素。除了菌种的生产性能，还与培养基的配比、原料的质量、灭菌条件、种子的质量、发酵条件、过程控制等有密切的关系。因此，不论是老或新品种，都必须经过发酵研究这一阶段，以考察其代谢规律、影响产物合成的因素，优化发酵工艺条件。发酵工艺一向被认为是一门艺术，需凭多年的经验才能掌控。发酵生产受许多因素的影响和工艺条件的制约，即使同一种生产菌种和培养基配方，不同厂家的生产水平也不一定相同。这是由于各厂家的生产设备，培养基的来源，包括水质和工艺条件也不尽相同。因此，必须因地制宜，掌握菌种的特性，根据本厂的实际条件、制订有效的控制措施。通常，菌种的生产性能越高，其生产条件越难满足。由于高产菌种对工艺条件的波动比低产菌种更敏感，故掌握生产菌种的代谢规律和发酵调控的基本知识对生产的稳定和提高具有重要的意义。

工业上将利用酶或生物体（如微生物）所具有的生物功能，在体外进行生化反应的装置系统称为生物反应器，它是一种生物功能模拟机，如发酵罐、固定化酶或固定化细胞反应器等。在微生物发酵工程中，常用的小型生物反应器如图 3-11(a)，包含发酵罐以及控制设备。发酵罐的大致结构如图 3-11(b)，罐体主要用来培养发酵各种菌体，密封性要好（防止菌体被污染）；罐体当中有搅拌桨，用于发酵过程当中不停地搅拌，用搅拌桨可以分散和打碎气泡，使溶氧速率高，混合效果好；通气口用来通入菌体生长所需要的空气或氧气；一般在罐体的顶盘或中部有控制传感器，最常用的有 pH 值电极和 DO 电极，用来监测发酵过程中发酵液 pH 值和 DO 的变化，用来显示和控制发酵条件等；一般通过控制罐体外层水流的温度，来控制发酵罐的发酵温度。发酵罐的容量有300~15 000L 多种不同规格，发酵罐按使用范围可分为实验室小型发酵罐、中试生产发酵罐、大型发酵罐等。

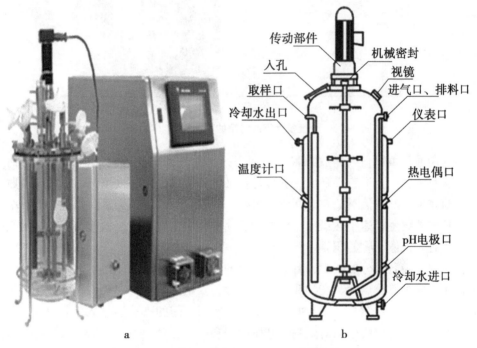

图 3-11　小型生物反应器（a）及发酵罐结构（b）

微生物发酵过程可分为分批、补料-分批、半连续（发酵液带放）和连续等几种方式。不同的培养技术各有其优缺点。了解生产菌种在不同工艺条件下的细胞生长、代谢和产物合成的变化规律将有助于发酵生产的控制。

1. 分批发酵

分批发酵是一种准封闭式系统，种子接种到培养基后除了气体流通外，发酵液始终留在生物反应器内。在此简单系统内所有液体的流量等于零。

分批发酵过程一般可粗分为四期，即适应（停滞）期、对数生长期、生长稳定期和死亡期（图 3-12）；也可细分为六期，即停滞期、加速期、对数期、减速期、静止期和死亡期。

在停滞期，即刚接种后的一段时间内，细胞数和菌量不变，因菌种对新的生长环境有一段适应过程，其长短主要取决于种子的活性，接种量和培养基的可利用性浓度。一般，种子应采用对数生长期且达到一定浓度的培养物，该种子能耐受含高渗化合物和低 CO_2 分压的培养基。工业生产中从发酵产率和发酵指数以及避免染菌考虑，希望尽量缩短适应期。

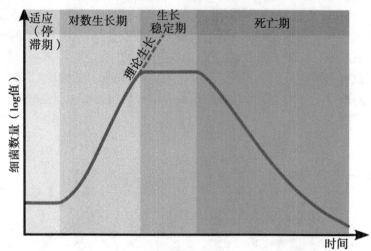

图 3-12　分批发酵不同时期的菌量变化（生长曲线）

加速期通常很短，大多数细胞在此期间的比生长速率在短时间内从最小升到最大值。如这时菌已完全适应其环境，养分过量又无抑制剂，便进入恒定的对数或指数生长期。将菌体浓度的自然对数与时间作图可得一条直线，其斜率为 μ，即比生长速率。在对数生长期的比生长速率达最大。对数生长期的长短主要取决于培养基，包括溶氧的可利用性和有害代谢产物的积累。

在减速期随着养分的减少，有害代谢物的积累，生长不可能再无限制地继续。这时比生长速率成为养分、代谢产物和时间的函数，其细胞量仍旧在增加，但其比生长速率不断下降，细胞在代谢与形态方面逐渐变化，经短时间的减速后进入生长静止（稳定）期。减速期的长短取决于菌对限制性基质的亲和力（K_s 值），亲和力高，即 K_s 值小，则减速期短。

静止期实际上是一种生长和死亡的动态平衡，净生长速率等于零。由于此期菌体的次级代谢十分活跃，许多次级代谢物在此期间大量合成，菌的形态也发生较大的变化，如菌已分化、染色变浅、形成空胞等。当养分耗竭，对生长有害的代谢物在发酵液中大量积累便进入死亡期，生长呈负增长。工业发酵一般不会等到菌体开始自溶时才结束培养。

分批发酵的特点：对不同对象，掌握工艺的重点也不同。对产物为细胞本身，可采用能支持最高生长量的培养条件；对产物为初级代谢物，可设法延长与产物关联的对数生长期；对次级代谢物的生产，可缩短对数生长期，延长生产（静止）期，或降低对数期的生长速率，从而使次级代谢物更早形成。

分批发酵在工业生产上仍有重要地位。采用分批作业有技术和生物上的理由，即操作简单，周期短，染菌的机会减少和生产过程、产品质量易掌握。但分批发酵不适用于测定其过程动力学，因使用复合培养基，不能简单地运用 Monod 方程来描述生长，存在基质抑制问题，出现二次生长现象。如对基质浓度敏感的产物，或次级代谢物，抗生素，用分批发酵不合适，因其周期较短，一般在 1～2d，产率较低，这主要是由于养分的耗竭，无法维持下去。据此，发展了补料-分批发酵。

2. 补料（流加）-分批（Fed-batch）发酵

补料-分批发酵是在分批发酵过程中补入新鲜的料液，以克服由于养分的不足，导致发酵过早结束。由于只有料液的输入，没有输出，因此，发酵液的体积在增加。补料-分批发酵的优点在于它能在这种系统中维持很低的基质浓度，从而避免快速利用碳源的阻遏效应和能够按设备的通气能力去维持适当的发酵条件，并且能减缓代谢有害物的不利影响。

3. 半连续发酵

在补料-分批发酵的基础上加间歇放掉部分发酵液（行业中称为带放）便可称为半连续发酵。带放是指放掉的发酵液和其他正常放罐的发酵液一起送去提炼工段。这是考虑到补料分批发酵虽可通过补料补充养分或前体的不足，但由于有害代谢物的不断积累，产物合成最终难免受到阻遏。放掉部分发酵液，再补入适当料液不仅补充养分和前体，而且代谢有害物被稀释，从而有利于产物的继续合成。但半连续发酵也有它的不足：① 放掉发酵液的同时也丢失了未利用的养分和处于生产旺盛期的菌体；② 定期补充和带放使发酵液稀释，送去提炼的发酵液体积更大；③ 发酵液被稀释后可能产生更多的代谢有害物，最终限制发酵产物的合成；④ 一些经代谢产生的前体可能丢失；⑤ 有利于非生产、突变株的生长。据此，在采用此工艺时必须考虑上述的技术限制，不同的品种应根据具体情况具体分析。

4. 连续发酵

连续培养是发酵过程中一边补入新鲜的料液，一边以相近的流速放料，维持发酵液原来的体积。连续发酵达到稳态时放掉发酵液中的细胞量等于生成的细胞量。连续培养系统又称为恒化器（Chemostat），培养物的生长速率受其周围化学环境影响，即受培养基的一种限制性组分控制。

基本恒化器的改进有多种方法，但最普通的办法是增加罐的级数和将菌体送回罐内。多级恒化器的优点是在不同级的罐内存在不同的条件，这将有利于多种碳源的利用和次级代谢物的生产。如采用葡萄糖和麦芽糖混合碳源培养产气克雷伯氏菌，在第一级罐内只利用葡萄糖，在第二级罐内利用麦芽糖，菌的生长速率远比第一级小，同时形成次级代谢产物。由于多级连续发酵系统比较复杂，用于研究工作和实际生产有较大的困难。恒化器运行中将部分菌体返回罐内，从而使罐内菌体浓度大于简单恒化器所能达到的浓度，可通过以下两种办法浓缩菌体：① 限制菌体从恒化器中排出，让流出的菌体浓度比罐内的小；② 将流出的发酵液送到菌体分离设备中，如让其沉积或将其离心，再将部分浓缩的菌体送回罐内。部分菌体返回罐内的净效应为：罐内的菌体浓度增加，菌体和产物的最大产量增加。菌体反馈恒化器能提高基质的利用率，可以改进料液浓度不同的系统的稳定性，适用于被处理的料液较稀的品种，如酿造和废液处理。

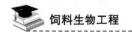

与分批发酵比较，连续发酵过程具有许多优点：连续培养在产率、生产的稳定性和易于实现自动化方面比分批发酵优越，在连续发酵达到稳态后，其非生产占用的时间要少许多，故其设备利用率高，操作简单，产品质量较稳定，对发酵设备以外的外围设备（如蒸汽锅炉、泵）的利用率高，可以及时排出在发酵过程中产生的对发酵过程有害的物质。

但连续发酵技术也存在一些问题，如杂菌的污染、菌种的稳定性问题。

（1）杂菌污染问题

在连续发酵过程中需长时间不断地向发酵系统供给无菌的新鲜空气和培养基，这就增加染菌的机会。尽管可以通过选取耐高温、耐极端 pH 值和能够同化特殊的营养物质的菌株作为生产菌种来控制杂菌的生长，但这种方法的应用范围有限。故染菌问题仍然是连续发酵技术中不易解决的问题。在分批培养中任何能在培养液中生长的杂菌都将会存活和增长，但在连续培养中杂菌能否积累取决于它在培养系统中的竞争能力，故用连续培养技术可选择性地富集一种能有效使用限制性养分的菌种。

（2）生产菌种突变问题

微生物细胞的遗传物质 DNA 在复制过程中出现差错的概率为百万分之一。尽管自然突变频率很低，但如果在连续培养系统中的生产菌中出现某个细胞的突变，突变的结果使这一细胞获得高速生长能力，但失去生产特性的话，它最终会取代系统中原来的生产菌株，而使连续发酵过程失败。而且连续培养的时间越长，所形成的突变株数目越多、发酵过程失败的可能性便越大。并不是菌株的所有突变都会造成危害，因绝大多数的突变对菌株生命活动的影响不大，不易被发觉。但在连续发酵中出现生产菌株的突变却对工业生产过程非常有害。因工业生产菌株均经过多次诱变选育，消除了菌株自身的代谢调节功能，利用有限的碳源和其他养分合成适应人们需求的产物。生产菌种发生回复突变的倾向性很大，因此这些生产菌种在连续发酵时很不稳定，低产突变株最终取代高产生产菌株。为了解决这一问题，可设法建立一种不利于低产突变株的选择性生产条件，使低产菌株逐渐被淘汰。例如，利用一株具有多重遗传缺陷的异亮氨酸渗漏型高产菌株生产 L-苏氨酸，此生产菌株在连续发酵过程中易发生回复突变而成为低产菌株，若补入的培养基中不含异亮氨酸，那些不能大量积累苏氨酸而同时失去合成异亮氨酸能力的突变株则从发酵液中被自动去除。

四、产物的分离与提纯

从发酵产物分离与纯化产品的过程是发酵工业下游的一部分，是利用产物和杂质的物理、化学、生物学性质不同提取产物或者从系统中去除杂质的操作。分离和提纯也称后处理。主要包括细胞破碎，分离，醪液输送，过滤除杂，离子交换电渗析，逆渗透，超滤，凝胶过滤（层析），沉淀分离，溶媒萃取，蒸发，结晶，蒸馏，干燥包装等过程和单元操作。

一般来说，发酵液有以下特性：发酵产物浓度较低，属于稀水溶液系统；发酵液成分复杂，含有目的产物、微生物细胞碎片、其他代谢副产物、残留培养基、无机盐等；发酵液也可能含有色素、热源物质、毒性物质等有机杂质；发酵产物稳定性低，对热、酸、碱、有机溶剂、酶、机械力等敏感，不适宜条件下易失活或分解。

虽然由于发酵工艺、成品各不相同，但大部分分离纯化过程包括以下几个步骤：发酵液预处理和菌体分离、提取、精制、成品加工。以下将对过程中涉及的流程与操作做简要介绍（图3-13）。

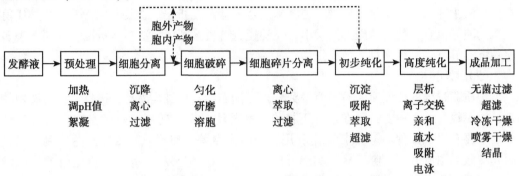

图3-13 分离纯化流程及操作

预处理与菌体分离是为了加速固液分离，提高过滤速度，如果是胞内产物则需要先进行细胞破碎，再分离细胞碎片。初次纯化即提取，主要是除去与目标产物性质差异较大的物质，浓缩产物，提高产品质量。高度纯化即精制，采用对产品有高度选择性的分离技术，除去与产物理化性质相近的杂质。成品加工是为了获得质量合格的产品。

在预处理中，通常需要除去高价无机离子和杂蛋白、色素等其他物质。高价无机离子主要用试剂沉淀或絮凝法去除，但是同时要避免又混入难以去除的其他试剂；杂蛋白可以使用等电点沉淀法、盐析法、加热变性、有机溶剂变性、吸附剂吸附等方法去除；色素和其他杂质常用离子交换剂、活性炭吸附等去除。

菌体分离通常采用自然沉降、离心、过滤实现。离心是在离心力场的作用下，将悬浮液中的固相与液相加以分离，多用于颗粒较小的悬浮液和乳浊液的分离。离心的方法有差速离心法、密度梯度离心法、等密度离心法、平衡等密度离心法等。细菌和酵母菌发酵液多采用离心分离，而霉菌和放线菌发酵液多采用过滤分离，工业上常用澄清过滤和滤饼过滤两种方法。

如果目的产物是胞内物质（如有些酶制剂、干扰素、胰岛素等），则收集菌体后先要进行细胞破碎。常用的破碎方法可以分为机械法和非机械法两大类。机械法有研磨法、高压匀浆法、超声波法等，非机械法则有酶解法、化学法、物理法（渗透压冲击、反复冻融法）、干燥法等。

对产物的提取和精制，方法多种多样，一般视产物与杂质特性决定，也可以多种步骤配合使用，提高纯度。

（1）沉淀法

通过改变条件或加入某种试剂，使发酵产物离开溶液，生成不溶性颗粒而沉降析出的过程。沉淀法具有设备简单、成本低、原料易得、收率高、浓缩倍数高和操作简单等优点，不足之处在于过滤困难、产品质量较低、需要重新精制等。① 等电点沉淀法：利用两性电解质在电中性时溶解度最低的原理进行分离纯化。在低离子强度下，调节至等电点，可使各种两性电解质所带净电荷为零，能大大降低其溶解度。优点是许多蛋白质的等电点都在偏酸性的范围内，而许多无机酸价格低廉，并能为食品标准允许。缺点是酸化时，容易引起蛋白质失活。② 盐酸盐法：在发酵液中加入盐酸，使氨基酸成为氨基酸盐酸盐析出，再加碱中和到氨基酸的等电点，使氨基酸沉淀析出。③ 金属盐法：在发酵液中加入重金属盐，使难溶的氨基酸金属盐沉淀析出。沉淀经溶解后，调 pH 值至氨基酸等电点，使氨基酸沉淀析出。此外还有有机溶剂沉淀法、盐析法、非离子型多聚物沉淀等方法，可视具体情况使用。

（2）膜分离技术

物质通过膜的传递速度不同而得到分离。优点：一般过程简单，操作方便，费用较低，效率较高，无相变，可在常温下操作，既节能又特别适用于热敏性物质的分离纯化。主要有以下几种：① 透析：是利用膜两侧浓度差，使溶质从浓度高的一侧，通过膜孔扩散到浓度低的一侧，从而实现分离的过程。② 电渗析：是一种以电位差为推动力，利用离子交换膜选择性地使阴离子或阳离子通过的性质，达到从溶液中分离电解质的目的。③ 微滤：微孔过滤，利用孔径 $0.025 \sim 14 \mu m$ 的多孔膜，过滤含有微粒的溶液，将微粒从溶液中除去，达到净化、分离和浓缩的目的。④ 超滤：滤膜孔径为 $1 \sim 20 nm$，用于过滤含有微粒和大分子的溶液，以压力差为推动力。⑤ 反渗透：用反渗透膜对溶液施加压力，使溶剂通过反渗透膜，截留所有可溶物而得到分离的操作。⑥ 纳米过滤：用纳米过滤膜（孔径约 2nm），从溶液中分离出相对分子质量 $300 \sim 1\,000$ 的物质的膜分离过程。

（3）萃取法

萃取是将某种溶剂加入液体混合物中，根据混合物中不同组分在溶剂中溶解度的不同，将所需要的组分分离出来。萃取主要有以下几种类型：① 溶剂萃取：是利用萃取目标物质在两种互不相溶的溶剂中溶解度的不同，使其从一种溶剂转入另一种溶剂从而实现分离。其优点是：比化学沉淀法分离程度高，比离子交换法选择性好、传质快，比蒸馏法能耗低，生产能力大，周期短，便于连续操作，容易实现自动化控制等。萃取操作流程又可以分为单级萃取和多级萃取。② 超临界流体萃取：是将超临界流体作为萃取剂，从固体或液体中萃取出某些高沸点或热敏性成分，达到分离和提纯目的。超临界流体是物质处于临界温度、临界压力之上的一种流体状态，兼有气体、液体双重性的特点，即密度接近液体，而黏度和扩散系数与气体相似因此它不仅具有与液体溶剂相当的萃取能力，而且具有传质扩散速度快的优点。③ 双水相萃取：是利用物质在互不相溶的两水相间分配系数的差异来进行萃取的方法，可用于分离和纯化酶、核酸、生长素、病毒、干扰素等。

（4）离子交换法

离子交换技术是根据物质的酸碱度、极性和分子大小的差异予以分离的技术。它所使用的离子交换剂是能和其他物质发生离子交换的物质，分为无机离子交换剂和有机离子交换剂。离子交换树脂法具有成本低、操作方便、设备简单、提炼效率高、节约大量有机溶剂等优点。离子交换原理：具有一定孔隙度的高分子化合物，其亲水性质使溶剂分子扩散到树脂颗粒内部，它具有酸性或碱性功能团，能交换阴、阳离子。交换过程是：① 离子吸附或扩散到树脂表面；② 离子穿过树脂表面，吸附或扩散至树脂内部的活性中心；③ 离子与树脂中自由离子交换；④ 交换出来的离子从活性中心扩散到树脂表面；⑤ 离子再由树脂表面扩散至溶液中。

（5）吸附法

吸附法是利用吸附剂与杂质、色素物质、有毒物质（加热源质）、抗生素之间的分子引力，使它们吸附在吸附剂上。吸附一方面是将发酵产品吸附并浓缩，另一方面是去除杂质、色素物质、有毒物质等。优点：操作简便、安全、设备简单，不用或少用有机溶剂，pH 值在生产过程中变化小，适用于稳定性较差的生化物质。缺点：选择性差、吸附性能不稳定、收率不高、不能连续操作、劳动强度大等。吸附剂种类有：① 疏水或非极性吸附剂，能从极性溶剂或水溶剂中吸附溶质；② 亲水或极性吸附剂；③ 各种离子交换树脂吸附剂。

（6）凝胶层析法

凝胶层析法是指混合物随流动相流经装有凝胶的层析柱时，混合物中各物质因分子大小不同而得到分离的技术，具有操作方便、设备简单、对高分子物质分离效果好的优点。在发酵工业中，可用于脱盐、高分子溶液的浓缩、除去热源物质，酶、蛋白质、氨基酸、核酸、核苷酸、激素、多糖、抗生素等物质的分离与提纯。凝胶层析法常用凝胶：天然凝胶（马铃薯淀粉凝胶、琼脂和琼脂糖凝胶），人工合成凝胶（聚丙烯酰胺凝胶、交联葡聚糖凝胶）。

发酵产物经过提取、精制后，必须完成浓缩、结晶以及干燥等单元操作，才能获得质量合格的成品。

（7）浓缩

① 蒸发浓缩法：蒸发设备有蒸发器、冷凝器、抽气泵。② 冰冻浓缩法：冰冻时水分子结成冰，盐类、发酵产品不进入冰内。③ 吸收浓缩法：通过吸收剂直接吸收除去溶液中溶剂分子，使溶液浓缩。④ 超滤浓缩法：利用特别的薄膜对溶液中各种溶质分子进行选择性过滤。

（8）结晶

结晶是过饱和溶液的缓慢冷却（或蒸发）使溶质呈晶体析出的过程。结晶过程具有高度选择性。起晶方法：① 自然起晶法：要蒸去大量溶剂，自然起晶法起晶迅速，但难以控制晶核数目。② 刺激起晶法：蒸去部分溶剂即可。③ 晶种起晶法：溶液浓缩到介稳区，加一定大小、数量的晶种，缓慢搅拌。

（9）成品干燥

常用干燥方法：① 对流加热干燥法：又称空气加热干燥法，是利用加热的空气，将热量带入干燥器并传给物料，使物料水分汽化，水蒸气由空气带走。空气既是载热体，又是载湿体。常用的有气流干燥、沸腾干燥、喷雾干燥等。② 接触加热干燥法：又称加热面传热干燥法，即利用加热面与物料相接触的方法传热给湿物料，使水分汽化。③ 红外线干燥法和冷冻升华干燥法等。

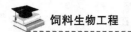

五、发酵过程的控制

掌握发酵工艺条件对发酵过程的影响以及微生物代谢过程的变化规律，可以有效地控制微生物的生长和代谢产物的生成，提高发酵生产水平。微生物发酵体系是一个复杂的多相共存的动态系统，在此系统中，微生物细胞同时进行着上千种不同的生化反应，它们之间相互促进，又相互制约，培养条件的微小变化都有可能对发酵的生产能力产生较大影响。因此，微生物发酵要取得理想的效果，除了要选育优良菌种外，还必须研究生产菌种的发酵工艺条件，并对发酵过程进行严格的控制。发酵过程控制的首要任务是了解发酵进行的情况，采用不同方法测定与发酵条件及内在代谢变化有关的各种参数，了解生产菌对环境条件的要求和菌体的代谢变化规律，进而根据这些变化情况做出相应调整，确定最佳发酵工艺，使发酵过程有利于目标产物的积累和产品质量的提高。

发酵过程控制的原则为：最多发酵产物、最高质量、最短生长周期、最佳经济效益。

了解发酵工艺条件对过程的影响和掌握反映菌的生理代谢和发酵过程变化的规律，可以帮助人们有效地控制微生物的生长和生产。常规的发酵条件有：罐温、搅拌转速、搅拌功率、空气流量、罐压、液位、补料、加糖或前体、通气速率以及补水等的设定和控制；能表征过程性质的状态参数有：pH 值、溶氧（DO）、溶解 CO_2、氧化还原电位（rH），尾气 O_2 和 CO_2 含量、基质（如葡萄糖）或产物浓度、代谢中间体或前体浓度、菌浓（以 OD 值或细胞干重 DCW 等代表）等。

以下将以温度、pH 值等常用过程控制为例，说明控制的几种常用手段。但实际生产上应该联系具体菌种的特性、产物的要求等，做进一步设计。

（一）温度控制

任何生物化学的酶促反应都直接与温度变化有关。微生物的生长繁殖及合成代谢产物都需要在合适的温度下才能进行。因此，在发酵过程中，只有维持适当的温度，才能使菌体生长和代谢产物的生物合成满足人们的需要。

温度和微生物生长有密切关系，温度对微生物细胞的生长及代谢的影响是各种因素综合作用的结果。微生物的生命活动可以看作是相互连续进行酶促反应的过程。根据酶促反应动力学，在一定温度范围内，酶的活力随温度升高而增大，呼吸强度提高，细胞的生长繁殖相应地加快。通常在生物学的范围内温度每升高 10℃，生长速率就加快一倍。但所有的酶促反应均有一个最适温度，超过这个温度，酶的催化活力就下降，因而微生物细胞生长减慢，细胞内的蛋白质甚至会因高温发生变性或凝固。一般来说，芽孢杆菌在 80~100℃ 时，几分钟内几乎全部死亡，在 70℃ 时则需 10~15min 才能致死，而在 60℃ 则需要 30min。因此，微生物只有在最适的生长温度范围内，生长繁殖才是最快的。由于微生物种类不同，所具有的酶系及其性质不同，因此，其生长繁殖所要求的温度范围也不同，最适温度也就不一样。大多数微生物在 20~40℃ 的温度范围内生长；细菌的最适生长温度大多比霉菌高些。嗜冷菌在低于 20℃ 下生长速率最大；嗜中温菌在 30~35℃ 左右生长最快；而嗜高温菌则能耐受 90℃ 以上的高温。

不同生长阶段的微生物对温度的反应也不同。处于延迟期的细菌对温度的变化十分敏感，将其置于接近最适生长温度的温度条件下，可以缩短其生长延迟期，而将其置于较低的温度下培养，则会增加其延迟期。对于对数生长期的细菌，如果在略低于最适温度的条件下培养，即使在发酵过程中升温，对其破坏作用也较弱。故可在最适温度范围内提高对数生长期的培养温度，既有利于菌体的生长，又避免热作用的破坏。

同一菌种的生长和积累代谢产物的最适温度也往往不同。多数情况下，微生物生长最适温度略高于其代谢产物生成时的最适温度。例如，青霉素产生菌的生长温度为30℃，而产生青霉素的最适温度为25℃；黑曲霉生长温度为37℃，产生糖化酶和柠檬酸时都在32~34℃。但也有的菌种的产物生成温度比生长温度高。如谷氨酸生产菌生长的最适温度为30~32℃，而代谢产生谷氨酸的最适温度却在34~37℃。

在发酵过程中，随着微生物对培养基中的营养物质的利用以及机械搅拌的作用，都会产生一定的热量，同时，由于发酵罐壁的散热、水分的蒸发等将会带走部分热量，因而会引起发酵温度的变化。习惯上将产生的热能减去散失的热能所得的净热量称为发酵热 $Q_{发酵}$ ［$kJ/(m^3 \cdot h)$］，发酵热包括生物热、搅拌热、蒸发热、辐射热等。

温度的变化对发酵过程的影响表现在两个方面：一方面通过影响生产菌的生长繁殖及代谢产物的合成而影响发酵过程；另一方面通过影响发酵液的物理性质（如发酵液的黏度、基质和氧在发酵液中的溶解度和传递速率等）影响发酵的动力学特性和产物的生物合成。

最适发酵温度指的是既适合菌体的生长，又适合代谢产物合成的温度。但菌体生长的最适温度与产物合成的最适温度往往是不一致的。因此，选择最适发酵温度应该从两个方面考虑，即菌体生长的最适温度和产物合成的最适温度。如初级代谢产物乳酸的发酵，乳酸链球菌的最适生长温度为34℃，而产酸最多的温度为30℃。次级代谢产物的发酵更是如此，如在2%乳糖、2%玉米浆和无机盐的培养基中对青霉素产生菌产黄青霉进行发酵研究，测得菌体的最适生长温度为30℃，而青霉素合成的最适温度为24.7℃。故经常根据微生物生长及产物合成的最适温度不同进行二阶段发酵。如抗生素生产，在生长初期，抗生素还未开始合成的阶段，菌体的生物量需大量积累，应该选择最适于菌丝体生长的温度；到了抗生素分泌期，此时生物合成成为主要方面，应考虑采用抗生素生物合成的最适温度。对梅岭霉素发酵的温度控制研究表明，发酵前期（0~76h）将温度控制在30℃，能缩短产生菌的生长适应期，提前进入梅岭霉素的合成期；中后期（约76h后）将温度调低到28℃，可以维持菌的正常代谢，从而使产物合成速率与整个发酵水平得到提高。

培养基成分和浓度也会影响到最适温度的选择。如在使用基质浓度较稀或较易利用的培养基时，提高培养温度会使养料过早耗竭，导致菌丝自溶，发酵产量下降。最适发酵温度还随培养条件的不同而变化。在通气条件较差的情况下，最适发酵温度通常比正常良好通气条件下的发酵温度低一些。这是由于在较低的温度下，氧溶解度大一些，菌的生长速率则小些，从而防止因通气不足可能造成的代谢异常。在抗生素发酵过程中，采用变温培养往往会比恒温培养获得的产物更多。以上例子说明，在发酵过程中，通过最适发酵温度的选择和合理控制，可以有效地提高发酵产物的产量，但实际应用时还应注意与其他条件的配合。

工业生产上，所用的大发酵罐在发酵过程中一般不需要加热，因发酵释放了大量的发酵热，需要冷却的情况较多。为了使发酵液温度控制在一定的范围内，生产上常在发酵设备上安装热交换设备。例如，利用自动控制或手动调整的阀门，将冷却水通入发酵罐的夹层或蛇形管中，通过热交换来降温，保持恒温发酵。如果气温较高（特别是我国南方的夏季），冷却水的温度又高，致使冷却效果很差，达不到预定的温度，就可采用冷冻盐水进行循环式降温，以迅速降到恒温。因此，大的发酵厂需要建立冷冻站，提高冷冻能力，以保证在正常温度下进行发酵。在发酵过程中最适温度的控制，需要通过实际试验来确定。就大多数情况来说，接种后培养温度应适当提高，以利于孢子萌发或加快菌体生长、繁殖，而且此时发酵的温度大多数下降；待发酵液的温度表现为上升时，发酵液温度应控制在菌体的最适生长温度；到主发酵旺盛阶段，温度应控制在代谢产物合成的最适温度；到发酵后期，温度出现下降趋势，直至发酵成熟即可放罐。

（二）pH 值控制

环境中酸碱度即 pH 值对微生物生长发育影响很大。这是因为每种微生物都要求在一定 pH 值范围内，才能维持其正常的生理代谢活动。如果环境中 pH 值超过了微生物所要求的范围，就会由于氢离子浓度的变化而影响细胞膜电荷，使对营养物质的吸收和酶的活性发生变化，表现为降低或者抑制微生物生长发育。引起 pH 值的变化除外界因素外，还可因微生物自身对营养物质的分解而产生酸性或碱性物质，从而造成生长环境中 pH 值的改变。因此，在培养基中加入适量的缓冲物质，如磷酸盐、硝酸盐类，自行调节环境中的酸碱度，以免因培养基中 pH 值发生过分的变化而影响微生物的正常生长发育。

在发酵过程中，影响发酵液 pH 值变化的主要因素有：菌种遗传特性、培养基的成分和培养条件。在适合于微生物生长及产物合成的环境下，微生物本身具有一定的调节 pH 值的能力，会使 pH 值处于比较适宜的状态。但外界条件发生较大变化时，菌体将失去调节能力，使 pH 值不断波动。

引起发酵液 pH 值上升的主要原因有：培养基中的碳氮比不当，氮源过多，氨基氮释放；有生理碱性物质生成，如红霉素、洁霉素、螺旋霉素等抗生素；中间补料液中氨水或尿素等碱性物质加入过多；乳酸等有机酸被利用。

引起发酵液 pH 值下降的主要原因有：培养基中的碳氮比不当，碳源过多，特别是葡萄糖过量；消泡油加入量大；有生理酸性物质存在，如微生物通过代谢活动分泌有机酸（如乳酸、乙酸、柠檬酸等），使 pH 值下降；通气条件变化，氧化不完全，使有机酸、脂肪酸等物质积累；一些生理酸性盐，如 $(NH_4)_2SO_4$，其中 NH_4^+ 被菌体利用后，残留的 SO_2^{2-}，就会引起发酵液 pH 值下降。

pH 值对发酵的影响主要有以下几个方面：① 影响原生质膜的性质，改变膜电荷状态，影响细胞的结构。如产黄青霉的细胞壁厚度随 pH 值的增加而减小，其菌丝的直径在 pH 值 6.0 时为 $2\sim3\mu m$，在 pH 值 7.4 时则为 $2\sim18\mu m$，呈膨胀酵母状细胞增加，随 pH 值下降，菌丝形状可恢复正常。② 影响培养基某些重要营养物质和中间代谢产物的解离，从而影响微生物对这些物质的吸收利用。③ 影响代谢产物的合成途径。黑曲霉在 pH 值为 $2\sim3$ 的情况下，发酵产生柠檬酸；而在 pH 值接近中性时，则生成草酸和葡萄糖酸。又如，酵母菌在最适生长 pH 值为 4.5~5.0 时，发酵产物为酒精；而在 pH 值为 8.0 时，发酵产物不仅有酒精，还有乙酸和甘油。④ 影响产物的稳定性。如在 β-内酰胺类抗生素噻纳霉素的发酵中，当 pH 值>7.5 时，噻纳霉素的稳定性下降，半衰期缩短，发酵单位也下降。青霉素在碱性条件下发酵单位低，就与青霉素的稳定性差有关。⑤ 影响酶的活性。由于酶作用均有其最适的 pH 值，所以在不适宜的 pH 值下，微生物细胞中某些酶的活性受到抑制，从而影响菌体对基质的利用和产物的合成。

由于微生物不断地吸收、同化营养物质和排出代谢产物，因此在发酵过程中，发酵液的 pH 值是一直在变化的。为了使微生物能在最适的 pH 值范围内生长、繁殖、合成目标代谢产物，必须严格控制发酵过程的 pH 值。在确定了发酵各个阶段所需要的最适 pH 值之后，需要采用各种方法来控制，使发酵过程在预定的 pH 值范围内进行。

要使 pH 值控制在合适的范围内，应首先根据不同微生物的特性，不仅要在原始培养基中控制适当的 pH 值，而且要在整个发酵过程中随时检查 pH 值的变化情况，并进行相应的调控。

首先，从基础培养基的配方考虑，通过平衡盐类和碳源的配比，稳定培养液的 pH 值，或加入缓冲剂（如磷酸盐）调节培养基初始 pH 值至合适范围并使其有较强的缓冲能力。在分批发酵中，常加入 $CaCO_3$ 中和酮酸等物质来控制 pH 值变化的发酵过程随着基质的消耗及产物的生成，pH 值会有较大的波动。

因此，在发酵过程中也应当采取相应的 pH 值调节和控制方法，主要有以下几种方法：① 直接补加酸、碱物质，如 H_2SO_4，NaOH 等。当 pH 值偏离不大时，使用强酸碱物质容易破坏缓冲体系，而且会引起培养液成分发生水解，故目前已较少使用此方法。② 通过调整通风量来控制 pH 值。此方法主要是在加多了消泡剂的个别情况下使用，提高空气流量可加速脂肪酸的氧化，以减少因脂肪酸积累引起的 pH 值降低。③ 补加生理酸性或碱性盐基质，如氨水、尿素、$(NH_4)_2SO_4$ 等，通过代谢调节 pH 值。补加生理性酸碱物质，既调节了发酵液的 pH 值，又可以补充营养物质，还能减少阻遏作用。补加的方式根据实际生产情况而定，可以是直接加入、流加、多次流加等方式。④ 采用补料方式调节 pH 值。例如，当 pH 值上升至超过最适值，意味着菌处于饥饿状态，可加糖调节，糖的过量又会使 pH 值下降。采用补料的方法可以同时实现补充营养、延长发酵周期、调节 pH 值和改变培养液的性质（如黏度）等几种目的，特别是那些对产物合成有阻遏作用的营养物质，通过少量多次补加可以避免它们对产物合成的阻遏作用。发酵过程中使用氨水和有机酸来调节 pH 值时需谨慎。过量的氨会使微生物中毒，导致其呼吸强度急速下降。在需要用通氨气来调节 pH 值或补充氮源的发酵过程中，可通过监测溶解氧浓度的变化防止菌体出现氨过量中毒现象，在实际生产过程中，一般可以选取其中一种或几种方法，并结合 pH 值的在线检测情况对 pH 值进行有效控制，以保证 pH 值长期处于合适的范围内。

（三）底物控制

分批发酵常因配方中的糖量过多造成细胞生长过旺，供氧不足。解决这个问题可在过程中加糖和补料。补料的作用是及时供给菌合成产物的需要。对酵母生产，过程补料可避免 crabtree 效应引起的乙醇的形成，导致发酵周期的延长和产率降低。通过补料控制可调节菌的呼吸，以免过程受氧的限制。这样做可减少酵母发酵，细胞易成熟，有利于酵母质量的提高。补料-分批培养也可用于研究微生物的动力学，比连续培养更易操作和更为精确。

近年来对补料的方法、时机和数量以及料液的成分、浓度都有过许多研究。有的采用一次性大量或多次少量或连续流加的办法；连续流加方式又可分为快速、恒速、指数和变速流加。采用一次性大量补料方法虽然操作简便，比分批发酵有所改进，但这种方法会使发酵液瞬时大量稀释，扰乱菌的生理代谢，难以控制过程在最适合于生产的状态。少量多次虽然操作麻烦些，但这种方法比一次大量补料合理，为国内大多数抗生素发酵车间所采纳。从补加的培养基成分来分，有用单一成分的，也有用多组分的料液。优化补料速率要根据微生物对养分的消耗速率及所设定的发酵液中最低维持浓度而定。

补料时机的判断对发酵成败也很重要，时机未掌握好会弄巧成拙。那么，究竟以什么作依据比较有效和安全？有用菌的形态、发酵液中糖浓度、溶氧浓度、尾气中的氧和 CO_2 含量、摄氧率或呼吸熵的变化作为依据。不同的发酵品种有不同的依据。一般以发酵液中的残糖浓度为指标，对次级代谢产物的发酵，还原糖浓度一般控制在 5g/L 左右的水平。也有用产物的形成来控制补料。如现代酵母生产中通过自动测量尾气中的微量乙醇来严格控制糖蜜的流加，这种方法会导致低的生长速率，但其细胞得率接近理论值。不同的补料方式会产生不同的效果。

（四）溶氧控制

工业发酵所用的微生物多数为好氧菌，少数为厌氧菌或兼性厌氧菌，而好氧微生物的生长发育和合成代谢产物都需要消耗氧气，因此，供氧对好氧发酵必不可少。随着高产菌株的广泛应用和培养基的丰富，对氧气的要求更高。微生物只能利用发酵液中的溶解氧（DO），而氧是一种难溶于水的气体，在 25℃、10Pa 条件下，氧在纯水中的溶解度仅为 1.26mmol/L，而且随着温度的上升，氧的溶解度减小。空气中的氧在纯水中的溶解度更低（0.25mmol/L）。由于培养基中含有大量的有机和无机物质，受盐析等作用的影响，培养基中的氧的溶解度比水中还要更低，约为 0.21mmol/L。如果不能及时地向发酵罐中供氧，这些溶解氧仅能维持微生物菌体 15~30s 的正常代谢，随后氧将会耗尽。因此，在好氧微生物发酵过程中，溶解氧往往最易成为限制因素。而了解溶解氧是否足够的最简便、有效的办法是在线监测发酵液中 DO 的浓度，从 DO 浓度变化情况可以了解氧的供需规律及其对菌体生长和产物合成的影响。

微生物在发酵过程中的耗氧速率取决于微生物的呼吸强度和单位体积液体的菌体浓度，而菌体呼吸强度又受到菌龄、菌种性能、培养基及培养条件等因素的影响。培养基的成分，尤其是碳源种类，对细胞的耗氧量有很大影响，耗氧速率由大到小依次为：油脂或烃类>葡萄糖>蔗糖>乳糖。因此，在石油发酵过程中，发酵罐要有良好的供氧能力，这样才能满足微生物的耗氧要求。培养基的浓度大，细胞代谢旺盛，耗氧增加；培养基浓度小，如碳源成为限制性基质时，细胞呼吸强度下降，补充碳源后，呼吸强度又上升。另外，培养条件如 pH 值、温度等通过对酶活性的影响而影响菌体细胞的耗氧，而且温度还影响发酵液中的溶解氧浓度，温度升高，溶解氧浓度下降。

目前，大多数的工业发酵属于好氧发酵，在发酵的过程中需要不断地向发酵罐中供给足够的氧，以满足微生物生长代谢的需要。在实验室，可以通过摇床的转动，使空气中的氧气通过气-液界面进入摇瓶发酵液中，成为发酵液中的溶解氧，从而实现对微生物的供氧；而中试规模和生产规模的发酵过程则需要向发酵罐中通入无菌空气，并同时进行搅拌，为微生物提供生长和代谢所需的溶解氧。

好氧发酵中进行通气供氧时，微生物的供氧过程是气相中的氧首先溶解在发酵液中，然后传递到细胞内的呼吸酶位置上而被利用。这一系列的传递过程又可分为供氧与耗氧两个方面。供氧是指空气中的氧从空气泡里通过气膜、气-液界面和液膜扩散到液体主流中。耗氧是指氧分子自液体主流通过液膜、菌丝丛、细胞膜扩散到细胞内。氧在传递过程中必须克服一系列的阻力，才能到达反应部位，被微生物所利用。

在发酵过程中，在一定的发酵条件下，每种产物发酵的溶解氧浓度变化都有自身的规律。通常，溶解氧浓度变化分三个时期。在对数生长期 DO 值下降明显，从其下降的速率可大致估计菌的生长情况；至对数生长期末期，会出现溶解氧低谷；在发酵后期，由于菌体衰老，呼吸强度减弱，溶解氧浓度也会逐步上升，一旦菌体自溶，溶解氧浓度上升会更明显。

在发酵过程中溶解氧异常下降可能有下列原因：① 污染好氧杂菌，大量的溶解氧被消耗掉，使溶解氧在较短时间内下降到零附近；② 菌体代谢发生异常现象，需氧要求增加，使溶解氧下降；③ 影响供氧的设备或工艺控制发生故障或变化，也能引起溶解氧下降，如搅拌功率消耗变小或搅拌速率变慢，影响供氧能力，使溶解氧降低。

引起溶解氧异常升高的原因主要是耗氧量的显著减少将导致溶解氧异常升高，如污染烈性噬菌体，使生产菌呼吸受到抑制，溶解氧上升，当菌体破裂后，完全失去呼吸能力，溶解氧直线上升。

由于溶解氧主要受温度、罐压及发酵液性质的影响，而这些参数在优化了的工艺条件下，已经很难改变。因此，在实际生产中通常从提高氧的容积氧传递系数着手，提高设备的供氧能力。除增加通气量外，一般是改善搅拌条件。通过提高搅拌转速或通气流速、降低发酵液的黏度等。改变搅拌器直径或转速可增加功率输出。另外，改变挡板的数目和位置，使搅拌时发酵液流态发生变化，也能提高溶氧量。近年来，通过加入传氧中间介质来提高生物应用的传氧系数的方法已引起了广泛关注。传氧中间介质有血红蛋白、石蜡等耗氧方面，发酵过程的耗氧量受菌体浓度、营养基质的种类与浓度、培养条件等因素影响，其中以菌体浓度的影响最为明显。通过营养基质浓度来控制菌的比生长速率，使其保持在比临界氧浓度略高一点的水平进行发酵，达到最适菌体浓度，这是控制最适溶解氧浓度的重要方法。如青霉素发酵，就是通过控制补加葡萄糖的速率来控制菌体浓度，从而控制溶解氧浓度。

（五）氧化还原电位控制

环境中的氧化还原电位（ORP）同微生物的生长的关系极为密切，并同氧的分压（通气情况）也有联系。氧化还原电位就是用来反映水溶液中所有物质表现出来的宏观氧化还原性。氧化还原电位越高，氧化性越强，氧化还原电位越低，还原性越强。电位为正表示溶液显示出一定的氧化性，为负则表示溶液显示出一定的还原性。微生物在其生长活动过程中，由于某些代谢产物的产生（如 H_2S）和另一些有机质的消耗（如半胱氨酸等），都会引起环境中氧化还原电位的变化。

各种不同类型的微生物生长发育所要求的氧化还原电位也不一样：好气性微生物需要在有氧条件下进行呼吸作用，因此所处的生长环境的氧化还原电位也较高。一般为0.1V以上，最适的氧化还原电位值为0.3~0.4V。厌气性微生物必须在无氧的条件下进行无氧呼吸作用，其生长环境的氧化还原电位值一般在0.1V以下。兼性厌气微生物对氧化还原电位适应范围很广泛，无论在氧化还原电位值高或低的情况下都能正常生长。当其氧化还原电位值在0.1V以上时，由于环境中氧分压高，氧气供应充足，兼性厌气微生物就进行有氧呼吸；如氧化还原电位值在0.1V以下，则生长环境中氧分压必然很低，逐步成为厌气环境，而使兼性菌进行无氧呼吸。这主要是进行有氧呼吸活动中需氧化酶系参与，而这类酶活性的发挥就需要较高的氧化还原电位；而进行厌气呼吸活动的主要酶类为脱氢酶系，它们只需要较低的氧化还原电位。

目前常用的发酵过程中控制氧化还原电位的方法有以下几种：① 直接添加氧化还原物质，常用的如氧化剂赤血盐，还原剂二硫苏糖醇、维生素 B_1 等；② 可以控制通氧量，调控发酵体系中的氧化还原电位。一般来说，通气中的氧浓度越高，ORP 越高，因为氧气本身是一种氧化物，可以吸收一定量的电子；③ 给发酵体系施加外源电压，也可以调控氧化还原电位。因为电极与溶液接触时，阴极电极释放电子，阳极电极吸附电子，就可以分别达到降低或者升高 ORP 的目的。但这一方法，传递电子的效率是关键因素，因此目前工业化应用还较少；④改造工程菌种，改变胞内的氧化物/还原物比例，如 NAD(P)H/NAD(P)$^+$ 的比例，也可以达到调控胞内 ORP 的目的，而且这一方法无须外源添加物或设备，但是控制性能低，不方便实时调控。

(六) 二氧化碳控制

CO_2 是呼吸和分解代谢的终产物，几乎所有发酵均产生大量 CO_2。

CO_2 也可作为重要的基质，如在精氨酸的合成过程中其前体氨甲酰磷酸的合成需要 CO_2 基质。无机化能营养菌能以 CO_2 作为唯一的碳源加以利用。异养菌在需要时可利用补给反应来固定 CO_2，细胞本身的代谢途径通常能满足这一需要。如发酵前期大量通气，可能出现 CO_2 受限制，导致适应（停滞）期的延长。

溶解在发酵液中的 CO_2 对氨基酸、抗生素等发酵有抑制或刺激作用。大多数微生物适应低 CO_2 浓度（0.02%~0.04%体积分数）。当尾气 CO_2 浓度高于 4%时微生物的糖代谢与呼吸速率下降，当 CO_2 分压为 $0.08×10^5 Pa$ 时，青霉素比合成速率降低 40%，当进气 CO_2 含量占混合气体流量的 80%时酵母活力只有对照值的 80%。在充分供氧下，即使细胞的最大摄氧率得到满足，发酵液中的 CO_2 浓度对精氨酸和组氨酸发酵仍有影响。因此，即使供氧已足够，还应考虑通气量，需降低发酵液中 CO_2 的浓度。CO_2 对氨基糖苷类抗生素，紫苏霉素等合成也有影响；高浓度 CO_2 会影响产黄青霉的菌丝形态。

当细胞膜的脂质中 CO_2 浓度达到临界值时，膜的流动性及表面电荷密度发生变化。这将导致膜对许多基质的运输受阻，影响了细胞膜的运输效率，使细胞处于"麻醉"状态，生长受抑制，形态发生变化。工业发酵罐中 CO_2 的影响值得注意，因罐内的 CO_2 分压是液体深度的函数。在 10m 高的罐中，在 $1.01×10^5 Pa$ 的气压下操作，底部的 CO_2 分压是顶部的两倍。为了排除 CO_2 的影响，需综合考虑 CO_2 在发酵液中的溶解度、温度和通气状况。在发酵过程中如遇到泡沫上升，引起通液时，有时采用减少通气量和提高罐压的措施来抑制通液，但这将增加 CO_2 的溶解度，对菌的生长有害。

（七）泡沫控制

发酵过程中经常可以看到发酵液顶层悬浮着一层泡沫。在工业上放大后，大规模地泡沫对传质、换液、检测等均会有不便影响，甚至可能会加速染菌。因此在工业生产中，常常需要消除泡沫。

根据泡沫产生的原因，可以找到一些泡沫消除的规律，它与许多因素有关。首先，泡沫的产生与通气、搅拌的剧烈程度等外力因素有关，泡沫随着通气量和搅拌速率的增加而增加，并且搅拌所引起的泡沫比通气来得大。因此，当泡沫过多时，可以通过减少通气量和搅拌速率做消极预防。其次，泡沫的产生与培养基的成分有关。培养基配方中含蛋白质多，黏度大，容易起泡。玉米浆、蛋白胨、花生饼粉、黄豆饼粉、酵母粉、糖蜜等是发泡的主要物质。糖类本身起泡能力较差，但在丰富培养基中高浓度的糖增加了发酵液的黏度，起稳定泡沫的作用。此外，培养基的灭菌方法、灭菌温度和时间也会改变培养基的性质，从而影响培养基的起泡能力。如糖蜜培养基的灭菌温度从110℃升高到130℃，灭菌时间为半个小时，发泡系数（gm）几乎增加一倍。据分析，这可能是由于形成了大量的蛋白黑色素和5-羟甲基（呋喃醇）糠醛。在发酵过程中，发酵液的性质随菌体的代谢活动不断变化，也会影响泡沫的形成和消长。例如，霉菌在发酵过程中的液体表面性质变化直接影响泡沫的消长。

根据发酵过程泡沫的消长规律，对泡沫的控制可以采用两种途径：一种是减少泡沫形成的机会，通过调整培养基的成分（如少加或缓加易起泡的培养基成分）、改变某些培养条件（如pH值、温度、通气量、搅拌速率）或改变发酵工艺（如采用分批投料）来控制。另一种是消除已形成的泡沫，可分为机械消泡和化学消泡两大类，这是微生物发酵工业上消除泡沫常用的方法。

机械消泡：它是一种物理消泡的方法，借助机械强烈振动或压力变化起到破碎气泡、消除泡沫的作用。消泡装置可安装在罐内或罐外。罐内可在搅拌轴上方安装消泡桨，泡沫借旋风离心场作用被压碎，也可将少量消泡剂加到消泡转子上以增强消泡效果。罐外法是将泡沫引出罐外，通过喷嘴的加速作用或离心力破碎泡沫后，液体再返回发酵罐内。机械消泡的优点是不用在发酵液中引入外源物质（如消泡剂），节省原材料，减少染菌机会，且不会增加下游提取工艺的负担。但其效果往往不如消泡剂消泡迅速、可靠，需要一定的设备和消耗一定的动力，其最大的缺点是不能从根本上消除泡沫的形成，因此常作为消泡的辅助方法使用。

化学消泡：它是一种利用添加化学消泡剂的方式来消除泡沫的消泡法，也是目前应用最广的消泡方法。根据泡沫形成的因素，可以选择作用机制不同的消泡剂。消泡剂都是表面活性剂，具有较低的表面张力。当泡沫表面存在由极性表面活性物质形成的双电层时，加入另一种极性相反的表面活性物质可以中和电性，破坏泡沫的稳定性，使泡沫破碎；或加入极性更强的物质与发泡剂争夺泡沫表面上的空间，降低泡沫液膜的机械强度，进而促使泡沫破裂。当泡沫的液膜具有较大的黏度时，可加入某些分子内聚力小的物质，以降低液膜的表面黏度使液膜的液体流失，导致泡沫破碎，从而达到消除泡沫的目的。根据消泡原理和发酵液的性质和要求，理想的消泡剂必须有以下特点：① 消泡剂必须具有较低的表面张力，消泡作用迅速，效率高；② 在气-液界面上具有足够大的铺展系数，即要求消泡剂具有一定的亲水性；③ 消泡剂在水中的溶解度较小，以保持其持久的消泡或抑泡性能；④ 对发酵过程中氧的传递以及对提取过程中产物的分离、提取不产生影响；⑤ 耐高温，不干扰溶解氧、pH 值等测定仪表的使用；⑥ 消泡剂来源方便，价格便宜，对微生物、人畜无毒性。

发酵工业常用的消泡剂分天然油脂类、聚醚类、高级醇类和硅树脂类四大类，其中前两类使用得最多。常用的天然油脂类消泡剂有玉米油、豆油、米糠油、棉籽油和猪油等，除作为消泡剂外，这些物质还可作为碳源，但其消泡能力不强，所需用量大。聚醚类消泡剂的种类很多，它们是氧化丙烯或氧化丙烯与环氧乙烷及甘油聚合而成的聚合物。聚氧乙烯、聚氧丙烯、甘油醚俗称"泡敌"，用量为 0.03% 左右，消泡能力比植物油大 10 倍以上。"泡敌"的亲水性好，在发泡介质中易铺展，消泡能力强，但其溶解度大，消泡活性维持时间较短，在黏稠发酵液中使用效果比在稀薄发酵液中更好。其他的消泡剂，如高级醇类中的十八醇是常用的一种，可单独或与其他载体一起使用。另外，聚乙二醇具有消泡效果持久的特点，尤其适用于霉菌发酵。

消泡剂的选择和实际使用还有许多问题，应结合生产实际加以解决。近年来，也有从生产菌种本身的特性着手，预防泡沫的形成，如在单细胞蛋白生产中，筛选在生长期不易形成泡沫的突变株。也有用混合培养方法，如有人用产碱菌、土壤杆菌同莫拉菌一起培养来控制泡沫的形成，这是一种菌产生的泡沫形成物质被另一种菌协作同化的缘故。

（八）发酵终点的判断

发酵类型的不同，要求达到的目标也不同，因而对发酵终点的判断标准也应有所不同。对原材料与发酵成本占整个生产成本的主要部分的发酵品种，主要追求提高产率 $[kg/(m^3 \cdot h)]$，得率（转化率）（kg 产物/kg 基质）和发酵系数 [产物 kg/（罐容积 $m^3 \cdot$ 发酵周期 h)]。如下游提炼成本占主要部分和产品价值高，则除了高产率和发酵系数外，还要求高的产物浓度，如计算总的体积产率 [产物 g/（发酵液 $L \cdot h$)] 等。

因此，如要提高总产率，则必须缩短发酵周期，即在产率降低时放罐，延长发酵虽然略能提高产物浓度，但产率下降，且消耗每千瓦电力，每吨冷却水所得产量也下跌，成本提高。放罐时间对下游工序有很大的影响。放罐时间过早，会残留过多的养分，如糖、脂肪、可溶性蛋白等，会增加提取工段的负担。这些物质会促进乳化作用或干扰树脂的交换；如果放罐太晚，菌丝自溶，不仅会延长过滤时间，还可能使一些不稳定的产物浓度下跌，扰乱提取工段的作业计划。

临近放罐时加糖、补料或消沫剂要慎重。因残留物对提炼有影响。补料可根据糖耗速率计算到放罐时允许的残留量来控制。对抗生素发酵，在放罐前约 16h 便应停止加糖或消沫油。判断放罐的指标主要有产物浓度、过滤速度、菌丝形态、氨基氮、pH 值、DO、发酵液的黏度和外观等。一般地，菌丝自溶前总有些迹象，如氨基氮、DO 和 pH 值开始上升、菌丝碎片增多、黏度增加、过滤速率下降，最后一项对染菌罐尤为重要。总之，发酵终点的判断需综合多方面的因素统筹考虑。

第四节 生物饲料的发酵

一、生物饲料概述

随着我国饲料工业和畜牧产业的发展，尤其处在环保压力、减抗限抗、中美贸易、农副加工副产品高值化利用等产业历史背景的交织期，生物饲料受到了极大关注。2018年1月1日，在农业农村部畜牧业司的指导下，由生物饲料开发国家工程研究中心牵头，依托北京市生物饲料产业创新战略联盟，制定发布了我国生物饲料第一份团体标准T/CSWSL 001—2018《生物饲料产品分类》，将生物饲料定义为：使用农业农村部饲料原料目录和饲料添加剂品种目录等国家相关法规允许使用的饲料原料和添加剂，通过发酵工程、酶工程、蛋白质工程和基因工程等生物工程技术开发的饲料产品总称，包括发酵饲料、酶解饲料、菌酶协同发酵饲料和生物饲料添加剂等。本章节仅以酵母菌体蛋白发酵、液体发酵饲料、发酵豆粕举例说明。

二、酵母菌体蛋白发酵

（一）酵母发酵饲料

1. 酵母蛋白的应用背景

酵母作为研究最多、应用最广泛的真核菌之一，其菌体蛋白的研究与应用也非常多。酵母分为鲜酵母、干酵母两种，是一种可食用的、营养丰富的单细胞微生物，营养学上把它叫做"取之不尽的营养源"。除了蛋白质、碳水化合物、脂类以外，酵母还富含多种维生素、矿物质和酶类。有实验证明，每1kg干酵母所含的蛋白质，相当于5kg大米、2kg大豆或2.5kg猪肉的蛋白质含量。因此，馒头、面包中所含的营养成分比不发面的大饼、面条要高出3~4倍，蛋白质增加近2倍。

酵母是补充优质完全蛋白质的绝佳来源，其中含有丰富的蛋白质，高达40%~60%；酵母中蛋白质的消化率可达96%，净利用率达59%。酵母含有完整的氨基酸群，包括人体必需的8种氨基酸，特别是在谷物蛋白中含量较少的赖氨酸，在酵母中含量较高。此外，酵母中的氨基酸比例接近联合国粮农组织（FAO）推荐的理想氨基酸组成值，故其营养价值较高。酵母中还含有一些功能蛋白，例如金属硫蛋白（简称MT），它具有广泛的生物功能，在体内主要参与微量元素的贮存、运输和代谢、拮抗电离辐射、清除羟基自由基及重金属解毒等多种作用。酵母还含有丰富的助消化酶（酵素），能帮助日常饮食中的、酵母本身的，以及外源补充的营养更好地消化、吸收和利用。酵母中还有一种很强的抗氧化物，可以保护肝脏，有一定的解毒作用。酵母里的硒、铬等矿物质能抗衰老、抗肿瘤、预防动脉硬化，并提高人体的免疫力。发酵后，面粉里一种影响钙、镁、铁等元素吸收的植酸可被分解，从而提高动物体对这些营养物质的吸收和利用。

近年来，随着畜牧养殖业的快速发展，饲料行业面临饲料质与量的双重压力，研究者们将酵母发酵工业与饲料生产深度结合，开发出了多种饲料产品，包括酵母发酵饲料、饲料酵母和新型酵母源生物饲料等。

2. 酵母发酵饲料的生产工艺及相关研究

酵母蛋白饲料生产的一般流程为：

原料 → 灭菌 → 调制 → 接种混合 → 发酵 → 烘干 → 粉碎

酵母饲料的生产原料多以豆粕、菜粕等本身含有较高植物蛋白的原料为基础，优化培养基成分，通过几种酵母菌的协同作用，使植物蛋白转化为酵母菌体蛋白，使原料中的可溶性含氮化合物转化为酵母菌体成分，提高酵母菌总数。

有学者研究发现，添加酵母发酵饲料后，显著提高了瘤胃细菌总数，促进溶纤维丁酸弧菌、埃氏巨型球菌、黄色瘤胃球菌、白色瘤胃球菌和琥珀酸丝状杆菌的生长繁殖，显著降低牛链球菌数量，也显著提升了氨态氮（NH_3-N）的浓度和菌体蛋白（BCP）浓度。

酵母的发酵底物受面较广，发酵条件较温和，因此，有许多研究以酵母为菌株，与一些农作物产品、副产品、废料进行发酵，发现发酵后的混合饲料提高了蛋白的利用率。有学者以豆粕、菜籽粕、棉籽粕等杂粕，利用高活性干酵母进行发酵，发现粗蛋白的利用率能提高近20%；研究人员利用毕赤酵母菌发酵玉米皮，降解玉米皮中的纤维素类物质，使其充分转化为高附加值的饲料蛋白。

有公司发明公开了一种用秸秆混合废糖蜜、乳酸、酵母菌制备发酵饲料的方法，将秸秆经破碎后，拌入经过除杂处理后的糖蜜，并加酵母菌发酵，发酵时供氧以利于酵母菌细胞大量增殖，并证明了酵母菌细胞含有的大量氨基酸、B族维生素、微量元素、核糖核苷酸等生长因子可以促进牛羊快速生长发育，解决了青贮饲料受季节限制和干秸秆直接喂养牛羊营养单调的技术问题。除此之外，还有学者研究发现，将酵母、霉菌等菌种混合发酵，可以进一步提高木薯渣、油茶粕等农副产业废料中蛋白的利用率。

3. 酵母发酵饲料的优劣势

酵母的发酵条件较为温和，正常室温（20℃左右）就可生长，由于在堆叠饲料中发酵会产生热量，所以可以通过较为简单的控制，使得饲料堆温度维持在30℃左右，即可达到大部分酵母生长的最佳温度。此外，酵母作为一种兼性厌氧细菌，即使饲料堆叠密度过大导致空隙中氧含量不足，酵母的生长也不会受到太大的影响。酵母菌能在pH值为3.0~7.5的范围内生长，最适pH值为4.5~5.0，其较广的pH值适应范围也能保证其能适应一些不发酵副产物的影响。像细菌一样，酵母菌必须有水才能存活，但酵母需要的水分比细菌少，某些酵母能在水分极少的环境中生长，如蜂蜜和果酱，这表明它们对渗透压有相当高的耐受性，所以酵母可以适应半湿的固体发酵，从而实现大规模生产。

但是，酵母发酵饲料目前也还存在一定的问题，需待研究人员们解决。例如，饲料发酵的正常发酵模式为固态发酵，酵母在这一状态下的发酵及代谢情况还有待改进；再者，各种农作副产物的成分较为复杂且各不相同，酵母在复杂底物的发酵情况下，有可能产生一些对动物不利的副产物，影响饲料的使用；在低成本大规模的饲料发酵过程中，饲喂系统可能含有大量的杂菌，会影响酵母的正常发酵及饲料的正常使用。此外，原料中不含有适宜发酵的菌或含量太低不足以抑制有害菌、原料质量差异导致发酵失败、氧气过多导致异体发酵物产生乙酸而不是乳酸、没有添加发酵剂（接种剂）或是添加了质量很差的发酵剂都会影响酵母发酵的正常进行。因此，还需要解决酵母的发酵池温度过低或重新启动系统时添加冷水而导致的"冷休克"现象，以及发酵流程的合理设计、发酵底物的预处理等问题，酵母发酵饲料才可以大规模、有效的使用。

（二）酵母菌体蛋白发酵

酵母菌的个体较小，生长速率比藻类及霉菌高得多。酵母菌的蛋白质含量 50% ~ 80%，其氨基酸组成同动物蛋白相当。利用酵母菌生产饲料用单细胞蛋白（Single cell protein，SCP）不需要很大的场地，可以在发酵罐内长期连续地进行工业化生产，更为优越的是可以利用糖蜜、纸浆废液、木材糖化液、烃类等廉价原料高收率的进行生产（图 3-14）。

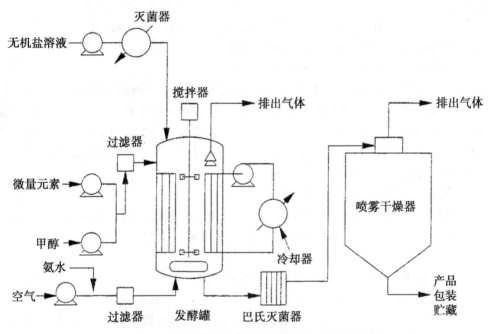

图 3-14 酵母菌高密度发酵生产 SCP 的工艺流程图

在工业生产中，作为蛋白质资源的微生物菌体，一般来说，细菌的生长速度快，蛋白质含量高，除了糖类外还能利用多种烃类作原料，在这方面比酵母菌更优越。但因细菌菌体比酵母菌小，分离相当困难，菌体成分除蛋白质外，还可能含有毒性物质，分离的蛋白质也不如酵母菌容易消化，因而在目前生物饲料的发酵中主要采用的微生物的种类是以酵母菌为主。

生产酵母菌菌体蛋白的干酵母菌种有三种：① 酵母科啤酒酵母菌（*Saccharomyces cerevisiae*）；② 葡萄汁酵母菌（*Saccharomyces uvarum* Beijerinck）；③ 隐球酵母科产朊假

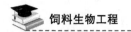

丝酵母菌 (*Candida utilis*)。

生产鲜酵母一般都采用啤酒酵母菌,因该菌悬浮在液体中,称为上面酵母,同时该菌发酵能力好,又称为面包酵母。此外,热带假丝酵母菌 (*Candida tropicalis*) 也可用于饲料酵母生产。最广泛用于发酵生产生物饲料的酵母是假丝酵母,普遍采用无孢子的产朊假丝酵母 (*Candida utilis*),该酵母培养 10h 左右就能繁殖到种子菌体量的 15 倍,而且分离得到的菌体营养价值高,作为食品的味道好。产朊假丝酵母的细胞比较小,从培养液中分离稍有困难,采用其改良株产朊假丝酵母大细胞变种 (*Candida utilis* var. major),可以克服这一缺点。

酵母发酵主要是依靠酶的作用。酵母中主要成分是蛋白质,由糖生成蛋白质的反应可分为两步:第一步是由六碳糖变为二碳原子化合物;第二步是由二碳原子化合物变为蛋白质和脂肪。化学反应可简写为:

$$C_6H_{12}O_6+2[O] \rightarrow 2CH_3CHO+2CO_2+2H_2O$$
$$6CH_3CHO+3NH_3+4.5[O] \rightarrow C_{12}H_{20}N_3O_4+6.5H_2O$$

或直接写成:

$$3C_6H_{12}O_6+3NH_3+10.5[O] \rightarrow C_{12}H_{20}N_3O_4+12.5H_2O+6CO_2$$

下面举例介绍酵母单细胞蛋白生产的基本概况。

1. 利用丙酮-丁醇发酵液生产酵母菌体蛋白

丙酮-丁醇是重要的化工原料,以淀粉为主要原料,通过丙酮-丁醇梭菌进行发酵生产,每产 1t 丙酮-丁醇发酵产品总排放约 67t 废液,以我国年产 10 万 t 计,每年可排放废液 670 万 t 以上。据分析,丙酮-丁醇废液 COD 含量为 5 240~7 656 mg/L,固形物含量约 1.5%,其中糖 0.2%,粗蛋白 0.5%,灰分 0.1%,是宝贵的饲料蛋白生产资源。可利用酵母菌通过发酵生产得到单细胞蛋白饲料。

(1) 沉淀法处理发酵废液

将蒸馏塔排出来的发酵废液 (90~95℃),加上不同数量的石灰乳和白泥进行沉淀实验,证明用 0.2% 石灰和 0.05% 白泥作为助沉淀剂,沉淀效果好,其粗蛋白含量达 28.04%。

(2) 利用丙酮-丁醇废液培养酵母生产单细胞蛋白

丙酮-丁醇发酵废液,经沉淀处理后,取上清液,加 0.1% (NH_4)_2SO_4 和 0.2% Ca_3(PO_4)_2,用于培养 2 281 产朊食用酵母 (中国科学院微生物研究所提供),摇床振荡培养 24~32h。结果见表 3-1。

表 3-1 NM-T 醇发酵液废液培养酵母

组成	总糖	pH 值	COD (mg/L)
培养前	0.27	4.5	6 059.3
培养后	0.13	8.4	3 855.9

培养酵母液经浓缩和干燥,至含水 8.4%。粗蛋白含量达 43.5%。为了提高酵母产

率，又进行了补充碳源和营养盐的实验。加入 1% 废糖蜜，酵母产量提高 41%，添加 0.1%~0.15%（NH_4）$_2SO_4$ 和 0.2% $Ca_3(PO_4)_2$，酵母生长量最高，达到 1% 以上。

将丙酮–丁醇发酵废液用石灰沉淀，大量菌体和有机物被回收。上清液添加适量糖蜜培养酵母，可使有机酸和残糖下降 36%~53%，COD 去除率 63.6%，从而降低了废液对环境的污染。

把石灰沉淀物与废液再利用培养获得的酵母混合，可制成优质饲料蛋白添加剂，总得率为 1.7%（以废液体积计），粗蛋白含量 35% 以上，富含维生素，营养价值极高。

2. 利用谷氨酸废液生产蛋白饲料

味精废液是指发酵液经谷氨酸结晶和离子交换提取后排放的液体，一般每生产 1t 味精产生 25t 废液，而且 pH 值较低，所以对环境污染和生态平衡影响很大。味精废液成分见表 3–2。

表 3–2　味精废液成分表

成分	含量	成分	含量
COD（mg/L）	36 112	有机物/%	3.12
总氮（100mg/100L）	169.5	悬浮物/%	1.0
还原糖/%	0.69	氧化物/%	1.59
固形物/%	3.29	总酸/%	54.8
灰分/%	0.12	总磷/%	0.138

由上表可知，味精废液有机物含量高，注入江河湖海，会消耗水中的溶解氧，造成水体腐败，水中生物不能存活，为保护环境必须进行治理。废液中含有大量的有机物，是微生物很好的营养物质，是生产蛋白饲料的基础，并且废液中还含有大量谷氨酸菌体，因此，可利用谷氨酸废液生产蛋白饲料。

（1）谷氨酸废液生产酵母单细胞蛋白工艺

利用味精废液生产饲料蛋白的工艺流程见图 3–15。① 菌种为热带假丝酵母（Candida tropicalis）。② 发酵条件。将味精废液引入中和罐，加工业碱调节 pH 值 3.5~4.5 废氨水。如残糖高于 0.5% 可适当多加些废氨水，然后加入发酵罐，接种量 10%，罐温 30~32℃，通风量 1∶1，发酵培养 14~18h。如采用流加味精废液工艺，10t 发酵罐先加 4t 配好的培养液，然后逐渐加至 7t，发酵 12~15h，直至酵母产量最大，便可终止发酵，并放罐。③ 菌体分离与干燥。采用 D–424 酵母分离机，分离出热带假丝酵母和原谷氨酸菌体，然后于 80℃ 烘房干燥，或滚筒干燥机干燥，粉碎，即为成品。干菌体产率 8~15.9g/L。

（2）发酵产品及应用

经过对多批产品分析，发酵产品中水分 3%~6%，粗蛋白 57%~70%，灰分 4%~8%，总磷 1.03%，纤维素 0.49%，粗脂肪 0.32%，并含有钾 0.6%，钙 0.14%、铁

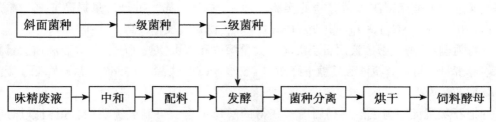

图 3-15 谷氨酸废液发酵生产酵母单细胞蛋白工艺流程

0.11%、钠 0.14%、镁 0.16%，以及锌、硒、铜、锰等微量元素，还含有维生素 A、维生素 B_1、维生素 B_2 和胡萝卜素。

由产品分析可见，用味精废液生产的 1321 饲料酵母，其营养成分丰富，可代替鱼粉用于猪、鸡等饲料添加剂，饲养效果甚佳。

（3）发酵前后味精废液的变化

味精废液经过发酵生产饲料酵母，总氮和还原糖分别降低 50% 和 60% 左右，COD去除率 70% 左右。结果证明，不仅充分利用了谷氨酸发酵后废液中的营养物质，生产出优质饲料酵母，而且可以大大减轻废液对环境的危害。

3. 利用柠檬酸废液生产酵母粉

（1）发酵工程工艺流程

利用柠檬酸废液也可生产酵母粉，其发酵的工艺流程如图 3-16。

图 3-16 柠檬酸发酵废液生产酵母菌粉剂的工艺流程

（2）发酵培养基

柠檬酸中和废液添加 0.7% 尿素和 0.1% K_2HPO_4，pH 值 3.5。

（3）发酵用菌种酵母 C-1120。

（4）发酵管理要点

发酵中利用 L15/0.5 罗茨鼓风机通风培养。通风量前期 1：0.5，中期 1：0.9，后期 1：0.7（体积比），温度 31~33℃。

（5）发酵酵母粉的提取

发酵结束后，利用高速分离机分离酵母发酵液获得酵母泥，经滚筒干燥机干燥，粉碎即得到酵母粉，产品对发酵液收率为 0.96%。经过发酵，废液 pH 值上升为 6.0~6.5，COD 下降 50% 以上。

柠檬酸废液所生产酵母产品为色泽淡黄，水分 1%~4%，蛋白质 48%，灰分<10%。产品主要用于抗生素发酵生产及饲料添加剂等。

三、液体发酵饲料

（一）液体发酵饲料的概述

液体发酵饲料是指在人工控制的发酵条件下，通过有益微生物的代谢活动，将饲料原料中的抗营养因子分解或转化，产生适口性好，更能被畜禽采食、消化、吸收，具有促生长和提高免疫功能作用的饲料。液体发酵饲料含有多种益生菌，这些益生菌耐消化道逆环境，定植在动物的消化道黏膜，具有抑制致病菌增殖，促进肠道微生态菌群平衡，刺激肠黏膜免疫系统，提高肠黏膜免疫功能，尤其对断奶仔猪采食量下降、消化酶水平降低而造成的采食量下降和营养物质吸收不足具有明显的预防和缓解作用。特别是近年来饲用抗生素过度使用、滥用，细菌耐药性增强、影响食品安全，以及当前饲料价格波动较大和政府加强环境保护的新形势下，利用食品业、医药业、生物燃料工业产生的廉价液体副产品发酵生产液体饲料，备受人们关注。

（二）液体发酵饲料的功能

1. 提高饲料的营养水平、降低抗营养因子

液体发酵饲料利用微生物自身代谢活动，将饲料原料在液态条件下发酵制成。微生物代谢过程中可生成半乳糖苷酶、淀粉酶、蛋白酶等消化酶，补充宿主消化酶的不足，帮助其分解未被上消化道充分水解吸收的营养物质，提高消化能；发酵后产生维生素、氨基酸、短链脂肪酸、促生长因子、无机盐和微量元素等多种营养物质，参与动物体的新陈代谢。

与此同时，饲料原料经微生物发酵后，不易消化的大分子物质发生分解或转化，如大分子蛋白分解为多肽、氨基酸，植物性纤维和淀粉等多糖降解为容易被利用的单糖，产生容易消化吸收的小分子物质；植物性原料中的抗营养因子显著降低，如豆粕经液体发酵后，大豆球蛋白、β-伴大豆球蛋白和胰蛋白酶抑制因子等抗营养因子含量明显减少。

2. 含有多种益生菌、促进肠道健康

饲料经有益微生物发酵后，产生大量益生菌。这些益生菌与致病微生物竞争定植位点，在肠道黏膜上定植，形成生物屏障，减少病原微生物的侵染、定植，起着占位、争夺营养、拮抗致病微生物的作用，从而抑制细菌过度繁殖，促进肠道健康。例如，双歧杆菌通过脂壁磷酸黏附肠上皮细胞，构成菌膜屏障，并产生胞外糖苷酶，降解上皮细胞上作为潜在致病菌及其内毒素结合受体的杂多糖，形成肠道化学保护屏障，保护肠道内的微环境，阻止致病菌的侵入、黏附和定植，抑制非正常菌群的生长及其有害代谢物的产生；乳酸菌产生的乳酸可以通过降低猪胃肠道 pH 值抑制肠道致病菌生长繁殖，有效防止细菌入侵胃肠黏膜免疫屏障，增强机体的免疫功能。

3. 富含有机酸、提高适口性和采食量

液体发酵饲料在微生物生长代谢过程中，产生乳酸、乙酸、丙酸、丁酸、短链脂肪酸等有机酸，使得发酵饲料产品具有酸香味，改善了饲料适口性，从而刺激动物采食。动物采食发酵饲料后胃肠道内 pH 值下降，可以阻碍致病菌在肠道的定植，促进肠道发育，如饲喂断奶仔猪小麦液体发酵饲料，4d 后胃中 pH 值降低，乳酸浓度明显上升，小肠绒毛长度显著增加，使其肠黏膜结构更加完整，提高其消化吸收功能。

4. 降低应激反应、提高免疫力

仔猪断奶后营养供应从母乳转向饲料，需要重新建立消化道微生物区系，从哺乳期以乳酸菌为主、多样性程度较低的微生态系统转变为由厚壁菌门和拟杆菌门细菌组成、高度多样化的成熟微生态系统。液体发酵饲料能促进上述微生态系统的重建过程，从而降低由于食物转变而产生的应激反应。

同时，液体发酵饲料含有大量的益生菌，益生菌可作为非特异性免疫调节因子，进入肠道激活宿主的肠道免疫系统，对肠黏膜受到刺激后产生的细胞因子的调节有重要作用。益生菌能激活肠黏膜中的巨噬细胞、T 淋巴细胞和自然杀伤（NK）细胞，增加白细胞介素（IL）-2、IL-6、IL-4、IL-5、肿瘤坏死因子（TNF）、干扰素等细胞因子的产生量，促进免疫球蛋白 A（IgA）合成，提高肠道黏膜的免疫功能，提高动物机体的免疫力。

（三）液体发酵饲料适用的菌种

目前，液体发酵饲料常用微生物种类主要是乳酸菌、酵母、芽孢杆菌。

乳酸菌是能够发酵碳水化合物的一类无芽孢、革兰氏阳性细菌的总称，通过发酵可产生大量的乳酸，是应用最早、最广泛的一类益生菌。饲料原料经乳酸菌发酵后，可将蛋白质分解为多肽和氨基酸，更容易被畜禽消化吸收，提高饲料转化效率；动物采食乳酸菌发酵饲料后的乳酸菌分布在肠道的各个部位，产生乙酸、乳酸、短链脂肪酸等酸性代谢物，降低局部 pH 值，抑制致病菌生长繁殖，并且乳酸菌与肠道黏膜形成菌膜屏障，抑制致病菌在肠道内的定植和增殖。

酵母菌是一种能够发酵碳水化合物的单细胞真菌，属兼性厌氧菌。在饲料发酵过程中，酵母菌可大量繁殖，产生维生素、消化酶等多种生理活性物质，并且酵母菌体中含有丰富的蛋白质、脂肪、糖及氨基酸等多种营养成分，可提高动物的机体免疫力和生产性能，减少应激反应的发生。

芽孢杆菌是一类好氧或兼性厌氧、革兰氏阳性、产芽孢的杆状细菌。芽孢杆菌以孢子的形式进入动物的消化道，孢子快速复活，分泌活性较强的蛋白酶、脂肪酶和淀粉酶等消化酶，可降解饲料中的某些抗营养因子，提高饲料转化效率，在生长繁殖过程中还可产生细菌素和有机酸等物质，改变肠道内的微生态环境，抑制有害菌生长繁殖。

（四）液体发酵饲料的生产工艺

液体发酵饲料的一般流程为：

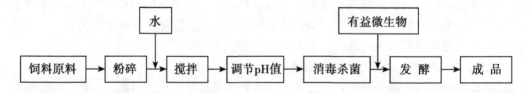

培养基的营养成分对发酵液含菌量有很大的影响。根据所用菌种的生理特性，结合需要发酵处理的原料成分，调整水分和 C/N、pH 值以及促生长因子等，可促进微生物的迅速生长和目标产物的积累。

消毒是为了杀灭杂菌，防止杂菌污染。作为工业化生产，液体发酵饲料的消毒方法常采用蒸汽消毒，杀菌效果好，成本较低。

液体发酵饲料所用菌种，应为我国农业农村部许可的微生物菌种，如地衣芽孢杆菌、枯草芽孢杆菌、两歧双歧杆菌、粪肠球菌、屎肠球菌、乳酸肠球菌、嗜酸乳杆菌、干酪乳杆菌、乳酸乳杆菌、植物乳杆菌、乳酸片球菌、戊糖片球菌、产朊假丝酵母、酿酒酵母、沼泽红假单胞菌等。

发酵阶段主要目标是培养微生物细胞，使微生物细胞得到大量繁殖，从而积累酶和代谢产物，进而对多糖、蛋白、纤维素等原料进行分解或获得更多的菌体细胞数、微生物蛋白、有用代谢产物等。

（五）液体发酵饲料目前存在的问题

液体发酵饲料在欧盟等许多国家已被广泛使用，在预防断奶仔猪腹泻、提高采食量和日增重方面取得了显著的效果。在我国，随着燃料乙醇行业、果蔬规模化种植加工业快速发展，伴生的液体副产品和鲜基饲用资源的增加，发酵饲料具有广阔的发展前景。但在实际应用中仍然存在一些亟待解决的学术问题及技术关键问题。如具有耐胃酸和胆盐、抑制致病菌增殖、提高肠道黏膜免疫力等多种益生功能发酵菌种的开发、认定，防止杂菌污染整体工艺的改进，液体发酵饲料标准的制定等工作仍需进一步加强。

四、发酵豆粕

（一）豆粕及其抗营养因子

豆粕是大豆经提取豆油后得到的副产物，富含多种营养物质，主要有蛋白质（40%~44%）、脂肪（1%~2%）、碳水化合物（10%~15%）及多种维生素、矿物质和必需氨基酸等，其中赖氨酸含量较高，是植物蛋白中最接近氨基酸比例理想模式的蛋白质。且与鱼粉相比，豆粕价格较低，已成为畜禽饲料的重要蛋白质饲料原料。

然而，与其他植物型蛋白饲料性质相同，豆粕中也存在多种抗营养因子，如脲酶、胰蛋白酶抑制因子、大豆球蛋白、β-伴大豆球蛋白、大豆凝血素、水苏糖、棉籽糖、植酸等，如不经处理饲喂动物时会产生消化不良或过敏反应，将给动物的生理、生长、健康造成不良影响。

（二）豆粕抗营养因子的去除方法

目前，去除豆粕抗营养因子的方法主要有物理、化学和生物学方法。其中，物理法主要是采用烘烤、微波辐射和膨化处理等加热处理方法使豆粕中某些热敏性抗营养因子失活，热处理法效率高、无残留，但耗能大，控制不当会破坏豆粕中的营养成分。化学法是向豆粕中加入一些化学物质与抗营养因子中的二硫键结合，使抗营养因子分子结构改变而失活，由于具有化学物质残留、加工成本高等缺点限制了这种方法的使用。生物法主要有酶解法和微生物发酵法，其中酶解法是通过蛋白酶、α-糖苷酶等酶制剂作用将大豆蛋白降解为可溶性蛋白质和小分子多肽的混合物，与普通豆粕相比，酶解法处理的豆粕蛋白具有易吸收、低抗原等特点，但受酶制剂的稳定性、耐受性等因素限制，酶解法没有得到普遍应用；微生物发酵法是以豆粕为原料，接种单一或复合微生物，通过微生物固态发酵有效降低豆粕中抗营养因子，并产生乳酸、维生素、益生菌等活性物

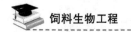

质，是去除豆粕抗营养因子，提高蛋白消化率的常用方法。

（三）微生物发酵豆粕

微生物发酵豆粕是将微生物技术应用于饲料生产的产物，以优质豆粕为原料，接种单一或复合微生物，通过微生物的发酵作用有效消除豆粕中抗营养因子的过程。发酵豆粕生产常选用芽孢杆菌、乳酸菌、酵母菌和霉菌等，这些微生物在发酵过程中产生活性较高的蛋白酶、纤维素酶、淀粉酶、脂肪酶，能够有效降解豆粕中的大分子蛋白质，消除抗营养因子。微生物发酵豆粕含有丰富的益生菌及其代谢产物，可有效改善动物肠道微生态环境；可溶性肽类和游离氨基酸以及酸性物质增加，气味醇香，适口性提高，增加采食量；富含消化酶，促进营养物质的消化吸收，提高饲料转化效率；又可为畜禽机体提供足够的氨基酸来源，从而减少对进口鱼粉依赖，为饲料加工企业和养殖场节约成本。

影响豆粕发酵的因素很多，主要有菌种、温度、时间、pH 值、水分含量等，菌种的选择和固态发酵工艺对发酵豆粕品质有重要的影响。

1. 发酵菌株的选择

（1）乳酸菌

乳酸菌是一类可发酵糖类产生大量乳酸的无芽孢、革兰氏染色阳性细菌的总称，是定植在动物肠道内的有益微生物。1989 年美国食品和药品监督管理局（FDA）公布了可作为饲料添加剂使用、通常认为在安全（GRAS）的微生物名单中，乳酸菌占了很大比例。我国农业农村部第 2045 号公布的《饲料添加剂品种目录（2013）》微生物饲料添加剂中乳酸菌也占了很大比例。乳酸菌在豆粕发酵过程中可产生乳酸调节豆粕 pH 值，抑制杂菌生长，提高风味；其次乳酸菌可以降低豆粕中脲酶抑制剂、胰蛋白酶抑制剂、棉籽糖、水苏糖、皂甙等抗营养因子含量，提高粗蛋白、葡萄糖营养素含量。

（2）芽孢杆菌

芽孢杆菌是革兰氏阳性、严格需氧或兼性厌氧、产芽孢的杆状细菌。豆粕发酵过程中使用的芽孢杆菌主要有枯草芽孢杆菌、凝结芽孢杆菌和纳豆芽孢杆菌等，其中枯草芽孢杆菌最为常用。枯草芽孢杆菌可产生活性较高的蛋白酶、淀粉酶、纤维素酶、脂肪酶，可有效消除或降解豆粕中 11S 抗原蛋白、7S 伴球蛋白、胰蛋白酶抑制剂、凝集素、植酸、抗原蛋白免疫原性等抗营养因子，提高异黄酮苷、维生素 E 含量及抗氧化功能。此外，芽孢杆菌的芽孢不易致死，可以以活菌状态进入动物的消化道，抑制肠道致病菌的生长繁殖。

（3）酵母菌

酵母菌是一种典型的兼性厌氧微生物，在有氧气和没有氧气存在的条件下均能够存活，缺氧时能将糖发酵成酒精和二氧化碳，是一种天然发酵剂，分布于整个自然界。酵母菌菌体蛋白质含量丰富，氨基酸构成合理，富含 B 族维生素，可分泌多种水解酶类。发酵豆粕常用的酵母菌有酿酒酵母、产朊假丝酵母菌等。酵母菌发酵豆粕不但能提高原料蛋白质、游离氨基酸含量，还能降低抗原蛋白免疫原性、胰蛋白酶抑制因子等抗营养因子含量。

（4）米曲霉

1. 米曲霉是一种好氧型真菌，其菌丝由多细胞组成，能分泌蛋白酶、糖化酶、淀粉酶、植酸酶、纤维素酶等消化酶。在蛋白酶的作用下，米曲霉能够将豆粕中不易消化的大分子蛋白质降解为小分子蛋白质、多肽及各种氨基酸，降解胰蛋白酶抑制剂、植酸等抗营养因子，提高豆粕的营养价值、保健功能和饲料消化率。

表 3-3　不同菌种降低豆粕中主要抗营养因子

菌种	抗营养因子
芽孢杆菌、米曲霉、乳酸菌	胰蛋白酶抑制剂
米曲霉、芽孢杆菌	抗原蛋白
曲霉菌、酵母菌	植酸
乳酸菌、少孢根霉	棉籽糖、水苏糖等低聚糖
乳酸菌	皂甙

由表 3-3 可见，与单一菌种发酵豆粕相比，将几个菌种进行组合，利用微生物之间的互补作用，可显著降低豆粕中的抗营养因子，提高其营养价值。

2. 生产工艺及参数

发酵豆粕的一般流程为：

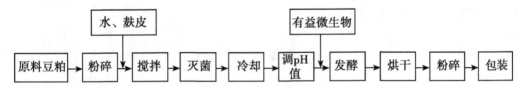

固态发酵过程中工艺参数不同，生产制备的发酵豆粕性能会有差异。豆粕固态发酵的工艺参数包括豆粕原料的成分及状态，发酵的工艺条件，制备质量性能优良的发酵豆粕，需要优化发酵工艺参数。发酵工艺参数主要包括发酵温度、水分含量、接种量、发酵时间、pH 值等，其中发酵水分含量应适宜，过高容易滋生杂菌，妨碍接种菌株的发酵培养，水分过低不利于接种菌种的正常生长；温度不能太高，太高容易造成菌株死亡，应以接种菌株正常生长温度为准；pH 值控制也应在接种菌株正常生长的温度范围内。

Jia 等（2013）通过正交实验，优化枯草芽孢杆菌 BS-GA15 发酵豆粕工艺，结果显示发酵温度和水分含量对豆粕蛋白质水解度影响最大，采用该菌株的最佳工艺参数为发酵温度 30℃、含水量 50%、接种量 10%，蛋白质的最大水解度可达 13.14%。Yang 等（2013）采用响应面分析方法，对米曲霉、枯草芽孢杆菌、德氏乳杆菌混合发酵豆粕进行了参数优化，结果显示含水量 56%、菌株接种量 9.5%、发酵时间 43.5h 为最佳工艺参数，在最佳工艺条件下制备的发酵豆粕蛋白质含量为 56.96%，与预测值 57.08% 接近。王芳等（2017）采用唾液乳杆菌、副干酪乳杆菌和苏云金芽孢杆菌混合发酵豆粕，考察预处理、发酵温度、发酵时间对豆粕脲酶活性、胰蛋白酶抑制因子和黄曲霉毒素 B_1 含量的影响，结果显示，豆粕无须进行加热预处理，在 39℃、发酵 72h 的最优工艺条件下，与未发酵豆粕相比，发酵后的豆粕脲酶活性降低 95.4%，胰蛋白酶抑制因子降低 77.8%，黄曲霉毒素降低 25.2%，小规模中试生产表明，豆粕发酵过程稳定，发酵后豆粕脲酶活性含量降低 95%，经 50℃烘干后，水分含量为 6%，pH 值为 4.30，有柔和酸味，颜色呈浅棕色，粒度未发生变化，适合工业化生产。以上研究表明，单一菌种、混合菌种发酵，最佳工艺参数不同，均应开展工艺优化实验进行确定，并通过小试或中试，进行验证，以保证大规模生产顺利进行。

3. 评价体系

通过微生物发酵生产高质量发酵豆粕，既可以减少豆粕中的抗营养因子，又可以提高饲料的适口性，具有重要的经济价值。但市场上发酵豆粕产品众多，品质千差万别，因此，产品品质评估标准十分重要。为规范发酵豆粕市场，我国农业农村部于 2013 年开始实施中国农业行业标准 NY/T 2218—2012 规定的发酵豆粕技术指标，具体包括：水分≤12.0%、粗蛋白≥45.0%、粗纤维≤5.0%、粗灰分≤7.0%、尿素酶活性≤0.1U/g、酸溶蛋白（占总蛋白含量）≥8.0%、赖氨酸≥2.5%、水苏糖≤1.0%。朱滔等（2017）认为该行业标准从发酵豆粕降解抗营养因子出发，但很少考虑到整个发酵工艺特别是干燥和/或蒸煮工艺对豆粕氨基酸利用率的影响，并建议发酵豆粕的质量控制指标为：蛋白质溶解度≥70%、酸溶蛋白（占蛋白比）≥20%、大豆球蛋白+β-伴大豆球蛋白≤10%、水苏糖+棉籽糖≤1.0%、赖氨酸/粗蛋白≥6.0%。该评价体系考虑了豆粕发酵工艺对豆粕饲用营养价值。

本章小结

本章主要介绍了发酵工程的产品类型、菌种来源、发酵过程，以及发酵工程在饲料中的应用。

工业上的发酵产品多种多样，主要有 5 个类别：菌体、微生物酶、天然代谢产物、转化过程产物和工程菌发酵产物。

发酵的历史悠久，而近代发酵工程经过数百年的发展，微生物液态深层发酵技术应用至今。基因操作技术引起了发酵工业的革命，时至今日，发酵生产也有了许多新的发展方向。生物转化技术成为国内外著名化学公司争夺的热点，并逐步从医药领域向化工领域转移；生物催化合成已成为化学品合成的支柱之一；此外，利用生物技术生产有特殊功能、性能、用途或环境友好的化工新材料，也是化学工业发展的一个重要趋势。

可用于发酵工程的微生物种类繁多，细菌、放线菌、酵母、霉菌等都可以被用于发酵工程，具体的菌种选择视产品类型而定。

整个发酵工程的过程包含菌种的选育、培养基的配制、培养基和设备的灭菌、扩大培养和接种、发酵过程、产品的分离提纯等步骤，涉及的技术、原理、操作复杂而繁多，所以需要对整体过程有一个清晰的认知。

通过发酵工程获得新型的生物饲料在近年来是生物饲料产业的一个研究热点，通过发酵工程、酶工程、蛋白质工程和基因工程等生物工程技术开发的饲料产品都可以称为生物饲料，包括发酵饲料、酶解饲料、菌酶协同发酵饲料和生物饲料添加剂等。本章中以液体发酵饲料、酵母菌体蛋白发酵、发酵豆粕为例，说明了发酵工程的应用及生物饲料的实用性。

复习思考题

1. 简述发酵工程的几种发酵产品类型及举例具体产物。
2. 简述发酵过程发展各个阶段的特点及代表性产品。
3. 常见的抗生素有哪些，它们一般用什么菌株生产？
4. 简述发酵工程过程的整体流程。
5. 简述培养基的主要成分及各自作用。
6. 简述几种不同的发酵方式的特点。
7. 简述产物分离与提纯的主要过程。
8. 生物饲料有哪几种？查询这些种类各自有哪些具体产品。

推荐参考资料

俞俊棠. 2003. 新编生物工艺学（上、下册）[M]. 北京：化学工业出版社.
戚以政，夏杰，王炳武. 2009. 生物反应工程[M]. 北京：化学工业出版社.
张嗣良. 2013. 发酵工程原理[M]. 北京：高等教育出版社.
燕平梅. 2014. 发酵工程简明教程[M]. 北京：中国石化出版社.
夏焕章. 2015. 发酵工艺学[M]. 北京：中国医药科技出版社.
李春. 2015. 生物工程与技术导论[M]. 北京：化学工业出版社.

补充阅读资料

推动近代发酵工程发展的青霉素

20 世纪 40 年代以前，人类一直未能掌握一种能高效治疗细菌性感染且副作用小的药物。当时若某人患了肺结核，那么就意味着此人不久就会离开人世。为了改变这种局面，科研人员进行了长期探索，然而在这方面所取得的突破性进展却源自一个意外发现。

近代，1928 年英国细菌学家亚历山大·弗莱明（Alexander Fleming）首先发现了世界上第一种抗生素——青霉素，弗莱明由于一次幸运的过失而发现了青霉素。1928 年，英国科学家弗莱明在实验研究中最早发现了青霉素，但由于当时技术不够先进，认识不够深刻，弗莱明并没有把青霉素单独分离出来。1929 年，弗莱明发表了他的研究成果，遗憾的是，这篇论文发表后一直没有受到科学界的重视。

在用显微镜观察这只培养皿时弗莱明发现，霉菌周围的葡萄球菌菌落已被溶解。这意味着霉菌的某种分泌物能抑制葡萄球菌繁殖。此后的鉴定表明，上述霉菌为点青霉菌，因此弗莱明将其分泌的抑菌物质称为青霉素。然而遗憾的是弗莱明一直未能找到提取高纯度青霉素的方法，于是他将点青霉菌株一代代地培养，并于 1939 年将菌种提供给准备系统研究青霉素的英国病理学家弗洛里（Howard Walter Florey）和旅英的德国生物化学家钱恩（Ernst Boris Chain）。

弗洛里和钱恩在 1940 年用青霉素重新做了实验。他们给 8 只小鼠注射了致死剂量的链球菌，然后给其中的 4 只用青霉素治疗。几个小时内，只有那 4 只用青霉素治疗过的小鼠还健康活着。此后一系列临床实验证实了青霉素对链球菌、白喉杆菌等多种细菌感染的疗效。青霉素之所以既能杀死病菌，又不损害人体细胞，原因在于青霉素所含的青霉烷能使病菌细胞壁的合成发生障碍，导致病菌溶解死亡，而人和动物的细胞则没有细胞壁。1940 年冬，钱恩提炼出了一点点青霉素，这虽然是一个重大突破，但离临床应用还差得很远。

1941 年，青霉素提纯的接力棒传到了澳大利亚病理学家瓦尔特·弗洛里的手中。在美国军方的协助下，弗洛里在飞行员外出执行任务时从各国机场带回来的泥土中分离出菌种，使青霉素的产量从每立方厘米 2 单位提高到了 40 单位。1941 年前后英国牛津大学病理学家霍华德·弗洛里与生物化学家钱恩实现对青霉素的分离与纯化，并发现其对传染病的疗效，但是青霉素会使个别人发生过敏反应，所以在应用前必须做皮试。所用的抗生素大多数是从微生物培养液中提取的，有些抗生素已能人工合成。由于不同种类的抗生素的化学成分不一，因此它们对微生物的作用机理也很不相同，有些抑制蛋白质的合成，有些抑制核酸的合成，有些则抑制细胞壁的合成。通过一段时间的紧张实验，弗洛里、钱恩终于用冷冻干燥法提取了青霉素晶体。之后，弗洛里在一种甜瓜上发现了可供大量提取青霉素的霉菌，并用玉米粉调制出了相应的培养液。在这些研究成果的推动下，美国制药企业于 1942 年开始对青霉素进行大批量生产。

到了 1943 年，制药公司已经发现了批量生产青霉素的方法。当时英国和美国正在和纳粹德国交战。这种新的药物对控制伤口感染非常有效。1943 年 10 月，弗洛里和美国军方签订了首批青霉素生产合同。青霉素在二战末期横空出世，迅速扭转了盟国的战局。战后，青霉素更得到了广泛应用，拯救了数以千万人的生命。到 1944 年，药物的供应已经足够治疗第二次世界大战期间所有参战的盟军士兵。因这项伟大发明，1945 年，弗莱明、弗洛里和钱恩因"发现青霉素及其临床效用"而共同荣获了诺贝尔生理学或医学奖。此后，因为青霉素大量生产的市场需求，液态深层发酵技术逐渐成熟，并发展到其他抗生素乃至生物产品的发酵工业上。可以说，青霉素的工业化生产需求推动了近代发酵工程的发展。

1944 年 9 月 5 日，中国第一批国产青霉素诞生，揭开了中国生产抗生素的历史。截至 2001 年年底，中国的青霉素年产量已占世界青霉素年总产量的 60%，居世界首位。2002 年，Birol 等人提出了基于过程机理的模型，该过程综合考虑了发酵中微生物的各种生理变化，发现这是个十分复杂的过程。为了更加方便地对青霉素过程进行研究，Birol 对 Bajpai 和 Reuss 提出的非结构式模型进行了扩展，对模型进一步简化，方便研究。

细菌对抗生素（包括抗菌药物）的抗药性主要有 5 种机制：① 使抗生素分解或失去活性。细菌产生一种或多种水解酶或钝化酶来水解或修饰进入细菌内的抗生素使之失去生物活性。如：细菌产生的 β-内酰胺酶能使含 β-内酰胺环的抗生素分解；细菌产生的钝化酶（磷酸转移酶、核酸转移酶、乙酰转移酶）使氨基糖苷类抗生素失去抗菌活性。② 使抗菌药物作用的靶点发生改变：由于细菌自身发生突变或细菌产生某种酶的修饰使抗生素的作用靶点（如核酸或核蛋白）的结构发生变化，使抗菌药物无法发挥作用。如：耐甲氧西林的金黄色葡萄球菌是通过对青霉素的蛋白结合部位进行修饰，使细菌对药物不敏感所致。③ 细胞特性的改变：细菌细胞膜渗透性的改变或其他特性的改变使抗菌药物无法进入细胞内。④ 细菌产生药泵将进入细胞的抗生素泵出细胞：细菌产生的一种主动运输方式，将进入细胞内的药物泵出至胞外。⑤ 改变代谢途径：如磺胺药与对氨基苯甲酸（PABA），竞争二氢喋酸合成酶而产生抑菌作用。再如，金黄色葡萄球菌多次接触磺胺药后，其自身的 PABA 产量增加，可达原敏感菌产量的 20～100 倍，后者与磺胺药竞争二氢喋酸合成酶，使磺胺药的作用下降甚至消失。

　　然而随着青霉素等抗生素的滥用，一个严重的问题日渐突出，那就是细菌的耐药性也逐渐提升。现在，细菌耐药形势已经十分严峻。细菌对目前广泛使用抗生素，大多有较高的耐药率。根据我国细菌耐药检测网的数据，在国内一百余家医院内检出的细菌中，葡萄球菌（金黄色葡萄球菌及表皮葡萄球菌），对甲氧西林、大环内酯类、喹诺酮类等多种常见抗生素均有超过 50% 的耐药率，大肠杆菌对喹诺酮及第三代头孢菌素的耐药率也都在 50% 以上，且有 66.2% 的大肠杆菌可以产生超广谱 β-内酰胺酶。不止如此，绝大多数抗菌药物都不能杀死的 "超级细菌" 也纷纷登场。人们致力寻求一种战胜超级病菌的新药物，但一直没有奏效。不仅如此，随着全世界对抗生素滥用逐渐达成共识，抗生素的地位和作用受到怀疑，同时也受到了严格的管理。在病菌蔓延的同时，抗生素的研究和发展却渐渐停滞下来。失去抗生素这个曾经有力的武器，人们开始从过去简陋的治病方式重新寻找对抗疾病灵感。找到一种健康和自然的疗法，用人类自身免疫来抵御超级病菌的进攻，成为许多人对疾病的新共识。

　　合理使用抗生素是一个复杂的课题，需要专业人士综合运用细菌耐药数据、药物特性、感染风险评估、疾病特点等专业知识才能做出适当的选择。不过，身为非专业人员，牢记以下几条对促进减少抗生素滥用有所帮助：① 不要自己决定是否用药。抗生素是处方药，需经过医生的判断再使用。② 不要自己停药或减量。抗生素并非用量越少越好，要知道，不足量的使用更容易催生耐药。③ 不要追求新的、高档的抗菌药物。④ 无论何时，消毒和隔离都是对付病菌的好方法。

第四章

酶工程及饲用酶制剂

脲酶的发现

詹姆斯·巴彻勒·萨姆纳
（James Batcheller Sumner,
1887—1955）

在阐明酶的化学本质过程中，美国科学家詹姆斯·巴彻勒·萨姆纳（James Batcheller Sumner）功不可没。萨姆纳于1887年生于美国的马萨诸塞州。在学校里，他喜欢物理和化学，也爱打猎。17岁外出打猎被同伴误伤左臂，不得不截去左前臂。作为一个左撇子，失去左臂意味着他必须学会用右手做事。为了增强体质，他并没有放弃体育活动，照样打网球、滑雪、玩弹子球和溜冰等。1906年，萨姆纳进哈佛医学院专攻化学，1910年毕业。1912年，到哈佛医学院随福林（Otto Folin）教授学习化学，福林认为独臂人很难在化学方面获得成功，劝萨姆纳改学法律。萨姆纳仍坚持己见，并在1913年获得硕士学位，1914年获博士学位。随后到纽约州康奈尔医学院任教。1917年他决定分离酶，并选择脲酶（Urease）作为分离对象，但起初并不成功。他在康奈尔医学院打算分离脲酶之前，曾用从大豆中制备的脲酶测定肌肉、血和尿中的尿素含量。1916年，有人发现南美刀豆中脲酶的含量比大豆多16倍。萨姆纳认为如此超常量的脲酶是可以用化学方法分离和鉴定的。萨姆纳选择富含脲酶的刀豆提取脲酶是他成功的第一步。萨姆纳在诺贝尔奖颁奖仪式上说："我之所以成功是因为幸运地选择了脲酶。" 1917年，他开始从刀豆中分离和纯化脲酶。1921年，他得到美国与比利时的合作基金，到布鲁塞尔与写过几本有关酶书籍的 Jean Effront 一起工作。然而，Effront认为他分离脲酶的想法荒唐可笑，因此计划最终泡汤。回到美国以后，萨姆纳继续他的纯化脲酶研究。1922年的一天，他改变以往用水、甘油和乙醇提取脲酶的方法，用30%的丙酮。当他取出一滴丙酮抽提液放在显微镜下观察时，发现液体中长出许多小晶体。离心收集这些晶体后，发现它有很高的脲酶活性，分离后的脲酶纯度增加了700~1 400倍，这是其他纯化方法难以比拟的。萨姆纳的确分离出了脲酶！他首先把好消息通过电话告诉了妻子，后来他又做了一系列令人信服的实验，证明脲酶是蛋白质。萨姆纳成功地分离和结晶出脲酶起初遭到很多生化学家的怀疑。1930年，诺斯罗普（John Howard Northrop）从胃蛋白酶商品制剂中分离到了结晶的胃蛋白酶，并用严密的方法证明酶是蛋白质。酶本质的揭示为现代酶学的发展奠定了基础。1946年，萨姆纳和诺斯罗普一起荣获诺贝尔化学奖。

第一节 酶工程概述

酶是具有生物催化功能的生物大分子。按照分子中其催化作用的主要组分的不同，自然界中天然存在的酶可以分为蛋白类酶（Proteozyme，protein enzyme，P 酶）和核酸类酶（Ribozyme，RNA enzyme，R 酶）两大类别。蛋白类酶分子中起催化作用的主要组分是蛋白质；核酸类酶分子中起催化作用的主要组分是核糖核酸（RNA）。

酶工程是指利用酶、细胞器或细胞所具有的特异催化功能，对酶进行修饰改造，并借助生物反应器和工艺过程来生产人类所需产品的一项技术。酶的生产（Enzyme production）是指通过各种方法获得人们所需的酶的技术过程。各种动物、植物、微生物细胞在适宜的条件下都可以合成各种各样的酶。人们可以采用各种适宜的细胞，在人工控制条件的生物反应器中生产多种多样的酶，然后通过各种生化技术分离纯化获得所需的酶。酶的应用（Enzyme application）是通过酶的催化作用获得人们所需的物质，除去不良物质，或者获取所需信息的技术过程。在一定的条件下，酶可催化各种生化反应，而且酶的催化作用具有催化效率高、专一性强和作用条件温和等显著特点，所以酶在医药、食品、轻工、化工、环保、能源和生物工程等领域广泛应用。在酶的生产和应用过程中，人们发现酶具有稳定性较差、催化效率不够高、游离酶通常只能使用一次等缺点，为此，研究、开发了各种酶的改性技术，以促进酶的优质生产和高效应用。酶的改性（Enzyme improving）是通过各种方法改进酶的催化特性的技术过程，主要包括酶分子修饰、酶固定化、酶非水相催化和酶定向进化等。

一、酶学基础及发展简史

（一）酶的定义

酶是生物体内进行新陈代谢不可缺少的受多种因素调节控制的具有催化能力的生物催化剂。新陈代谢是生命活动最重要的特征，而生物体代谢中各种化学反应都是在酶的作用下进行的。酶是促进一切代谢反应的物质。无论是动物、植物等高等生物体内，还是细菌、真菌、藻类等低等生物细胞中，在其生长发育、呼吸、吸收、排泄和繁殖等新陈代谢过程中所进行的一切生物化学变化几乎都是在酶的催化下发生的。没有酶，代谢就会停止，生命也将消亡。因此，研究酶的性质及其作用机制，对于阐明生命现象的本质具有重要意义。现代生物科学的发展已深入到分子水平，从生物大分子的结构与功能的关系来说明生命现象的本质和规律，从分子水平去探讨酶与生命活动、代谢调节、疾病、生长发育等的关系，无疑有重大的科学意义。

酶还是分子生物学研究的重要工具，正是由于某些专一性工具酶的出现，才使核酸一级结构的测定有了重要突破。1970 年，史密斯（Smith）等从细菌中分离出能识别特定核苷酸序列且切点专一的限制性内切酶，命名为 Hind Ⅱ。Nathns 用该酶降解病毒 SV40 的 DNA，排列了酶切图谱，从此，Hind Ⅱ成为分子克隆技术中不可缺少的工具酶，史密斯（Smith）等因此荣获 1979 年的诺贝尔生理学或医学奖。限制性内切酶的发现促进了 DNA 重组技术的诞生，推动了基因工程的发展。

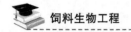

（二）酶的特性

酶具有催化剂的共性，只要有少量酶存在即可大大加快反应的速度。它能使反应迅速达到平衡，但不改变反应的平衡点。在反应前后本身无变化。酶作为生物催化剂，具有催化效率高、专一性强和作用条件温和等显著特点。

1. 催化效率高

酶的催化效率比非酶催化反应的效率高 $10^7 \sim 10^{13}$。酶的催化效率之所以这么高，是由于酶催化可以使反应所需的活化能显著降低。

2. 催化作用专一性强

酶的专一性是指在一定的条件下，一种酶只能催化一种或一类结构相似的底物进行某种类型反应的特性。酶催化作用的专一性是酶在各个领域广泛应用的重要基础。

3. 催化作用的条件温和

酶催化反应都发生在相对温和的条件下。例如：温度低于 100℃，正常的大气压，中性的 pH 值环境。相反一般化学催化往往需要高温高压和极端的 pH 值条件。因此，采用酶作为催化剂，有利于节省能源、减少设备投资、优化工作环境和劳动条件。

（三）酶发展简史

人们对酶的认识经历了一个不断发展、逐步深入的过程。由不自觉地应用阶段到主动研究阶段以及现代酶学的快速发展时期。

我们的祖先在几千年前就已经不自觉地利用酶的催化作用来制造食品和治疗疾病。据文献记载，我国在 4000 多年前的夏禹时代就已经掌握了酿酒技术，在 3000 多年前的周朝，就会制造饴糖、食酱等食品，在 2500 多年前的春秋战国时期，就懂得用曲来治疗消化不良等疾病。在生产和生活活动过程中，我们的先人们创造了"酶"这个汉字。然后，人们从 18 世纪初才开始认识酶的作用和特性。

随后，人们对酶的认识不断深入和扩展。1777 年，苏格兰大夫史蒂文斯从胃里分离到一种液体（胃液），并证实了食物的消化进程能够在体外进行。1834 年，德国博物学家施旺把氯化汞加到胃液里，沉淀出一种白色粉末。他把这粉末叫作"胃蛋白酶"。同时，两位法国化学家帕扬和佩索菲发现，麦芽提取物中有一种物质，能使淀粉酿成糖，他们称这种物质为"淀粉酶制剂"。法国利尔大学的化学家和心理学家巴斯德认为在酵母细胞中存在一种生机物质，并把这种物质定名为"酵素"（Ferment）。1878 年，德国生理学家威廉·屈内（Willim Kuhne）初次提出了酶（Enzyme）这一概念。随后，酶被用于专指胃蛋白酶等一类非活体物质。在这近 100 多年中，人们从酶的作用、性质和催化等方面逐步认识到"酶是生物体产生的具有生物催化功能的物质"。

20 世纪以后，酶学进入了快速发展时期。1926 年，萨姆纳首次从刀豆提取液中分离纯化得到脲酶结晶，并证明它具有蛋白质的性质。后来对一系列酶的研究，都证实酶的化学本质是蛋白质。在此后的 50 多年中，人们普遍接受"酶是具有生物催化功能的蛋白质"这一概念。1960 年，雅可布（Jacob）和莫诺德（Monod）提出操纵子学说，阐明了酶生物合成的基本调节机制。1982 年，切赫（R. T. Cech）等发现四膜虫细胞的 26S rRNA 前体具有自我剪接功能。该 RNA 前体约有 6400 个核苷酸，含有一个内含子或称间隔序列和两个外显子，在成熟过程中，通过自我催化作用，将间隔序列切除，并使两个外显子连接成成熟的 RNA，这个过程称为剪接。这种剪接不需要蛋白质存在，但必须有鸟苷或 5′-GMP 和镁离子参与。切赫将之称为自我剪接反应，认为 RNA 亦具有催化活性，并将这种具有催化活性的 RNA 称为 Ribozyme。1983 年，阿尔特曼等发现核糖核酶 P 的 RNA 部分 M1 RNA 具有核糖核酶 P 的催化活性。RNA 具有生物催化活性这一发现，改变了有关酶的概念，被认为是生物科学领域最令人鼓舞的发现之一。

二、酶工程发展概况

酶工程是在酶的生产和应用过程中逐步形成并发展起来的学科。虽然早在几千年前，人类已开始利用微生物酶来制造食品和饮料，但是那时人类并不知道酶是怎样的物质，是不自觉地利用了酶的催化作用。然而真正地认识酶的存在和作用，并且进行酶的生产和应用是从 19 世纪开始的。

1894 年日本的高峰让吉利用米曲霉固体培养法生产第一个商品酶制剂——高峰淀粉酶作消化药物，开创了近代酶的生产应用的先例。1907 年德国人罗姆（Rohm）制得胰酶，用于皮革的软化；1911 年德国人威尔斯丁（Wallerstein）利用木瓜蛋白质酶防止啤酒混浊；1917 年法国人博伊登（Boidin）首创以枯草杆菌生产淀粉酶产品在纺织工业上用作退浆剂。此后酶的生产和应用逐步发展，然而酶的大规模生产是在第二次世界大战后，随着抗生素的发展而建立起来，1949 年日本开始用液体深层培养法生产细菌 α-淀粉酶。从此微生物酶的生产进入大规模工业化阶段。1960 年法国的雅可布（Jacob）和莫诺德（Monod）提出操纵子学说，阐明了酶生物合成的调节机制，使酶的生物合成可以按照人们的意愿加以调节控制。

随着酶生产的发展，酶的应用越来越广，然而在应用过程中，人们注意到酶存在一些缺点，如稳定性差、使用效率低、不能在有机溶剂中反应等。为此，为了更好地发挥酶的催化功能，并使其能在生化反应器中反复连续使用，人们发展了酶的固定化技术。酶固定化后有一定的机械强度，装入酶反应器中可使生产连续化、自动化，同时也提高了对酸、碱、热的稳定性能，对提高生产效率，节约能源，降低成本等均起到前所未有的作用。目前在单一酶固定化技术的基础上，又发展了多酶体系的固定化及固定化细胞增殖技术，由于细胞壁扩散障碍，又发展起来了固定化原生质体技术；而固定化酶的研究推动了新型生物反应器、生物传感器和生物芯片等现代生物电子器件的发展。这些产品已用于生产各种氨基酸、有机酸、核苷酸、抗生素。它们有高效能、低消耗、无公害、长寿命、安全、自动化等特点。目前已在各先进国家中使用。

通过各种方法使酶分子的结构发生某些改变，从而改变酶的某些特性和功能的技术过程称为酶分子修饰。20 世纪 80 年代以来，酶分子修饰技术发展很快，修饰方法主要有酶分子主链修饰、酶分子侧链基团修饰、酶分子组成单位置换修饰、酶分子中金属离子置换修饰和物理修饰等。广义来说，酶的固定化技术也属于酶分子修饰技术的一种。两者的主要区别在于固定化酶是水不溶性的，而修饰酶则仍旧是水溶性的。通过分子修饰可以提高酶的催化效率，增强酶的稳定性，消除或降低酶的抗原性等。故此，酶分子修饰技术已经成为酶工程中具有重要意义和广阔应用前景的研究和开发领域。

随着基因工程的崛起，酶工程的发展进入一个非常重要的时期。它是将新的生物技术全部应用到酶工程上来，使酶工程不断向广度和深度发展，显示广阔而诱人的前景。20世纪90年代以来，随着易错PCR技术、DNA重排技术、基因家族重排技术等体外基因随机突变技术以及各种高通量筛选技术的发展，酶定向进化技术已经发展成为酶催化特性的强有力手段。酶定向进化不需要事先了解酶的结构、催化功能、作用机制等有关信息，应用面广。在体外人为地进行基因的随机突变，短时间内可以获得大量不同的突变基因，建立突变基因文库；在人工控制条件的特殊环境下进行定向选择，进化方向明确、目的性强。酶的定向进化是一种快速有效地改进酶的催化特性的手段，通过酶的定向进化，有可能获得具有优良特性的新酶分子，酶定向进化已经成为酶工程研究的热点。

进入21世纪以后，现代意义上的酶工程是新兴起的生物高科技。由微生物发酵液中分离出一些酶，制成酶制剂。随着微生物发酵技术的发展和酶分离纯化技术的更新，酶制剂的研究得到不断推进并实现了其商业化生产，现已开发出各种类型的酶制剂。近年来发展的蛋白质工程技术则使酶的定向改造成为可能，它不仅可以改变酶的特性，还可按需要设计出某种新型的酶。虽然酶的蛋白质工程还处于起步阶段，但从实际应用上看具有很大的潜力。随着生物技术的发展，酶工程将引起发酵工业和化学合成工业的巨大变革。

三、酶工程应用

当前酶工程的研究目标除了探究酶的催化机制，揭示生命现象的本质外，其最重要的目标是推动酶走向应用。酶的应用已有几千年的历史。然而真正认识而有目的的利用酶，至今不过100年的历史。特别是随着对酶研究的深入和酶的生产技术的进步，酶在工业生产中的应用越来越广泛，几乎在各个行业都有酶的应用。尤其是固定化酶的催化作用，可以简化生产工艺、降低生产成本、改善操作环境，其经济效益是非常可观的。随着人们对环境保护和生活质量提高，酶在医药、食品、纺织等领域的应用日益广泛。酶工程技术已成为生物工程领域的关键技术，无论是基因工程、蛋白质工程、细胞工程还是发酵工程，都需要酶的参与。酶催化的高效性、特异性，产品的高效回收和反应体系简单等优点使酶工程技术成为现代生物技术的主要支柱之一。

由于酶具有专一性强、催化效率高及反应条件温和的特点，因此酶在工业上应用，可以增加产量，提高质量、降低原材料和能源的消耗，改善劳动条件，甚至可以生产出用其他方法难以得到的产品，促进新产品、新技术、新工艺的兴起和发展。如医药方面，酶可以快速、简便、准确地诊断出疾病，并可作为药物用于治疗疾病。在分析检验方面，酶可以快速简便、灵敏准确地诊断疾病。特别是在基因工程、细胞工程和蛋白质工程等新技术领域，酶是必不可少的工具。在酶的应用中，要根据应用目的选择适当的酶和酶的纯度。可以采用粗酶或者纯化的酶或者需要几种酶联合使用。

随着酶工程的发展，不断出现新酶种和新用途。在传统领域中，如洗涤剂工业，除原先使用的碱性蛋白酶外，已经研制开发出对漂白剂有很强耐性的蛋白酶，对底物有很强亲和力的脂肪酶、碱性 α-淀粉酶和纤维素酶等，各种酶的配合应用，可以制成各种不同的洗涤剂，能够满足洗涤纺织品、餐具和卫生洁具等的需要。在临床诊断方面应用广泛的过氧化物酶，也可以制作洗涤剂，该酶只作用于游离的色素，而不作用于已经染在纺织品上的色素，因此在洗涤时既能防止衣物不被其他色素污染，又不会使衣服褪色。在纺织工业中，除利用纤维素酶处理纺织品提高其柔软性和染色性外，又开发了将原果胶酶用于棉纤维的加工，既能改善纤维的手感和提高染色性，又不影响纤维的强度。近来蛋白酶广泛用于水解动植物蛋白，制造营养性天然调味品。在化妆品工业，酶的应用也越来越受到重视，如染发剂中常用过氧化氢，易伤毛发，现在研究用尿酸酶作为过氧化氢的供体，可以稳定的供应过氧化氢，又不会损伤毛发。在饲料工业方面，现在已普遍使用纤维素酶、半纤维素酶、果胶酶、淀粉酶和蛋白酶，从而提高饲料的可消化性，提高畜禽的产肉率，畜类的产乳率及禽类的产蛋率等。

自 20 世纪中叶以来，酶制剂的市场得到了蓬勃发展。国外的酶生产公司不断应用基因工程、蛋白质工程等新技术，大力发展新酶种、新用途。应用基因工程技术生产的酶制剂占市场的份额很大，洗涤剂为酶基本的基因工程产品。其他如饲料用酶、淀粉酶的生产已处于实用化阶段，新的应用市场还在不断地开拓。因此酶的应用潜力巨大，加上固定化酶、酶分子修饰和基因工程技术的发展，可使酶的各种特性变得更加符合人们的愿望，使酶应用更显示出优越性。

第二节　酶工程技术

随着酶学研究的迅速发展，使酶学基本理论与化学工程相结合，从而形成了酶工程。酶工程就是将酶或者微生物细胞、动植物细胞或细胞器等在一定的生物反应装置中，利用酶所具有的生物催化功能，在一定条件下催化化学反应，借助工程手段将相应的原料转化成有用物质并应用于社会生活的一门科学技术；或者指天然酶和工程酶（经化学修饰、基因工程、蛋白质工程改造的酶）的大量生产以及在国民经济各个领域中的应用，包括酶制剂的制备，酶的固定化，酶的修饰与改造及酶反应器等内容。

一、酶的生产

（一）酶的发酵生产

经过预先设计，通过人工操作，利用微生物的生命活动获得所需的酶的技术过程，称为酶的发酵生产。酶的发酵生产是当今生产大多数酶的主要方法。这是由于微生物的研究历史较长，而且微生物具有种类多、繁殖快、易培养、代谢能力强等特点。

所有的微生物细胞在一定的条件下都能合成多种多样的酶，但是并不是所有的微生物都能够用于酶的生产。一般来说，用于酶的生产的微生物有下列特点。① 酶的产量高：优良的产酶微生物首先要具有高产的特性，才能有较好的开发应用价值。高产微生物可以通过多次反复的筛选、诱变或者采用基因克隆、细胞或原生质体融合等技术而获得。在生产过程中，若发现退化现象，必须及时进行复壮处理，以保持微生物高产特性。② 容易培养和管理：优良的产酶微生物必须对培养基和工艺条件没有特别苛刻的要求，容易生长繁殖，适应性强，易于控制，便于管理。③ 产酶稳定性好：优良的产酶微生物在正常的生产条件下，要能够稳定地生长和产酶，不易退化，一旦出现退化现象，经过复壮处理，可以使其恢复原有的产酶特性。④ 利于酶的分离纯化：酶生物合成以后，需要经过分离纯化，才能得到可以在各个领域应用的酶制剂。这就要求产酶微生物与其他杂质容易和酶分离，以便获得所需纯度的酶，以满足使用者的要求。⑤ 安全可靠，无毒性：要求产酶微生物及其代谢产物安全无毒，不会对人体和环境产生不良影响，也不会对酶的应用产生其他不良影响。

实际上，迄今能够用于酶生产的微生物种类是十分有限的。人们偏好于使用长期以来在食品和饮料工业上用作生产菌的微生物。这是由于获得法定机构许可使用微生物进行酶生产前，必须进行微生物产品毒性与安全的评价，整个过程费时费事。基于此，目前大多数工业微生物酶的生产，都局限于使用仅有的极少数的细菌、放线菌、霉菌、酵母等（部分见图 4-1）。只有找到更加经济可靠的安全试验方法，才能使更多的微生物在工业酶的生产中得到应用。

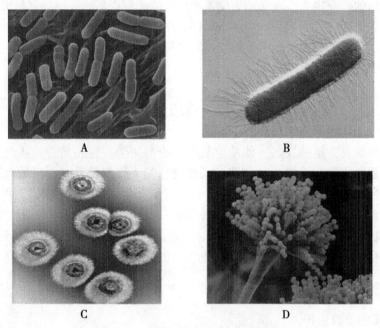

图 4-1　酶发酵生产常用的微生物
A—大肠杆菌；B—枯草芽孢杆菌；C—链霉菌；D—黑曲霉

1. 制备菌种

（1）优良产酶菌种的筛选

酶发酵生产的前提之一，是根据产酶的需要，选育得到性能优良的微生物。一般来说，优良的产酶微生物应当具备下列条件：产酶量高、产酶稳定性好、容易培养和管理、利于酶的分离纯化，以及安全可靠，无毒等。

产酶微生物的筛选方法与发酵工程中微生物的筛选方法一致，主要包括以下几个步骤：含菌样品的采集、菌种分离、产酶性能测定及复筛等。

对于胞内酶的产酶菌株，经常采用分离与定性和半定量测定产酶性能相结合的方法，使之在培养皿中分离时就能大致了解菌株的产酶性能。具体操作如下：将酶的底物和培养基混合倒入培养皿中制成平板，然后涂布含菌的样品，如果长出的菌落周围底物发生变化，即证明它产酶。

如果是胞外酶，则可采用固体培养法或液体培养法来确定。固体培养法是把菌种接入固体培养基中，保温数天，用水或缓冲液将酶抽提，测定酶活力，这种方法主要适用于霉菌；液体培养法是将菌种接入液体培养基后，静置或在摇床上振荡培养一段时间（视菌种而异），再测定培养物中酶的活力。通过比较，筛选出产酶性能较高的菌种供复筛使用。

（2）基因工程菌（细胞）的构建

基因工程技术的建立，使人们在很大程度上摆脱了对天然酶的依赖，特别是当从天然材料获得酶蛋白极其困难时，重组 DNA 技术更显示出其独特的优越性。基因工程的发展使得人们可以较容易地克隆各种各样天然的酶基因，使其在微生物中高效表达，并通过发酵进行大量生产。运用基因工程技术可以改善原有酶的各种性能，如提高酶的产量、增加酶的稳定性、根据需要改变酶的适应温度、提高酶在有机溶剂中的反应效率和稳定性、使酶在提取和应用过程中更容易操作等。运用基因工程技术也可以将原来有害的、未经批准的微生物产生的酶的基因或由生长缓慢的动植物产生的酶的基因，克隆到安全的、生长迅速的、产量很高的微生物体内，改由微生物来生产。运用基因工程技术还可以通过增加该酶基因的拷贝数，来提高微生物产生的酶的数量。

基因克隆是酶基因工程的关键，基因克隆的原理与步骤在第二章中已有详细讨论。要构建一个具有良好产酶性能的菌株，还必须具备良好的宿主——载体系统，一个理想的宿主应具备以下几个特性：① 所希望的酶占细胞总蛋白量的比例要高，能以活性形式分泌；② 菌体容易大规模培养，生长无特殊要求，且能利用廉价的原料；③ 载体与宿主相容，克隆酶基因的载体能在宿主中稳定维持；④ 宿主的蛋白酶尽可能少，产生的外源酶不会被迅速降解；⑤ 宿主菌对人安全，不分泌毒素。

纤溶酶原激活剂（Plasminogen activator，t-PA）和凝乳酶是应用基因工程进行大量生产的最成功例子。纤溶酶原激活剂是一类丝氨酸蛋白酶，能使纤溶酶原水解产生有活性的纤溶酶，溶解血块中的纤维蛋白，在临床上用于治疗血栓性疾病，促进体内血栓溶解。利用工程细胞生产的酶在疗效上与人体合成的酶完全一致，目前已用于临床。凝乳蛋白酶是生产乳酪的必须用酶，最早是从小牛第四胃室（皱胃）的胃膜中提取出来的一种凝乳物质，由于它的需求量常受到动物供应的限制，而直接从微生物中提取的凝乳酶又常会引起乳酪苦味，因此，克隆小牛凝乳酶基因在微生物中发酵生产，在食品工业上具有重要的商业意义。

自然界蕴藏着巨大的微生物资源，现在人们可以采用新的分子生物学方法直接从这类微生物中探索和寻找有开发价值的新的微生物菌种、基因和新的酶。目前，科学家们热衷于从极端环境条件下生长的微生物内筛选新的酶，主要研究嗜热微生物、嗜冷微生物、嗜盐微生物、嗜酸微生物、嗜硫微生物和嗜压微生物等。这就为新酶种和酶的新功能的开发提供了广阔的空间。

2. 发酵工艺条件及其控制

在酶的发酵生产中，除了选择性能优良的产酶微生物以外，还必须控制好各种工艺条件，并且在发酵过程中，根据发酵过程的变化情况进行调节，以满足细胞生长、繁殖和产酶的需要。微生物发酵产酶的一般工艺流程如图 4-2 所示。

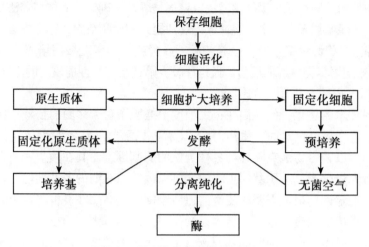

图 4-2　微生物发酵产酶的工艺流程

（1）培养基的配制

培养基是指人工配制的用于细胞培养和发酵的各种营养物质的混合物。在设计和配制培养基时，首先调节至所需的 pH 值，以满足细胞生长、繁殖和新陈代谢的需要，不同的细胞对培养基的要求不同（表 4-1）；同一种细胞用于生产不同物质时，所要求的培养基有所不同；有些细胞在生长、繁殖阶段与发酵阶段所要求的培养基也不一样，必须根据需要配制不同的培养基。

虽然培养基多种多样，但是培养基一般包括碳源、氮源、无机盐和生长因子等几大类组分。发酵培养基的成分及来源见第三章第二节（二）部分的内容。

表 4-1　各种生物细胞对营养的需求

	动物（异养）	微生物		绿色植物（自养）
		异养	自养	
碳源	糖类、脂肪	糖、醇、有机酸等	二氧化碳、碳酸盐等	二氧化碳
氮源	蛋白质及其降解物	蛋白质及其降解物、有机氮化物	无机氮化物	无机氮化物
能源	与碳同源	与碳同源	氧化无机物或利用日光能	利用日光能
生长因子	维生素	有些需要维生素等生长因子	不需要	不需要
无机元素	无机盐	无机盐	无机盐	无机盐
水分	水	水	水	水

（2）酶的发酵生产方式

酶的发酵生产根据微生物培养方式的不同，可以分为固体培养发酵、液体深层发酵、固定化微生物细胞发酵和固定化微生物原生质体发酵等。

固体培养发酵的培养基，以麸皮、米糠等为主要原料，加入其他必要的营养成分，制成固体或者半固体的麸曲，经过灭菌、冷却后，接种产酶微生物菌株，在一定条件下进行发酵，以获得所需的酶。我国传统的各种酒曲、酱油曲等都是采用这种方式进行生产的。其主要目的是获得所需的淀粉酶类和蛋白酶类，以催化淀粉和蛋白质的水解。固体培养发酵的优点是设备简单，操作方便，麸曲中酶的浓度较高，特别适用于各种霉菌的培养和发酵产酶；其缺点是劳动强度较大，原料利用率较低，生产周期较长。图4-3为固态发酵车间。

图4-3　固态发酵车间

液体深层发酵是采用液体培养基，置于生物反应器中，经过灭菌、冷却后，接种产酶细胞，在一定的条件下，进行发酵，生产得到所需的酶。液体深层发酵不仅适合于微生物细胞的发酵生产，也可以用于植物细胞和动物细胞的培养。液体深层发酵的机械化程度较高，技术管理较严格，酶的产率较高，质量较稳定，产品回收率较高，是目前酶发酵生产的主要方式。

固定化微生物细胞发酵是20世纪70年代后期在固定化酶的基础上发展起来的发酵技术。固定化细胞是指固定在水不溶性的载体上，在一定的空间范围内进行生命活动（生长、繁殖和新陈代谢等）的细胞。固定化细胞发酵具有如下特点：① 细胞密度大，可提高产酶能力；② 发酵稳定性好，可以反复使用或连续使用较长的时间；③ 细胞固定在载体上，流失较少，可以在高稀释率的条件下连续发酵，利于连续化、自动化生产；④ 发酵液中含菌体较少，利于产品分离纯化，提高产品质量等。

固定化原生质体技术是20世纪80年代中期发展起来的技术。固定化原生质体是指固定在载体上、在一定的空间范围内进行新陈代谢的原生质体。固定化微生物原生质体发酵具有下列特点：① 固定化原生质体由于除去了细胞壁这一扩散屏障，有利于胞内物质透过细胞膜分泌到细胞外。可以使原来属于胞内产物的胞内酶等分泌到细胞外，这样就可以不经过细胞破碎和提取工艺直接从发酵液中分离得到所需的发酵产物，为胞内酶等胞内物质的工业化生产开辟崭新的途径。② 采用固定化原生质体发酵，使原来存在于细胞间质中的物质如碱性磷酸酶等，游离到细胞外，变为胞外产物。③ 固定化原生质体由于有载体的保护作用，稳定性较好，可以连续或重复使用较长的一段时间。然而固定化原生质体的制备较复杂，培养基中需要维持较高的渗透压，还要防止细胞壁的再生等。

（3）细胞活化与扩大培养

选育得到的优良的产酶微生物必须采取妥善的方法进行保藏。常用的保藏方法有斜面保藏法、沙土管保藏法、真空冷冻干燥保藏法、石蜡油保藏法等，可以根据需要和可能进行选择，以尽可能保持细胞的生长、繁殖和产酶特性。

保藏的菌种在用于发酵生产之前，必须接种于新鲜的固体培养基上，在一定的条件下进行培养，使细胞的生命活性得以恢复，这个过程称为细胞活化。

活化了的细胞需在种子培养基中经过一级乃至数级的扩大培养，以获得足够数量的优质菌种。种子扩大培养所使用的培养基和培养条件应当是适合细胞生长、繁殖的最适条件。种子培养基中一般含有较为丰富的氮源，碳源可以相对少一些。种子扩大培养时，温度、pH值、溶解氧等培养条件应尽量满足细胞生长和繁殖的需要，使细胞长得又快又好。种子扩大培养的时间一般以培养到细胞对数生长期为宜。有时需要采用孢子接种，则要培养至孢子成熟期才能用于发酵。接入下一级种子扩大培养或接入发酵罐的种子量一般为下一工序培养基总量的 1%~10%。

3. 提高酶产量的措施

在酶的发酵生产过程中，为了提高酶的产量，除了选育优良的产酶菌株外，还可以采用一些与酶发酵工艺有关的措施，如添加诱导物、控制阻遏物浓度等。

（1）添加诱导物

对于诱导酶的发酵生产，在发酵过程中的某个适宜的时机，添加适宜的诱导物，可以显著提高酶的产量。例如，乳糖诱导 β-半乳糖苷酶，纤维二糖诱导纤维素酶，蔗糖甘油单棕榈酸诱导蔗糖酶的生物合成等。

对于诱导酶的发酵生产，在发酵培养基中添加诱导物能使酶的产量显著增加。诱导物一般可分为三类：① 酶的作用底物。例如，青霉素是青霉素酰化酶的诱导物。② 酶的反应产物。例如，纤维素二糖可诱导纤维素酶的产生。③ 酶的底物类似物。例如，异丙基-β-硫代半乳糖苷（IPTG）对 β-半乳糖苷酶的诱导效果比乳糖高几百倍。其中使用最广泛的诱导物是不参与代谢的底物类似物。

（2）控制阻遏物浓度

阻遏作用根据机理不同，可分为：产物阻遏和分解代谢物阻遏两种。产物阻遏作用是由酶催化作用的产物或者代谢途径的末端产物引起的阻遏作用。分解代谢物阻遏作用是由分解代谢物（葡萄糖等和其他容易利用的碳源等物质经过分解代谢而产生的物质）引起的阻遏作用。为避免分解代谢物的阻遏作用，可采用难于利用的碳源，或采用分次添加碳源的方法使培养基中的碳源保持在不至于引起分解代谢物阻遏的浓度。例如，在β-半乳糖苷酶的生产中，只有在培养基中不含葡萄糖时，才能大量诱导产酶。对于受末端产物阻遏的酶，可通过控制末端产物的浓度使阻遏解除。例如，组氨酸的合成途径中，10 种酶的生物合成受到组氨酸的反馈阻遏，若在培养基中添加组氨酸类似物（例如 2-噻唑丙氨酸），可使这 10 种酶的产量增加 10 倍。

（3）表面活性剂

表面活性剂可以与细胞膜相互作用，增加细胞的透过性，有利于胞外酶的分泌，从而提高酶的产量。将适量的非离子型表面活性剂，如吐温（Tween）、特里顿（Triton）等添加到培养基中，可以加速胞外酶的分泌，从而使酶的产量增加。由于离子型表面活性剂对细胞有毒害作用，尤其是季胺型表面活性剂是消毒剂，对细胞的毒性较大，不能在酶的发酵生产中添加到培养基中。

（4）添加产酶促进剂

产酶促进剂是指可以促进产酶、但是作用机理尚未阐明清楚的物质。例如，添加一定量的植酸钙镁，可使霉菌蛋白酶或者桔青霉磷酸二酯酶的产量提高 1~20 倍；添加聚乙烯醇可以提高糖化酶的产量。产酶促进剂对不同细胞、不同酶的作用效果各不相同，现在还没有规律可循，要通过试验确定所添加的产酶促进剂的种类和浓度。

（二）细胞培养产酶

动植物细胞培养是通过特定技术获得优良的动物和植物细胞，然后在人工控制条件的反应器中进行细胞培养，以获得所需产物的技术过程。动物细胞可以采用离心分离技术、杂交瘤技术、胰蛋白酶消化处理技术等获得。来自血液等体液中的动物细胞通常采用离心分离技术获得，杂交瘤细胞则要首先分离肿瘤细胞和免疫淋巴细胞，再在一定条件下将肿瘤细胞和免疫淋巴细胞进行细胞融合，然后筛选得到杂交瘤细胞；其他动物体细胞通常采用胰蛋白酶消化处理动物的组织、器官，使细胞分散成为悬浮液。动物细胞培养方式有悬浮培养、贴壁培养和微载体培养等。来自血液、淋巴组织的细胞、肿瘤细胞和杂交瘤细胞等，可以采用悬浮培养的方式；存在于淋巴组织以外的组织、器官中的细胞，它们必须依附在带有适当正电荷的固体或半固体物质的表面上生长，采用贴壁培养或微载体培养。动物细胞培养的主要目的是获得疫苗、激素、多肽药物、单克隆抗体、酶、皮肤等人体组织、器官等功能性蛋白质。

植物细胞可以通过机械捣碎或酶解的方法直接从外植体中分离得到，也可以通过诱导愈伤组织而获得，还可以通过分离原生质体后再经过细胞壁再生而获取。通常采用愈伤组织诱导方法获得所需的植物细胞。植物细胞培养方式有固体培养、液体浅层培养、液体悬浮培养等，在次级代谢物的生产过程中通常采用液体悬浮培养。植物细胞培养主要用于生产色素、药物、香精、酶等次级代谢物。

二、酶的分离纯化

酶的提取与分离纯化是酶的生产中最早采用并一直沿用至今的生产方法，在采用其他方法进行酶的生产过程中，也必须进行酶的提取和分离纯化。在酶学研究方面，酶的提取和分离纯化是必不可少的环节。

酶的提取与分离纯化是指将酶从细胞或其他含酶原料中提取出来，再与杂质分开，而获得所要求的酶制品的技术过程，主要包括细胞破碎、提取、分离、浓缩、干燥、结晶等（图 4-4）。

酶的种类繁多，性质各异，分离纯化方法不尽相同。即便是同一种酶，也因其来源不同、酶的用途不同，而使分离纯化的步骤不一样。工业用酶一般无须高度纯化。例

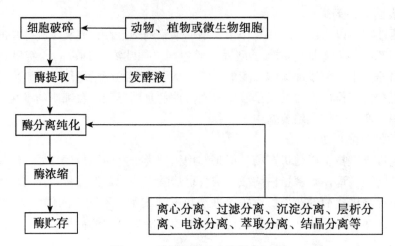

图 4-4　酶的提取与分离纯化过程

如，用于洗涤剂的蛋白酶，实际上只需经过简单的分离提取即可。而对于食品工业用酶，则需要经过适当的分离纯化，以确保安全卫生。对于医药用酶，特别是注射用酶及分析测试用酶，则需经高度的纯化或制成晶体，而且绝对不能含有热源物质。酶的分离纯化步骤越复杂，酶的收率越低，材料和动力消耗越大，成本就越高。因此，在符合质量要求的前提下，应尽可能采用步骤简单、收率高、成本低的方法。

由于酶很不稳定，在提取时容易变性失活，因而提取时应注意：

（1）温度　整个提纯操作应尽可能在低温下（0~4℃）进行，以防止酶的变性失活或蛋白质水解酶对目的酶的水解（尤其是在有机溶剂或无机盐存在下更应注意）。

（2）pH 值　在提纯过程中一般采用缓冲液作为溶剂，防止过酸或过碱。对某一特定的酶，溶剂 pH 值的选择应考虑酶的 pH 值稳定性以及酶的溶解度。

（3）盐浓度　因为大多数蛋白质具有盐溶性质，所以在抽提过程中可选用合适浓度的盐溶液以促进蛋白质溶解。但要注意当盐浓度过高时，酶容易变性。

（4）搅拌　剧烈搅拌容易引起蛋白质变性，提纯中应避免剧烈搅拌和产生泡沫。

（5）微生物污染　酶溶液是微生物生长的良好培养基，在提纯过程中应尽可能防止微生物对酶的破坏。

（一）酶制剂的制备

酶制剂的制备流程一般包括破碎细胞、溶剂抽提、离心、过滤、浓缩和干燥这几个步骤，对某些纯度要求很高的酶则需经几种方法，甚至多次反复处理。

1. 破碎细胞

细胞破碎是通过各种方法使细胞外层结构破坏的技术过程。细胞破碎方法可以分为机械破碎法、物理破碎法、化学破碎法和酶促破碎法，如表 4-2 所示。在实际使用时应当根据具体情况选用适宜的细胞破碎方法，有时也可以采用两种或两种以上的方法联合使用，以便达到细胞破碎的效果，又不影响酶的活性。一般情况下，动植物细胞常用高速组织捣碎机和组织匀浆器破碎，而微生物细胞的破碎则有机械破碎法、酶法、化学试剂法和物理破碎法等多种。

表 4-2　细胞破碎方法及原理

分类	细胞破碎方法	细胞破碎原理
机械破碎法	捣碎法 研磨法 匀浆法	通过机械运动产生的剪切力，使组织、细胞破碎
物理破碎法	温度差破碎法 压力差破碎法 超声波破碎法	通过各种物理因素的作用，使组织、细胞的外层结构破坏，从而使细胞破碎
化学破碎法	添加有机溶剂 添加表面活性剂	通过各种化学试剂对细胞膜的作用，从而使细胞破碎
酶促破碎法	自溶法 外加酶制剂法	通过细胞本身的酶系或外加酶制剂的催化作用，使细胞外层结构受到破坏，从而达到细胞破碎

由于细胞外层结构不同，所采用的细胞破碎方法和条件亦因酶的种类而定。除了动物和植物体液中的酶及微生物胞外酶之外，大多数酶都存在于细胞内部。为了获得细胞内的酶，首先要收集组织、细胞并进行细胞或组织破碎，使细胞的外层结构破坏，然后进行酶的提取和分离纯化。除了胞外酶的提取以外，所有胞内酶均需将细胞破碎后方可进一步抽提。

2. 溶剂抽提

大多数酶蛋白都可用稀酸、稀碱、稀盐溶液或有机溶剂浸泡抽提（表 4-3），选用何种溶剂和抽提条件视酶的溶解性和稳定性而定。抽提时应注意溶剂种类、溶剂量和溶剂 pH 值等的选择。

表 4-3　酶的主要提取方法

提取方法	使用的溶剂或溶液	提取对象
盐溶液提取	0.02~0.5mol/L 的盐溶液	用于提取在低浓度盐溶液中溶解度较大的酶
酸溶液提取	pH 值 2~6 的水溶液	用于提取在稀酸溶液中溶解度大且稳定性较好的酶
碱溶液提取	pH 值 8~12 的水溶液	用于提取在稀碱溶液中溶解度大且稳定性较好的酶
有机溶液提取	可与水混溶的有机溶剂	用于提取那些与脂质结合牢固或含有较多非极性基团的酶

3. 离心分离

离心分离是酶分离提纯中最常用的方法，主要用于除去细胞残渣或抽提过程中生成的沉淀物。工业上常用板框压滤机来完成酶的粗分离。

4. 浓缩

由于发酵液或酶抽提液中酶的浓度一般都比较低，必须经过进一步纯化以便于保存、运输和应用。事实上，大多数纯化酶的操作如吸附、沉淀和凝胶过滤等均包含了酶的浓缩作用。工业上常采用真空薄膜浓缩法以保证酶在浓缩过程中基本不失活。

5. 干燥

酶溶液或含水量高的酶制剂即使在低温下也极不稳定，只能作短期保存。为使酶制剂长时间的运输和储存，防止酶变性，往往需对酶进行干燥，制成含水量较低的制品。常用的干燥方法有真空干燥、冷冻干燥和喷雾干燥等。

（二）酶的纯化

医药、分析和测试用酶必须使用精制品，因此，有必要进一步进行酶的纯化和精制。根据酶分子的不同特性，可以采用以下一些纯化方法，但每一种方法往往包含两种或两种以上的作用因素。

1. 根据酶分子大小和形状的分离方法

（1）离心分离

离心分离是借助于离心机旋转所产生的离心力，使不同大小、不同密度的物质分离的技术过程。在离心分离时，要根据欲分离物质以及杂质的颗粒大小、密度和特性的不同，选择适当的离心机、离心方法和离心条件。

离心机多种多样，通常按照离心机的最大转速不同进行分类，可以分为常速（低速）离心机、高速离心机（图4-5A）和超速离心机（图4-5B）3种（表4-4）。

表4-4　离心机类别

名称	转速（r/min）	注意事项
低速离心机	<6 000	常温，注意样品热变性和离心管平衡
高速离心机	6 000~25 000	冷冻（防止温度升高），离心管的精确平衡
超速离心机	>25 000	冷冻+真空系统（减少空气阻力和摩擦），离心管的精确平衡

对于常速离心机和高速离心机，由于所分离的颗粒大小和密度相差较大，只要选择好离心速度和离心时间，就能达到分离效果；如果希望从样品液中分离出两种以上大小和密度不同的颗粒，需要采用差速离心方法（图4-5）。而对于超速离心，则可以根据需要采用差速离心（图4-6）、密度梯度离心和等密度梯度离心（表4-5）等方法。

图4-5　离心机

A 高速冷冻离心机　B 超速冷冻离心机

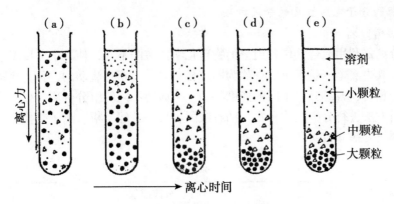

图 4-6 差速离心分离示意图

表 4-5 密度梯度离心和等密度梯度离心的特点

	密度梯度离心	等密度梯度离心
梯度介质	通常用蔗糖；最大的梯度密度<最小密度的沉降样品	通常用 CsCl；最大的梯度密度>密度最大的沉降样品
离心条件	在最前的沉降物质达到管底前停止，短时间，低速度	使各组分沉降到其平衡的密度区，长时间，高速度
分离依据	密度相近，但沉降系数不同	沉降系数相近，但密度不同

离心分离的效果受到多种因素的影响。除了上述离心机的种类、离心方法、离心介质以及密度梯度以外，在离心过程中，应该根据需要选择离心力和离心时间，并注意离心介质的 pH 值和温度等条件。

（2）过滤与膜分离

过滤是借助过滤介质将不同大小、不同形状的物质分离的技术过程。过滤介质多种多样，常用的有滤纸、滤布、纤维、多孔陶瓷、烧结金属和各种高分子膜等，可以根据需要选用。根据过滤介质的不同，可将过滤分为膜过滤和非膜过滤两大类。其中粗滤和部分微滤采用高分子膜以外的物质作为过滤介质，称为非膜过滤；而大部分微滤以及超滤、反渗透、透析、电渗析等采用各种高分子膜为过滤介质，称为膜过滤，又称为膜分离技术。根据过滤介质截留的物质颗粒大小不同，过滤可以分为粗滤、微滤、超滤和反渗透四大类。它们的主要特征如表 4-6 所示。

表 4-6 过滤的分类及其特性

类别	截留的颗粒大小	截留的主要物质	过滤介质
粗滤	>2μm	酵母、霉菌、动物细胞、植物细胞、固形物等	滤纸、滤布、纤维多孔陶瓷、烧结金属等
微滤	0.2~2μm	细菌、灰尘等	微滤膜、微孔陶瓷等
超滤	20Å~0.2μm	病毒、生物大分子等	超滤膜
反渗滤	<20Å	生物小分子、盐、离子	反渗透膜

2. 根据酶分子电荷性质的分离方法

（1）层析分离

层析分离是利用混合液中各组分的物理化学性质的不同，使各组分以不同比例分布在两相中。其中一个相是固定的，称为固定相；另一个相是流动的，称为流动相。当流动相经固定相时，各组分以不同的速度移动，从而使不同的组分分离纯化。酶可以采用不同的层析方法进行分离纯化，常用的有吸附层析、分配层析、离子交换层析、凝胶层析和亲和层析（表4-7）。

表4-7　层析分离方法

层析方法	分离原理
吸附层析	利用吸附剂对不同物质的吸附力不同而使混合物中各组分分离
分配层析	利用各组分在两相中的分配系数不同而使各组分分离
离子交换层析	利用离子交换剂上的可解离集团（活性基团）对各种离子的亲和力不同而达到分离目的
凝胶层析	以各种多孔凝胶为固定相，利用流动相中所含各种组分的相对分子质量不同而达到物质分离
亲和层析	利用生物分子与配基之间所具有的专一而又可逆的亲和力，使生物分子分离纯化
层析聚焦	将酶等两性物质的等电点特性与离子交换层析的特性结合在一起，实现组分分离

（2）电泳

带电粒子在电场中向着与其本身所带电荷相反的电极移动的过程称为电泳。电泳方法多种多样，按其使用的支持体不同，可以分为纸电泳、薄层电泳、薄膜电泳、凝胶电泳、自由电泳和等电聚焦电泳。

3. 根据分配系数的分离方法

（1）沉淀分离

沉淀分离是通过改变某些条件或添加某种物质，使酶的溶解度降低，而从溶液中沉淀析出，与其他溶质分离的技术过程。沉淀分离的方法主要有盐析沉淀法、等电点沉淀法、有机溶剂沉淀法、复合沉淀法、选择性变性沉淀法等（表4-8）。

表4-8　沉淀分离法

沉淀分离方法	分　离　原　理
盐析沉淀法	利用不同蛋白质在不同的盐浓度条件下溶解度不同的特性，通过在酶液中添加一定浓度的中性盐，使酶或杂质从溶液中析出沉淀，从而使酶与杂质分离
等电点沉淀法	利用两性电解质在等电点时溶解度最低，以及不同的两性电解质有不同的等电点这一特性，通过调节溶液的 pH 值，使酶或杂质沉淀析出，从而使酶与杂质分离
有机溶剂沉淀法	利用酶与其他杂质在有机溶剂中的溶解度不同，通过添加一定量的某种有机溶剂，使酶或杂质沉淀析出，从而使酶与杂质分离

沉淀分离方法	分　离　原　理
复合沉淀法	在酶液中加入某些物质，使它与酶形成复合物而沉淀下来，从而使酶与杂质分离
选择性变性沉淀法	选择一定的条件使酶液中存在的某些杂质变性沉淀而不影响所需的酶，从而使酶与杂质分离

（2）萃取分离

利用溶质在互不相溶的两相之间溶解度的不同而使溶质得到纯化或浓缩的方法。按照两相的组成不同，萃取可以分为有机溶剂萃取、双水相萃取、超临界萃取和反胶束萃取等。

（三）酶的纯度与酶活力

酶纯化过程中的每一个步骤都须进行酶活性及比活性的测定，这样才能知道所需的酶是在哪一个部分，才可以用来比较酶的纯度。所谓纯酶是相对的而不是绝对的，即使得到结晶，也不见得是单一的酶蛋白，因为蛋白质的混合物也会结晶。酶的纯度可用酶的比活力来衡量，比活力是以每毫克蛋白质所具有的酶活力单位数。一般情况下，酶的比活力随酶纯度的提高而提高。

（四）酶制剂的保存

酶保存条件的选择必须有利于维护酶天然结构的稳定性，酶的保存应注意：

（1）温度　酶的保存温度一般在 $0 \sim 4 ℃$，但有些酶在低温下反而容易失活，因为在低温下亚基间的疏水作用减弱会引起酶的解离。此外，零度以下溶质的冰晶化还可能引起盐分的浓缩，导致溶液的 pH 值发生改变，从而可能引起酶巯基间连接成为二硫键，损坏酶的活性中心，并使酶变性。

（2）缓冲液　大多数酶在特定的 pH 值范围内稳定，偏离这个范围便会失活，这个范围因酶而异。例如，溶菌酶在酸性区稳定，而固氮酶则在中性偏碱区稳定。

（3）氧化/还原　由于巯基等酶分子基团或铁-硫中心等容易为氧化物所氧化，故这类酶应加巯基或其他还原剂加以保护或在氩气和氮气中保存。

（4）蛋白质的浓度及纯度　一般来说，酶的浓度越高，酶越稳定，制备成晶体或干粉更有利于保存。此外，还可通过加入酶的各种稳定剂（例如底物、辅酶、无机离子等）来加强酶稳定性，延长酶的保存时间。

三、酶分子的改造

虽然酶已在工业、农业、医药和环保等方面得到了越来越多的应用，但就总体而言，大规模应用酶和酶工艺的还不多。导致这种现象的原因很多，其中酶自身在应用上暴露出来的一些缺点是最根本的原因。酶一旦离开细胞，离开其特定的环境条件，常常变得不太稳定，不适合大批量生产的需要。酶作用的最适 pH 值条件一般在中性，但在工业应用中，由于底物及产物带来的影响，pH 值常偏离中性范围，使酶难于发挥作用。在临床应用上，由于绝大多数的酶对人体而言都是外源蛋白质，具有抗原性，直接注入

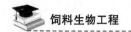

会引起人体的过敏反应。人们通过各种人工方法改造酶，使其更能适应各方面的需要。改变酶特性有两种主要的方法：一种是通过生物工程方法改造编码酶分子的基因从而达到改造酶的目的，即所谓酶的蛋白质工程；另一种方法是通过分子修饰的方法来改变已分离出来的天然酶的结构。

（一）酶分子修饰

酶分子修饰是指通过对酶蛋白主链的剪接切割和侧链的化学修饰对酶分子进行改造，改造的目的在于改变酶的一些性质，创造出天然酶不具备的某些优良性状，扩大酶的应用以达到较高的经济效益。

酶的化学修饰主要是利用修饰剂所具有的各类化学基团的特性，直接或经一定的活化步骤后与酶分子上的某种氨基酸残基（一般尽可能选用非酶活必需基团）产生化学反应，从而改造酶分子的结构与功能。酶的分子修饰分为酶的表面化学修饰和酶分子的内部修饰。酶的表面化学修饰包括大分子修饰（大分子结合修饰）、小分子修饰（酶蛋白侧链基团修饰）、交联修饰（交联法）和固定化修饰（共价偶联法）。酶分子内部修饰是指蛋白主链修饰（肽链有限水解修饰）、氨基酸置换修饰（催化和非催化活性基团的修饰）和金属离子置换修饰（辅因子修饰）。酶进行化学修饰时，应注意：

（1）修饰剂的要求　一般情况下，要求修饰剂具有较大的分子质量、良好的生物相容性和水溶性，修饰剂表面有较多的反应基团及修饰后酶活的半衰期较长。

（2）了解酶的性质　应熟悉酶活性部位的情况、酶反应的最适条件和稳定条件以及酶分子侧链基团的化学性质和反应活性等。

（3）反应条件的选择　尽可能在酶稳定的条件下进行反应，避免破坏酶活性中心功能基团，因此，必须仔细控制反应体系中酶与修饰剂的分子比例、反应温度、反应时间、盐浓度和 pH 值等条件，以确保酶与修饰剂高结合率及高酶活回收率。

大多数酶经过修饰后性质会发生一些变化，如酶的热稳定性、抗各类失活因子能力、抗原性、半衰期和最适 pH 值等酶学性质，但并不是说酶修饰后以上这些性质都会得到改善，所以应根据具体的目的选用特定的修饰方法。酶修饰中存在的问题是，随着酶与修饰剂结合率的提高，酶活回收率将下降。克服的方法是采取一些保护措施，例如，添加酶的竞争性抑制剂，保护酶活性部位以及改进现有的修饰工艺，进一步完善酶的化学修饰法等。

（二）酶的蛋白质工程

酶的蛋白质工程是在基因工程的基础上发展起来的，而且仍需要应用基因工程的全套技术。所不同的是，酶的基因工程主要解决的是酶大量生产的问题，而蛋白质工程则致力于天然蛋白质的改造，制备各种特定的蛋白质。

根据蛋白质结构理论，有些蛋白质立体结构实际上是由一些结构元件组装起来的，而且它们的各种功能也与这些结构元件相对应。因此，如果想对这些蛋白质功能元件进行分解或重组来获得具有单一或复合功能的新蛋白质，就可以通过分子剪切的方法来实现。也就是对这些蛋白质的功能元件相应的一级结构进行分解或重组，而无须从空间结构的角度上考虑。同样，对于一些功能和特性仅仅由蛋白一级结构中某些氨基酸残基的化学特性所决定的酶，也可不经过以空间结构为基础的分子设计，直接改变或者消除这些侧链来改变它们的有关功能或特性。但是，当这些残基的改变从空间结构上影响其他有关功能时，就必须对取代残基仔细地选择或筛选。例如，枯草芽孢杆菌（*Bacillus subtilis*）的蛋白酶，它具有氧化不稳定性，有一个容易被氧化的甲硫氨酸残基，位于活性中心 222 位。当被 19 种氨基酸替代后，大部分突变型酶的氧化稳定性得到了明显的提高，但它们的活力都有不同程度的下降。因此，对这类蛋白酶的改造往往要经仔细的分子设计，才能实施。

酶蛋白的另一种改造方法是对随机诱变的基因库进行定向的筛选和选择，使用这种方法的前提是必须有一个目的基因产物的高效检测筛选体系。例如，枯草杆菌蛋白酶是一种胞外碱性蛋白酶，在培养基中加入脱脂牛奶，就可通过观察培养皿中蛋白质水解圈的有无或大小来筛选蛋白酶基因阳性或表达强的菌落，然后选择所需的菌落，测定相应的 DNA 序列，找出突变位点。

目前，酶蛋白质工程主要集中在工业用酶的改造，因为工业用酶有较好的酶学和晶体学研究基础，酶的发酵技术（包括诱变技术和筛选方法）也比较成熟，而且其微生物的遗传工程发展较好；其次，工业酶无须进行医学鉴定，能很快地投入使用。例如，用作洗衣粉添加酶的枯草杆菌蛋白酶，是一种天然的丝氨酸蛋白酶，它能够分解蛋白质，使衣服上的血迹和汗渍等很容易洗掉。但是，这种酶一般比较脆弱，在漂白剂的作用下容易被破坏而失去活性，原因是 222 位的甲硫氨酸容易被氧化成砜或亚砜。现在利用蛋白质工程技术，用丝氨酸或丙氨酸替代后，酶的抗氧化能力大大提高，可在 0.5mol/L 的过氧化氢溶液中停留 1h 而活性丝毫未损，这样便可与漂白剂混合使用。

杂交酶（又称杂合酶，Hybridenzyme）是在蛋白质工程应用于酶学研究取得巨大成就的基础上，刚刚兴起的一项新技术。所谓杂交酶是指利用基因工程将来自两种或两种以上的酶的不同结构片段构建成的新酶。杂交酶的出现及其相关技术的发展，为酶工程的研究和应用开创了一个新的领域。

首先，人们可以利用高度同源的酶之间的杂交，将一种酶的耐热性、稳定性等非催化特性"转接"给另一种酶。这种杂交是通过相关酶同源区间残基或结构的交换来实现的。新获得的杂交酶的特性，通常介于其双亲酶的特性之间。例如，利用根癌土壤杆菌（*Agrobacterium tumefaciens*）和淡黄色纤维弧菌（*Cellvibrio gilvus*）的 β-葡萄糖苷酶进行杂交，构建成的杂交 β-葡萄糖苷酶，其最佳反应条件和对各种多糖的 K_m 值都介于双亲酶之间。

其次，人们可以创造具有新活性的杂交酶。其最便捷的途径就是调节现有酶的专一性或催化活性。迄今为止，所有杂交酶大都属于这种酶。采用循环点突变和筛选技术，经过 3 轮的突变，可以构建出高活性的能够将甲基癸酸对硝基苯酯进行手性拆分的杂交酶。其酶活性可以从野生型的 2%上升到 81%。创造新的杂交酶，还可以利用功能性结构域的交换，以及向合适的蛋白质骨架引入底物专一性和催化特性的活性位点技术。

杂交酶技术还可以用于研究酶的结构和功能之间的关系。近年来，杂交酶的发展非常迅速。2000—2006 年就有 62 个利用杂交酶技术改良的酶获得了美国专利。

（三）生物酶的人工模拟

20 世纪 70 年代以来，由于蛋白质晶体学、X 射线衍射技术及光谱技术和动力学方法的发展，使人们能够深入了解酶的结构和功能的关系，在分子水平上解释酶的催化机制，为人工模拟酶的发展注入了新的活力。所谓模拟酶，一般来说，它的研究就是吸收酶中那些起主导作用的因素，利用有机化学、生物化学等方法设计和合成一些比天然酶简单的蛋白质分子或非蛋白质分子，以这些分子作为模型来模拟酶对其作用底物的结构和催化过程。抗体酶的出现和快速发展为生物酶的人工模拟开辟了一条新的道路。

1. 抗体酶

抗体酶（Abzyme）是具有催化活性的抗体（Catalytic antibody）。迄今为止，产生抗体酶的方法有两种：① 以反应过渡态类似物（小分子）作为半抗原，然后让动物免疫系统产生针对半抗原的具有催化活性的抗体；② 通过化学修饰、点突变以及基因重组技术将催化基因直接引入抗体的结合部位。抗体酶的研究日新月异，迄今至少有 70～80 种不同的催化化学反应可以由抗体酶来实现。因此，抗体酶的发现为化学家寻找新的催化剂，进一步阐明酶的催化反应机制创造了全新的机会，也为生物学家用蛋白质工程研究酶的结构与功能的关系提供了一个条件。正是因为这些原因，抗体酶的研究才有了今天这样突飞猛进的发展。

2. 印迹酶

自然界中，分子识别在生物体，如酶、受体和抗体的生物活性方面发挥着重要作用，这种高选择性来源于与底物相结合的部位的高特异性。为获得这样的结合部位，科学家们应用环状小分子或冠状化合物（如冠醚、环糊精、环芳烃等）来模拟生物体系，这种类似于抗体和酶的结合部位能否在聚合物中产生呢？如果以一种分子充当模板，其周围用聚合物交联，当模板分子去除后，此聚合物就留下了与此分子相匹配的空穴。如果构建合适，这种聚合物就像"锁"一样对钥匙具有识别作用，这种技术被称为分子压印（Molecular imprinting）技术，又称生物压印（Bioimprinting）技术。自 Wulff 研究小组在 1972 年首次报道成功地制备出分子印迹聚合物以来，分子印迹技术趋于成熟，并在分离提纯、免疫分析、生物传感器，特别是人工模拟等方面显示了广阔的应用前景。

（1）分子印迹酶

选择底物、底物类似物、酶抑制剂、过渡态类似物以及产物为印迹分子（模板），通过分子压印技术可以在高聚物中产生类似于酶活性中心的空穴，对底物产生有效的结合，并在结合部位的空穴内诱导产生催化基团，并与底物定向排列。

（2）生物印迹酶

生物印迹酶是指在天然的生物材料上进行分子压印，从而产生对印迹分子具有特异性识别的空腔的过程。生物印迹类似于分子印迹，只不过主体分子是生物分子，其优势在于酶的人工模拟。利用该技术人们已制备出有机相催化印迹酶、HF 水解生物印迹酶和具有谷胱甘肽（GSH）过氧化物酶活性的生物印迹酶等。例如，以卵清蛋白为原料，以 GSH-2DNP（GSH 的一种衍生物）为模板分子，利用生物压印技术，制造出了对 GSH 具有特异性结合能力的印迹蛋白质，然后利用二步化学诱变法将催化基团引入印迹蛋白质结合部位，从而产生了具有谷胱甘肽过氧化物酶（GPX）活力的人工模拟酶。印迹酶是卵清蛋白的一聚体或二聚体，其中二聚体表现出较高的活力，其最高的 GPX

活力可达 817U/mol。

抗体酶和印迹酶的发展为酶的分子设计提供了一个全新的思路，它打破了化学酶工程和生物酶工程的界限。可以预料，随着新的生物工程技术和噬菌体抗体库技术的发展，将有更先进更新的重组技术用来直接从抗体库中筛选催化抗体。

3. 纳米酶

自然界一切生命现象都与酶有关。酶具有催化效率高、对底物专一性好的优点。但由于多数天然酶的本质是蛋白质，在遇热、酸、碱时极易发生结构变化而失去催化活性。同时，天然酶在生物体内的含量低很难大量获得，价格非常昂贵，这就限制了它的应用。科研工作者为了提高酶的稳定性并降低成本，一直在寻求通过全化学合成或半合成方法制备人工模拟酶的途径。自从四氧化三铁纳米材料具有类辣根过氧化物酶活性被发现以来，纳米酶研究被广泛关注，目前人工模拟酶的研究取得了一系列的进展。不同尺寸及材料的纳米酶相继出现，同时其催化机制也逐渐被认识。由于纳米酶具有催化效率高、稳定性好等特点，使它在医学、食品、环境等领域具有广泛的应用。纳米酶的发现，不仅推动了纳米科技的发展，还增加了对纳米材料的运用。纳米酶的发展必将为人类科研带来更多的灵感和创新。

纳米（nm），是长度的度量单位，$1nm = 10^{-9}m$，而纳米酶是一类既具有纳米材料独特性能又具有催化功能的人工模拟酶，是一类新型模拟酶，其催化活性高的特点是之前许多传统模拟酶所不及的。

纳米酶的发现是基于材料在纳米尺度（1~100nm）展现出与宏观尺度不同的新特性。一般情况下，纳米材料不具备生物效应。如 CuO 纳米材料通常被认为是一种无机惰性物质，其构成的纳米酶有望被广泛应用于蛋白质与核酸的分离纯化、细胞标记、肿瘤治疗等领域。若想赋予纳米材料更多的功能，如催化活性，往往要在其表面修饰一些酶或其他催化基团，那么这个材料的催化活性来自于表面修饰的酶或催化基团，而不是纳米材料本身。但也有例外，如四氧化三铁纳米颗粒本身具有类辣根过氧化物酶活性，无须在其表面修饰任何催化基团。图 4-7 为四氧化三铁纳米酶与天然酶催化显色对比。

金元素比较贵重，一般情况下化学性质稳定，不易发生电化学等腐蚀。它除可被应用于珠宝、造币等领域，其分子形式还可被用作催化剂、载体等。自 3 个多世纪前金胶体第一次被合成，金纳米粒子（Gold nanoparticles，GNPs/AuNPs）被广泛应用于生物、医药等领域。金纳米粒子是指粒度在 1~100nm 的金粒子，其性质稳定、制备简单、粒径均匀、亲和力强、生物相容性好，并且其表面有许多活性中心，易于固定修饰生物分子。图 4-8 为几种不同形态的金纳米粒子。

金纳米粒子在尺寸上与核酸、蛋白质等生物大分子相类似，结构复杂，具有多价态，可以与多种分子发生自组装，因此被认为是模拟、催化和识别的良好材料。有研究表明，金纳米粒子经过某些生物活性小肽修饰后，会变为具有天然酶活性（如辣根过氧化物酶活性、谷胱甘肽过氧化物酶活性）的人工模拟酶——纳米酶。

与传统的人工模拟酶相比，纳米酶的催化效率高，并且具备对热、酸和碱稳定等特点。因此，纳米酶具有广泛的潜在应用价值。纳米酶的出现，为肿瘤诊断与治疗、血糖和尿酸的检测、免疫检测、生物传感等提供了新思路，同时，也使其在生物、医学、农

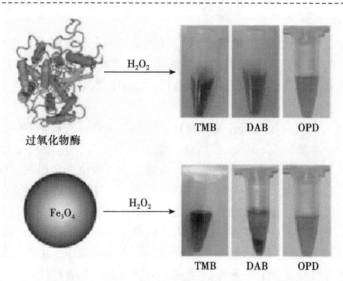

图 4-7　四氧化三铁纳米酶类似天然蛋白酶能够催化底物被过氧化氢氧化并产生相应的颜色

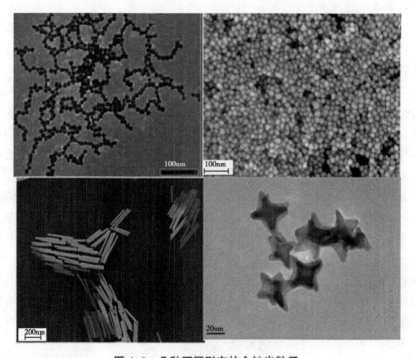

图 4-8　几种不同形态的金纳米粒子

林、环境等领域得到广泛应用。

4. 核酶

核酶（Nucleic acid enzyme 或 NAzyme）是具有催化功能的核酸分子，包括核酶（Ribozyme，catalytic RNA，RNAzyme）与脱氧核酶（Deoxyribozyme，catalytic DNA，DNAzyme）。

1981 年，Cech 等发现四膜虫的前体 26S rRNA 可以在没有蛋白质存在的情况下催化自身剪接反应（Ⅰ类内含子）。1983 年，Altman 等发现 RNase P 中的 RNA 可以催化 tR-NA 的前体加工。由此，1989 年 Cech 和 Altman 获得诺贝尔化学奖。陆续被发现的核酶还有键头核酶（Hammerhead ribozyme）、发夹核酶（Hairpin ribozyme）、VS 核酶（VS ri-bozyme）、HDV 核酶（HDV ribozyme）、CPEB3 核酶（CPEB3 ribozyme）等。受核酶思想的启发，1994 年，Joyce 等利用体外分子进化技术获得脱氧核酶，迄今已经发现了数十种具有不同催化功能的脱氧核酶。核酶的发现与脱氧核酶的获得是酶学发展史上的里程碑事件，改变了"酶是蛋白质"的传统观念，也为生命的起源与进化研究、基因治疗等相关学科的发展注入了新的活力。

无论是蛋白质酶还是核酶都是大自然进化的结果，蛋白质酶有 20 种 α-氨基酸，可以组成特定的复杂的空间结构，核酶只有 4 种碱基，组成和结构相对简单。然而，Breaker 等证明，应用适当的进化策略，核酶的催化能力可与蛋白质酶相匹敌。

迄今为止，在自然界中被发现并鉴定的天然核酶已达十几种，它们的分布广泛，能够催化包括转肽、水解及肽酰基转移反应等多种化学反应类型。根据其催化的反应，可将核酶分成两大类① 自身剪切类核酶，这类核酶催化自身或者异体 RNA 的切割，相当于核酸内切酶，主要包括锤头核酶、发夹核酶、丁型肝炎病毒（HDV）核酶、VS 核酶、glmS 核酶和 CPEB3 核酶等。早期发现的需要蛋白质协助催化反应的 RNP 类核酶 RNaseP 也属于自身剪切类核酶。② 自身剪接类核酶，这类核酶在催化反应中具有核酸内切酶和连接酶两种活性，实现 mRNA 前体的自我拼接。自身剪接类核酶主要是内含子类核酶，包括 Ⅰ 类内含子、Ⅱ 类内含子等。

核酸生物催化剂与蛋白质酶类不同，它缺乏化学多样性，化学家很早以前就想把额外的功能团移入 RNA 和 DNA 中以扩增它们的结构和功能多样性，包括在 DNA 和 RNA 上增加基团，用氨基酸或其他有机物作为真正的辅因子。基于以上思想，Roth 和 Breaker 筛选得到以组氨酸为辅助因子的催化 RNA 切割的脱氧核酶，它在 L-组氨酸或其相应的甲基或苄基酯的存在下，可以提高反应速率大约一百万倍。D-组氨酸及各种 L-组氨酸的其他衍生物则缺乏催化作用，这些暗示 DNA 形成了特异识别底物和辅因子的结合口袋。分析表明，这个 DNA-His 复合物的催化机制与 RNase A 催化的第一步相似，在 RNase A 中组氨酸的咪唑基充当一般碱基起催化作用。这提示我们可以采用辅酶、维生素、氨基酸等有机小分子作辅助因子，借助有机小分子具有更为多样性的活性基团和空间结构来增加 DNA/RNA 的催化潜能。最近，Geyer 等获得催化切割 RNA 分子的脱氧核酶，称为"G3"，在既没有二价阳离子也没有任何其他的辅因子存在下反应速率提高近 108 倍。不依赖辅因子的脱氧核酶已相继报道。

自从核酶被发现和获得以来，其应用一直是核酶学研究的重要领域之一，并在多年的研究过程中取得了长足的进展。自然界中已发现的核酶的种类很少，且催化速率比蛋白酶慢很多。为了寻找新的和更高效的核酶和脱氧核酶，可通过人工合成并应用核酶体外筛选法和动态组合筛选法获得具酶活性的小片段的 RNA 或 DNA 分子。核酶/脱氧核酶在抗病毒及治疗肿瘤方面的临床潜力十分巨大。核酶/脱氧核酶可抗 HIV、乙型肝炎病毒、丙型肝炎病毒及呼吸道合胞等多种病毒，还可使端粒酶活性明显降低，抑制肿瘤新血管的生成，使某些癌基因失活，抵抗多药耐药性，并能修补突变的基因。

未来 20 年核酶研究应集中在核酶和蛋白质的相互作用与核酶的结构生物学等主要方面。随着这些方面的突破，核酶新的应用领域必将被开拓。核酶的发现和获得是酶学发展史上的里程碑事件，也是核酸学领域的重大突破。随着核酶理论研究和实际应用的不断深入，必将引起人们极大的关注，产生深刻的影响。

5. 进化酶

地球的万物在漫长的进化中不断地发生着变化。物质的不断进化促进了生命的产生和生命体的不断进化。酶经过几十亿年的自然进化，在生物有机体内有序地执行着特定的生物学功能。但随着生物催化应用领域的发展，人们应用酶制剂的范围不断拓展，甚至超出了天然酶的催化条件或作用底物的范畴，人们发现天然酶有许多局限性，无法很好地满足工业化应用的要求，主要表现在：天然酶的稳定性较差，或催化效率很低，尤其是在非生理条件下，如在高温、低温、高盐、高浓度有机溶剂、极端 pH 值等恶劣条件下；在生物体外复杂的反应体系中，天然酶催化的精确性较低；有些天然酶的一些特征或功能调节方式不是人们所期望的，如产物抑制；有些天然酶缺乏有商业价值的底物谱，甚至对类天然底物的催化效率也很低等。

天然酶的诸多局限性主要源于酶的自然进化过程，但酶分子中仍蕴含着很大的进化空间，在适当条件下可进行人工再进化，通过酶分子的人工改造，可以改善其适应性，提高其功能性，增强其应用性等，为生物催化的工业应用和代谢工程、合成生物学等领域的发展提供优良的酶制剂或有效的酶元件。为了获得所需的酶分子，甚至是具有在自然进化过程中没有经过选择的特性和功能的酶分子，以扩大天然酶的应用空间，人们利用基因工程、蛋白质工程的原理和计算机技术，对天然酶分子进行改造或构建新的非天然酶就显得非常有研究意义和应用前景。

由于绝大部分酶的化学本质是蛋白质，因此，对酶分子的改造即是针对蛋白质分子的改造。总体上来说有两种方案：一类被称为酶分子的合理设计或理性设计（Rational design），是利用各种生物化学、生物物理学、蛋白质晶体学、蛋白质光谱学等方法获得有关酶分子的结构、特性和功能的信息，并以其结构—功能关系为依据，采用改变（修饰）酶分子中个别氨基酸残基的方法对酶分子进行改造，最后获得具有新性状的突变酶，该方案包括化学修饰、定点突变（Site-directed muta-genesis）等。这些对酶分子的改造小到可以仅改变一个氨基酸或一个基团的修饰状态，大到可以插入或删除某一段肽段。第二类被称为酶分子的非合理设计或非理性设计（Irrational design），是在事先不了解酶分子的三维结构信息和催化机制，对酶的结构与功能的相关性知之甚少的情况下，在实验室中人为地创造特定的进化条件，模拟漫长的自然进化过程（随机突变、基因重组、定向选择或筛选），创造基因多样性及特定的筛选条件，从而在大量随机突变库中定向选择或筛选出所需性质或功能的突变体酶，实现定向改造酶的目的。

自 20 世纪 80 年代起，越来越多的酶分子的精准立体结构与其功能的相关性被揭示，为设计改造天然酶提供了蓝图。酶分子合理设计的核心内容是其突变体的设计，这需要对天然酶有较全面的了解和认识。通常需要依据酶的晶体结构或结构建模，甚至是酶与底物或抑制剂复合物的结晶结构或对接的构象，以及酶在催化过程中的结构变化细节，进行天然酶的结构分析，在此基础上确定突变位点并预测突变酶的功能。

虽然已有许多酶分子的结构—功能关系已经明确，为定向改造天然酶提供了依据，但由于蛋白质的结构与功能的相互关系非常复杂，这极大地增加了合理设计的难度。更何况，对于很多要改造的酶分子来说，我们缺少对蛋白质结构与功能相互关系的了解，这在很大程度上阻碍了通过酶分子的合理性设计来获得新功能或新特性酶的思路。因而，对于有些酶分子来说，非合理设计的实用性显得更强。采用非合理设计方案对酶分子进行改造，是利用了基因的可操作性，在体外模拟自然进化机制，并使进化过程朝着人们希望或需要的方向发展，从而使漫长的自然进化过程在短期内（几天或几个月）得以实现，以达到有效地改造酶分子并获得预期特征的进化酶的目的。

酶定向进化的实质是达尔文进化论在酶分子水平上的延伸和应用。在自然进化中，决定酶分子是否留存下来的因素可能是其存在的需求和适应优势，而在定向进化中是由人来挑选的，只有那些人们所需的酶分子才会被保留下来进入下一轮进化。酶分子定向进化的条件和筛选过程均是人为设定的，整个进化过程完全是在人的控制下进行的。

在分子水平上体外定向进化即为定向分子进化，又称为实验室进化（Laboratory evolution）或进化生物技术（Evolution biotechnology），图解过程如图4-9所示。定向分子进化的思想最初来自于S. Spiegelman等（1967）和W. Gardiner等（1984），他们提出：进化方法适用于工程生物分子。1993年S. Kauffman提出分子进化的理论。随着多种生物技术和方法的成功运用和发展，如应用于蛋白质和多肽体外选择而发展起来的噬菌体展示技术，以及为有效选择功能核酸而发展起来的指数级富集的配体系统进化技术等，定向分子进化的概念渗透到整个科学界，引起了广泛的关注。自20世纪90年代初，定向进化已成为生物分子工程的核心技术。然而，定向进化的成功不只依赖于这门技术本身的潜力，还因为它有着其他技术无可比拟的优点，毕竟现今我们对蛋白质结构与功能的了解还非常有限。

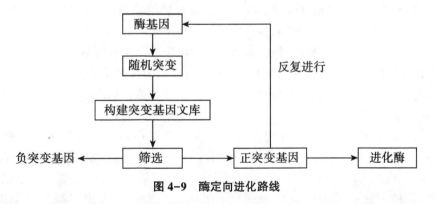

图4-9　酶定向进化路线

从广义上讲，酶定向分子进化可被看作是突变加选择/筛选的多重循环，每个循环都产生酶分子的多样性，在人为设定的选择压力下从中选出最好的个体，再继续进行下一个循环。酶定向分子进化是从一个或多个已经存在的亲本酶（天然的或者人为获得的）出发，经过基因的突变或重组，构建一个人工突变体文库。构建突变体文库最直接的方法是应用易错 PCR（Error-prone，epPCR）或饱和突变（Saturation mutagenesis）等技术，在目的基因中引入随机突变。除此之外，应用 DNA 改组（DNA shuffling）技术或相关技术进行突变基因的重组可获得更多的多样性，并能迅速积累更多有益的突变。然而这些方法搜索到的顺序空间是有限的。同源基因之间的 DNA 改组又被称为族改组（Family shuffling），可触及到顺序空间中未被涉猎的部分。此外，研究者开发出非同源基因之间产生嵌合体的各种策略和方法，进一步拓展了顺序空间。另一种体外构建多样性文库的方法是构建环境库。在这种方法中利用分离和克隆环境 DNA 来获取自然界中微生物的多样性，并且利用构建的文库来搜索新的生物催化剂。

建立多样性，如构建一个含有不同突变体的文库，之后便是将靶酶（预先期望的具有某些功能或特性的进化酶）从文库中挑选出来。这可以通过定向的选择（Selection）或筛选（Screening）两种方法来实现。选择法的优势在于检测的文库更大，通常可以进行选择的克隆数要比筛选法多 5 个数量级。对于选择而言，一个首要问题是如何将所需酶的某种特异的性状与宿主的生存联系起来。尽管筛选法检测的克隆数相对低，但随着相关技术的自动化、小型化和各种筛选酶的工作站的建立，筛选法日趋显得重要。

天然酶在自然条件下已经进化了上亿年，但是酶分子本身仍然蕴藏着巨大的进化潜力，许多功能有待于发掘，这是酶体外定向进化的前提。酶分子的定向进化是体外改造酶分子的一种有效的策略，属于蛋白质的非合理设计范畴。通过定向进化可以使获得的进化酶具备所需的性状，应用于不同的反应过程中。目前该技术已经成为生物研究者的常用手段之一。

四、酶的固定化

酶主要是一种蛋白质，稳定性差，而且在催化结束后难以回收。为适应工业化生产的需要，人们模仿生物体内酶的作用方式，通过固定化技术对酶加以固定。经固定化后的生物催化剂既具有酶的催化性质，又具有一般化学催化剂能回收和反复使用的优点，并在生产工艺上可以实现连续化和自动化。随着固定化技术的发展，固定化的对象已不一定是酶，亦可以是微生物或动植物细胞和各种细胞器，这些固形物可统称为生物催化剂。自 1973 年日本千田一郎首次在工业上成功应用固定化微生物细胞连续生产 L-天冬氨酸以来，细胞固定化已取得了迅猛的进展，近来又从静止的固定化菌体发展到了固定化活细胞（增殖细胞）。

固定化酶及固定化技术研究的发展可分为两个阶段：第一阶段主要是载体的开发、固定化方法的研究及其应用技术的发展；目前已进入了第二阶段，主要包括含辅酶系统或 ATP、ADP 和 AMP 系统的多酶反应系统的建立，以及疏水体系或含水分很低的体系的固定化酶催化反应的研究。近年来，人们又提出了联合固定化技术，它是酶和细胞固定化技术发展的综合产物。与普通的固定化酶或固定化细胞相比，联合固定化生物催化剂可以充分利用细胞和酶的各自特点，把不同来源的酶和整个细胞的生物催化剂结合到一起。

在大多数情况下，酶固定化以后活性部分失去，甚至全部失去。一般认为，酶活性的失去是由于酶蛋白通过几种氨基酸残基在固定化载体上的附着（Attachment）造成的。这些氨基酸残基主要有：赖氨酸的 ε-氨基和 N 端氨基，半胱氨酸的巯基，天门冬氨酸和谷氨酸的羧基和 C 端羧基，酪氨酸的苯甲基以及组氨酸的咪唑基。由于酶蛋白多点附着在载体上，引起了固定化酶蛋白无序的定向和结构变形的增加。近来，国外在探索酶蛋白的固定化技术方面，已经寻找到几条不同途径，使酶蛋白能够以有序方式附着在载体的表面，实现酶的定向固定化，而使酶活性的损失降低到最小程度。

这种定向固定化技术具有以下优点：① 每一个酶蛋白分子通过某一特定的位点以可重复的方式进行固定化；② 蛋白质的定向固定化技术有利于进一步研究蛋白质结构；③ 这种固定化技术可以借助一个与酶蛋白的酶活性无关或影响很小的氨基酸来实现。目前，文献中涉及的定向固定化方法有以下几种：① 借助化学方法的位点专一性固定化；② 磷蛋白的位点专一性固定化；③ 糖蛋白的位点专一性固定化；④ 抗体（免疫球蛋白）的位点专一性固定化；⑤ 利用基因工程的位点专一性固定化。这种有序的定向固定化技术已经用于生物芯片、生物传感器、生物反应器、临床诊断、药物设计、亲和层析以及蛋白质结构和功能的研究。

（一）酶的固定化方法

至今，还没有一种固定化方法可以普遍地适用于每一种酶。特定的酶要根据具体的应用目的选择特定的固定化方法。已建立的固定化方法大致可分为 3 类（图 4-10）：载体结合法（包括物理吸附法、离子结合法、螯合法和共价结合法）、共价交联法和包埋法（包括聚合物包埋法、疏水相互作用、微胶囊和脂质体包埋）。

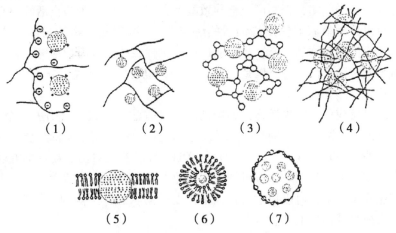

（1） （2） （3） （4）

（5） （6） （7）

图 4-10　酶固定化方法示意图
（1）离子结合；（2）共价结合；（3）交联；（4）聚合物包埋；（5）疏水相互作用；
（6）脂质体包埋；（7）微胶囊

1. 载体结合法

（1）物理吸附法

该法是制备固定化酶最早采用的方法，它是以固体表面物理吸附为依据，使酶与非水溶性载体相接触而达到酶吸附的目的。吸附的载体可以是石英砂、多孔玻璃、硅胶、淀粉、高岭土和活性炭等对蛋白质有高度吸附力的吸附剂。该方法操作简单，反应条件温和，可反复使用，但结合力弱，酶易解析并污染产品。

（2）离子吸附法

该法是通过离子效应，将酶分子固定到含有离子交换基团的固相载体上。最早应用于工业化生产的氨基酰化酶，就是使用多糖类阴离子交换剂 DEAE-葡聚糖凝胶固定化的。常见的载体有 DEAE-纤维素、CM-衍生物等。离子吸附法的操作同样简便，反应条件温和，制备出的固定化酶活性高，但载体与酶分子之间的结合仍不够牢固，当使用高浓度底物、高离子强度或 pH 值发生变化时酶容易脱落，但这种固定化酶容易回收利用。

（3）螯合法

这是一种比较吸引人的技术，它主要是利用螯合作用将酶直接螯合到表面含过渡金属化合物的载体上，具有较高的操作稳定性。已知能用于酶固定化的金属氢氧化物有钛（二价和四价）、锆（四价）和钒（三价）等，其中以钛（四价）和锆（四价）的氢氧化物较好，它们能与酶的羧基、氨基和羟基结合。

（4）共价结合法

共价结合法是通过酶分子上的官能团，与载体表面上的反应基团发生化学反应形成共价键的一种固定化方法，是研究得最多的固定化方法之一。与吸附法相比，其反应条件较苛刻，操作较复杂，且由于采用了比较激烈的反应条件，容易使酶的高级结构发生变化而导致酶失活，有时也会使底物的专一性发生变化，但由于酶与载体结合牢固，一般不会因为底物浓度过高或存在盐类等原因而轻易脱落。应当注意，结合的基团应当是酶催化活性的非必需基团，否则可能会导致酶活力完全丧失。为防止活性中心的反应基团被结合，可以采用酶原前体及修饰后的酶或酶-抑制剂复合物等与载体进行结合反应。此外，还应注意载体的选择，尽可能选用亲水性载体，表面积尽可能大，并应具有一定的机械强度和稳定性，它可以是天然高分子，也可以是合成高分子或其他支持物，如纤维素、尼龙、多孔玻璃等。

载体在结合反应前，应先活化，即借助某一种方法，在载体上引进一个活化基团，然后此活化基团再与酶分子上的某一基团反应形成共价键。用于共价结合的酶分子官能团可以是自由的 α-NH_2 或 ε-NH_2、—SH、—OH、咪唑基或自由的羧基也可以参与结合反应。其中利用酶的巯基与载体进行结合在商业上具有十分重要的意义，因为该反应是可逆的，在还原条件下，可以把不活化或不需要的酶从载体上除掉，再换上新鲜的酶，这样可以大大减少载体的浪费。

2. 共价交联法

共价交联法是通过双功能或多功能试剂，在酶分子间或酶分子和载体间形成共价键的连接方法。这些具有两种相同或不同功能基团的试剂叫作交联剂。共价交联法与共价结合法一样，反应条件比较激烈，固定化酶的回收率比较低，一般不单独使用，但如果能降低交联剂浓度和缩短反应时间，则固定化酶的比活会有所提高。常见的交联剂有顺丁烯二酸酐、乙烯共聚物和戊二醛等，其中以戊二醛最为常用。

3. 包埋法

包埋法是将酶包埋在高聚物凝胶网格中或高分子半透膜内的固定方法。前者又称为凝胶包埋法，后者则称为微囊法。包埋法一般不需要与酶蛋白的氨基酸残基起结合反应，较少改变酶的高级结构，酶活的回收率较高。但它仅适用于小分子底物和产物的酶，因为只有小分子物质才能扩散进入高分子凝胶的网格，并且这种扩散阻力还会导致固定化酶动力学行为的改变和活力的降低。

用于凝胶包埋的高分子化合物可以是天然高分子化合物，如明胶、海藻酸钠、淀粉等，也可以是合成的高分子化合物，如聚丙烯酰胺、光敏树脂等。对于后者，通常的做法是先把单体、交联剂和酶液混合，然后加入催化系统使之聚合；而前者则直接利用溶胶态高分子物质与酶混合凝胶化即可。但由于凝胶孔径并不规则，总有一些大于平均孔径的，时间一长，酶也容易泄漏，因此，它常与交联法结合达到加固的目的。例如，先用明胶包埋，再用戊二醛交联。

微囊法是利用各类型的膜将酶封闭起来，这类膜能使低分子产物和底物通过，而酶和其他高分子不能通过。例如，可将酶封装于胶囊、脂质体和中空纤维内，胶囊和脂质体适用于医学治疗，中空纤维包埋适于工业。常用的微囊制备方法有界面沉淀法和界面聚合法。而脂质体包埋则是将酶包埋在由表面活性剂和卵磷脂等形成的液膜内的方法，它的底物和产物透过性不依赖于膜孔径的大小而仅依赖于对磷脂膜成分的溶解度，因而底物或产物透过膜的速度会大大加快。纤维包埋法是将酶包埋在合成纤维的微孔穴中的方法，其优点是成本低，可用于酶结合的表面积大，有优良的抗微生物和抗化学试剂的性能。最常用的聚合物是醋酸纤维素。

（二）细胞的固定化方法

细胞固定化是将完整细胞固定在载体上的技术，它免去了破碎细胞提取酶等步骤，直接利用细胞内的酶，因而固定后酶活基本没有损失。此外，由于保留了胞内原有的多酶系统，对于多步催化转换的反应，优势更加明显，而且无须辅酶的再生。但在选用固定化细胞作为催化剂时，应考虑到底物和产物是否容易通过细胞膜，胞内是否存在产物分解系统和其他副反应系统，或者说虽有这两种系统，但是否可用热处理或 pH 值处理等简单方法使之失效。细胞固定化的主要方法有以下几种。

1. 包埋法

将细胞包埋在多微孔载体内部制备固定化细胞的方法称为包埋法，可分为凝胶包埋法、纤维包埋法和微胶囊包埋法。其中凝胶包埋法是应用最广泛的细胞固定化方法，适用于各种微生物、动植物细胞的固定化。它的最大优点是能较好地保持细胞内的多酶反应系统的活力，可以像游离细胞那样进行发酵生产。以海藻酸钙包埋法为例，其具体操作如下：称一定量的海藻酸钠，配制成一定量的海藻酸钠水溶液，经灭菌冷却后与一定体积的细胞或孢子悬浮液混合均匀，然后用注射器或滴管将混合液滴到一定浓度的氯化钙溶液中，即形成球形的固定化细胞胶粒。一般 10g 凝胶可包埋 200g 干重的细胞，非常经济，但磷酸盐会破坏凝胶结构。

2. 吸附法

吸附法主要是利用细胞与载体之间的吸引力（范德华力、离子键或氢键），使细胞固定在载体上，常用的吸附剂有玻璃、陶瓷、硅藻土、多孔塑料和中空纤维等。用吸附法制备固定化细胞所需条件温和，方法简便，但载体和细胞的吸引力与细胞性质、载体性质以及二者的相互作用有关，只有当这些参数配合得当，才能形成较稳定的细胞-载体复合物，才能用于连续生产。

此外还可利用专一的亲和力来固定细胞。例如，伴刀豆球蛋白 A 与 α-甘露聚糖具有亲和力，而酿酒酵母（*Saccharomyces cerevisiae*）细胞壁上含有 α-甘露聚糖，故可将伴刀豆球蛋白 A 先连接到载体上，然后把酵母连接到活化了的伴刀豆球蛋白上。其他方法如共价结合法和交联法也可用于细胞固定化，得到较高的细胞浓度。例如，采用戊二醛、甲苯二氰酸酯和双重氮联苯胺等直接与细胞表面的反应基团反应，使细胞彼此交联成网状结构的固定化细胞的方法也是常用的方法。但由于这些方法使用的化学药品有毒性，细胞容易受到伤害，交联后的机械强度也不太好，难以再生，所以实际应用还是十分有限。

（三）固定化细胞

细胞被固定化以后，酶的催化性质也会发生变化。为考察它的性质，可以通过测定固定化酶的各种参数，来判断固定化方法的优劣及其固定化酶的实用性，常见的评估指标有以下几条：

1. 相对酶活力

具有相同酶蛋白量的固定化酶与游离酶活力的比值称为相对酶活力，它与载体结构、颗粒大小、底物分子质量大小及酶的结合效率有关。相对酶活力低于 75% 的固定化酶一般没有实际应用价值。

2. 酶的活力回收率

固定化酶的总活力与用于固定化的酶的总活力之比称为酶的活力回收率。将酶进行固定化时，总有一部分酶没有与载体结合在一起，测定酶的活力回收率可以确定固定化的效果。一般情况下，活力回收率小于 1；若大于 1，可能是由于固定化活细胞增殖或某些抑制因素排除的结果。

3. 固定化酶的半衰期

固定化酶的半衰期，即固定化酶的活力下降到为初始活力一半所经历的时间，用 $t_{1/2}$ 表示，它是衡量固定化酶操作稳定性的关键。其测定方法与化工催化剂半衰期的测定方法相似，可以通过长期实际操作，也可以通过较短时间的操作来推算。

五、酶生物反应器

酶和固定化酶在体外进行催化反应时，都必须在一定的反应容器中进行，以便控制酶催化反应的各种条件和催化反应的速度。用于酶进行催化反应的容器及其附属设备称为酶反应器。酶反应器的类型很多，有不同的分类方法。按酶的状态分类，酶反应器可分为两种类型：一类是直接应用游离酶进行反应的均相酶反应器；另一类是应用固定化酶进行反应的非均相酶反应器。均相酶反应可在批式反应器或超滤膜反应器中进行，而非均相酶反应则可在多种反应器中进行。以下按反应器的结构进行分类叙述。大致可根据催化剂的形状来选用酶反应器。粒状催化剂可采用搅拌罐、固定化床和鼓泡塔式反应器，而细小颗粒的催化剂则宜选用流化床。对于膜状催化剂，则可考虑采用螺旋式、转盘式、平板式和空心管式膜反应器。各种酶生物反应器如图 4-11 所示。

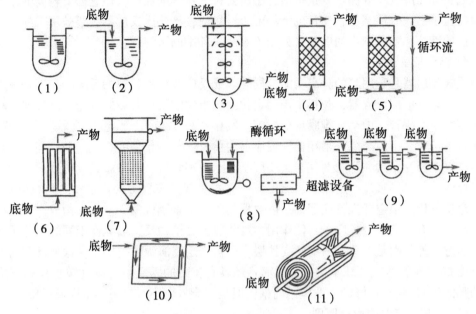

图 4-11　酶反应器种类

（一）酶反应器的基本类型

1. 搅拌罐型反应器

无论是分批式还是连续流混合罐型的反应器，都具有结构简单、温度和 pH 值易控制、能处理胶体底物和不溶性底物及催化剂更换方便等优点，因而常被用于饮料和食品加工工业。但也存在缺点，即催化剂颗粒容易被搅拌桨叶的剪切力所破坏。在连续流搅拌罐的液体出口处设置过滤器，可以把催化剂颗粒保存在反应器内，或直接选用磁性固定化酶，借助磁场吸力固定。此外，可将催化剂颗粒装在用丝网制成的扁平筐内，作为搅拌桨叶及挡板，以改善粒子与流体间的界面阻力，同时也保证了反应器中的酶颗粒不致流失。

2. 固定床型反应器

把催化剂填充在固定床（填充床）中的反应器叫作固定床型反应器。这是一种使用最为广泛的固定化酶反应器。它具有单位体积的催化剂负荷量高、结构简单、容易放大、剪切力小和催化效率高等优点，特别适合于存在底物抑制的催化反应。但也存在下列缺点：① 温度和 pH 值难控制；② 底物和产物会产生轴向分布，易引起相应的酶失活程度也呈轴向分布；③ 更换部分催化剂相当麻烦；④ 柱内压降相当大，底物必须加压后才能进入。固定化床反应器的操作方式主要有两种，一种是底物溶液从底部进入而由顶部排出的上升流动方式，另一种则是上进下出的下降流动方式。

3. 流化床型反应器

流化床型反应器是一种装有较小颗粒的垂直塔式反应器。底物以一定的流速从下向上流过，使固定化酶颗粒在流体中维持悬浮状态并进行反应，这时的固定化颗粒和流体可以被看作是均匀混合的流体。流化床反应器具有传热与传质特性好、不堵塞、能处理粉状底物和压降较小等优点，也很适合于需要排气供气的反应，但它需要较高的流速才能维持粒子的充分流态化，而且放大较困难。目前，流化床反应器主要被用来处理一些黏度高的液体和颗粒细小的底物，如用于水解牛乳中的蛋白质。

4. 膜式反应器

膜式反应器是利用膜的分离功能，同时完成反应和分离过程的反应器。这是一类仅适合于生化反应的反应器，包括了用固定化酶膜组装的平板状或螺旋卷型反应器、转盘反应器和空心酶管、中空纤维膜反应器等。其中平板状和螺旋卷型反应器具有压降小、放大容易等优点，但与填充塔相比，反应器内单位体积催化剂的有效面积较小。转盘反应器又可细分为立式和卧式两种，主要用于废水处理装置，其中卧式反应器由于液体的上部接触空气可以吸氧，适用于需氧反应。空心酶管反应器主要由自动分析仪等组装，用于定量分析。中空纤维反应器则是由数根醋酸纤维素制成的中空纤维构成，其内层紧密光滑，具有一定的分子质量截留作用，可截留大分子物质，而允许不同的小分子质量物质通过；外层则是多孔的海绵状支持层，酶被固定在海绵支持层中。这种反应器不仅能承受68个标准大气压以上的压力，而且还具有较高的膜装填密度（单位体积反应器内的膜面积），具有很好的工业应用前景，但是当流量较小时容易产生沟流现象。

（二）酶反应器的设计原则

反应器设计的基本要求是通用和简单。为此，在设计前应先了解：① 底物的酶促反应动力学以及温度、压力和 pH 值等操作参数对此特性的影响；② 反应器的类型和反应器内流体的流动状态及传热特性；③ 需要的生产量和生产工艺流程。

其次，无论采用什么样的工艺流程和设备系统，我们总希望它在经济、社会、时间和空间上是最优化的，因此，必须在综合考虑了酶生产流程和相应辅助过程及二者的相互作用和结合方式的基础上，对整个工艺流程进行最优化。

（三）酶反应器的性能评价

反应器的性能评价应尽可能在模拟原生产条件下进行，通过测定活性、稳定性、选择性、产物产量和底物转化率等，来衡量其加工制造质量。测定的主要参数有空时、转化率和生产强度等。

空时是指底物在反应器中的停留时间，数值上等于反应器体积与底物体积流速之比，又常称为稀释率。当底物或产物不稳定或容易产生副产物时，应使用高活性酶，并尽可能缩短反应物在反应器内的停留时间。

转化率是指每克底物中有多少被转化为产物。在设计时，应考虑尽可能利用最少的原料得到最多的产物。只要有可能，使用纯酶和纯的底物，以及减少反应器内的非理想流动，均有利于选择性反应。实际上，使用高浓度的反应物对产物的分离也是有利的，特别是当生物催化剂选择性高而反应不可逆时更加有利，同时也可以使待除的溶剂量大大降低。酶反应器的生产强度以每小时每升反应器体积所生产的产品克数表示，主要取决于酶的特性和浓度及反应器的特性和操作方法等。使用高酶浓度和减小停留时间有利于生产强度的提高，但并不是酶浓度越高、停留时间越短越好，这样会造成浪费，在经济上不合算。总体而言，酶反应器的设计应该是在经济、合理的基础上提高生产强度。此外，由于酶对热是相对不稳定的，设计时还应特别注意质与热的传递，最佳的质与热的转移可获得最大的产率。

六、生物传感器

生物传感器是一种对生物物质具有选择性和可逆性响应并能将其浓度转换为电信号进行检测的仪器，是信息科学与生命科学结合而快速发展起来的一门新兴学科。自 20 世纪 60 年代酶电极问世以来，生物传感器获得了巨大的发展，已成为酶法分析的一个日益重要的组成部分。与传统的检测方法相比，生物传感器分析技术具有结构简单、成本低、检测速度快、分析时间短、易于操作、高通量、抗干扰能力强、灵敏度高及适合现场检测等优点，因此，生物传感器被视为前沿技术，并作为替代常规分析方法（如 HPLC、GC、MS）的潜在代表。生物传感器可用于大批量样品的快速分析检测，在工农业生产、医疗、药物开发、食品安全、程序控制和环境监测、国防安全等方面具有重要的应用价值。

（一）生物传感器的原理

生物传感器在结构上主要包括识别部件和转换部件两部分。识别部件又称为生物敏感膜，是来自生物体分子、组织或细胞的分子识别组件，如酶、抗原或抗体等，直接决定了传感器的功能和质量。转换部件又称为转换器或换能器，可实现物理或化学信号的转换，主要有电化学或光学检测元件，如热电、光电压电元件、离子敏场效应晶体管等。其余为辅助部分，完成系统测量或控制功能。

生物传感器的原理如图 4-12 所示。根据待测物质对某种生物物质的敏感性（一般都是生物敏感物质，如酶、适配体、抗原等），将其以一定的方法固定在固体电极、气敏电极等基础电极的表面，然后通过待测物进入生物活性材料后发生的物理或化学变化转换为电信号（如电势、电流、电阻抗等），通过待测物浓度与电信号之间的分析计算，实现对待测物质的定量检测。

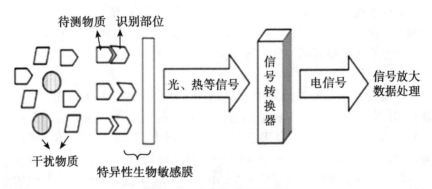

图 4-12　生物传感器的原理

（二）生物传感器的分类及特点

生物传感器的分类方法多种多样，根据生物传感器应用机理中的关键识别组件分为

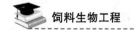

酶传感器、组织传感器、微生物传感器、免疫传感器和 DNA 传感器 5 种类型。

1. 酶传感器

酶传感器是指利用酶与目标物之间的反应信号来定量目标物的一种检测方法，是问世最早、成熟度最高的一类生物传感器。目前，乙酰胆碱酯酶类传感器研究比较广泛，利用有机磷农药能与乙酰胆碱酯酶进行不可逆的共价结合作用，从而使酶的活性降低，根据酶活性的变化来定量检测有机磷农药浓度。

2. 组织传感器

组织传感器是利用动植物组织中酶的催化作用来识别分子。由于所用的酶存在于天然组织中，无须进行人工提取纯化，因而比较稳定，制备成的传感器寿命较长。组织传感器根据其所采用的组织材料和基础敏感膜电极的不同，分为动物组织、植物组织、细胞组织、感觉组织和组织–酶复合等多种类型。例如，由于猪肾组织内含有丰富的谷氨酰胺酶，可将猪肾组织切片覆盖在氨气敏电极上制成可测定谷氨酰胺的传感器，这种电极的稳定性可保持一个月以上。至今已研制出利用多种动植物组织的各类传感器。

3. 微生物传感器

微生物传感器是以微生物作为灵敏元件，结合具有信号转换功能的介质，通过相应的装置和仪器来检测目标物的分析方法。它主要分为两大类，一类是利用微生物的呼吸作用，另一类是利用微生物体内所含的酶。微生物在利用物质进行呼吸或代谢的过程中，将消耗溶液中的溶解氧或产生一些电活性物质。在微生物数量和活性保持不变的情况下，其所消耗的溶解氧量或所产生的电活性物质的量反映了被检测物质的量，再借助气体敏感膜电极或离子选择电极来检测溶解氧和电活性物质的变化，即可求得待测物质的量。微生物生物体与组织一样含有许多天然的生物分子，能对酶起协同作用，因此传感器寿命也较长。

4. 免疫传感器

免疫传感器是指利用抗原与抗体的专一性识别和精确的传感技术对生物大分子进行高可靠性和高选择性检测分析的方法。与传统的免疫测试法相似，把抗原或抗体固定在固相支持物表面来检测样品中的抗体或抗原。不同的是，传统免疫测试法只能定性或半定量进行判断，而免疫传感器不但能达到定量检测的效果，而且由于传感与换能同步进行，能实时监测到传感器表面的抗原抗体反应，有利于对免疫反应进行动力学分析。

5. DNA 传感器

DNA 传感器是指将单链 DNA 探针作为灵敏元件，通过电极和具有信号传递作用的电活性杂交指示剂来定量检测目标物的方法。DNA 传感器在细菌检测、疾病诊断、基因检测、有毒物质检测、环境监控及药物研究等领域有广泛的应用。近几年逐步发展起来的核酸适配体传感器技术，由于核酸适配体较抗体对其相对应的靶分子具有较高的亲和力，这一特性使得适配体可以区分出在结构上仅存有细微差异的结构相似的物质，且具有制备周期短、可体外合成、目标物范围广等优势，在实际检测中得到了很好的应用。

第三节　饲用酶制剂

饲料工业和养殖业面临影响可持续发展的三大问题：违禁药物和促生长剂大量使用导致的饲料安全问题、养分未被充分吸收利用而大量排放造成的环境污染问题和常规饲料原料缺乏及价格上涨问题。酶工程生产的酶作为一种具有生物活性的天然催化剂，通过与底物的结合，降低反应所需要的活化能，可以极大地提高化学反应速度。经过多年的研究和推广，酶工程在饲料工业和养殖业的应用受到越来越多的关注，学术研究与技术开发并重。在动物日粮中应用一直是人们怀疑和争论的话题，可以断定，这种争论将很长时间存在。一般认为，这既反映了生物活性的真实性和有效性问题，又反映了应用对象的针对性和适用性问题。酶的真实有效是必要条件，酶的针对适用是充分条件，缺一不可，但是这还不够。

饲用酶制剂的研究开发和推广应用，已成为生物技术在饲料工业和养殖业中应用的重要领域，酶制剂作为一种新型高效饲料添加剂，为开辟新的饲料资源、降低饲料生产成本提供了行之有效的途径，同时可以提高动物生产性能和减少养殖排泄物的污染，为饲料工业和养殖业高效、节粮、环保等可持续发展提供了保障和可能性，而新型的饲料酶制剂不断被研究和开发是重要前提。饲料酶制剂由于其独特的作用，被广泛认为是目前唯一能够在不同程度同时解决这三大问题的饲料添加剂。尽管这项技术已有了长足发展，但是迄今为止，全球单胃动物饲料仅有20%左右使用了酶，总价值约3亿美元。饲料酶制剂已经成为动物营养与饲料科学领域的热点之一。

一、饲用酶制剂的分类

酶是生物体产生的、能起催化作用、具有敏感性的有机大分子物质，绝大部分酶是蛋白质，少数是RNA。酶的种类繁多，大约有4 000种，与非生物催化剂相比，具有明显的多样性，大自然的奇妙和生物界的丰富多彩，有相当部分归因于酶的多样性和非凡作用。例如，动物体内存在大量的酶，已发现3 000种以上，用于饲料中的只是其中很小的一部分。

酶制剂是指按一定的质量标准要求加工成一定规格、能稳定发挥其功能作用的含有酶的成分的制品。常按其性状分为液体剂型酶和固体剂型酶，或者按其功能和使用特点分为饲料酶、食品酶、纺织酶等。酶制剂既含有酶成分，也含有载体或溶剂。饲用酶制剂是指添加到动物日粮中，目的是提高营养消化利用、降低抗营养因子或者产生对动物有特殊作用的功能成分的酶制剂。饲用酶制剂只占酶制剂的很小部分，尽管如此，可以用于饲料用途的酶制剂的种类和数量仍是非常大。但是，我们对饲料用酶的利用还十分有限，许多认识还很混乱。在相当长的时间里这种局面将继续存在，这意味着饲料用酶的利用既有很多的困难，也有巨大的开发空间。

饲用酶制剂按照作用底物的方式，可分为降解酶、水解酶和分解酶。饲用酶制剂主要是降解类的酶制剂，把营养物质（如蛋白质、淀粉）或者抗营养物质（如非淀粉多糖、植酸盐）降解为容易吸收的营养成分或者无抗营养特性的成分，降解反应是把大分子变成小分子的过程，包括水解反应和分解反应两类。水解是一个加水的反应过程，水解反应是水与另一化合物反应使该化合物分解为两部分。分解反应是一种化合物分裂为两种化合物（不需要加水的反应过程），狭义的分解反应不包括加水的反应，广义的分解反应包括水解反应，加水的反应过程也是分解的反应。

从动物营养学的角度，为了方便，如果要区别水解和分解两者的不同，对大分子催化反应产生基本组成单位的反应习惯称为水解，例如蛋白质水解为组成蛋白质的基本单位氨基酸，淀粉水解为组成淀粉的基本单位葡萄糖。而降解基本单位（如氨基酸或葡萄糖）的催化反应习惯称为分解。动物营养学上的基本单位是指能够吸收的最大组分，如氨基酸、葡萄糖、脂肪酸等。当然，分解和水解不是绝对的，事实上，两个概念经常互用。

为了进一步了解酶制剂的作用特点和细化饲料酶的种类，我们可以把饲料酶分为水解酶和分解酶（相当酶学分类的裂合酶的一部分）。饲料水解酶就是指把大分子物质通过加水反应产生其组成基本单位的酶制剂。水解酶包括脂肪酶、淀粉酶、蛋白酶、木聚糖酶、纤维素酶、β-葡聚糖酶、γ-甘露聚糖酶等。

在讨论植酸酶时，常常碰到一种困惑，就是不好归类，一般的饲料复合酶并不包括植酸酶，往往单独使用。植酸或者植酸盐已经是基本单位，是小分子化合物。而蛋白质、脂肪、淀粉、木聚糖、纤维素、葡聚糖、甘露聚糖等，是大分子化合物，是由基本单位如氨基酸、脂肪酸、葡萄糖等组成的。事实上，植酸酶与一般的水解酶不同，为了区别，可以把植酸酶划分为分解酶，分解酶还包括木质素分解酶、霉菌毒素脱毒酶等。

所以，区别水解酶和分解酶有两个依据：一是催化反应是否是加水反应；二是催化反应的产物是否是基本组成单位。

酶制剂还可以按照酶的组成分为单酶、复合酶、组合酶。单酶或单一酶是指特定来源而催化水解一种底物的酶制剂，如木瓜蛋白酶、胃蛋白酶、里氏木霉、纤维素酶、康氏木霉、纤维素酶、曲霉菌木聚糖酶、隐酵母木聚糖酶等。

与单酶相对应的是复合酶。所谓复合酶（Complex enzymes）是指由催化水解不同底物的多种酶混合（Mix）而成的酶制剂，如由木瓜蛋白酶、康氏木霉、纤维素酶和曲霉菌木聚糖酶组成的饲料酶是复合酶制剂，同时作用于日粮中的蛋白质、纤维素和木聚糖。多种酶的来源可以不同，也可以相同，因为单一菌株可以产生多种酶，特别是有些商业系统微生物的固体发酵，单一菌株都可以产生多种酶。大多数添加在动物饲料中的酶是粗制剂，通常对一系列底物有活性。商业上的饲用酶制剂产品通常是将两种或更多种酶混合在一起的"复合酶"。复合酶在酶制剂其他领域应用很少，主要在饲料中使用。复合酶可以以动物种类及阶段为目标设计酶谱和活性，如蛋鸡日粮专用酶，也可以以日粮特性为目标配制酶的种类和有效成分，如小麦型日粮专用酶。目前饲料工业和养殖业使用的除植酸酶等少量酶是单酶添加剂外，大多数为复合酶添加剂。

组合酶作为酶制剂产品设计的创新理念，有别于传统的单酶和复合酶，能充分体现酶制剂的高效性、针对性，以"差异互补、协同增效"为核心理念，并以此为组合酶筛选的技术思路，是建立在作用模式、作用底物化学组成特点、作用位点等基础之上的科学分类。组合酶是指由催化水解同一底物的来源和特性不同，利用其催化的协同作用，选择具有互补性的两种或两种以上酶配合而成的酶制剂。例如，体内的胃蛋白酶和胰蛋白酶就是一种天然的蛋白酶组合（前者属于酸性蛋白酶，后者属于碱性蛋白酶）。组合蛋白酶制剂由多种来源不同的蛋白酶组成，可以有木瓜蛋白酶和黑曲霉蛋白酶，甚至其他来源的蛋白酶；组合木聚糖酶制剂由多种来源不同的木聚糖酶组成，如真菌木聚糖酶和细菌木聚糖酶的组合；组合型纤维素酶制剂由外切葡聚糖酶和内切葡聚糖酶组成等。组合酶不是简单的复配，而应该是根据不同酶的最适特性、作用特点和抗逆性的互补有机组合。可以是多种内切酶的组合，也可以是内切酶和外切酶的组合。组合酶应用最常见的例子是有目的地选择多种蛋白酶水解蛋白质原料生产生物活性肽，根据蛋白质原料的不同，几种蛋白酶的要求不同；而目的肽不同，几种蛋白酶的选择也不一样。α-淀粉酶是内切酶，它催化淀粉分子内部1,4-糖苷键的随机水解，而β-淀粉酶是外切酶。组合酶在各个酶制剂领域中都可以应用，有可能使酶制剂在饲料和养殖应用方面具有革命性的意义，特别是非常规饲料原料的广泛应用，单靠一般的单酶或者复合酶并不能够解决其作用的高效性问题。

酶制剂按作用底物的不同可分为淀粉酶、蛋白酶、脂肪酶、果胶酶、木聚糖酶、葡聚糖酶、纤维素酶、植酸酶、核糖核酶等。单胃动物能分泌到消化道内的酶主要属于蛋白酶、脂肪酶和碳水化合物酶类。底物大分子物质（如蛋白质、脂肪、多糖等）在酶的催化下被降解为易被吸收的小分子物质，如氨基酸、寡肽、脂肪酸、葡萄糖等。饲用酶制剂的分类方法仍没有统一，饲用酶制剂大致可分为外源消化酶和非消化酶两大类。非消化酶是指动物自身不能分泌到消化道内的酶，这类酶能消化动物自身不能消化的物质或降解一些抗营养因子，主要有纤维素酶、木聚糖酶、葡聚糖酶、植酸酶、果胶酶等。外源消化酶是指动物自身能够分泌，但大部分来源于微生物和植物的淀粉酶、蛋白酶和脂肪酶类等。

催化水解同一种底物的酶可以有不同来源，例如，催化水解纤维素的酶有绿色木霉（纤维素酶、嗜松青霉）纤维素酶、生黄瘤胃球菌纤维素酶等。针对这一特点，研究者们先后系统地比较研究了不同来源的纤维素酶、不同来源的木聚糖酶和不同来源的蛋白酶。同样，同一来源的生物，特别是微生物（包括真菌、细菌、放线菌等）可以产生不同的酶，例如，厌氧微生物能产生降木聚糖、甘露聚糖的复合多酶系统。另外，所谓木聚糖酶、广葡聚糖酶、纤维素酶等是一个笼统的概念，它们是一类作用相近的酶的统称，例如，纤维素酶主要有3种，即内切葡聚糖酶、外切葡聚糖酶和少葡糖苷酶。

二、饲用酶制剂的发展概况

从20世纪中叶开始，饲用酶制剂研究先后经历了20世纪60—70年代缓慢发展阶段、20世纪70年代美国第一个商品性饲用酶制剂出现、20世纪80—90年代突飞猛进的快速发展阶段以及21世纪创新发展阶段。短短60年间，饲用酶制剂先后经历了从以助消化为目的的第一代饲用酶制剂、以降解简单抗营养因子为目的的第二代饲用酶制剂，向以降解复杂抗营养因子或毒物为目的的第三代饲用酶制剂的跨越。到如今，饲用

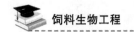

酶制剂的研发与应用进一步表现出由"原料中释放"动物不易消化的养分走向"底物中生产"具有生物活性物质的创新发展态势。

大体上,从20世纪70年代开始,酶制剂被应用于饲料和养殖中,大约每隔20年就有新一代饲用酶制剂逐步兴起并在产业中应用,当然,这个过程并没有一个绝对的时间上的区分。划分为所谓的第一代饲料酶、第二代饲料酶和第三代饲料酶完全是人为的区分,并不十分准确,这样处理是为了饲料酶分类的方便,也可以有其他不同的做法。实际上,即使现在,几类饲料酶也同时发展,并行不悖。

这里的饲用酶制剂发展的划代,更多的是说明该行业发展的历史阶段,强调不同时期的发展特点和标志性研究成果,并不是说新的一代比过去的更先进,不存在更新换代的问题。这是由酶本身的种类多样化和作用的专一性决定的。随着研究的深入和需求的不同,其他新型酶制剂也将出现,例如抗病、抗氧化、畜产品保质等功能性酶制剂产品等。有关谷胱甘肽过氧化物酶的研究就是这方面的尝试,谷胱甘肽过氧化物酶具有抗病和防止畸变的作用。可以预测,与目前传统意义的提高饲料消化利用为目的不同的饲用酶制剂将会出现并应用,以后或许我们可以称之为第四代、第五代饲料酶制剂。

饲用酶制剂划代的目的意义在于:① 了解饲用酶制剂是一个不断认识和发展的过程,说明饲料酶仍然有进一步发展的可能。② 说明饲料酶不同于一般的添加剂,非常复杂,不能简单笼统归类,根据需要,可以用多种方法分类和区别。③ 使用好饲用酶制剂除了掌握酶学特性外,了解作用底物和原料特点同样重要。④ 根据不同目的,饲用酶制剂的使用有许多方案,例如,可使用单酶、复合酶或组合酶,也可同时使用组合型的复合酶;可使用第一代酶、第二代酶或第三代酶,也可同时使用第一至第三代酶;可使用水解酶或分解酶,也可同时使用水解酶和分解酶。⑤ 饲用酶制剂的适当区分和细化,为解决作用的高效性和针对性提供了必要的条件,避免酶制剂使用的混乱,同时能够达到经济合理的目的。

1. 第一代饲用酶制剂

酶制剂的种类繁多,用途各异,被人们认识和利用的程度也有很大的不同,实际上,对酶在饲料中的认识最早是蛋白酶一类以助消化为目的的酶制剂,特别是在幼年动物的日粮中的应用。例如,对早期断奶仔猪常常会添加蛋白酶、淀粉酶等,以弥补体内消化酶分泌的不足。它们早在20世纪70年代开始应用,并且在相当长的时间里,饲用酶制剂是以这一类酶为主,或者以单酶或复合酶的形式。为了方便,我们把以助消化为目的的一类酶制剂,称为第一代饲用酶制剂,因为主要目的是补充体内消化酶,一般也称为外源性营养消化酶,如蛋白酶、淀粉酶、脂肪酶、乳糖酶、肽酶等。

外源性营养消化酶主要是水解大分子化合物为小分子化合物或其基本组成单位,如寡肽、寡糖、甘油一酯(二酯)、氨基酸、葡萄糖、脂肪酸,直接为体内提供可吸收的营养。经过长期的进化,高等动物的大部分消化功能已由特定消化酶执行。一般情况下,动物本身的消化酶活性能够有效地完成消化功能。但有些情况下可大大影响动物的消化能力,如病畜和幼年仔畜常常存在消化功能问题;现代饲养方式人为压抑了动物的消化功能,如仔猪的逐渐断奶改为突然断奶、自然断奶改为提早断奶。早期的饲用酶制剂产品主要以这类为多，用于助消化，特别是作为幼年动物和存在消化道健康问题的成年动物消化酶的补充。

实际上，对外源性营养消化酶在饲料工业和养殖领域的应用有必要重新认识，随着动物日粮配方富营养化、饲养条件应激和环境污染问题越来越突出，成年健康动物添加外源性营养消化酶的作用也越来越明显，意义也越来越大。

植酸酶的添加目的是分解并释放与植酸盐化学键结合的氨基酸、脂肪酸、常量矿物质元素或者微量元素，也是比较早的分解类的酶。所以，我们也把植酸酶归为第一代饲用酶制剂，也是外源性营养消化酶，是小分子营养消化酶，与蛋白酶等不同的是水解酶和分解酶的差别。

2. 第二代饲用酶制剂

随着酶制剂在饲料工业和养殖业中应用的不断深入，饲用酶制剂迎来了发展的黄金时期，尤其是 20 世纪 90 年代被广泛关注的"非淀粉多糖酶"。以降解"单一组分抗营养因子或毒物"为目的的酶制剂，我们可以称为第二代饲用酶制剂，如木聚糖酶、葡聚糖酶、纤维素酶等。这类酶同样也是水解酶。

木聚糖和 β-葡聚糖的抗营养特性已经被广泛认识，纤维素尽管有时候并不归类于抗营养因子，高质量的纤维甚至有一定的营养意义，但是，对于单胃动物而言，纤维素更多的情况是影响日粮的消化利用。这类酶作用的产物没有营养意义，或者没有直接的营养价值，木聚糖酶使木聚糖水解产生的木糖和木寡糖，猪、禽不能利用，β-葡聚糖酶作用于 β-葡聚糖和纤维素酶作用于纤维素并不能够产生游离的葡萄糖，对单胃动物同样没有直接的营养价值。部分产物只是可能有一定的生理活性或者微生态调节作用。第二代饲用酶制剂即非淀粉多糖酶的研究和开发一直十分活跃，大大推动了酶制剂在饲料工业和养殖领域的应用。随着高质量和有针对性的非淀粉多糖酶的科学使用，部分非常规饲料原料已经变成常规饲料原料。

另外，食曲霉毒素脱毒酶等酶制剂也可归为第二代饲用酶制剂。与"非淀粉多糖酶"不同的是，脱毒酶是分解酶类。

3. 第三代饲用酶制剂

21 世纪以来，特别是最近几年，随着酶制剂产业和饲料资源开发的不断发展，对新型酶制剂的认识、开发和产业化有了新的进展。以降解"多组分抗营养因子"为目的的酶制剂，如半乳糖苷酶、β-甘露聚糖酶、果胶酶、壳聚糖酶、木质素过氧化物酶，我们可称之为"第三代饲用酶制剂"。

所谓"第三代饲用酶制剂"，有两方面的含义，一是该类酶制剂发展的阶段相对较晚，二是其作用的底物类型的差别。半乳糖苷酶、β-甘露聚糖酶、果胶酶、壳聚糖酶、木质素过氧化物酶（分解木质素的一系列酶的主要组分）等第三代酶制剂，既非第一代饲料酶，也非第二代饲料酶，由于不好归类，暂时定义为特异碳水化合物酶（Distinctive carbohydrate enzymes）或者"双非酶"，这是一方面。另一方面，实际上，非淀粉多糖不是糖生物学（Glycobiology）的概念，而是动物营养学的概念，并不十分准确。广义的"非淀粉多糖酶"也包括 α-半乳糖苷酶、β-甘露聚糖酶、壳聚糖酶、果胶酶等（但不包括木质素过氧化物酶）。广义的非淀粉多糖也包括由两种或者多种成分构成的

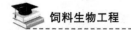

碳水化合物，如 γ 半乳糖苷类由半乳糖和葡萄糖构成，β-甘露聚糖由甘露糖和葡萄糖构成。而狭义的"非淀粉多糖"仅指木聚糖、β-葡聚糖和纤维素等，它们是单一的一种基本单位，如木聚糖由木糖构成，β-葡聚糖和纤维素由葡萄糖构成。为了区别传统意义上的非淀粉多糖酶（狭义的"非淀粉多糖酶"），可以把与非淀粉多糖既相关，又是非传统意义上的非淀粉多糖酶称为双非酶。

α-半乳糖苷酶、甘露聚糖酶、果胶酶、壳聚糖酶、甲壳素酶、葡萄糖胺酶等第三代饲料酶是"特异碳水化合物酶"。溶菌酶也是特异碳水化合物酶，又称胞壁质酶或N-乙酰胞壁质聚糖水解酶，是一种能水解致病菌中黏多糖的碱性酶。

特异碳水化合物酶与传统非淀粉多糖酶的主要区别是：第一个区别，理论上，后者水解单一组分的碳水化合物（一般称为同多糖），如木聚糖水解为木糖，β-葡聚糖水解为葡萄糖；而前者水解多组分碳水化合物（一般称为杂多糖），如 a-半乳糖苷水解为半乳糖和葡萄糖，甘露聚糖水解为甘露糖和葡萄糖，等等。

第二个区别，非淀粉多糖酶是针对大分子的多聚碳水化合物，而特异碳水化合物酶的情况则比较复杂，从大分子的多聚碳水化合物到中等碳链长度的寡聚碳水化合物，例如，α-半乳糖苷并不是多聚碳水化合物，不是多糖类，应该是寡糖类物质（把 α-半乳糖苷归为广义的非淀粉多糖也不合适）。所有"非淀粉多糖酶"都是多聚糖酶，β-甘露聚糖酶是多聚糖酶，半乳糖苷酶是寡糖酶。

第三个区别，非淀粉多糖酶作用的饲料原料基本是非常规原料，而特异碳水化合物酶中的 β-甘露聚糖酶针对非常规原料如椰子粕等，半乳糖苷酶针对常规原料如豆粕等。

特异碳水化合物酶属于第三代的水解酶，而木质素过氧化物酶等则是第三代的分解酶。

三、饲用酶制剂的生产及使用方法

（一）酶制剂的生产

1. 动植物源酶制剂

20 世纪 60 年代前，酶制剂基本上从动物、植物中提取。目前生产上应用的酶制剂中，动植物源酶制剂占很少的一部分，但仍具有不可忽视的作用，比如木瓜蛋白酶和菠萝蛋白酶，能有效地水解蛋白，木瓜酶加到鸡饲料中，能显著地提高蛋白质的消化利用率，获得较好的饲用效果。

动植物源酶制剂一般产量不高，基本生产工艺是：以该酶含量高的动植物组织为原料，利用各种酶的理化特性差异进行直接提取。常见的如，动物蛋白酶，主要从胃液、胰液中提取；木瓜蛋白酶、菠萝蛋白酶主要从木瓜、菠萝中提取；β-淀粉酶多来源于麦芽、麸皮等。

在提取酶时，首先应当根据酶的结构和性质，选择适当的溶剂。一般来说，亲水性的酶要采用水溶液提取，疏水性的酶或者被疏水物质包裹的酶要采用有机溶剂提取；等电点偏于碱性的酶应采用酸性溶液提取，等电点偏于酸性的酶应采用碱性溶液提取。

酶的分离纯化是采用各种生化分离技术，诸如离心分离、过滤与膜分离、萃取分离、沉淀分离、色谱分离、电泳分离以及浓缩、结晶、干燥等，使酶与各种杂质分离，达到所需的纯度，以满足使用的要求。

由于酶是比较脆弱的生物大分子，在提取过程中，应当控制好温度、pH 值、离子强度等各种提取条件，以提高提取率并防止酶的变性失活，同时还须步步检测、监控，对酶活性等指标加以测定。

2. 微生物源酶制剂

目前大部分饲用酶制剂均来源于微生物，用微生物发酵生产饲用酶制剂始于 20 世纪 60 年代。与从动植物组织中提取酶制剂相比，该工艺具有成本低、产量高的优点，因此得到广泛的应用。生产微生物酶制剂，首先必须选择合适的菌种，菌种扩大培养后接种于灭菌培养基中，通过发酵生产、提取、浓缩、包被（提高其抗热、酸碱性）、载体吸附、干燥、粉碎，最终制成酶制剂，以供生产使用。

菌种性能的优劣，产量的高低，直接影响到微生物发酵生产酶制剂的成败。优良菌种是获得高产的先决条件。很多微生物都能生产多种酶，一种或一类酶往往可以由不同的微生物产生，但并不是所有能产生酶的菌种都可以作为工业生产用的菌种。一般认为优良的产酶菌种应具备以下几点：① 酶产量高，同时产酶微生物生长繁殖快，这样有利于缩短生产周期；② 营养要求低，所选菌种对营养物质的需要不过于苛刻，最好选择能够利用廉价的农副产品作为营养物的菌种，以利于降低成本，扩大原料来源；③ 产酶性能稳定，菌种不易发生变异或退化，能保持稳产、高产；④ 不是致病菌或产生毒素以及其他生理毒性物质的微生物，这样以确保酶的生产和应用的安全。

产酶菌种的筛选主要通过两种途径进行：① 从自然界中寻找，包括采集含菌样品、菌种的分离、产酶性能测定和复筛等几个步骤，通过多次筛选后可为进一步扩大试验或中试打下基础；② 从保存的菌种中人工诱变，然后筛选产酶菌株。

优良的菌种在合理的培养剂及适当的培养方法和环境条件下就可生产出酶制剂。发酵产酶的方式有两种。一种为固体曲培养法（图 4-13）。固体曲培养主要以淀粉或农副产品以及必要的无机盐类为培养基（表 4-9），在控制湿度的条件下进行发酵生产。此法简便，不需要特殊设备，酶的浓度高，但原料的利用率较差。

表 4-9 常见饲用酶生产菌和固态培养基

饲料用量	产酶微生物	固态培养基
淀粉酶	*Aspergillus niger*	麦麸
	Bacillus licheniformis	麦麸
	Aspergillus oryzae	PUF（聚氨酯）
	Aspergillus niger	甘蔗渣、玉米棒、锯屑
纤维素酶	*Trichodenna* spp.	麦麸、玉米
	Aspergillus ustus，*Botritis* spp.	
	Sporotrichum pulterulentum	
	Tubercularia vulgaris	甘蔗渣

续表

饲料用量	产酶微生物	固态培养基
葡萄糖苷酶	*Aspergillus niger*	甘蔗渣、玉米棒、锯屑
	Trichodenna spp.	麦麸、大米、麦秆
	Neurospora crasse	麦秆或稻草
	Aspergillus phoenicis	糖用甜菜
蛋白酶	*Aspergillus flavus*	麦麸
	Bacillus subtilis	麦麸
	Bacillus subtilis	PUF（聚氨酯）
葡萄糖糖化酶	*Aspergillus niger*	麦麸
	Aspergillus flavus	麦麸
	Penicillium spp.	麦麸
脂肪酶	*Grotrichum candidum*	
	Mucor meigei	
	Rhizopus arhizus 和 *Rhizopus delemer*	
	Rhizopus delemer amberlite	交换树脂
植酸酶	*Aspergillus ficuum*	
	Sch. castell	
木聚糖酶	*Trichodenna* spp.	麦麸、大米
	Aspergillus ustus，*Botritis* spp.	
	Porotrichum pulierulentum	
果胶酶	*Talaromyces flavus* 和 *Tubercularia vulgaris*	柑橘皮

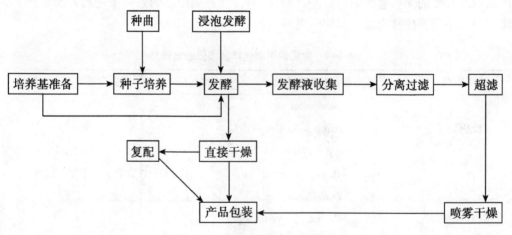

图 4-13　固体发酵的工艺流程

另一种是液体深层通气培养法（图4-14），此法是目前生产微生物酶制剂的主要方法，它是将原料加水调成液体状培养基，置发酵罐中用蒸汽灭菌，待冷却到一定温度（30~37℃）接入预先培养的菌种，再边搅拌边通入无菌空气保温培养。深层通气培养时，由于是在无菌条件下进行，故发酵条件较易控制，因此不仅酶的产量高，质量也较好。要提高产量，可采用补料、添加酶的诱导物、降低阻遏物浓度、添加表面活性剂、添加其他产酶促进剂等措施。

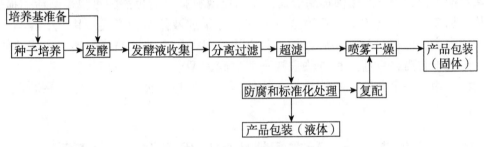

图4-14 液体发酵工艺流程

3. 克隆酶

随着基因工程技术突飞猛进的发展，酶的生产将大规模地转向克隆酶的生产。克隆酶的生产是在酶生物合成基本规律的基础上，通过基因重组技术，将产酶基因转移到成本低、能大规模发酵生产的微生物体内，进行工程发酵扩大培养后通过提取等后处理，生产出所需种类的酶。在现代分子生物学技术手段的支持下，构建新型蛋白质表达体系、蛋白质工程技术、酶分子合理设计及定向进化技术已成为当前获得高活性、高稳定性的酶制剂的主要手段。

运用基因工程技术可以改善原有酶的各种性能，如提高酶的产率、增加酶的稳定性等，可以将原来由有害的、未经批准的微生物产生的酶的基因，或由生长缓慢的动植物产生的酶的基因，克隆到安全的、生长迅速的、产量很高的微生物体内，改由微生物来生产。可以通过克隆各种天然蛋白或酶基因，将克隆的酶基因和适当的调节讯号通过一定的载体（质粒）精确导入便于大量繁殖的微生物中并使之高效表达，然后通过发酵的方法可大量生产所需要的酶，可以很方便地解决酶源困难的问题。当前世界上最大的工业酶制剂生产厂商诺维信公司，其生产酶制剂的菌种约有80%是基因工程菌。这一技术大大降低生产酶的成本，使多种传统方法很难获得的酶得到大量生产，并应用于饲料工业中。

克隆酶的生产虽然在开发时有较大难度，但可以生产出人类所需要的、符合设计方案的酶制剂，随着分子生物学理论的逐步完善及其应用，克隆酶将会成为饲用酶的主要种类。

（二）酶制剂的使用方法

酶制剂常以四种剂型供应。一是液体酶制剂：包括稀酶液和浓缩酶液。一般除去固体等杂质后，不再纯化而直接制成或加以浓缩。这种制剂不稳定且成分繁杂。二是固体酶制剂：发酵经杀菌后直接浓缩干燥制成。适于运输和短期保存，成本也不高。三是纯

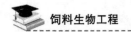

酶制剂：包括结晶酶，通常用作分析试剂和医疗药物。要求较高的纯度和一定的活力单位。四是固定化酶制剂。饲用酶制剂根据其组成可分为单一酶制剂和复合酶制剂，复合酶制剂由一种以上的酶复合而成。

酶制剂在饲料中的使用主要有干粉添加和液体添加两种形式。干粉添加是将干酶制剂与预混料先预混合，然后添加到大料中，多用于生产粉料的厂家。而液体添加多在生产颗粒料时使用。因饲料在制粒过程中受到高温、挤压、膨化等作用，容易使酶制剂失活，因此采用液体酶形式，在饲料制粒膨化后再添加可减少酶活的损失。液体添加又分为直接添加悬浮液或胶体和喷雾添加液体两种形式，其中喷雾添加一般应用较多，即在饲料制粒后进行雾化喷涂，多采用专门的喷涂系统。由于液体喷涂系统成本较高，目前这种方法只在一些比较大型的饲料厂应用。但是，对饲用酶制剂的使用，一定要遵循不能让它失活的原则，酶是一种蛋白质，它易在高温、强酸、强碱等条件下失活。

第四节　酶工程在饲料中的应用案例——植酸酶

一、植酸酶概述

磷是畜禽营养中所需的常量矿物质元素之一。钙、磷对动物骨骼系统的发育及维持具有重要作用。同时，磷是许多器官的有机组成成分，在机体的生化反应中发挥关键作用。畜禽饲料中磷含量不足，对其生长、繁殖及骨骼发育等均会造成不良影响。因此，在现代畜牧生产中，饲养者必须考虑磷的添加问题，以保证畜禽有足够的磷利用。植物体中平均70%的磷是以植酸磷的形式存在。由于植酸本身的结构特点和很强的螯合性，以植酸盐形式存在的磷不能被人和单胃动物利用，而且植酸也影响其他养分的利用。因此，对人和动物来说，植酸常常被视为抗营养因子。

现在，在我国用于单胃动物的全价配合饲料、4%~6%的预混料、20%~40%的浓缩料中都添加了植酸酶。大量的研究报道已经证实，植酸酶的确可以替代一部分无机磷添加量，同时能多方位提高饲料营养物质的利用率。其作为绿色环保添加剂，用于多种畜禽的效果已被认可，植酸酶有广阔的市场前景，所以对植酸酶的研究也越来越深入。一些酶制剂的饲养对比试验结果表明，植酸酶的促生长作用比非淀粉多糖（NSP）酶还明显。除钙、磷以外，植酸酶还能提高各种营养素的消化率（如蛋白质、氨基酸、能量等），即所谓的"潜在营养价值"。饲料加工企业可以根据这些方面的数据定量地调整和灵活地分配植酸酶的作用，植酸酶的应用将不再直接受经济效益的限制。可以肯定，由于可提高可消化养分、优化利用配方空间以及充分利用各种饲料原料资源，植酸酶的综合效益必然高于替代无机磷的单一效益，特别是在无机磷价格低廉、玉米和豆粕价格比较高的地区此效益更为突出。

二、植酸酶的来源

自1907年Suzuki等首次发现具有植酸酶活性的磷酸酶以来，人们对植酸酶的认识不断深入。自然界的植酸酶来源主要有三种：植物籽实、微生物和动物胃肠道。动物胃肠道中的植酸酶来自于肠道微生物区系和肠黏膜分泌的内源性植酸酶。单胃动物肠道黏膜中的内源性植酸酶及肠道微生物产生的植酸酶活性很差，反刍动物瘤胃微生物产生的植酸酶能有效地水解植酸盐。

植物来源的植酸酶根据水解起始位点的差异主要分成两种：一种来源于植物籽实，为6-植酸酶；另一种来源于植物组织，为3-植酸酶。由于植物来源不同其活性也有差异。国内外大量报道认为，小麦、大麦、黑麦及其加工副产品中具有较高酶活性的植酸酶，而玉米、大豆饼和油菜籽中的植酸酶活性很差。植物来源的植酸酶不适宜在动物饲料中应用，因为植物来源的植酸酶的最佳pH值为5.5（范围是5.0~7.5），不适合单胃动物胃内的酸性环境，另外这些酶不耐热，制粒时易失活。但有些植物来源的植酸酶在动物生产中有较明显的作用，如对小麦麸和微生物植酸酶进行比较研究，结果发现小麦麸中植酸酶效果虽不如微生物产品，但小麦麸组效果与无机磷添加组相当。

微生物来源的植酸酶是目前植酸酶研究的重点，它属于3-植酸酶，比植物源植酸酶具有更高的水解效率，因为微生物植酸酶的pH值范围较大，有些具有两个最适pH值（2.5和5.5），比较接近单胃动物的胃肠生理条件，而且可耐受80℃的制粒温度。植酸酶的生产工艺流程（图4-15）及产品（图4-16）。黑曲霉为菌种，最适发酵温度为28℃，pH值为5，接种量为10%。培养基组成为：蛋白胨0.2%、葡萄糖3%、$MgSO_4$ 0.05%、$MnSO_4$ 0.003%、$FeSO_4$ 0.003%、植酸钠0.15%、硫酸铵0.3%、氯化钾0.1%。

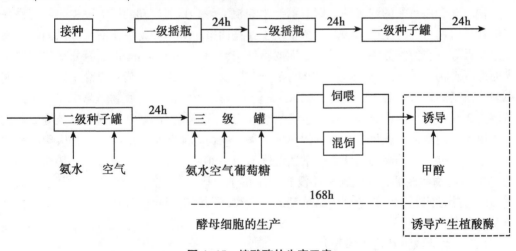

图4-15 植酸酶的生产工序

三、植酸酶的改性

饲用植酸酶除了要求具有较高的催化活性外，还要求具有良好的热稳定性。因为饲料加工都需要一个短暂的高温制粒过程，温度一般在75~93℃，一般的植酸酶的活性在此高温下都会不可逆地丧失。能在饲料中真正推广的植酸酶必须具有良好的热稳定性，同时又能在动物胃肠道（37℃）保持正常活性。如何使其既能耐受短暂的制粒高温、又能在动物正常体温下具有高酶活特性，是目前植酸酶应用过程中需要解决的关键性问

形态：微球形；颗粒大小：30~60目；容重：0.6

图 4-16　植酸酶产品

题之一，通过基因工程技术对植酸酶的基因在分子水平上进行改造将是一个强有力的手段。

（一）筛选耐热菌的植酸酶基因

由于微生物植酸酶具有产量高、在动物消化道中酶活性高等优点，现已成为研究的热点及生产商品植酸酶的主要来源。该方法是从自然界中分离耐高温产植酸酶菌株，因为耐热性是受基因控制的，对热稳定基因进行功能定位，在常温菌细胞中进行表达，表达产物通常会保留酶的耐热性。烟曲霉产生的植酸酶是目前已知的同类酶中热稳定性最好的。目前用于工业生产植酸酶的微生物主要是曲霉，如米曲霉、土曲霉、黑曲霉和无花果曲霉等，它们能分泌具有高度活性的胞外植酸酶。Luis Pasamontes 等分离到耐热菌烟曲霉（*Aspergillus fumigatus*）植酸酶 *phy*A 基因，并对其进行扩增、克隆，转化到黑曲霉中，获得的植酸酶经 100℃ 处理 20min，仍有 90% 的活性，对底物植酸的 pH 值作用范围为 2.5~7.5，因此成为工业化生产耐热性植酸酶的良好的候选基因。李佳等成功构建了用于黑曲霉菌真核表达烟曲霉耐热植酸酶 *phy*A 基因的重组质粒。然而从嗜温和嗜热微生物中分离到的高温植酸酶的最适温度为 70~80℃，虽然具有很好的耐热性，但它在 37℃ 下的酶活极低，在饲料中还没有应用价值。因此筛选的方法并没有根本解决植酸酶的耐热性问题，但筛选到的耐热基因为后续基因改造或重新设计新基因提供了良好的基础和参考价值。

（二）改造或设计植酸酶基因

随着基因工程与蛋白质工程技术的发展，采用定点突变（Site - directed mutation）、结构延伸突变（Elongation mutation）、分子定向进化（Molecular directedevolution）和同序概念（Consensus concept）等方法均可改善植酸酶的理化性质。Rodriguez 等对来源于大肠杆菌的 pH 值 2.5 酸性磷酸酶基因 *app*A 进行定点突变，用天冬氨酸替代酶蛋白多肽链中的几个氨基酸残基，增加酶分子潜在的糖基化位点的数目，突变体基因在毕赤酵母中表达，得到了糖基化程度、酶活性及热稳定性改变很大的突变体植酸酶。彭日荷等以烟曲霉中耐高温植酸酶基因 *phy*A 为基础，通过定点突变将部分密码子替换成毕赤酵母的偏爱密码，得到的重组子经过高密度发酵，其表达量比原始基因提高 13 倍，并有很好的耐热性。采用定点突变可发现一些对热稳定性具有关键作用的氨基酸，并能在一定程度上提高热稳定性。然而植酸酶的热稳定性受许多因素的影响，如氨基酸序列、三维结构、辅助因子及 pH 值等，定点突变具有一定的盲目性，结果无法预测。

结构延伸突变是通过在酶蛋白的 C 末端或 N 末端增加一段肽段来扩展蛋白质的一级结构，从而改变其高级结构，以达到改善酶理化性质的目的。陈惠等将来源于黑曲霉 N25 的植酸酶基因 *phyAm* 进行结构延伸突变，突变酶的最适反应温度比未突变酶提高了 3℃，在 75℃水浴处理 10min，残余酶活为 78%，比未突变酶的热稳定性提高了 21%，但其 pH 值向中性发生了偏移，这对 pH 值呈酸性的单胃动物不太适合。

当前最具潜力的方法是利用同序概念设计同序酶，它是根据一系列的热稳定蛋白的氨基酸序列进行对比，找出共有的序列，人工合成一个新基因。利用同序概念可一步改变多个氨基酸来获得突变体，克服了定点突变中的盲目性和分子定向进化方法中的高通量筛选等缺点。Lehmann 等利用 13 个同源真菌植酸酶获得了耐热性的同序植酸酶-1，它比所有亲代植酸酶的热稳定性高 15～26℃。该研究小组于 2002 年在组合中增加了 6 个野生型植酸酶，结合有限的定点突变得到了同序植酸酶-10 和同序植酸酶-11，比同序植酸酶-1 的热稳定性提高了 7.4℃。但利用同序概念提高植酸酶热稳定性的机制还有待深入研究。

此外，大量研究表明，糖基化程度对植酸酶热稳定性具有重要影响。Han 等人将来源于 *A. niger* 的 *phy.9* 基因在毕氏酵母中表达，糖基化水平有所提高，最适温度比原始酶提高了 2℃；去糖基化处理后，热稳定性降低了 34%。通过设计新的表达载体使 *phyA* 基因在 *Saccharomyces cerevisiae* 中表达，由于 *Saccharomyces cerevisiae* 表达系统的高度糖基化作用，重组酶的最适酶促反应温度 55～60℃，比原酶的范围更宽；未完全纯化的重组酶在 55℃与 80℃下分别作用 15min 后，酶活分别保留 95% 和 75%，而同样条件作用后的商品酶 phyA 酶活保留分别为 72% 和 51%；重组酶经去糖基化后，酶活只降低了 9%，但酶的热稳定性大为降低，80℃加热 15min，酶活损失 40%。结果充分说明了糖基化程度对该酶热稳定性的重要影响。Rodriiguez 等对大肠杆菌酸性磷酸酶植酸酶进行定点突变，增加了酶分子潜在的糖基化位点的数目。突变体基因在毕氏酵母中表达，得到了糖基化程度、酶活性及热稳定性有了不同程度提高的突变体植酸酶。

（三）转植酸酶基因植物的应用

转基因植物生产植酸酶近几年发展很快，多数研究是引入调控序列来增加植物自身植酸酶基因的表达量。从目前的研究来看，真菌的植酸酶基因可以在植物中稳定地特异性表达，并保持了酶的活性，且对转入外源基因的植物不造成伤害（表 4-10）。

表 4-10　目前主要的转植酸酶基因植物类型

作物	导入基因
马铃薯 *Solanum tuberosum* L.	黑曲霉中植酸酶基因

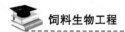

续表

作物	导入基因
	黑曲霉 *phy*A 的天然信号肽序列
烟草 *Nicotiana tabacum* L.	植酸酶 cDNA
	枯草杆菌的植酸酶基因
大豆 *Glycine max* L.	黑曲霉的植酸酶基因
	大豆子叶中植酸酶
拟南芥 *Arobido psis thaliana*	大肠杆菌的植酸酶基因
	大麦淀粉酶信号肽序列和无信号
小麦 *Triticum acstivum* L.	肽序列的 *phy*A
	烟曲霉植酸酶基因
油菜 *Brassica napus* L.	在植酸酶基因上游设置了一段十字花科植物信号肽序列
水稻 *Oryza sativa* L.	*PRS phyl*，根据黑曲霉中植酸酶编码序列，按植物偏爱密码子合成
玉米 *Zea mays* L.	植酸酶基因玉米胚乳特异性表达载体 PBA
	来源于枯草芽孢杆菌 *phy*C 基因

转基因植物生产植酸酶与微生物基因工程生产植酸酶相比各有优缺点（表4-11）：转基因植物生产植酸酶可以利用栽培条件下的自然资源，无须昂贵的生产设备，生产条件也简单，生产成本低；同时植物自身可以对转基因的表达产物进行翻译后修饰，保证了植酸酶的生物活性，这一点是微生物基因工程生产植酸酶无法比拟的；转基因植物还可以通过杂交将转入的基因传递给下代和选育的新品种中，这一点微生物基因工程无法做到。虽然植酸酶基因在大豆、小麦、水稻等作物中已经表达成功，然而表达产量普遍不高，这与目前应用的大部分是来源于微生物的植酸酶基因不无关系。因此需要对目的基因加以优化设计，而且转植酸酶基因到植物中也有很多问题需要克服，如产量低、生产周期长、过程烦琐等。植酸酶在植物中表达最大的障碍是缺乏合适的表达系统，因此用转基因植物生产植酸酶时，选择合适的表达宿主也是非常关键的，这样植酸酶在植物中的表达量才会大幅度提高。

表4-11　转基因植物生产植酸酶与微生物基因工程生产植酸酶的比较

项目	转植酸酶基因植物	微生物基因工程
优点	① 生产成本低；② 可进行翻译后修饰；③ 安全性高；④ 无须纯化，易保存；⑤ 可通过杂交传递给子代；⑥ 使用无须添加植酸酶；⑦ 利用率高	① 产量高；② 可用的微生物资源丰富；③ 有同源性；④ 底物非特异性；⑤ 工艺简单
缺点	① 产率较低；② 过量表达对植物有害；③ 转基因过程烦琐；④ 生产周期长；⑤ 缺乏合适的表达系统	① 生产成本高；② 易污染环境；③ 安全性较差；④ 需纯化，不易保存；⑤ 需要后期修饰；⑥ 耐热能力较差

续表

项目	转植酸酶基因植物	微生物基因工程
解决途径	① 选择合适的表达宿主；② 选择植物高频密码子	① 提高真菌植酸酶基因工程生产酶的耐热性；② 提高同时生产时的酶活性；③ 建立高效表达的反应器

本章小结

本章介绍了酶工程及其在饲料中的应用，简要介绍了酶学基础及其发展简史，以及酶工程发展概况和应用前景，重点介绍了酶工程技术，包括酶的生产、酶的分离纯化、酶的改造等内容，其中酶的生产包括酶的发酵生产和动植物细胞培养产酶；酶的分离纯化包括破碎细胞、溶剂抽提、离心、过滤、浓缩和干燥几个步骤；酶的改造包括酶分子修饰酶和蛋白质工程。人工模拟生物酶包括抗体酶、印迹酶、纳米酶、核酶和进化酶。酶固定化和细胞固定化为酶的固定化方法。以酶为催化剂进行反应所需要的设备称为酶反应器，介绍了酶反应器的类型、设计原则和性能评价。重点介绍了酶工程在饲料中的应用，包括饲用酶制剂的分类、人为划分为所谓的"第一代饲料酶""第二代饲料酶"和"第三代饲料酶"、饲用酶制剂的生产及使用方法和植酸酶的来源、改性。

复习思考题

1. 简述酶学基础及发展简史。

2. 简述酶工程发展概况。

3. 简述酶工程应用前景。

4. 什么是酶工程技术？酶工程技术包括哪些内容？

5. 什么是酶的发酵生产？为什么要发展微生物作为酶生产的来源？在酶的发酵生产过程中，可采取哪些与酶发酵工艺有关的措施来提高酶的产量？

6. 酶制剂的制备流程包括哪些步骤？

7. 什么是酶分子的改造？酶分子改造的方法是什么？

8. 什么是模拟酶？

9. 简述酶的固定化过程。

10. 简述酶生物反应器。

11. 简述饲用酶制剂的分类。

12. 饲用酶制剂的发展概况。

13. 简述饲用酶制剂的生产及使用方法。

14. 简述植酸酶的来源和改性。

推荐参考资料

冯定远. 2005. 酶制剂在饲料工业中的应用[M]. 北京：中国农业科学技术出版社.

冯定远，左建军. 2011. 饲料酶制剂技术体系的研究与实践[M]. 北京：中国农业大学出版社.

贝德福德. 2004. 酶制剂在动物营养中的作用[M]. 北京：中国农业科学技术出版社.

罗贵民. 2016. 酶工程（第三版）[M]. 北京：化学工业出版社.

郭勇. 2018. 酶工程（第四版）[M]. 北京：科学出版社.

补充阅读资料

酶类——生命最锋利的化学工具

美国加州理工学院的研究者弗朗西丝·阿诺德（Frances H. Arnoid）、美国密苏里大学的研究者乔治·史密斯（George P. Smith）和英国剑桥大学的研究者格雷戈里·温特（Sir Gregory P. Winter）共同获得 2018 年诺贝尔化学奖；其中弗朗西丝·阿诺德因研究酶的定向进化分享一半奖金。

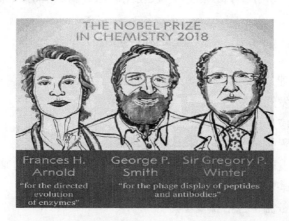

即使是在 1979 年，作为一名刚刚毕业的机械和航天工程师，弗朗西丝·阿诺德也有一个清楚的愿景，那就是通过新技术来造福人类，美国曾表示，截至 2000 年，20%的电力将来自可再生能源，于是研究者弗朗西丝·阿诺德开始进行太阳能方向的研究，然而在 1981 年总统选举之后，这个行业的前景发生了根本的变化，随后她转向对新型DNA 技术进行研究，正如她自己所表达的那样，通过重写生命代码的能力，一种制造日常生活所需材料和化学品的全新方式将会得以实现。

代替使用传统化学方法来生产药物、塑料和其他化学品（传统化学手段通常需要强溶剂、重金属和腐蚀性酸），研究者弗朗西丝·阿诺德的想法是利用一种生命的化学工具：酶类来进行研究，酶类能催化地球上任意有机体中发生的化学反应，如果能够设法开发出一种新型酶类的话，弗朗西丝·阿诺德或许就有望改变整个化学研究领域。

　　起初，与 20 世纪 80 年代末期很多科学家一样，弗朗西丝·阿诺德尝试利用传统的方法来重建酶类给予其新的特性，但酶类是一种非常复杂的分子，其由 20 种不同的氨基酸元件以不规则的方式组成，单一的酶类则由几千个氨基酸组成，它们常常以长链的形式连接在一起，从而折叠形成特殊的三维结构，而在这些结构中就能够创造出催化特定化学反应所必需的环境。

　　利用逻辑学来计算如何对复杂的结构进行重塑来赋予酶类一种新的特性似乎是非常困难的，甚至是利用当前的知识和计算机能力或许也是无法实现的，20 世纪 90 年代早期，面对大自然的优越感，弗朗西丝·阿诺德表现得很谦卑，而用她的话来讲，她决定放弃这种有点傲慢自大的想法，相反她从大自然自身优化化学的方法中找到了灵感，那就是进化。

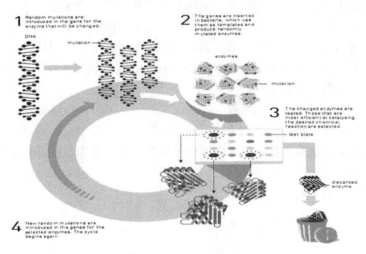

酶类定向进化背后的机制

　　多年来，弗朗西丝·阿诺德尝试对一种名为枯草杆菌蛋白酶（Subtilisin）的酶类进行改造，以便使其能够在有机溶剂（DMF，二甲基甲酰胺）中工作，而不是在水溶液中催化化学反应，如今她对酶类的遗传代码进行随机改变，随后将这些突变基因引入到细菌中能够产生数千种不同突变形式的枯草杆菌蛋白酶。

　　在此之后，研究者所面临的挑战就是找出在有机溶剂中哪种突变体表现出的效果最好，在进化过程中我们讨论的是生存，而在定向进化中这一阶段则被称之为选择阶段。研究者利用枯草杆菌蛋白酶来破碎牛奶中的酪蛋白，随后她在 35% DMF 的溶剂中选择出了能最有效破碎酪蛋白的枯草杆菌蛋白酶突变形式，紧接着弗朗西丝·阿诺德在枯草杆菌蛋白酶中引入了新一轮的随机突变，从而衍生出了能在 DMF 中表现更好的突变体。

　　在第三代枯草杆菌蛋白酶中，研究者发现了一种作用效率是原始酶类 256 倍的特殊突变体，这种酶类突变体拥有 10 种不同突变的组合，并没有研究人员能够预测其所带来的好处；随后研究人员展示了这种定向选择的力量，其能够帮助改进新型酶类的产生，这或许也是研究人员迈出的革命性一步，接下来重要的一步是由研究者 Willem

P. C. Stemmer 进行的，Stemmer 是一名荷兰的研究者，他描述了酶类定向进化的另一个方面，即在试管中进行配对。

比如，自然进化的先决条件就是来自不同个体的基因通过配对或授粉来混合，有益的特性常常会被结合，而且同时也会产生一种更加强壮的有机体，与此同时，功能低下的基因突变就会在一代一代进化过程中消失；研究者 Stemmer 利用的检测管就等同于配对（DNA 改组，DNA shuffling）。1994 年，他证明了将不同版本的基因切割成小块是可能的，随后在 DNA 技术的帮助下，研究者将这些小块拼接成了一个完整的基因，即原始的拼接版本。

进行了多个周期的 DNA 改组后，Stemmer 就对酶类进行了改变，以便其能比原始酶类更加有效，这就表明，基因重组或能使得酶类产生更加有效的进化。

自 20 世纪 90 年代初期以来，DNA 技术就被重新进行了改装从而就使得用于定向进化的方法成倍地增加了。弗朗西丝·阿诺德在这些研究中处于领先地位，如今她的实验室中产生的酶类能催化自然界中根本不存在的化学反应，从而产生全新的材料。她定制的酶类也成为制造各种物质的重要工具，比如药品等；随着化学反应的加速，其所产生的副产品也会较少，而且在某些情况下还可能会排除传统化学反应所需要的重金属，这样就大大减少了对环境的影响。

事情仿佛回到了原点，弗朗西丝·阿诺德又开始从事可再生能源的生产了，如今她的研究小组能够开发出将单糖转化为异丁醇的酶类，异丁醇是一种能用来生产生物燃料和绿色塑料且能量丰富的物质；研究者的一个长期目标就是为运输部分生产燃料，如今阿诺德开发的蛋白质所产生的可替代燃料能够用在汽车和飞机上，她也以这种方式为绿色世界作出了自己的贡献。

第五章
细胞工程及其在饲料中的应用

【科学创新】

奇特的童鱼

　　20世纪70年代，我国著名的科学家童第周做了一次大胆的实验，他从直径不到1mm的鲫鱼卵中吸出细胞核，再从鲤鱼的胚胎细胞中取出细胞核，然后，把鲤鱼的胚胎细胞核移进已吸出核的鲫鱼卵细胞中，进入鲫鱼卵细胞质中的鲤鱼细胞核，居然与细胞质能和平共处。这种特殊的组装细胞，在童教授的精心照料下，终于长成了能在水中游动的小鱼，这些由核卵细胞长出的小鱼嘴边长出了鲤鱼的须。童教授又用同样的办法把鲫鱼的细胞核和金鱼的卵细胞相结合，这种由金鱼卵细胞质与鲫鱼细胞核组装成的新细胞，经过细胞分裂和胚胎发育过程，最终也变成了鱼，这种鱼有金鱼状的头，也有鲫鱼的尾。

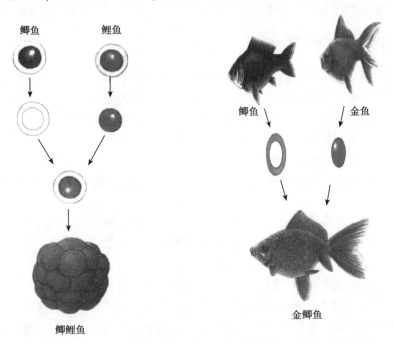

鲫鲤鱼

金鲫鱼

　　经过不断的实验，童第周教授培养出了很多种奇特的鱼。它们有的头像金鱼，尾像鲫鱼；有的嘴上长着鲤鱼的胡须，脊椎骨数目和侧线鳞片数却同金鱼一模一样；有的样子像金鱼，而身体的平衡器居然是蝾螈的……这些奇特的鱼有一个共同的名字，它们都叫"童鱼"。

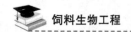

第一节　细胞工程概述

一、细胞工程的概念

细胞是生物体的基本结构单位和功能单位。随着细胞生物学和分子生物学的发展，20世纪70年代末至80年代初出现了细胞工程这一新型学科。

细胞工程（Cell engineering）是以细胞生物学和分子生物学为基础理论，采用原生质体、细胞或组织培养等试验方法或技术，在细胞水平上研究改造生物遗传特性，以获得具有新的性状的细胞系或生物体以及生物的次生代谢产物，并发展有关理论和技术方法的学科。

以细胞工程关键技术之一的细胞融合为例，细胞工程的优势在于避免了分离、提纯、剪切、拼接等基因操作，只需将细胞遗传物质直接转移到受体细胞中就能够形成杂交细胞，因而能够提高基因转移效率。此外，细胞工程不仅可以在植物与植物之间、动物与动物之间、微生物与微生物之间进行杂交，甚至可以在动物与植物、动物与微生物之间进行杂交，形成前所未有的杂交物种。

迄今为止，人们已经从基因水平、细胞器水平以及细胞水平开展了多层次的大量工作，在细胞培养、细胞融合、细胞代谢物的生产和生物克隆等诸多领域取得了一系列令人瞩目的成果。

二、细胞工程的研究内容

细胞工程涉及的领域相当广泛，根据研究对象不同，可以将细胞工程分为微生物细胞工程、植物细胞工程和动物细胞工程三大类。从研究水平来划分，细胞工程可分为细胞水平、组织水平、细胞器水平和基因水平等几个不同的研究层次。

具体而言，细胞工程的一些主要研究领域包括以下几种。

（一）动、植物细胞与组织培养

动、植物细胞与组织培养可分为3个层次上的培养：细胞培养、组织培养和器官培养。

植物细胞的大规模培养要早于动物细胞。植物细胞和原生质体培养技术可以用于育种，也可用于各类植物的快速繁殖，并在培养无毒苗、长期贮存种子、细胞与原生质体融合和生产次生代谢产物等方面发挥作用。

动物细胞培养技术可用于制取许多有应用价值的细胞产品，如多种单克隆抗体、疫苗、生长因子等。其中单克隆抗体的生物反应器大规模生产，已经在医药领域产生了极大的社会和经济效益。此外在组织与器官培养方面也已展现出了美好前景，其中以胚胎干细胞的培养和人工诱导分化最具价值。

（二）细胞融合

细胞融合是采用自然或人工的方法使两个或几个不同细胞（或原生质体）融合为一个细胞，用于产生新的物种或品系及产生单克隆抗体。其中单克隆抗体技术能利用克隆化的杂交瘤细胞分泌高度纯一的单克隆抗体，具有很高的实用价值，已经在诊断和治疗病症方面作出了很大的贡献。

细胞融合最大的贡献是在动植物、微生物新品种的培育方面。以植物为例，该技术应用于植物细胞中可以改良植物遗传性、培养新的植物品种。原生质体融合可克服有性杂交的不亲和性而使叶绿体、线粒体等细胞基因组合在一起。动物细胞融合方面，从杂交瘤细胞产生单克隆抗体至今，已有大批肿瘤的单克隆抗体被制备出来，将为治疗癌症开辟一条新的途径。

（三）染色体工程

染色体工程是按人们的需要来添加、削减或替换生物染色体的一种技术。主要分为动物染色体工程和植物染色体工程两种。动物染色体工程主要采用对细胞进行微操作的方法来达到转移基因的目的。植物细胞工程目前主要是利用传统的杂交回交等方法来达到改变染色体的目的。

（四）胚胎工程

这项技术主要是对哺乳动物的胚胎进行某种人为的工程技术操作获得人们所需要的成体动物。胚胎工程采用的新技术包括胚胎分割技术、胚胎融合技术、卵核移植技术、体外受精技术、胚胎培养、胚胎移植以及性别鉴定技术、胚胎冷冻技术等。

胚胎工程最成功的应用领域体现在畜牧业，主要是采用胚胎移植技术进行优良品种的快速繁殖与胚胎保存，已经产生了极大的经济效益。除畜牧业以外，对于人类，试管婴儿培育技术也为人类作出了贡献。

（五）细胞遗传工程

细胞遗传工程主要包括克隆和转基因技术。前者主要是指无性繁殖，如动物克隆是指由一个动物经无性繁殖而产生的遗传性状完全相同的后代个体。现已在畜牧业、稀有动物遗传资源保护与繁衍、医学等方面展现出了诱人前景。后者是指将外源基因整合到生物体内，得到稳定表达，并使该基因能稳定地遗传给后代的技术。它是改变物种遗传性状的最有效途径，现已在微生物、动植物领域得到迅速发展。

该技术可以说代表了现代细胞工程，甚至是整个生物工程的前沿领域。几乎所有细胞工程的最新科研成果都与此有关，但所产生的社会争议也是其他细胞工程技术无法比拟的，有可能对生物伦理学、生物哲学等新型学科的发展产生巨大的影响。

细胞工程是 20 世纪诞生的世纪工程，一个世纪过去了，人类在植物、动物、微生物各领域的细胞工程都取得了辉煌的成就。科学家不仅能培养各类细胞和组织，还能从单个细胞克隆出最高等的植物——被子植物，和最高等的动物——哺乳动物；我们不仅在努力揭去自然界神秘的重重面纱，而且已不满足于大自然亿万年的恩赐，正在用智慧的大脑和勤奋的双手改造生物种性，创造更加美好的未来。

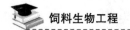
第二节　细胞工程及其在饲料中的应用

一、植物细胞工程

（一）植物组织培养

植物组织培养是指在无菌条件下，将离体的植物器官（如根尖、茎尖、叶、花、果实、种子等）、组织（如花药组织、胚乳、皮层等）、细胞（体细胞、生殖细胞等）、胚胎（如成熟或未成熟的胚）、原生质体等培养在人工配制的培养基上，并人为控制外因（营养成分、光、温、湿），诱导产生愈伤组织、潜伏芽，甚至进而从中分化、发育出整体植株的技术。

早在 1902 年德国植物学家哈伯兰德（Haberlandt）提出了细胞全能性的概念，即一个个体的所有细胞，无论是体细胞还是性细胞，所含的 DNA 或基因是一样的。细胞全能性是组织培养的基础。1958 年施图尔德（Steward）等由培养的胡萝卜细胞诱导形成体细胞胚胎，进而再生成完整植株，从而证明了哈伯兰德（Haberlandt）提出的细胞全能性的概念。从此以后，通过组织培养方法培育完整植株的探索便在世界范围内蓬勃开展起来。现在已有上千种植物能够借助组织培养的手段进行快速繁殖，多种具有重要经济价值的粮食作物、蔬菜、花卉、果树、药用植物等实现了大规模的工业化、商品化生产。

植物组织培养基本流程如下图 5-1。

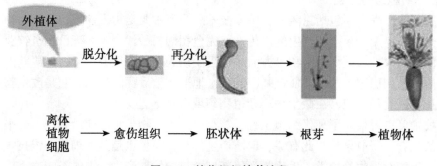

图 5-1　植物组织培养流程

进行植物组织培养，一般要经历以下 5 个阶段。

1. 预备阶段

（1）选择合适的外植体是本阶段的首要问题

外植体，即能被诱发产生无性增殖系的器官或组织切段，如一个芽、一节茎等。

选择外植体，要综合考虑以下几个因素：① 大小要适宜，不宜太小。外植体的组织块要达到 2 万个细胞（即 5~10mg）以上才容易成活；② 同一植物不同部位的外植体，其细胞的分化能力、分化条件及分化类型有相当大的差别。因此要根据培养目标选择不同部位的植物切段；③ 植物胚与幼龄组织器官比老化组织、器官更容易去分化，产生大量的愈伤组织；愈伤组织在一定的培养条件下，又再分化出幼根和芽，形成完整的小植株；去分化往往随之又发生再分化。去分化又称脱分化，是指已分化的细胞经过诱导后失去其特有的结构和功能而转变成未分化细胞的过程。愈伤组织原意指植物因受创伤而在伤口附近产生的薄壁组织，现已泛指经细胞与组织培养产生的可传代的未分化细胞团；所谓再分化是指已经脱分化的愈伤组织在一定条件下，再分化出胚状体，形成完整植株的过程。④ 不同物种相同部位的外植体，其细胞分化能力可能大不一样。

总之，外植体的选择，一般以幼嫩的组织或器官为宜。此外，外植体的去分化及再分化的最适条件都需经过摸索，他人成功的经验只可借鉴，不可完全照搬。

（2）除去病原菌及杂菌

选择外观健康的外植体，尽可能除净外植体表面的各种微生物是成功进行植物组织培养的前提。消毒剂的选择和处理时间的长短与外植体对所用试剂的敏感性密切相关（表5-1）。通常幼嫩材料处理时间比成熟材料可短些。

表5-1　常用消毒剂除菌效果比较

消毒剂	使用浓度	处理时间（min）	除菌效果	去除难易
氯化汞	0.1%~1%	2~10	最好	较难
次氯酸钠	2%	5~30	很好	容易
次氯酸钙	9%~10%	5~30	很好	容易
溴水	1%~2%	2~10	很好	容易
过氧化氢	10%~12%	5~15	好	最易
硝酸银	1%	5~30	好	较难
抗生素	20~50mg/L	30~60	较好	一般

对外植体除菌的一般程序如下：

外植体→自来水多次漂洗→消毒剂处理→无菌水反复冲洗→无菌滤纸吸干

（3）配制适宜的培养基

由于物种的不同、外植体的差异，组织培养的培养基也是多种多样，但它们通常都包括以下3大类组成成分：① 含量丰富的基本成分，如蔗糖或葡萄糖高达每升30g，以及氮、磷、钾、镁等。② 微量无机物，如铁、锰、硼酸等。③ 微量有机物，如激动素、吲哚乙酸、肌醇等。

各培养基中，激动素和吲哚乙酸的变动幅度很大，这主要因培养目的而异。一般较高的生长素（吲哚乙酸）对细胞分裂素（激动素）比值有利于诱导外植体产生愈伤组织，反之则促进胚芽和胚根的分化。

2. 诱导去分化阶段

外植体是指植物组织培养中用来进行离体无菌培养的离体材料，可以是器官、组织、细胞和原生质体等。组织培养的第一步就是让这些器官或组织切段去分化，使各细胞重新处于旺盛有丝分裂的分生状态，因此培养基中一般应添加较高浓度的生长素类激素。可以采用固体培养基（添加琼脂0.6%~1.0%），这种方法简便易行，可多层培养，

· 233 ·

占地面积小。外植体表面除菌后，切成小片（段）插入或贴放于培养基上即可。但外植体的营养吸收不匀，气体及有害物质排换不畅，愈伤组织易出现极化现象是本方法的主要缺点。如把外植体浸没于液态培养基中，则营养吸收及物质交换便捷，但需提供振荡器等设备，投资较大，且一旦染菌则难以挽回。

本阶段为植物细胞依赖培养基中的有机物等进行异养生长，原则上无须光照。

3. 继代增殖阶段

继代培养是指愈伤组织在培养基上生长一段时间后，营养物枯竭，水分散失，并已经积累了一些代谢产物，此时需要将这些组织转移到新的培养基上，这种转移称为继代培养。同时，通过移植，愈伤组织的细胞数大大扩增，有利于下阶段收获更多的胚状体或小苗。

4. 生根成芽阶段

愈伤组织只有经过重新分化才能形成胚状体，继而长成小植株。所谓胚状体指的是在组织培养中分化产生的具有芽端和根端，类似合子胚的构造。通常要将愈伤组织移置于含适量细胞分裂素和生长素的分化培养基中，才能诱导胚状体的生成。光照是本阶段的必备外因。

5. 移栽成活阶段

生长于人工照明玻璃瓶中的小苗，要适时移栽室外以利生长。此时的小苗还十分幼嫩，移植应在能保证适度的光、温、湿条件下进行。在人工气候室中锻炼一段时间能大大提高幼苗的成活率。一般先将培养容器打开，于室内自然光照下放 3d，然后取出小苗，用自来水把根系上的营养基冲洗干净，再栽入已准备好的基质中。移栽前要适当遮阴，加强水分管理，保持较高的空气湿度，但基质不宜过湿，以防烂苗。

（二）植物细胞培养

植物细胞培养是指在离体条件下，将愈伤组织或其他易分散的组织置于液体培养基中，进行振荡培养，得到分散游离的悬浮细胞，通过继代培养使细胞增殖，从而获得大量的细胞群体的一种技术。小规模的悬浮培养可在培养瓶中进行，大规模的需要利用生物反应器生产。

植物中含有数量极为可观的次生代谢物质，如哈尔碱、人参皂角苷等。这些物质对人体治病强身具有特殊的功效。然而植物生长缓慢，自然灾害频繁，即使是大规模人工栽培仍然不能从根本上满足人类对这类经济植物日益增长的需求。早在 20 世纪 50 年代，人们就发现离体培养的高等植物细胞具有合成并积累次生代谢产物的潜力。目前利用植物细胞培养技术生产植物产品已成为工业化生产植物产品的一条有效途径。这些产品既可用作药物生产的原料，也可作为工业、农业、食品添加剂等的原料。但目前存在的主要问题是代谢产品的含量低，由此造成成本和产品价格高。但是随着培养技术的发展，植物细胞培养必将成为大规模生产植物代谢产品的有效途径。

至今，人类通过植物细胞培养获得的生物碱、维生素、色素、抗生素以及抗肿瘤药物等不下 50 多个大类，其中已有 30 多种次生物质的含量在人工培养时已达到或超过亲本植物的水平。在已研究过的 200 多种植物细胞培养物中，已发现可产生 300 余种对人类有用的成分，其中不乏临床上广为应用的重要药物。利用现代细胞培养技术，工厂化生产生物天然次生代谢产物的前景十分广阔。

1. 细胞培养要求及相关设施

（1）细胞培养要求

细胞培养是一种无菌操作技术，工作环境和条件必须保证无微生物污染。细胞培养室设计的基本原则是要求防止微生物污染和有害因素影响，环境清洁、空气清新、干燥和无灰尘等。

（2）常用设施及设备

① 超净工作台：也称净化工作台，分为侧流式、直流式和外流式 3 大类。

② 无菌操作间：主要由更衣间、缓冲间和操作间三部分构成。操作间一般要有超净工作台、二氧化碳（细胞）培养箱、离心机、显微镜等。电冰箱、冷藏器及消毒好的无菌物品等则可放置在缓冲间内。

③ 准备室：准备室一般可分隔为普通操作区和洗刷消毒区两部分，分别放置普通培养箱、离心机、水浴锅、定时钟、天平及日常分析处理物品和箱、消毒锅、蒸馏水处理器及酸缸等。

（3）培养器皿

细胞培养以玻璃器皿为主，应选择透明度好、无毒、中性硬度玻璃制品。

① 液体储存瓶：用于储存各种配制好的培养液、血清等液体。

② 培养瓶：培养瓶要选用优质玻璃制成，瓶壁厚薄均匀，瓶口要大小一致，口径一般不小于 1cm，允许吸管伸入瓶内任何部位。

③ 培养皿：用于开放式培养及其他用途。

④ 离心管：用于细胞培养的离心管有大腹式尖底离心管和普通尖底离心管两类。

⑤ 其他：如三角烧瓶、烧杯、量筒、漏斗、注射器等。

2. 植物细胞培养基本流程

植物细胞培养基本流程如图 5-2 所示。

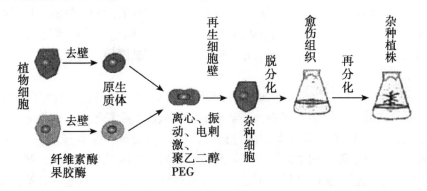

图 5-2　植物细胞培养流程

植物细胞培养的方法，根据培养对象，植物细胞培养主要有单细胞培养、单倍体培养、原生质体培养等。按照培养系统可分为悬浮培养、液体培养、固体培养、固定化培养等。

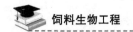
单倍体培养主要是指花药培养，即将花药在人工培养基上进行培养，从小孢子（雄性生殖细胞）直接发育成胚状体，然后长成单倍体植株；或通过组织诱导分化出芽和根，最终长成植株。

原生质体培养是将植物的体细胞经过纤维素酶等处理后去掉细胞壁，获得的原生质体在无菌培养基上生长、分裂，最终长成植株。通常这种方法将不同植物的原生质体融合后可获得体细胞杂交的植株。

植物细胞培养与微生物发酵类似，可采用固体和液体培养基培养。

固体培养是在微生物培养基础上发展起来的植物细胞培养的方法。一般都使用添加一定比例的琼脂培养基。固定化培养是固体培养的一种，但不是使用固体培养基，而是与固定化酶或固定化微生物细胞培养类似的一种植物细胞培养技术，是在微生物和酶的固定化培养基础上发展起来的。目前应用最广泛的、能很好保持细胞活性的固定化方法是将细胞包埋于海藻酸盐卡拉胶中。

液体培养也是在微生物培养基础上发展起来的，可分为静止与振荡培养两种。静止培养适合某些原生质体的培养，范围较窄。振荡培养需要摇床或转床等设备。细胞悬浮培养属于液体培养的一种，是植物细胞大规模培养的主要方式，可以通过机械或气体搅拌实现细胞的悬浮，类似于微生物的发酵工程技术。

目前，植物细胞大规模培养多采用悬浮培养方式，这主要是由于悬浮培养具有以下优点，而且可以借鉴发酵工程的成熟技术，容易放大，实现规模化。

（1）可以增加培养细胞与培养液的接触面，促进营养的吸收。

（2）可带走培养物产生的有害代谢产物，避免其高浓度积聚对细胞的伤害。

（3）保证良好的混合状态，从而获得良好的气体传递效果。

（三）植物细胞融合

人类对自然界的认识总是不断地经历由表及里、由浅入深的发展过程。面对五彩缤纷的大千世界，人们往往不满足于自然界的种种恩赐，历史上曾有不少有识之士提出过，在不同物种间进行杂交，以期获得具有双方优良性状的杂种生物的美好设想。然而常规的杂交育种由于物种间难以逾越的天然屏障而举步维艰。科学家们受细胞全能性理论及组织培养成功的启示，逐渐将眼光转向细胞融合，试图用这种崭新的手段冲破自然界的禁锢。

1937 年 Michel 率先实施植物细胞融合的试验。如何去除坚韧的细胞壁成了生物学工作者必须解决的首要难题。起初，科学家采用机械法切除细胞壁。他们先把植物外植体（或愈伤组织、悬浮培养细胞）进行糖或盐的高渗处理，引起脱水，细胞质收缩，最后导致质壁分离；随后用组织捣碎机等高速运转的刀具随机切割细胞，最终可能从中获得少量脱壁细胞供细胞融合用。不过经上述机械法制取的脱壁细胞往往活力低、数量少，难以进行有效的实验操作。1960 年该领域终于出现了重大突破。由英国诺丁汉大学 Cooking 教授领导的小组率先利用真菌纤维素酶，成功地制备出了大量具有高度活性可再生的番茄幼根细胞原生质体，开辟了原生质体融合研究的新阶段。

植物细胞原生质体是指那些已去除全部细胞壁的细胞。这时细胞外仅由细胞膜包裹，呈圆形，要在高渗液中才能维持细胞的相对稳定。此外在酶解过程中残存少量细胞壁的原生质体叫原生质球或球状体。它们都是进行原生质体融合的好材料。

原生质体融合的一个有效方法是 1973 年 Keller 提出的高钙高 pH 值法。第二年加拿大籍华人高国楠首创聚乙二醇法（PEG）诱导原生质体融合；1977 年他又把聚乙二醇法与高钙高 pH 值法结合，显著提高了原生质体的融合率。次年，Melchers 用此法获得了番茄与马铃薯细胞融合的杂种。1979 年 Senda 发明了以电击法提高原生质体融合率的新方法。由于这一系列方法的提出和建立，促使原生质体融合实验蓬勃发展起来。

植物细胞融合基本流程如图 5-3 所示。

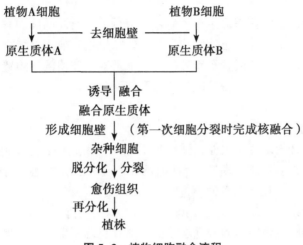

图 5-3 植物细胞融合流程

1. 原生质体的制备

（1）取材与除菌

原则上植物任何部位的外植体都可成为制备原生质体的材料。但人们往往对活跃生长的器官和组织更感兴趣，因为由此制得的原生质体一般活力较强，再生与分生比例较高。常用的外植体包括：种子根、子叶、下胚轴、胚细胞、花粉母细胞、悬浮培养细胞和嫩叶。

对外植体的除菌要因材而异。悬浮培养细胞一般无须除菌，对较脏的外植体往往要先用肥皂水清洗再以清水洗 2~3 次，然后浸入 70% 酒精消毒后，再放进 3% 次氯酸钠处理。最后用无菌水漂洗数次，并用无菌滤纸吸干。

（2）酶解

由于植物细胞的细胞壁含纤维素、半纤维素、木质素以及果胶质等成分，因此使用的纤维素酶实际上大多含有纤维素酶、纤维素二糖酶以及果胶酶等多种成分。现以叶片为例说明如何制备植物原生质体。① 配制酶解反应液：反应液应是一种 pH 值在 5.5~5.8 的缓冲液，内含纤维素酶 0.3%~3.0%，以及渗透压稳定剂、细胞膜保护剂和表面活性剂等。② 酶解：将除菌后的叶片撕去下表皮后，切成小块放入酶解反应液中，保持 25~30℃ 的温度 2~4h 并不时轻摇，待反应液转绿则酶解完成。反应液转绿是酶解成功的一项重要指标，说明已有不少原生质体游离在反应液中。经镜检确认后应及时终止反应，避免脆弱的原生质体受到更多的损害。

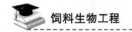

（3）分离

在反应液中除了大量的原生质体外，尚有一些残留的组织块和破碎的细胞。为了取得高纯度的原生质体就必须进行原生质体的分离。可选取 200~400 目的不锈钢网或尼龙布进行过滤除渣，也可采用低速离心法或相对密度漂浮法直接获取原生质体。

（4）洗涤

刚分离得到的原生质体往往还含有酶及其他不利于原生质体培养、再生的试剂，应以新的渗透压稳定剂或原生质体培养液离心洗涤 2~4 次。

（5）鉴定

只有经过鉴定确认已获得原生质体后才能进行下一阶段的细胞融合工作。由于已去除全部或大部分细胞壁，此时植物细胞呈圆形。如果把它放入低渗溶液中，则很容易胀破。也可用荧光增白剂染色后置于紫外显微镜下观察，残留的细胞壁呈现明显荧光。通过以上观测，基本上可判别是否是原生质体及其百分率。

2. 原生质体的融合

（1）化学法诱导融合

化学法诱导融合无须贵重仪器，试剂易于得到，因此一直是细胞融合的主要方法。尤其是聚乙二醇（PEG）结合高钙高 pH 值诱导融合法已成为化学法诱导细胞融合的主流。以下简介此方法（在无菌条件下进行）：

按比例混合双亲原生质体→滴加 PEG 溶液，摇匀，静置→滴加高钙高 pH 值溶液，摇匀，静置→滴加原生质体培养液洗涤数次→离心获得原生质体细胞团→筛选、再生杂合细胞。

通常，在 PEG 处理阶段，原生质体间只发生凝集现象。加入高钙高 pH 值溶液稀释后，紧挨着的原生质体间才出现大量的细胞融合。其融合率可达到 10%~50%。这是一种非选择性的融合，既可发生于同种细胞之间，也可能在异种细胞中出现。有些融合是两个原生质体的融合，但也经常可见两个以上的原生质体聚合成团，不过此类融合往往不大可能成功。应当指出，高浓度的 PEG 结合高钙高 pH 值溶液对原生质体是有一定毒性的，因此进行诱导融合的时间要适中。处理时间过短，融合频率降低；处理时间过长，则将因原生质体活力明显下降而导致融合失败。

（2）物理法诱导融合

将双亲本原生质体以适当的溶液悬浮混合后，插入微电极，接通一定的交变电流。原生质体极化后顺着电场排列成紧密接触的珍珠串状。此时瞬间施以适当强度的电脉冲，则使原生质体质膜被击穿而发生融合。电击融合不使用有毒害作用的试剂，作用条件比较温和，而且基本上是同步发生融合。只要条件摸索适当，亦可获得较高的融合率。

上述操作实际上是供体与受体原生质体对等融合的方法。由于双方各具几万对基因，要筛选得到符合需要且能稳定传代的杂合细胞是相当困难的。最近，有人提出以 X 射线、γ 射线、纺锤体毒素或染色体浓缩剂等对供体原生质体进行前处理。轻剂量处理可造成染色体不同程度的丢失、失活、断裂和操作，融合后实现仅有少数染色体甚至是 DNA 片段的转移；致死量处理后融合则可能产生没有供体方染色体的细胞质杂种。利用这种所谓的不对称融合方法，大大提高了融合体的生存率和可利用率。

经过上述融合处理后再生的细胞株将可能出现以下几种类型：① 亲本双方的细胞和细胞质能融洽地合为一体，发育成为完全的杂合植株。这种例子不多。② 融合细胞由一方细胞核与另一方细胞质构成，可能发育为核质异源的植株。亲缘关系越远的物种，某个亲本的染色体被丢失的现象就越严重。③ 融合细胞由双方细胞质及一方核或再附加少量其他方染色体或 DNA 片段构成。④ 原生质体融合后两个细胞核尚未融合时就过早地被新出现的细胞壁分开。以后它们各自分生长成嵌合植株。

3. 杂合体的鉴别与筛选

双亲本原生质体经融合处理后产生的杂合细胞，一般要以含有渗透压稳定剂的原生质体培养基培养（液体或固体），再生出细胞壁后转移到合适的培养基中。待长出愈伤组织后按常规方法诱导其长芽、生根、成苗。在此过程中可对是否是杂合细胞或植株进行鉴别与筛选。

（1）杂合细胞的显微镜鉴别

根据以下特征可以在显微镜下直接识别杂合细胞：若一方细胞大，另一方细胞小，则大、小细胞融合的就是杂合细胞；若一方细胞基本无色，另一方为绿色，则白绿色结合的细胞是杂合细胞；如果双方原生质体在特殊显微镜下或双方经不同染料着色后可见不同的特征，则可作为识别杂合的标志；发现上述杂合细胞后可借助显微操作仪在显微镜下直接取出，移置再生培养基培养。

（2）互补法筛选杂合细胞

显微鉴别法虽然比较可信，但实验者有时会受到仪器的限制，工作进度慢且未知其能否存活与生长。遗传互补法则可弥补以上不足。

遗传互补法的前提是获得各种遗传突变细胞株系。如不同基因型的白化突变株 aB×Ab，可互补为绿色细胞株 AaBb，这叫作白化互补。甲细胞株缺外源激素 A 不能生长，乙细胞株需要提供外源激素 B 才能生长，则甲株与乙株融合，杂合细胞在不含激素 A、B 的选择培养基上可能生长。这种选择类型称生长互补。假如某个细胞株具某种抗性（如抗青霉素），则它们的杂合株将可在含上述两种抗生素的培养基上再生与分裂。这种筛选方式即所谓的抗性互补筛选。此外，根据碘代乙酰胺能够抑制细胞代谢的特点，用它处理受体原生质体，只有融合后的供体细胞质才能使细胞活性得到恢复，这就是代谢互补筛选等。

（3）采用细胞与分子生物学的方法鉴别杂合体

经细胞融合后长出的愈伤组织或植株，可进行染色体核型分析、染色体显带分析、同工酶分析以及更为精细的核酸分子杂交、限制性内切酶片段长度多态性和随机扩增多态性 DNA 分析，以确定其是否结合了双亲本的遗传素质。

（4）根据融合处理后再生长出的植株的形态特征进行鉴别

自从 Cooking 取得制备植物原生质体的重大突破以来，科学家在植物细胞融合，甚至植物细胞与动物细胞融合等方面进行了不懈的努力，已在种内、种间、属间乃至科间细胞融合后得到了近 200 例再生株。最突出的成就是番茄与马铃薯的属间细胞融合：已经获得的番茄-马铃薯杂交株，基本像马铃薯那样的蔓生，能开花，并长出 2～11cm 的果实。成熟时果实黄色，具番茄气味，但高度不育。综上所述，虽然细胞融合研究至今尚面临种种难题和挑战，但该领域在理论及实践两方面的重大意义，仍然吸引了不少科学家为之忘我奋斗，更为激动人心的研究成果一定会不断地涌现出来。

（四）植物细胞工程在饲料中的应用

植物细胞工程在饲料中的应用主要体现在饲料作物育种方面，其重要意义主要有两方面：首先是通过人工培养饲料作物的细胞和其他外植体，快速获得较为理想的再生体，其次是植物细胞工程是转基因饲料作物育种的组成部分，通过为转基因提供适宜受体细胞，为植株再生和正常发育创造条件。

植物细胞工程在饲料作物育种上的应用已经日益成熟，在我国就已经培养成功几十个作物品种，包括豆科牧草、玉米、小麦等。以能量饲料作物玉米为例，20世纪70年代，墨西哥国际小麦玉米改良中心将第7染色体第16位点的隐性突变单基因奥帕克-2（Opague-2）突变基因广泛导入其他玉米种质中，结合细胞工程技术，通过回交和轮回选择等选育，玉米中赖氨酸含量提高了70%，并且其表型接近普通玉米表现硬质或半硬质胚乳，使之成为高赖氨酸含量的优质蛋白玉米。而我国自"七五"开展高赖氨酸含量玉米杂交种选育，先后培养出新玉4号、新玉5号等优质玉米品种。利用优质蛋白玉米作为主要能量饲料饲喂畜禽，不但起到提高生产性能、降低饲料成本、提高饲料报酬和节约蛋白质饲料资源的作用，还具有降低畜禽粪便中氮的排出的作用。同时开发优质蛋白玉米也是解决我国蛋白饲料严重不足的有效途径。植物细胞工程在作物生产的应用上主要有以下几方面：

1. 繁殖植物的新途径——作物脱毒

作物脱毒就是指用组织培养的方法，取植物的茎尖部分（新生的茎尖由于处于快速的分化过程中，病毒的含量一般较低）进行细胞培养，用培养出的病毒浓度较低的植株，再取其茎尖，进一步培养。这样反复几次之后，病毒的浓度逐渐降低，就可以得到无毒的植物。目前马铃薯茎尖脱毒的技术已经比较成熟，在马铃薯繁殖上应用非常广泛，我国是一个马铃薯生产大国，产量居世界第一位。但与国外相比，我国的马铃薯单产量较低，据统计其产量的4%为饲用。马铃薯是用块茎种植的无性繁殖作物，在生长期间容易被病毒侵染造成病毒性退化，并常受晚疫病、环腐病、青枯病和黑胫病等多种病害侵袭，我国于20世纪70年代引进了马铃薯茎尖脱毒技术，脱毒薯一般种薯增产30%~50%，甚至一倍以上。基本流程如下：

（1）材料的选取　选择具有原品种特征特性植株的马铃薯块茎用赤霉素（0.50~1mg/kg）浸种20min后，置于温室内的砂床上或种在无菌的盆土中育芽，待芽长到5cm时，剪取2~3cm芽尖。

（2）消毒　用纱布包好的芽尖置于自来水下冲洗40min左右，超净工作台内0.10%~0.20%的氯化汞溶液浸泡8~10min，再用70%的酒精消毒10~20s，最后用无菌水冲洗3~5次，并用消毒后的滤纸吸干材料表面的水分。

（3）茎尖剥离　要求无菌操作，一般在超净工作台上进行，需要解剖镜（8~40×）、解剖针、镊子等。在双筒解剖镜下进行的，左手拿镊子固定芽尖，右手同时拿解剖针层层剥掉幼叶，直至露出带两个叶原基的生长点时，切下只带一个小叶原基的茎尖，并迅速接种到含激素 MS 固体培养基上。解剖过程使茎尖暴露的时间越短越好，动作要轻微，以免损伤组织。

值得注意的是马铃薯茎尖无毒区 0.10~0.30mm，但各种病毒之间存在差异，因此剥离的茎尖大小与茎尖所带病毒的数量有很大关系。茎尖越小，所带病毒越少；茎尖越大，所带病毒越多。但若剥离的茎尖太小，就会降低成活率。故剥离时要根据实际情况选择茎尖的大小。

（4）病毒鉴定　通过茎尖剥离培养的幼苗切段繁殖，每株的后代留一部分保存，另一部分进行病毒鉴定。鉴定方法有植株直接测定法、血清学方法和电镜法等。经鉴定不带病毒的脱毒马铃薯苗即可供以后扩大繁殖。

2. 植物育种新方法

（1）单倍体培养技术

高等植物的单倍体是指含有配子染色体数的植株。自然界高等植物经孤雌生殖、孤雄生殖和无配子生殖产生单倍体植株的频率很低，大约孤雌生殖的单倍体为 0.1%，孤雄生殖的单倍体 0.01%，有的在十万分之一以下。人工诱发可使单倍体发生的频率明显提高。人工诱导植物产生单倍体途径较多，主要有：花药或小孢子培养、未授粉子房（胚珠）培养、远缘杂交、体细胞染色体消失（又称球茎大麦技术）、半配合生殖、辐射花粉诱导。其中花药或小孢子培养应用最为广泛。单倍体植株已在超过 200 种植物上获得成功，展示了单倍体育种的广阔前景。

单倍体诱导技术作为现代高效育种体系的主要组成部分，具有如下显著优点：首先，作物单倍体材料加倍后即为纯系（双单倍体），优中选优后可快速纯合优良杂交组合的优异基因位点，从而使育种年限较常规方法缩短 3~4 年；其次，由于双单倍体植株的基因型和表现型完全一致，在筛选育种材料时能大大降低误选频率，明显提高选择效率，特别是在选择由隐性基因控制的优良性状时更是优势明显。此外，利用单倍体培养可以快速获得加倍单倍体（DH）群体，可作为开展作物重要农艺性状分子标记的理想材料，而利用分子标记进行辅助选择是现代高效育种体系的主要组成部分。单倍体诱导技术可为基因工程育种提供高效的基因转化体系，利用单倍体材料进行转基因研究理论上不受显隐性基因的限制，单倍体诱导技术在分子遗传、遗传作图、突变体筛选和物种进化研究中均起着不可替代的作用。

玉米单倍体育种技术主要包括玉米花粉培养（孤雄生殖）和玉米子房培养（孤雌生殖）等；自 1975 年中国科学院遗传研究所谷明光等首次获得玉米花粉植株以来，国内外学者利用花药离体培养方法在快速获得玉米纯系、缩短育种年限方面取得较大进展。广西玉米研究所育成了玉米花粉培养杂交种桂三 1 号，于 1992 年通过广西壮族自治区品种审定，这是国内外利用花粉培养方法育成的第一个玉米杂交种。玉米花粉培养流程图见图 5-4。

玉米单倍体诱导率低，受材料遗传背景影响较大，在育种上的应用进展较慢。自 1959 年发现玉米高频孤雌生殖诱导系 Stock 6 以来，育种家利用 Stock 6 杂交诱导产生大量母本单倍体。但由于 Stock 6 存在许多严重的缺陷，无法直接利用。国内外通过杂交的方法已经从 Stock 6 中衍生出了一些明显改良的新诱导系，如法国的 SW14、俄罗斯的 Krasnodar Markers、摩尔多瓦的 ZMS 和我国的高诱 1 号等。因孤雌生殖诱导系具有杂交

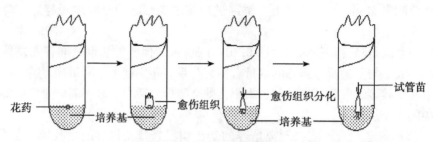

图 5-4 玉米花粉培养流程

诱导母本雌配子体形成高频单倍体的能力，目前已成为玉米单倍体诱导的主要方法。

（2）细胞变异体培养技术

主要对玉米耐盐、耐旱和抗病等细胞变异株进行诱导和筛选。自 20 世纪 70 年代初，Calrsno 利用组织培养首先成功获得抗烟草野火病突变体以来，在油菜（1982）和马铃薯（1979，1980）上又相继成功，用组织培养方法选出抗玉米小斑病 T 小种突变体（1975，1977，1981），我国于（1989）筛选出了抗玉米小斑病 C 小种的玉米突变体，进一步的，梁根庆（1996）又用玉米自交系综 3、综 31、5003、P9-10（Zea meysL.）的幼胚所诱导的愈伤组织，在继代繁殖后一部分愈伤组织转移到含有玉米茎腐病的病原菌（F. graminearum）毒素的培养基中培养并进行变异体选择，获得了大量的抗毒素变异体再生植株，并有部分植株移栽成活。玉米细胞变异体培养技术流程图见图 5-5。

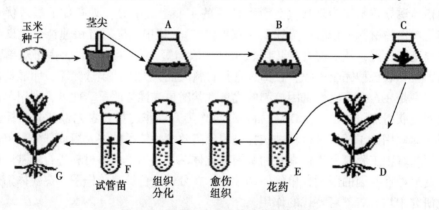

图 5-5 玉米细胞变异体培养技术流程

盐碱是造成作物减产的主要因素之一，估计世界上的 140 亿 hm^2 耕地中约 6 亿 hm^2 含盐过高；灌溉土地约有 1/3 受到不同程度盐分的影响。在中国 1 亿 hm^2 耕地中，盐碱地大约有 $6.67×10^6 hm^2$，旱地约有 $7.47×10^7 hm^2$。随着灌溉面积的扩大，因灌溉水质下降及不合理的灌溉方式而引起的土壤次生盐渍化现象日趋严重，因此，对现有品种进行改良，培育耐盐作物新类型，已成为十分重要的科研课题。自从 1975 年首次报道从玉米幼胚培养诱导出愈伤组织并再生植株以来，玉米组织培养的研究迅速发展，目前应用组织培养技术进行抗性育种及细胞水平上筛选突变体的工作正陆续开展。

郑霞等（2004）开展的玉米体细胞抗盐突变体的筛选及耐盐性鉴定研究表明，玉米幼胚所诱导的愈伤组织在继代繁殖后，用 NaCl 作选择剂，在含质量浓度 $10～20g/L$

NaCl 的 N6 筛选培养基上连续筛选 3 代，再转移到无盐的继代培养基上培养 3 代，得到耐 20mg/L 的抗盐愈伤组织变异体，对愈伤组织相对生长量和游离脯氨酸含量等指标的测定表明，该愈伤组织变异体是耐盐的，耐盐愈伤组织变异体在分化培养基上可分化出再生植株，在 10g/L NaCl 胁迫下耐盐变异体再生植株相对电导率小于对照再生植株，而可溶性糖含量高于对照植株。耐盐株自交得 T1 代种子，在不同质量浓度 NaCl 胁迫下测定其发芽率，耐盐变异体后代种子发芽率均高于对照种子发芽率，说明变异体的耐盐性是可遗传的。韦小敏等（2007）为了筛选玉米耐盐愈伤组织变异体，选用 4 个适于玉米组织培养基因型的幼胚为外植体，诱导出胚性愈伤组织。继代 5 次后，分别用 200mmol/L NaCl 和 5.5mmol/L Hyp 连续筛选 3 次，获得耐盐愈伤组织变异体，分别称为 rn 变异体和 rh 变异体，以普通继代培养基上培养的愈伤组织为对照。经一代回复培养，分别在 200、250 和 300mmol/L NaCl 胁迫下，分别测定 rn 变异体、rh 变异体和对照愈伤组织存活率，胚性愈伤组织百分率，K^+、Na^+含量；在 300mmol/L NaCl 胁迫下，测定了 rn 变异体、rh 变异体和对照愈伤组织的生长量及脯氨酸含量。结果表明，rh 变异体愈伤组织的分化频率高于 rn 变异体，Hyp 的选择频率是 NaCl 的 2 倍左右；在不同浓度 NaCl 胁迫下，rh 变异体具有较高的愈伤组织存活率和 K^+、Na^+含量；在 300mmol/L NaCl 胁迫下，rh 变异体的生长量和脯氨酸含量均最高，表现出了较好的耐盐性。

3. 植物细胞产物的工厂化生产

植物细胞产物的工厂化生产主要应用于植物细胞培养技术生产次生代谢产物，目前植物次生代谢产物的生产在药物如紫杉醇、长春碱等；食品（饲料）添加剂如生姜、香子兰等。利用植物细胞培养生产有用代谢产物可在完全人工控制的条件下生产，不受地区和季节限制，节约土地，较便于工业化生产；通过改变培养条件等方法可以得到超过原植物产量的代谢物；通过对有效成分的合成路线进行遗传操作可提高所需的次生代谢产物含量，也可以进行特定的生物转化反应，大规模生产有效次生代谢产物。

生产植物次生代谢物主要有以下 6 种植物细胞培养技术：

（1）固定化培养技术，固定方法上已采用吸附固定、共价结合固定、网格及泡沫固定、膜固定（包括中空纤维）植物细胞的方法。

（2）两相培养技术　在培养体系中加入水溶性或脂溶性有机物或者具有吸附作用的多聚物使培养体系分为上下两相细胞或组织在水相中生长和合成次生代谢物质。次生代谢物质分泌后再转移到有机相中，然后再从有机相分离植物次生代谢物的技术，称为两相培养技术。

（3）反义技术　根据碱基互补原理，人工合成或生物体合成特定互补 DNA 或 RNA 片段抑制或封闭某些基因表达的技术。通过此技术可将反义 DNA 或 RNA 片段导入植物细胞，使催化某一分支代谢的关键酶活性受抑制或加强，从而提高目的物含量，同时抑制其他化合物合成。

（4）毛状根培养技术　毛状根是双子叶植物受发根土壤杆菌（*Agrobacterium rhizogenes*）感染后产生感染的过程中发根土壤杆菌的 Ri 质粒 T-DNA 转移并整合到植物基因组中诱导出毛状根，从而建立培养系统。

（5）冠瘿培养技术　利用根癌农杆菌 Ti 质粒的 T-DNA 片段（含有诱导冠瘿组织

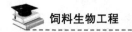

发生的 tins 基因和 tmr 基因），通过根癌农杆菌感染植物可以将 tmr 基因整合进入植物细胞的基因组，诱导植物细胞冠瘿组织的发生。

（6）添加诱导子或引导物技术　诱导子是一种能引起植物过敏反应的物质，当它在与植物相互作用时，能快速、高度专一和选择性地诱导植物特定基因的表达，进而活化特定次生代谢途径，积累特定的目的次生代谢物，从而提高植物次生代谢产物的产量。

随着分子生物学技术的发展，基因方法越来越多引入植物细胞培养工程，次生代谢物代谢途径和关键酶以及关键酶基因编码及其表达调节。通过增加新基因调节次生代谢、特殊基因调节次生代谢以及运用反义 RNA 技术调节次生代谢等基因水平的调控，将植物细胞培养技术与生化工程技术结合，必将为今后植物资源的开发利用注入崭新的活力，以满足人们对植物次生代谢物的需求。

综上，植物细胞工程在饲料作物种质改良中的作用越来越重要。可以预期的是，随着细胞工程技术的发展，结合转基因技术的日益成熟，饲料作物育种将进入一个新的发展阶段。细胞工程技术将会在饲料作物的抗性、抗虫、抗涝、抗旱、抗除草剂改良等方面发挥更大的作用，改变饲料作物种质遗传基础狭窄的问题，结合转基因技术培育出高抗性、优质、高产的饲料作物新品种。

二、动物细胞工程

（一）什么是动物细胞工程

动物细胞工程是细胞工程的一个重要分支，它主要从细胞生物学和分子生物学的层次，根据人类的需要，一方面深入探索和改造生物遗传种性，另一方面应用工程技术的手段，大量培养细胞或动物本身，以期收获细胞或其代谢产物以及可供利用的动物。可见，动物细胞工程不仅具有重要的理论意义，而且它的应用前景也十分广阔。

体外培养动物细胞的种类和命名：

（1）初代培养　初代培养又称原代培养，即直接从体内取出的细胞、组织和器官进行的第一次的培养物。一旦已进行传代培养的细胞，便不再称为初代培养，而改称为细胞系。

（2）传代培养　传代培养是指需要将培养物分割成小的部分，重新接种到另外的培养器皿（瓶）内，再进行培养的过程。细胞传代培养（Subculture）时，当原代培养成功以后，随着培养时间的延长和细胞不断分裂，一方面细胞之间相互接触而发生接触性抑制，生长速度减慢甚至停止；另一方面也会因营养物不足和代谢物积累而不利于生长或发生中毒。

（3）细胞系　初代培养物开始第一次传代培养后的细胞，即称为细胞系。如细胞系的生存期有限，则称为有限细胞系（Finite Cell Line）；已获无限繁殖能力能持续生存的细胞系，称连续细胞系或无限细胞系（Infinite Cell Line）。无限细胞系大多已发生异倍化，具异倍体核型，有的可能已成为恶性细胞，因此本质上已是发生转化的细胞系。由某一细胞系分离出来的、在性状上与原细胞系不同的细胞系，称该细胞系的亚系（Subline）。

（4）细胞株　从一个经过生物学鉴定的细胞系用单细胞分离培养或通过筛选的方法，由单细胞增殖形成的细胞群，称细胞株。再由原细胞株进一步分离培养出与原株性状不同的细胞群则称为亚株。

（二）动物细胞工程所涉及的主要技术领域

1. 细胞与组织培养

动物细胞与组织培养是从动物体内取出细胞或组织，模拟体内的生理环境在无菌、适温和丰富的营养条件下，使离体细胞或组织生存、生长并维持结构和功能的一门技术。两者的区别是：细胞培养指的是细胞在体外条件下的生长，在细胞培养的过程中，细胞不再形成组织。组织培养指的是组织在体外条件下的保存或生长，此时可能有组织分化并保持组织的结构或功能。细胞或组织培养是细胞学研究的技术之一，是动物细胞工程的基础。

2. 动物细胞融合

动物细胞融合是研究细胞间遗传信息转移、基因在染色体上的定位以及创造新细胞株的有效途径。

3. 淋巴细胞杂交瘤产生单克隆抗体技术

淋巴细胞杂交瘤产生单克隆抗体技术自 1975 年问世以来，取得了飞速的发展，几乎可以用这项技术获得任何针对某个抗原决定簇的高纯度抗体。因此，单克隆抗体的应用范围已经扩大到了生物医学的众多领域，如免疫学、细菌学、遗传学、肿瘤学等，但 21 世纪初主要利用其高特异和高纯度的突出优点大量应用于临床诊断方面。

4. 细胞拆合

从不同的细胞中分离出细胞器及其组分，在体外将它们重新组装成具有生物活性的细胞或细胞器的过程称为细胞拆合。细胞拆合的研究大多以动物细胞为材料，其中尤以核移植和染色体转移的工作令人瞩目。

（三）动物细胞工程发展概况

早在 1885 年，Roux 就开创性地把鸡胚髓板在保温的生理盐水中保存了若干天。这是体外存活器官的首次记载，不过，Harrion 才是公认的动物组织培养的鼻祖。1907 年，他培养的蛙胚神经细胞不仅存活数周之久，而且还长出了轴突。在 20 世纪 40 年代 Carrel 和 Earle 分别建立了鸡胚心肌细胞和小鼠结缔组织 L 细胞系，令人信服地证明了动物细胞体外培养的无限繁殖力。21 世纪初，科学家们建立的各种连续的或有限的细胞系（株）已超过 5 000 种。1958 年冈田善雄发现，已灭活的仙台病毒可以诱使艾氏腹水瘤细胞融合，从此开创了动物细胞融合的崭新领域。20 世纪 60 年代，童弟周教授及其合作者独辟蹊径，在鱼类和两栖类动物中进行了大量核移植实验，在探讨核质关系方面做出了重大贡献。1975 年，Kohler 和 Milstein 巧妙地创立了淋巴细胞杂交瘤技术，获得了珍贵的单克隆抗体，免疫学取得了重大突破。1997 年，英国 Wilmut 领导的小组用体细胞核克隆出了"多莉"绵羊，把动物细胞工程推上辉煌的顶峰。

（四）动物细胞工程的操作方法

动物细胞工程操作的基本流程如图 5-6。

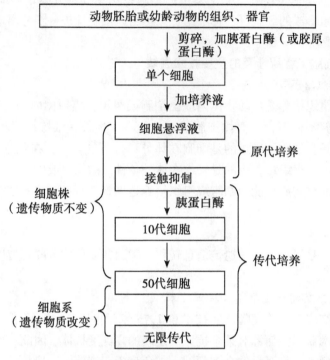

图 5-6　动物细胞工程操作的基本流程

1. 细胞组织培养

（1）细胞培养法培养动物细胞一般可按以下步骤进行：无菌取出目的细胞所在组织，以培养液漂洗干净→以锋利无菌刀具割去多余部分，切成小组织块→将小组织块置解离液离散细胞（解离液含蛋白酶类，无钙、镁离子）→低速离心洗涤细胞后，将目的细胞吸移培养瓶培养。

（2）组织培养法与细胞培养法类似，主要区别在于省略了蛋白酶对组织的离析作用。其基本方法如下：无菌操作取出目的组织，以培养液漂洗，以锋利无菌刀具割去多余部分，将该组织分切成 $1 \sim 2m^3$ 小块，移入培养瓶加入合适的培养基浸润组织。小心地将培养瓶平翻 $180°$，搁置 $15 \sim 30min$，以利组织块的贴壁生长→翻回培养瓶，平卧静置于 37℃ 培养。

2. 动物细胞融合

细胞融合是研究细胞间遗传信息转移、基因在染色体上的定位以及创造新细胞株的有效途径。动物细胞融合的途径有以下 3 条：

（1）病毒诱导融合　1958 年冈田善雄发现已灭活的仙台病毒可诱发艾氏腹水瘤细胞相互融合形成多核体细胞。以后，科学家证实，其他的副黏液病毒、天花病毒和疱疹病毒也能诱导细胞融合。由于病毒的致病性与寄生性，制备比较困难；此外本方法诱导产生的细胞融合率还比较低，重复性不够高，所以近年来已不多用。

（2）化学诱导融合　1974 年高国楠用聚乙二醇（PEG）成功诱导植物细胞融合后，次年，Pontecorvo 即用该法成功融合动物细胞。此后 PEG 诱导融合一直成为动植物细胞融合的主要手段。动物细胞的 PEG 融合方法可参照前述植物细胞融合的 PEG 悬浮混合法进行。

（3）电击诱导融合　方法参见植物原生质体电击融合。

3. 淋巴细胞杂交瘤产生单克隆抗体技术

众所周知，当某些外源生物（细菌等）或生物大分子（蛋白质），即抗原进入动物或人体后，会刺激后者形成相应的抗体，引起免疫应答，从而将前者分解或清除。随着免疫学的深入发展，科学家们已经知道，每种抗原的性质是由其表面的蛋白类物质（决定簇）决定的。遗憾的是，抗原表面往往有很多种决定簇，可以引发机体产生相当多种特异性抗体，这种情况给临床医学的诊断与治疗带来了诸多不便。

哺乳动物和人体内主要有两类淋巴细胞：T 细胞和 B 细胞。前者能分泌淋巴因子（如干扰素），发挥细胞免疫的功能；后者能分泌抗体，具有体液免疫的作用。由于外环境纷繁复杂，千差万别的抗原诱使 B 淋巴细胞群产生的抗体高达数百万种。不过每个 B 淋巴细胞都仅专一地产生、分泌一种针对某种抗原决定簇的特异性抗体。显然，要想获得大量专一性抗体，就得从某个特定 B 淋巴细胞培养繁殖出大量的细胞群体，即克隆。如此克隆出的细胞其遗传性质高度一致，由它们分泌出的抗体即叫做单克隆抗体。令人遗憾的是，B 淋巴细胞在体外不能无限分裂繁殖。为了攻克上述难关，充分利用单克隆抗体纯度高、专一性强的优点，1975 年柯勒和米尔斯坦利用肿瘤细胞无限增殖分生的特征，将 B 细胞与之融合，终于获得了既能产生单一抗体又能在体外无限生长的杂合细胞，在生物医学领域作出了重大贡献，由此荣获 1984 年诺贝尔生理学与医学奖。

4. 细胞拆合

（1）核移植　20 世纪 60 年代科学家开展了鱼类核移植工作。他们取出鲤鱼胚胎囊胚期细胞的细胞核，放入鲫鱼的去核受精卵中，结果有部分异核卵发育成鱼。经检查，这些鱼为杂种鱼。

（2）染色体转移　为了改变真核细胞的遗传性状和控制高等生物的生命活动，除了需在细胞整体水平和胞质水平上转移整个核的基因组外，还有必要在染色体水平上建立一种新的技术体系。通过这种技术将同特定基因表达有关的染色体或染色体片段转入受体细胞，使该基因能得以表达，并能在细胞分裂中一代又一代地传递下去。这种技术称之为染色体转移（或染色体转导）。

染色体转移技术不仅可以将各种可供选择的基因导入受体细胞，而且还可以用于确定基因在染色体上的连锁关系。自从 1973 年染色体转移技术首创以来，随着体细胞遗传学的发展，染色体转移技术正日益发展成为一项重要的既具有理论价值，又具有广阔应用前景的细胞工程技术。

（五）动物细胞工程在饲料研发中的应用

传统上动物细胞培养主要用于人类和牲畜的病毒疫苗，自 20 世纪 70 年代后期，由于大规模细胞培养技术的发展，从连续培养的动物细胞株中生产干扰素、单克隆抗体和基因重组产品已经被广泛地应用。目前，在动物营养与饲料科学基础研究领域，动物细胞工程技术也被广泛地应用，主要用于动物营养和饲料的相关作用的基础研究方面，例如，学者们根据细胞种类的不同（肠黏膜上皮细胞、肝脏细胞等），采用原代细胞培养或传代细胞培养方法，结合现代基因工程技术，从细胞水平研究各种营养物质的作用机理机制，为开发和利用新饲料资源和新饲料添加剂奠定理论基础。

例如，益生菌通常被认为是胃肠道共生菌，适量摄入时，可对宿主产生益处。益生菌的功能已被广泛研究，包括减少肠道致病菌、产生抗菌物质和刺激机体免疫。研究显示，益生菌或其成分可通过竞争排斥（如竞争位点、竞争营养物质、阻止致病菌内在化和结合致病菌等）直接抑制致病菌的毒力，也可通过间接拮抗作用（如通过产酸降低环境 pH 值、分泌细菌素或类细菌素物质、发挥解毒效应以及干扰群体感应系统）抑制致病菌的毒力。此外，越来越多的研究证据证实，益生菌可直接作用于肠上皮细胞，并通过改变包括屏障功能、固有免疫反应和适应性免疫反应来调节肠上皮细胞对病原菌的防御能力，见图 5-7。

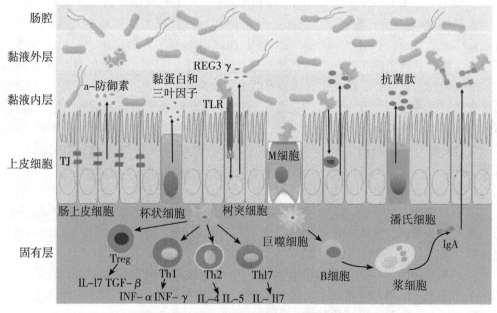

**图 5-7　益生菌通过调节肠屏障功能、固有免疫和适应性免疫
反应来调节肠上皮细胞介导的免疫反应机制**

在 Caco-2 细胞系模型中，干酪乳杆菌（*Lactobacillus casei*）可调节由细胞因子引起的 ZO-1 的表达。研究发现，在 T84 细胞中，干酪乳杆菌菌株 DN-114001 可诱导 ZO-1 重排。在 T84 单层细胞中，鼠李糖乳杆菌（*Lactobacillus rhamnosus*）菌株 GG 可拮抗肠出血性大肠埃希菌诱导的电阻变化、葡聚糖渗透、跨膜蛋白 1 和 ZO-1 的分布和表达，但热灭活的鼠李糖乳杆菌 GG 则没有这些功能。在 T84 单层细胞中，干酪乳杆菌菌株 DN-114001 以剂量依赖性方式，消除了肠高致病性大肠杆菌 E2348/69 诱导的细胞间通透性的增加。目前的研究集中于益生菌在受损伤或疾病模型中保留紧密连接和恢复肠道上皮完整性的作用，特别是 ZO-1、ZO-2 紧密连接桥连蛋白的表达。近几年已开始研究益生菌在未损伤的细胞模型中的作用，且从紧密连接桥连蛋白扩展到了靶连接蛋白。

研究还表明，益生菌可影响宿主的固有免疫和适应性免疫。其中一些益生菌可促进肠道产生固有免疫物质，如杯状细胞分泌的黏蛋白、三叶肽因子、潘氏细胞分泌的防御素；另一些益生菌可调节 Toll 样受体（Toll-like receptor，TLR），诱导肠上皮细胞分泌细胞因子、热休克蛋白和 p-糖蛋白。在 HT29 细胞中，鼠李糖乳杆菌 GG、植物乳杆菌能上调 TLR-2 和 TLR-9 的 mRNA 转录，但当这两株益生菌与鼠伤寒沙门菌孵育时，则无这种上调作用；同时，鼠李糖乳杆菌 GG、植物乳杆菌可促进 TLR-2 而非 TLR-9 的蛋白表达，可能是由于 TLR-9 的半衰期短或下游干扰 mRNA 翻译成蛋白质等的影响。除对肠上皮细胞的固有免疫作用外，益生菌还可调节肠道的适应性免疫反应，如诱导肠上皮细胞产生细胞因子以及 M 细胞介导的肠相关淋巴组织免疫反应。益生菌可调节 IL-8 表达或基因转录的水平，并且乳酸杆菌、双歧杆菌、芽孢杆菌属的益生菌菌株及益生菌混合物均可以降低诱导的细胞模型中 IL-8 的增加。如在 HT-29 和 T84 细胞模型中，罗伊乳杆菌可抑制 TNF-α 或沙门菌触发的 IL-8 分泌增加和 mRNA 表达。益生菌可通过调节肠屏障功能、固有免疫和适应性免疫反应来调节肠上皮细胞介导的防御反应。为了安全应用，仍然需要进一步验证益生菌菌株的特异性和剂量依赖性的调节作用。开展益生菌在促进肠上皮防御能力方面的验证工作，对未来深入研究益生菌维护人类和畜禽动物肠道健康具有重要的指导意义，同时也可为人类饮食和畜禽日粮预防治疗由肠道病原体引发疾病研究提供科学依据。

　　另外，天然植物及其提取物具有来源天然、无残留、不易产生耐药性等优点，在替代饲用抗生素方面引起了畜禽养殖者的极大关注。血根碱（SG）来源于天然植物博落回，具有降低仔猪腹泻、抗炎的作用，但其调控仔猪肠道抗炎的作用机制还不清楚。因此，研究者在确定 SG 促进仔猪小肠黏膜上皮细胞（IPEC-J2）生长的适宜剂量和时间的基础上，通过构建 IPEC-J2 细胞脂多糖（LPS）炎症模型，研究 SG 对 IPEC-J2 细胞 NF-κB 信号通路部分关键基因的影响。结果表明，SG 通过降低 IPEC-J2 细胞中 IL6、IL8、NF-κB1A、IKEKB、NF-κB1、NF-κB2、TNFAIP3 基因表达，减少 IL-6、IL-8 和 TNF-α 的分泌，抑制 P65 蛋白的核转移，从而抑制 NF-κB 信号通路的活化，进而增强 IPEC-J2 细胞的抗炎能力。结果为 SG 替代抗生素作为猪的天然植物饲料添加剂提供理论依据，对保护猪肠道健康，降低抗生素依赖、促进养猪业的健康发展，具有重要的理论和现实意义。

三、微生物细胞工程

　　由于微生物细胞结构简单，生长迅速，实验操作方便，有些微生物的遗传背景已经研究得相当深入，因此微生物已在国民经济的不少领域，如抗生素与发酵工业、防污染与环境保护、节约资源与能源再生、灭虫害与农林发展、种菇蕈造福大众等方面发挥了非常重要的作用。

　　微生物细胞工程操作的基本流程如图 5-8 所示。

（一）微生物的原生质融合

　　微生物的原生质融合技术流程如图 5-9。

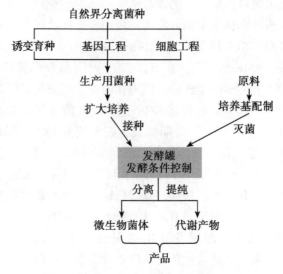

图 5-8　微生物细胞工程操作的基本流程

图 5-9　微生物的原生质融合技术流程

（二）原核细胞的原生质融合

细菌是最典型的原核生物，它们都是单细胞生物。细菌细胞外有一层成分不同、结构相异的坚韧细胞壁形成抵抗不良环境因素的天然屏障。根据细胞壁的差异，一般将细菌分成革兰氏阳性菌和革兰氏阴性菌两大类。前者肽聚糖约占细胞壁成分的90%，而后者的细胞壁上除了部分肽聚糖外还有大量的脂多糖等有机大分子。由此决定了它们对溶菌酶的敏感性有很大差异。

溶菌酶广泛存在于天然植物、微生物细胞及其分泌物中。它能特异地切开肽聚糖中N-乙酰葡萄糖胺之间的 β-1,4-糖苷键，从而使革兰氏阳性菌的细胞壁溶解。但由于革兰氏阴性细菌细胞壁组成成分的差异，处理革兰氏阴性菌时，除了溶菌酶外，一般还要添加适量的 EDTA（乙二胺四乙酸），才能除去它们的细胞壁，制得原生质体或原生质球。

革兰氏阳性菌细胞融合的主要过程如下：

分别培养带遗传标志的双亲本菌株至对数生长中期，此时细胞壁最易被降解；分别离心收集菌体，以高渗培养基制成菌悬液，以防止下阶段原生质体破裂；混合双亲本，加入适量溶菌酶，作用 20~30min；离心后得原生质体，用少量高渗培养基制成菌悬液；加入 10 倍体积的聚乙二醇（40%）促使原生质体凝集、融合；数分钟后，加入适量高渗培养基稀释；涂接于选择培养基上进行筛选。长出的菌落很可能已结合双方的遗传因子，要经数代筛选及鉴定才能确认已获得杂合菌株。

对革兰氏阴性细菌而言，在加入溶菌酶数分钟后，应添加 0.1mol/L 的 EDTA-Na$_2$ 共同作用 15~20min，则可使 90% 以上的革兰氏阴性菌转变为可供细胞融合用的球状体。

尽管细菌间细胞融合的检出率仅在 10^{-5}~10^{-2}，但由于菌数总量十分巨大，检出数仍是相当可观的。

（三）真菌的原生质体融合

真菌主要有单细胞的酵母类和多细胞菌丝真菌类。同样的降解它们的细胞壁、制备原生质体是细胞融合的关键。

真菌的细胞壁成分比较复杂，主要由几丁质及各类葡聚糖构成纤维网状结构，其中夹杂着少量的甘露糖、蛋白质和脂类。因此可在含有渗透压稳定剂的反应介质中加入消解酶进行酶解。也可用取自蜗牛消化道的蜗牛酶进行处理。原生质体的获得率都在 90% 以上。此外还有纤维素酶、几丁质酶、新酶等。

真菌原生质体融合的要点与前述细胞融合类似，一般都以 PEG 为融合剂，在特异的选择培养基上筛选融合。但由于真菌一般都是单倍体，融合后，只有那些形成真正单倍重组体的融合子才能稳定传代。具有杂合双倍体和异核体的融合子遗传特性不稳定，尚需经多代考证才能最后断定是否为真正的杂合细胞。至今国内外已成功地进行过数十例真菌的种内、种间、属间的原生质体融合，大多是大型的食用真菌，如蘑菇、香菇、木耳、凤尾菇、平菇等，取得了相当可观的经济效益。

（四）微生物细胞工程在饲料中的应用

微生物细胞工程包括微生物细胞的培养、遗传性状的改变以及微生物细胞的直接利用等。根据微生物生长速度比较快、生长条件简单以及代谢过程特殊等特征，在恰当的环境下，利用现代化工程技术手段，由微生物的某些特定性能生产出人们所需的产品就是微生物细胞工程，也被称之为发酵工程。目前，以微生物菌体为原料生产畜禽需要的微生态饲料添加剂成为动物营养与饲料科学工作者关注的焦点，在动物饲料领域微生物细胞工程有着广阔的应用前景和巨大的市场潜力。

以猪为代表的单胃动物直接吸收和利用纤维素的能力较弱，植物饲料原料中部分纤维素和木质素不能被消化利用，无法作为直接的动物饲料营养源；根据分解纤维素和木质素的微生物所具有的酶作用，利用微生物细胞工程技术，通过相应菌株改良和纤维素酶基因改造，能够把纤维素合理地分解成为糖，提高动物机体对纤维素的利用效率。例如：对甘蔗渣进行热解和对纤维小杆菌进行液体发酵，在两天以后就可以获取蔗渣重量 50% 的菌体蛋白；把木霉、青霉以及曲霉接种在秸秆类物质上，再进行合理地固体培养就能够形成大量的菌丝体。目前已经被人们广泛地应用于草料混合纤维蛋白饲料的生产中，为人们带来了更多的动物性蛋白来源。单细胞微生物形成的细胞蛋白被称之为单细胞蛋白（SCP），具有和动植物蛋白共存的特点，但是和动植物蛋白相互进行比较，单细胞蛋白又具有显著的优点，具体表现为微生物的生长速度比动植物的生长速度快很多。因此，可以投入一些大规模的企业进行生产，生产的条件也十分简单，不需要投入大量的人力，也不需要占用太多的土地，而且整个生产过程不会受到气候变化所影响。制糖和食品加工产生的各种废渣、废液，经微生物细胞工程技术处理，转化为蛋白质、可利用的纤维成分等，提高了饲料资源的利用效率，缓解了饲料资源短缺，并起到了消除污染和改善生态环境的作用。目前微生物细胞工程在饲料中的应用主要是酶制剂和微生物饲料添加剂生产两大方面。

微生物细胞工程生产工艺流程、微生物细胞工程生产植酸酶与微生物饲料添加剂等技术见第三章和第六章相关内容。

第三节　细胞工程在饲料中的应用案例——人工种子

人工种子又称人造种子，是在胚状体基础上发展起来的一项高新技术，它是细胞工程中最年轻的一项技术。最初是由英国植物学家于 1978 年提出的。他认为利用体细胞胚发生的特征，把它包埋在特制的胶囊中，可以形成具有种子的性能并可直接在田间播种。这一设想引起了人们的极大兴趣。一些人开始了这方面的研究和开发。1985 年，人工种子由美国一家生物技术公司首先在实验室里用芹菜培育成功；同年日本与美国一家公司合作也研制出了芹菜、苜蓿等人工种子，此后多种作物的人工种子相继被研制出来。

自人工种子培育成功以来，一直受到各国政府和科学界广泛注意和高度重视。欧洲、日本和美国列入优先发展生物技术计划，我国也列入了"863"计划加以研究开发。目前在体细胞胚胎发生、筛选与同步化、人工种皮与防腐、人工种子制作流程与储藏、土壤中的发芽与栽培管理、机械化生产与变异控制、品质筛选与基因工程、人工种子内涵等一系列方面都取得了重大进展。

一、人工种子的构成及特点

人工种子就是外面包裹一层有机薄膜的植物胚状体。外层胶囊状的固定化膜保护胚状体中的水分并能防止外部力量冲击，中间含有培养物所需的营养成分和某些植物激素，最内则是被包裹的胚状体或芽。通过这样的组合，人为地制造出和天然种子相类似的结构。

人工种子由以下 3 部分构成：

（1）人工种皮　包裹在人工种子最外层的胶质化合物薄膜。这层薄膜既能允许内外气体交换畅通，又能防止人工胚乳中水分及各类营养物质的渗漏。此外还应具备一定的机械抗压力。

（2）人工胚乳　人工配制的保证胚状体生长发育需要的营养物质，一般以生成胚状体的培养基为主要成分，再根据人们的需要外加一定量的植物激素、抗生素、农药以及除草剂等物质，尽可能提供胚状体正常萌发生长所需的条件。

（3）胚状体　由组织培养产生的具有胚芽、胚根双极性、类似天然种子胚的结构，具有萌发长成植株的能力。

人工种子作为 21 世纪极具发展潜力和经济价值的高科技成果，具有以下突出的优点：① 可以不受环境因素制约，一年四季进行工厂化生产；② 由于胚状体是经人工无性繁育产生，有利于保存该种系的优良性状；③ 与试管苗相比，人工种子成本更低，更适合于机械化田间播种；④ 可根据需要在人工胚乳中添加适量的营养物、激素、农药、抗生素、除草剂等，以利胚状体的健康生长。

虽然人工种子的研制历经十几年已经取得了长足的进展，但是仍有一些关键技术尚未攻克。例如，人工种皮的性能尚不尽如人意，还未找到一种符合多数物种需要的人工胚乳，胚状体如何让它处于健康的休眠状态，人工种子如何做到既延长其保存时间又不明显降低萌发率等。

二、人工种子的制备

1. 胚状体的制备及其同步生长

如前所述，通过外植体的固体培养基培养、液体培养基的悬浮细胞培养以及花药、花粉的诱导培养都可获得数量可观的胚状体。但这些胚状体往往处于胚胎发育的不同时期，不符合大量制备人工种子的需要。因此，诱导胚状体的同步化生长成了制备人工种子的核心问题。采取以下措施可促进胚状体的同步生长：

低温法：在细胞的早期对培养物进行适当低温处理若干小时。由于低温阻碍了微管蛋白的合成，纺锤体形成受阻，滞留于有丝分裂中期的细胞增多。此时再让培养物恢复到正常温度，细胞则同步分裂。

抑制剂法：同理，细胞培养初期加入 DNA 合成抑制剂，如 5-氨基尿嘧啶等，使细胞生长基本上都停顿于 G1 期。除去抑制剂后，细胞进入同步分裂阶段。

分离法：在细胞悬浮培养的适当时期，用一定孔径的尼龙网或钢丝网或密度梯度离心法，收取处于胚胎发育某个阶段的胚性细胞团，然后转移到无生长素的培养基上，使多数胚状体同步正常发育。

通气法：有人发现，在细胞悬乳培养液中每天通入氮气或乙烯 1~2 次，每次几秒或更长时间，可显著提高有丝分裂同步率。

渗透压法：随着植物胚状体发育从小到大，其渗透压值呈现规律性的从高到低的变化。可配制一定渗透压值的培养基而使胚状体的发育停留在指定的阶段，从而达到同步发育的目的。

控制细胞及胚状体的同步化生长是一个尚未完全解决的问题。除了上述提出的外因干预以外，物种及不同的外植体细胞的第三性，对实现同步生长也有很大影响。只有经过实验摸索才可能成功。

此外，刚收获的胚状体含水分很高，不够成熟，亦难以贮存。一般应经自然干燥 4~7d，使胚状体转为不透明状为宜。

2. 人工胚乳的制备

人工胚乳的营养需求因种而异，但与细胞、组织培养的培养基大体相仿，通常还配加一定量的天然大分子碳水化合物（淀粉、糖类）以减少营养物泄漏。常用人工胚乳有：MS（或 SH、White）培养基+马铃薯淀粉水解物 1.5%；0.5×SH 培养基+麦芽糖1.5%等。尚可根据需要在上述培养基添加适量激素、抗生素、农药、除草剂等。

3. 配制包埋剂及包埋

褐藻酸钠是目前最好的人工种子包埋剂，它无毒、使用方便，具有一定的持水、透气性能，价格较低。经 $CaCl_2$ 离子交换后，机械性能较好，其次是琼脂、白明胶等。通常以人工胚乳溶液调配成 4%的褐藻酸钠，再按一定比例加入胚状体，混匀后，逐滴滴到 2.0%~2.5% $CaCl_2$ 溶液中。再经过 10~15min 的离子交换络合作用，即形成一个个圆形的具一定刚性的人工种子。而后以无菌水漂洗 20min，捞起晾干。

以上所述滴液法获得的人工种子，其直径随滴管口径的大小而定；每颗种子内含胚状体数目主要取决于包埋剂中胚状体的密度；人工种皮的厚度则随人工种子在 $CaCl_2$ 溶液中离子交换时间的长短而定，一般掌握在 10~15min。种皮太厚，不利于胚状体萌发；种皮太薄，则在贮存、运输以及播种过程中都会遇到麻烦。

三、人工种子的制作过程

人工种子的制作过程就是将植物的一部分（如根、茎、叶）切成碎片，每一碎片在特定的条件下可被诱发成有发芽能力的胚状体，然后将胚状体包上人工种皮，并加上一层高分子材料的保护层，这样就制成了人工种子（图 5-10，图 5-11）。

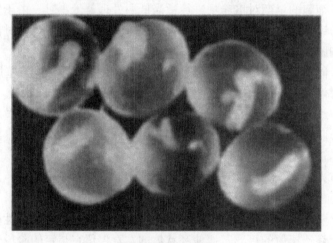

图 5-10　人工种子

四、人工种子的贮存与萌发

人工种子的贮存与萌发是迄今尚未攻克的难关。一般要将人工种子保存在低温（4~7℃）、干燥（<67%相对湿度）条件下。有人将胡萝卜人工种子保存在上述条件下，2 个月后的发芽率仍接近 100%。但这种贮存方式的费用是昂贵的。在自然条件下

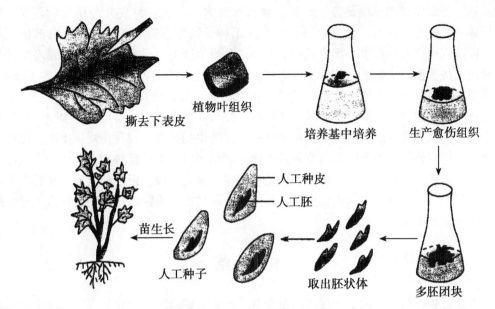

撕去下表皮　　植物叶组织　　培养基中培养　　生产愈伤组织

人工种皮
人工胚

苗生长　　　　　　人工种子　　　取出胚状体　　多胚团块

图 5-11　人工种子生产过程

人工种子的贮存时间较短，萌发率较低。

　　人工种子的研制成功可以弥补试管苗的不足（试管是无菌、营养丰富、条件适宜的人造环境）。当把小苗从试管中移植到土地中时，小苗常因不适应自然环境而死亡。而人工种子则可在制作的过程中，加进某些特殊成分，比如可加入杀虫剂、除草剂、固氮菌、肥料等，从而使得具有天然种子所没有的性能，这样人们在种植时不需加基肥，也可使日后长出的苗又壮实又不怕病虫害的侵袭。此外由于用于制作人工种子的体细胞胚可利用生物反应器大规模培养，因此人工种子可以在室内进行工业化生产。这样不仅可以节省大量种用粮食，节约土地，而且不受自然条件的制约。

　　据统计，全世界已有近 100 种植物的人工种子技术被科学家所报道，其中尤以模式植物的胡萝卜、芹菜等最完整。但能实现大田工厂化生产的只有少数几种作物，且只有少数几个人工费用较高的西方国家（如美国、法国和日本）实现了大田化人工种子生产，据报道，在美国已有大面积的人工种子芹菜上市。我国的人工种子技术一度曾处于世界先进水平，但由于管理失控、经费强度不够和农业状况限制等因素，近年已处于落后状态。不过随着我国经济的发展和农业产业结构的调整，蔬菜和花卉作物的面积越来越大，人工种子技术会得到更加广泛的应用。

　　人工种子研究在 20 世纪 80 年代中后期开始，但从总体上来看，人工种子不像天然种子那样稳定、方便和实用，许多问题亟待解决，如高质量、同步化的体细胞胚（或其他繁殖体）的发生对许多植物来说还不很普遍；人造胚乳、人工种皮的功效与天然种子相差甚远；人工种子贮存时间还很有限；播种的条件要求较天然种子苛刻，有菌土壤中萌发率和苗转化率很低，人工种子的制作成本偏高，手续烦琐；人工种子生产和应用的机械化、自动化问题等。人工种子作为综合性、跨领域学科，应组织人工种子、细胞工程学、生物化学、高分子化学和机械加工等学科专家联合攻关，开展适合人工种子的体细胞胚发生技术基础研究、种胚包囊材料（人工胚乳、种皮）的仿生学研究，筛选低成本种胚包囊材料，提高种胚培养和人工种子制作、应用的自动化及机械化程度等，以适应现代农业要求，至今人们仍在坚持不懈的努力。目前人工种子研发对象转到有较高经济价值的植物上，作为农业大国，大田作物生产上如能推广以人工种子播种，可节约大量粮食，节省制种用地，但关键问题之一还在于人工种子制作成本。经济植物人工种子研究主要还在实验室阶段，实用性研究与大田推广还有待重视和加强。相信随着研究的深入和技术的成熟，人工种子这一新兴的生物技术，在种苗快速生产，优良基因型的保持与传播，种质资源的交换等方面将展现无可比拟的优势和前景。

综上所述，尽管人工种子的研制尚处于实验室研究阶段，但它那令人神往的产业化前景正吸引着各国政府投入巨额资金，各国科学家付出辛勤汗水。成功研制人工种子的美好时刻相信不久一定会到来。

本章小结

本章首先介绍了细胞工程技术的概念及其相关研究内容，主要阐述了单倍体培养技术、细胞变异体培养技术和其他外植体培养技术等植物细胞工程技术在饲料生产中的应用；就动物细胞工程技术在动物营养和饲料相关作用的基础研究方面的应用进行了简介；同时，针对以微生物菌体为原料生产畜禽需要的微生态饲料添加剂成为动物营养与饲料科学关注的热点问题，重点阐述了微生物细胞工程相关技术、微生物饲料添加剂的作用机理以及应用现状。

复习思考题

1. 简述细胞工程技术的概念以及细胞工程的研究内容。
2. 简述植物细胞工程在饲料作物育种方面的意义和主要技术。
3. 简述细胞培养法培养动物细胞的基本步骤。
4. 简述利用微生物细胞工程技术结合基因工程技术生产微生物源植酸酶的主要技术。
5. 简述微生物饲料添加剂的作用机理。
6. 简述人工种子的构成及特点。

推荐参考资料

曹军卫，马辉文，张甲耀. 2008. 微生物工程（第二版）[M]. 北京：科学出版社.
邓宁. 2014. 动物细胞工程[M]. 北京：科学出版社.
李志勇. 2003. 细胞工程（生物工程类）[M]. 北京：科学出版社.
潘求真. 2009. 细胞工程[M]. 哈尔滨：哈尔滨工程大学出版社.

补充阅读资料

植物生物反应器

植物生物反应器是指利用植物细胞、组织等部位为生产场所，生产具有药用价值的或行使重要功能的功能化合物。目前我国已经先后建立了植物油体、胚乳等技术平台，同时还开发了多基因协同高效表达等工程技术体系。目前应用比较广泛的几类植物细胞和器官作为反应器包括整株植物生物反应器、种子生物反应器、胚乳生物反应器、油体生物反应器、叶绿体生物反应器、淀粉体生物反应器、发状根生物反应器、悬浮细胞生物反应器等。下面就种子生物反应器、叶绿体生物反应器、悬浮细胞生物反应器做以下介绍：

1. 种子生物反应器

由于植物种子中具有类似动物和人类的蛋白质加工修饰系统，种子的来源可控、安全，可做到无病原菌的污染，且其生产成本低，容易储藏加工和批量化生产。因此，种子生物反应器具有广泛的应用前景。据报道 I 型糖尿病自体抗原 GAD65、重组人铁转运蛋白等可在部分植物种子中高表达，并且研究证明利用转基因拟南芥种子中的可溶性蛋白及亚麻芥表达的猪瘟病毒 E2-Erns 蛋白以口服接种的方式饲喂小鼠，小鼠均可获得免疫原性。

2. 叶绿体生物反应器

每个植物细胞中含有 10～100 个叶绿体，每个叶绿体中又含有 10～100 个质体基因组，若将外源基因转入叶绿体基因组中，经过多轮筛选后可达到同质化，此时，外源基因在每个叶绿体中会有 100～10 000 个拷贝，这样叶绿体生物反应器就能够高效表达外源蛋白。在烟草的叶绿体中成功表达了霍乱毒素 B 亚基、人的生长素基因，目前，胡萝卜、马铃薯、番茄、油菜等一些高等植物已相继作为叶绿体生物反应器的受体植物，成功地表达了外源重组蛋白。

3. 悬浮细胞生物反应器

悬浮细胞生物反应器将植物整株表达和微生物发酵的优点结合在一起。脱分化的愈伤组织可以在含有营养物质的液体培养基中繁殖，进而可以产生稳定的悬浮细胞系。与整株表达系统相比，悬浮细胞生长迅速，提高了重组蛋白生产的连续性，简化了重组蛋白的分离纯化，在可控的发酵罐中培养能够避免受到生物或非生物的胁迫，降低了转录后沉默的发生。目前，植物悬浮细胞生物反应器已经表达了多种药用蛋白，并且可以制备悬浮细胞的植物种类也在不断扩大。烟草、苜蓿、番茄、大豆、水稻和红花等植物均培养出悬浮细胞作为生物反应器表达了重组药用蛋白。

很多外源重组蛋白已在植物生物反应器中成功表达，且外源重组蛋白均保持了原有的理化特性及生物活性。尽管植物生物反应器尚存一些待解决的问题，但仍具有可观的发展前景。随着人类基因组计划研究的深入，会有更多具有医疗价值的蛋白质被挖掘出来，而植物生物反应器必将成为极具潜力的生产系统之一。

第六章

生物饲料添加剂

【政策指引】

我国制定多项政策鼓励和指引
生物饲料产业的健康发展

在"禁抗（生素）""限抗（生素）"的全球大趋势下，生物饲料异军突起，成为未来饲料的主流发展方向。我国近10年陆续出台多项政策，鼓励和指引生物饲料产业的健康有序发展。

下图展示了我国生物饲料政策演进，综合这些政策可以看出，我国发展生物饲料产业的意愿非常强烈。

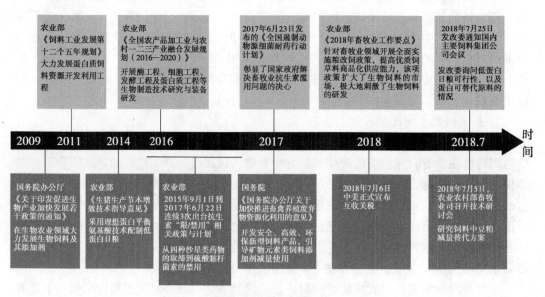

我国生物饲料政策演进

随着我国经济的快速发展，人类生活水平逐步提高，人们迫切地需要无公害的安全食品，为此饲料中严格限制了抗生素的使用。着力开发、推广应用能替代抗生素、防治疾病、环保、安全、高效、无药残、无副作用且促进生长发育的新型生态饲料及添加剂，已经成为当前饲料研究的重要内容。

生物饲料添加剂的概念是近十几年才提出的，对其定义和内涵的认识随着科学和实践的发展也在不断变化。

生物饲料一般是指以饲料和饲料添加剂为对象，以基因工程、蛋白质工程、发酵工程等高新技术为手段，利用微生物工程发酵开发的新型饲料资源和饲料添加剂产品的总称。生物饲料一般分为两大类，一是生物饲料添加剂，包括微生物饲料添加剂、生物活性肽、免疫调节剂、寡糖、酶制剂、植物天然提取物、饲用氨基酸、有机微量元素和维生素等；二是生物发酵饲料，包括常规原料发酵和地源饲料发酵产品。早期有人提出生物饲料还包括一些新型的蛋白和能量饲料来源，如秸秆、羽毛、昆虫蛋白等。本章主要介绍生物饲料添加剂中有代表性的微生物饲料添加剂、生物活性肽、免疫调节剂、寡糖和纤维素酶制剂。

生物饲料添加剂为饲料添加剂开辟了新的途径，在促进动物的健康生长，改善畜禽产品的品质，促进营养物质的吸收，改善消化道菌群组成、提高动物免疫力、提高动物产品产量，促进动物产品安全生产等方面有着广阔的应用前景。应用生物饲料添加剂产品还可降低畜禽粪氮、粪磷的排放量，从而大幅度减轻养殖业造成的环境污染。通过在饲料中应用生物技术产品可减少抗生素等有害的饲料添加剂的使用，对获得优质、安全的动物产品具有重要意义。

第一节　微生物饲料添加剂

一、基本概念

在 20 世纪 80 年代，我国饲料行业的微生态学家、营养学家提出了微生物饲料添加剂的概念，将其定义为"用已知有益的微生物经培养和发酵、干燥等特殊工艺制成的对人、畜安全有益的活菌制剂并用于饲料的添加剂"。1989 年美国食品与药物管理局（FDA）把这类产品定义为"可直接饲用的微生物制品"，又称益生素、活菌剂、生菌剂、促生素、利生素、微生态制剂等。1994 年 6 月在德国举行的微生态学国际会议上把益生素的概念修订为"含活菌和（或）死菌，包括其组分和产物的细菌制品，经口或经由其他黏膜途径投入，旨在改善黏膜表面微生物或酶的平衡，或者刺激特异性或非特异性免疫机制"。

饲用微生物添加剂是我国饲料行业的微生态学家、营养学家在 20 世纪 80 年代提出的概念，其定义为"用已知有益的微生物经培养和发酵、干燥等特殊工艺制成的对人、畜安全有益的活菌制剂并用于饲料的添加剂"。有固态和液态两个剂型，固态剂型包括活菌、死菌、菌体成分和载体，液态剂型包括活菌、死菌、死菌成分和代谢产物。微生物饲料添加剂中活的微生物菌体进入动物肠道后可改善微生态平衡，在其生长、繁殖过

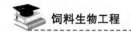

程中产生消化酶或其他酶、维生素、多肽、氨基酸、脂肪酸、未知因子等，从而达到促进动物生产性能和产品品质、增强动物免疫功能和预防疾病的目的。

微生物饲料添加剂是根据微生态平衡与失调理论、微生态营养理论和微生态防治理论选用动物体内正常微生物成员及其促进物质经微生物发酵和不同的加工工艺而制成的活菌制剂。它能够在数量或种类上补充肠道内减少或缺乏的正常微生物，调整或维持肠道内微生态平衡，增强机体免疫功能，促进营养物质的消化吸收，从而达到防病治病、提高饲料转化率和畜禽生产性能之目的。微生态制剂以其无毒副作用、无耐药性、无残留、成本低、效果显著等特点，逐渐得到人们的肯定并发展迅速，是抗生素的有效替代品。

无论名称如何，其理论基础都是微生态学和微生态营养学，伴随相关科学的迅速发展，微生态学及制造工艺学都取得了突飞猛进的发展。实践表明，微生物饲料添加剂在防治动物消化道疾病、降低幼龄动物死亡率、提高饲料效率、促进动物生长、改善畜禽产品品质等方面发挥了不可或缺的作用（图6-1）。近年来，从事动物养殖和饲料工业的同行们都认识到，微生态科学、微生态营养学及其微生态制剂的应用在未来的绿色养殖、绿色畜牧业、绿色饲料工业中有着广阔的前景。

二、微生物饲料添加剂的作用机理及功效

微生物饲料添加剂是基于微生态平衡与失调理论、改善宿主体内外生态环境理论、微生态营养理论等开发的，主要作用是防病、改善生产性能和动物产品品质，其机制主要是通过保持肠道内正常微生物区系平衡和生化代谢作用来实现的。

（一）调整动物消化道内环境，恢复和维持正常微生态平衡

在正常情况下，动物消化道内以乳酸菌群等为优势菌群的各菌群之间以及微生物与宿主动物之间处于相互依存、相互抑制的平衡状态。但当动物处于应激（如断奶、更换饲料、疾病、运输、气候变化等）状态时，其消化道内环境的稳定失调，正常微生物区系平衡受到损坏，平衡向有利于大肠杆菌、沙门菌等条件性病原菌及其他有害菌方向移动。随之条件性病原菌、腐败菌和少量潜在的其他病原微生物异常增殖，导致消化机能紊乱，肠炎、下痢等其他疾病的发生，在正常微生物区系尚未建立的幼龄动物表现更为明显。而微生物饲料添加剂的菌种多数来自动物正常微生物群，进入动物消化道后，能抑制有害菌的生长，恢复优势菌群，重新建立正常的微生态平衡。

1. 帮助建立和维持正常的肠道优势菌群

在正常微生物群与机体内环境之间构成的微生态系统内，微生物种群中的优势种群对这个种群起决定作用，一旦失去了优势种群则微生态平衡失调。使用微生物饲料添加剂可以恢复优势种群，如给动物补充双歧杆菌、乳酸菌等，它们可与畜禽肠道内的有益菌一起形成强大的优势种群，维持正常微生物区系平衡。

2. 通过黏附机制和竞争肠道定居位置抑制和排除病原微生物

一般认为，微生物在肠上皮的黏附和肠道内的定居具有一定的相关性。某些有益微生物通过与肠道中有害微生物的直接竞争和定居部位的竞争，可抑制病原菌黏附或定植于肠道，或占据病原微生物附着的部位，形成保护屏障，防止其直接黏附到动物细胞

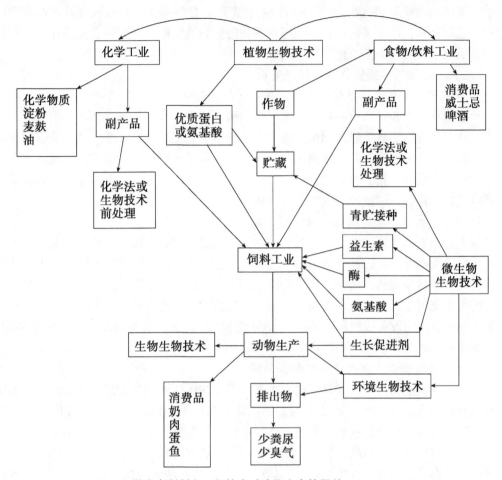

图6-1　微生态制剂和工程技术对动物生产的贡献（Perry, 1995）

上，且自身一般不会脱落，从而发挥其竞争性抑制病原菌在畜禽肠道黏附或定植的作用。

3. 通过生物夺氧方式阻止病原菌的繁殖

厌氧菌是肠道微生物种群中的优势种群，通常在猪、鸡肠道菌群中占99%以上，兼性厌氧菌及需氧菌不足1%。微生物饲料添加剂中的需氧或兼性厌氧菌进入畜禽消化道后生长繁殖，消耗肠内的氧气，使局部环境的氧分子浓度降低，形成厌氧环境，有利于专性厌氧菌和兼性厌氧菌等有益微生物的定植和生长，而不利于大肠杆菌等需氧病原菌的定植和生长。这样通过微生物夺氧及有益菌在消化道内定植和对营养素的竞争，使肠内正常微生物之间恢复平衡状态，抑制病原菌的生长繁殖，恢复动物健康。

4. 通过产生代谢产物和生理活性物质杀害病原微生物

一些微生物在发酵和代谢过程中，会产生生理活性物质，直接调节微生物区系，抑制病原菌。如有些乳杆菌和链球菌可产生嗜酸菌素、乳酸菌素等，芽孢杆菌可产生细菌素（多肽类抗菌物质），对大肠杆菌和沙门氏菌有显著的抑制作用。这些抗菌性物质通过改变肠道内活菌的数量而发挥作用。有些微生物代谢可产生乳酸、挥发性脂肪酸等有机酸，降低动物肠道 pH 值，杀死不耐酸的有害菌。有些芽孢杆菌或乳酸杆菌在基质中能产生过氧化氢，可直接损害、杀灭许多潜在的病原微生物，起到防病抗病作用。有些微生物还能合成溶菌酶来杀死潜在的病原菌。

（二）为动物机体提供营养、促进生长

1. 合成多种消化酶，增强消化力，提高饲料利用率

微生物可产生各种消化酶如淀粉酶、蛋白酶、脂肪酶等，从而提高饲料消化率和转化率。许多微生物还有很强的利用纤维素、半纤维素、果胶、几丁质、植酸磷等动物自身不能利用物质的能力，并释放出细胞内原生质物质供动物利用。如芽孢杆菌具有很强的淀粉酶、蛋白酶、脂肪酶活性，还能降解植物性饲料中某些复杂的碳水化合物及其他难降解成分，释放出可被动物吸收的营养成分。

2. 产生有机酸，激活酶原，促进营养物质消化吸收

微生物饲料添加剂进入动物肠道后，尤其是乳酸杆菌和链球菌等能产生乳酸、挥发性脂肪酸等有机酸，酸化肠道内环境。肠道的酸化，有利于铁、钙及维生素 D 等的吸收，并能激活胃蛋白酶，提高日粮养分的利用率，促进生产性能。这对新生动物是非常重要的，它能帮助维持新生动物消化道的内环境的稳定性和促进肠道成熟，促进营养物质的消化吸收。对发育成熟的动物，改变肠道 pH 值的意义尚不清楚，因为通常来说，随动物年龄的增长，消化酶对肠道 pH 值的依赖性减弱。

3. 合成菌体蛋白、维生素和未知生长因子

许多有益微生物的菌体本身就含有大量的营养物质，如光合细菌富含蛋白质，粗蛋白可达 60%以上，还含有多种维生素、钙、磷及其他多种微量元素等，添加到饲料中可被动物作为营养物质直接吸收利用。微生物合成的部分菌体蛋白在微生物自身的溶菌酶和动物的胃酸、胃蛋白酶及胰蛋白酶的作用下可被动物利用，但在动物后肠发育的微生物菌体蛋白，一般认为很少被利用。如兔等有食粪的癖好，就是利用后肠发育的菌体蛋白。

此外，有的微生物在代谢过程中还产生某些未知生长因子，对动物生长有促进作用。

（三）产生非特异性免疫调节因子，增强动物免疫系统功能

仔猪乳酸菌和地衣芽孢杆菌、蜡状芽孢杆菌等可产生非特异性免疫调节因子，刺激动物免疫器官提前成熟，增强动物机体抗体水平，提高巨噬细胞活性，增强机体免疫力。张日俊等给肉仔鸡日粮中添加 0.1%含乳酸杆菌、酵母菌和芽孢杆菌的微生物饲料添加剂，能显著刺激肉仔鸡胸腺、脾脏和法氏囊的生长发育，增强 T 和 B 淋巴细胞活性，提高血清球蛋白的含量和抗体水平。Inooka 等用纳豆芽孢杆菌进行一系列仔鸡的饲喂试验，结果表明，饲喂纳豆芽孢杆菌的仔鸡抗体水平显著增加，脾脏 T、B 淋巴细胞比例提高。

有些益生菌的细胞壁上存在着含肽聚糖的细菌，可通过激活黏膜免疫细胞而增加局部免疫抗体，增强抵抗有害微生物的能力。Pessi 在大鼠的研究中发现，益生菌不仅能修复异常的小分子转运，还对依赖日粮抗原的消化道黏膜降解有特殊作用，即佐剂作用和免疫抑制。另外，一些微生物在发酵和代谢过程中会产生一些生理活性物质，亦能刺

激免疫系统能力增强。

（四）防止有害物质的产生，改善环境

动物肠道内大肠杆菌等有害菌活动增强，会导致蛋白质转化为氨和胺，二者具有刺激性和毒性。摄入有益微生物后，强化了肠内有益微生物的菌群优势，抑制大肠杆菌等的活动，扭转了蛋白质转化为胺和氨的倾向，从而使粪便和尿液中氨浓度下降，具有除臭功能，使得圈舍内臭气与苍蝇等减少，改善养殖环境。

有益微生物能够防止动物肠道内有害菌产生的肠毒素、毒性胺、吲哚、甲烷等有害物质的积累，有利于宿主的健康。而且益生菌还能通过改善饲料消化率等降低粪便中氮、磷的含量，减少水体富营养化反应，保证环境良性循环，促进养殖业的健康持续发展。

总之，有关微生物饲料添加剂的作用机制目前仍在进一步的研究当中。某一种有益微生物的作用可能是通过上述一种或几种因素综合作用实现的，作用的方式取决于微生物的种类、质量等。实际生产中应考虑各种产品的作用机制及主要功效，做到对症下药，这样才能完全地发挥微生物饲料添加剂的作用。

三、微生物饲料添加剂菌种

目前研制的微生物饲料添加剂主要是用动物的正常微生物群成员，尤其是优势种群，经过分离、鉴定和选种，以不同的生产工艺制成活菌制剂，通过不同方式进入消化道再回到原来的自然生境，发挥固有的生理作用。研制微生物饲料添加剂的关键技术是筛选优良的菌种，它直接关系到产品使用效果和质量，所以各国研究者都在积极地寻求优良菌源。

从菌种的角度来讲，常用作微生物饲料添加剂的微生物有原核生物中的芽孢杆菌、乳酸杆菌、乳酸球菌、链球菌、肠球菌、片球菌、双歧杆菌、拟杆菌、光合菌、假单胞菌以及真核生物中的酵母菌、曲霉、木霉、白地霉等。美国联邦食品和药物管理局（FDA）和美国饲料控制官员协会（AAFCO）2009 年公布允许作为饲料添加剂使用的微生物菌种有 46 种可直接饲喂，且通常认为是安全的微生物，见表 6-1。我国农业农村部也于 2013 年 12 月公布了《饲料添加剂品种目录》（公告第 2045 号），允许可用于饲料生产的微生物增加到了 34 种，相比饲料添加剂目录（2008）增加了 18 种，由此也表明微生物饲料添加剂的应用将在我国进一步扩大。可用于饲料生产的微生物包括芽孢杆菌属（*Bacillus* sp.）6 种（地衣芽孢杆菌 *B. licheniformis*、枯草芽孢杆菌 *B. subtilis*、迟缓芽孢杆菌 *B. lentus*、侧孢短芽孢杆菌 *Brevibacillus laterosporus*、短小芽孢杆菌 *B. pumilus*、凝结芽孢杆菌 *B. coagulans*），双歧杆菌属（*Bifidobacterium* sp.）6 种（长双歧杆菌 *B. longum*、短双歧杆菌 *B. breve*、动物双歧杆菌 *B. animalis*、婴儿双歧杆菌 *B. infantis*、青春双歧杆菌 *B. adolescentis*、两歧双歧杆菌 *B. bifidum*），乳杆菌属（*Lactobacillus* sp.）10 种（罗伊氏乳杆菌 *L. reuterii*、嗜酸乳杆菌 *L. acidophilu*、干酪乳杆菌 *L. casei*、乳酸乳杆菌 *L. delbruckii*、植物乳杆菌 *L. plantarum*、纤维二糖乳杆菌 *L. cellobisus*、发酵乳杆菌 *L. fermentium*、保加利亚乳杆菌 *L. bulgaricus*、布氏乳杆菌 *L. buchneri*、副干酪乳杆菌 *L. paracasei*），肠球菌属（*Enterococcus* sp.）2 种（粪肠球菌 *E-*

. *faecalis*、屎肠球菌 *E. faecium*），片球菌属（*Pediococcus* sp.）2 种（乳酸片球菌 *P. acidilactici*、戊糖片球菌（*P. pentosaceus*），酵母属（*Saccharomyces* sp.）1 种（酿酒酵母 *S. cerevisiae*），假丝酵母属（*Candida* sp.）1 种（产朊假丝酵母 *C. utilis*），红假单胞菌（*Rhodopseudomonas* sp.）1 种（沼泽红假单胞菌 *R. palustris*），丙酸杆菌属（*Propionibacterium* sp.）1 种（产丙酸杆菌 *P. acidipropionici*），链球菌属（*Streptococcus* sp.）2 种（乳酸肠球菌 *S. faecalis*、嗜热链球菌 *S. thermophilus*），曲霉属（*Aspergillus* sp.）2 种（黑曲霉 *A. niger*、米曲霉 *A. oryzae*），其中芽孢杆菌科梭菌属（*Clostridium* sp.）的丁酸梭菌（*C. butyricum*）为监测期内的新饲料添加剂。目前，市场上用于饲料发酵的益生菌主要包括乳酸菌（*lactic acidbacteria*，LAB）、芽孢杆菌（*Bacillus*）、链球菌（*Streptococcus*）和霉菌（Mould）等。

此外，在国内外还陆续有新的应用菌种的报道，如环状芽孢杆菌、坚强芽孢杆菌、巨大芽孢杆菌、丁酸梭菌、芽孢乳杆菌等。现在生产中应用的微生物饲料添加剂制品多是由以上单一或多种菌株加工而成的。

表 6-1　通常认为安全的直接饲用微生物种类

中文名称（英文名称）	中文名称（英文名称）
保加利亚乳杆菌（*Lactobacillus bulgaricus*）	酿酒酵母（*Saccharomyces cerevisiae*）
产琥珀酸拟杆菌（*Bacteroides suis*）	凝结芽孢杆菌（*Bacillus coagulans*）
长双歧杆菌（*Bifidobacterium longum*）	胚芽乳杆菌（*Lactobacillus plantarrum*）
肠膜明串珠菌（*Leuconostoc mesenteroides*）	啤酒片球菌（*Pediococcus cerevisiae*）
迟缓芽孢杆菌（*Bacillus lentus*）	栖瘤胃拟杆菌（*Bacteroides ruminocola*）
德氏乳杆菌（*Lactobacillus delbruekii*）	青春双歧杆菌（*Bifidobacterium adolescentis*）
地衣芽孢杆菌（*Bacillus licheniformis*）	乳酪链球菌（*Streptococcus cremoris*）
动物双歧杆菌（*Bifidobacterium animal*）	乳酸链球菌（*Streptococcus lactis*）
短乳杆菌（*Lactobacillus brevis*）	乳酸片球菌（*Pediococcus acidilacticii*）
短小芽孢杆菌（*Bacillus pumilus*）	乳酸乳杆菌（*Lactobacillus lactis*）
多毛拟杆菌（*Bacteroides capillosus*）	瑞士乳杆菌（*Lactobacillus helveticus*）
二乙酰乳酸链球菌（*Streptococcus diacetylactis*）	嗜淀粉拟杆菌（*Bacteroides amylophilus*）
发酵乳杆菌（*Lactobacillus fermentum*）	嗜热链球菌（*Streptococcus thermophilum*）
费氏丙酸杆菌（*Propionibacterium freudenreichii*）	嗜热性双歧杆菌（*Bifidobacterium thermophilum*）
粪链球菌（*Streptococcus faecalis*）	嗜酸乳杆菌（*Lactobacillus acidophilum*）
干酪乳杆菌（*Lactobacillus casei*）	弯曲乳杆菌（*Lactobacillus curvatus*）
黑曲霉（*Aspergillus niger*）	戊糖片球菌（*Pediococcus pentosaccus*）
米曲霉（*Aspergillus oryzae*）	纤维二糖乳杆菌（*Lactobacillus cellobiosus*）
酵母（*Yeast*）	谢氏丙酸杆菌（*Propionibacterium shermanii*）
枯草杆菌（不产生抗生素的区系）（*Bacillus subtilis*）	婴儿双歧杆菌（*Bifidobacterium infantis*）

续表

中文名称（英文名称）	中文名称（英文名称）
两歧双歧杆菌（*Bifidobacterium bifidum*）	中间链球菌（*Streptococcus intermedius*）
罗伊氏乳杆菌（*Lactobacillus reuterii*）	

注：摘自 AAFCO（2009）。

四、微生物饲料添加剂的加工

微生物饲料添加剂的运用和生产已有百余年历史，并早已在人类消化道疾病的治疗中发挥了巨大作用。自 20 世纪 60 年代以来，微生物饲料添加剂发展迅速，在欧美、日本等开发了近百种产品广泛应用于动物养殖和饲料工业。

益生菌是一种活菌制剂，可作为良好的饲料添加剂、动物保健食品、治疗剂，因而对其质量有较高的要求，除了应符合生物兽药或饲料添加剂的一般要求外，还必须有一定数量的活菌。这就对菌种和生产工艺提出了较严格的要求，每一个生产环节都要围绕着最大限度地保存活菌数来确定工艺参数。可以说没有好的益生菌种和好的生产工艺就没有优秀的微生物添加剂产品。

由于益生菌制品的微生物种类较多，其生产工艺也各不相同。动物微生态领域常用的生产技术见第三章相关内容。

五、微生物饲料添加剂在动物生产中的应用

（一）在养猪生产中的应用

1. 防病治病，提高生产性能

有关猪饲料中使用微生物饲料添加剂，其作用效果的报道存在较大差异，这种差异主要是由菌种差异所致，总的趋势是能促进生长或提高生产性能。孙建广等（2010）报道发酵乳酸杆菌能不同程度地改善生长肥育猪生长性能、胴体品质和肌肉质量。Giang 等（2011）试验结果表明，由枯草芽孢杆菌、布拉迪酵母菌和乳酸菌组成的复合活性微生物添加剂可提高仔猪生长阶段对粗蛋白和粗纤维等有机物质的消化率，进而提高饲料转化效率，平均日增重提高了 5.9%。王文娟等（2011）使用肠优 20 枯草芽孢杆菌制剂，妊娠阶段可有效改善母猪便秘，提高母猪生产性能，具体表现在提高仔猪初生质量和窝产健康仔数上；哺乳期至断奶可提高仔猪生长速度，显著改善仔猪腹泻；保育阶段对保育猪有明显增加质量效果，并显著提高饲料利用率，改善腹泻。总的来说，肠优 20 枯草芽孢杆菌制剂改善了母猪生产性能，显著提高了猪生长性能和饲料利用率，从而降低了生产成本，提高了猪场经济效益。在防病治病方面，金岭梅等（2000）在 12 头母猪和 12 窝仔猪中用益生菌制品（主要为芽孢杆菌）进行仔猪黄白痢防治试验，结果表明试验组哺乳期仔猪黄白痢的发生率、死淘率比对照组分别降低 15.0% 和 8.2%，试验组仔猪断奶重和平均日增重率分别提高 4.36%、4.58%。Bontempo 等（2006）在断奶仔猪饲粮中添加酵母菌，肠道黏膜的巨噬细胞明显增多，增强对细菌感染的抵抗力。杨久仙等（2013）使用复合益生菌能够提高断奶仔猪日增重，并降低料

肉比；复合益生菌能降低断奶仔猪腹泻率。使用 Bio-green 可显著提高仔猪的生产性能，增强仔猪的抗病力，改善体貌（刘定发等，2013）。

2. 提高机体免疫力

有益微生物可通过激发细胞和体液免疫，增强仔猪的免疫功能，进而提高抗病力。倪学勤等（2008）研究了不同来源的益生素对仔猪分泌型免疫球蛋白 A（SIgA）的影响，结果表明：采用双抗夹心 ELISA 方法检测粪样 SIgA，不同处理组仔猪的 SIgA 水平没有显著差异，随日龄增加而降低，但是益生素可以延缓仔猪断奶前抗体水平下降的速度，约氏乳酸杆菌的效果优于枯草芽孢杆菌。这两种益生素虽然对初生仔猪肠道 SIgA 没有显著影响，但是能增加肠道厌氧菌的数量，并有效控制仔猪腹泻和提高仔猪日增重。

3. 替代抗生素等化学合成药物

微生物添加剂在改善动物生产性能和保健方面可作为抗生素替代品已经得到证实，但其效果与微生物制剂本身的质量有关。肖振铎等（2002）实验证明，产酸型活菌制剂较抗生素组相比，提高仔猪增重 14.3%，降低料肉比 4.6%。

4. 减少粪便中臭味物质的产生

研究发现，日粮中添加某些微生物可显著降低猪粪便中臭味物质的产生，降低粪中氨、氮和挥发性脂肪酸（反映粪臭味的指标）的含量，有利于改善猪舍环境。王晓霞等（2006）添加寡糖和枯草芽孢杆菌使发酵粪中 NH_3 和 H_2S 的散发量分别降低 62.14% 和 28.49%。

（二）在养禽生产中的应用

1. 提高生产性能、防病治病

在肉鸡上，美国 Georglia 大学的研究表明，在肉鸡日粮中添加乳酸杆菌培养物，可使鸡只增重和日增重分别提高 2% 和 9.7%，死亡率降低 2.7%，与添加杆菌肽锌的结果相同。在饲料中添加适当剂量的益生素可有效防治肠道疾病，降低幼雏的发病率，有效提高雉鸡、雏鸡的成活率（王丽梅等，2011）。于瑞奎等（2016）在产蛋鸡饲料中添加双益素动物微生物饲料添加剂，能有效地提高产蛋量与单枚蛋重，降低料蛋比，改善消化道微生态环境，提高机体抗热应激能力，有效降低死亡率，降低粪便及鸡舍氨气浓度，改善养殖环境。Mountzouris 等（2007）研究表明，在饲料和饮水中添加混合益生菌可以提高肉鸡的体增重，改善饲料转化效率，与添加卑霉素组没有显著差异。Wolfenden 等（2011）也得到了同样的结果，枯草芽孢杆菌 PHL-NP123 使 23 日龄肉仔鸡体重达到 853g，优于硝苯肿酸的 852g，同时也使盲肠中定植的沙门氏菌减少了 25%。

（三）在反刍动物中的应用

1. 肉牛

对采食较少的犊牛开始育肥前后或者刚开始时饲喂嗜酸乳杆菌两周，能提高饲料利用率。研究发现在牛开始育肥时先口服膏状嗜酸乳酸菌培养物，以后通过饲料补给，结果显示饲喂嗜酸乳酸菌能改善犊牛早期生长速度。杨玉能等（2016）使用酒糟—秸秆微生物饲料，随着添加量增加日粮营养物质的表观消化率，肉牛总增重、日增重呈先增加后降低趋势，料肉比呈先降低后增加趋势；瘤胃参数 pH 值、NH_3-N 随酒糟—秸秆微生物饲料添加量的增加呈增加趋势，乙酸、丁酸呈先降低后增加趋势，丙酸呈先增加后降低趋势。酒糟—秸秆微生物饲料在育肥肉牛日粮中的最适宜添加比例为 3%，日增重达 1 344g，料肉比为 6∶11。

2. 奶牛

乳酸菌作为饲料添加剂已在奶牛上使用数年，被认为有助于稳定小肠微生物区系，改善奶牛生产性能。研究发现在奶牛饲养中应用微生态制剂，可使奶牛产奶量提高 7%~10%，乳蛋白含量提高 0.1~0.2 单位，乳脂率提高 0.1~0.3 单位。Moallem 等 (2009) 用活酵母作为添加剂饲喂奶牛，日平均干物质采食量与对照组相比增加了 2.5%，日平均产奶量增加了 4.1%，提高了饲料转化效率。在宁夏地区，在相同的饲养条件下，在基础日粮中添加双益素 15g/(d·头)，可提高产奶量 1.5kg/(d·头) (杜杰等，2013)。

3. 羊

在羊的应用，一是在舍饲条件下用微生物添加剂可控制胃肠消化功能不良和肠道疾病，二是提高饲料利用率。有研究表明当用酵母培养物代替 2% 甜菜渣干物质饲喂羔羊，对采食量和体增重没有影响，但全屠体分割肉百分比提高，每日的矿物质沉积率提高，钾、铜、锌沉积均得到改善。李林等 (2017) 在肉羊基础饲粮中添加 0.5% 微生物饲料添加剂能够显著提高肉羊的生长性能、营养物质消化率及免疫功能。刘旺景等 (2018) 在饲粮中添加沙葱粉和微生物发酵饲料均能够提高舍饲杜寒杂交肉羊的生长性能，可提高脂肪的氧化稳定性。

今后微生物饲料添加剂的研究应从以下几个方面考虑。

(1) 有针对性地添加微生物饲料添加剂。例如，根据小猪阶段胃肠道酸性低，酶分泌不足等特点，筛选添加具有较强泌酸性、产消化酶和抑菌的菌种，从而保持其肠道内的菌群平衡，防止仔猪下痢。同时针对畜禽的不同生理阶段，在饲料中有针对性地添加菌种。

(2) 随着近年来基因工程技术的迅猛发展，人们开始利用基因工程的手段，将有益的基因组合到安全性好的菌种中去，使它在发挥自身作用的同时，还能表达外源的有益基因，使菌种在生物体内可以发挥多种作用，是目前微生物饲料添加剂筛选菌种的发展方向之一。

(3) 在具体应用时要根据不同菌种的特点来进行。如乳酸菌能产生大量的乳酸，可降低胃肠道的 pH 值，有利于酶活性的发挥，阻止致病菌对肠道的入侵和定植，维持肠道微生态平衡。但是乳酸菌较为敏感，不耐高温，所以不宜在颗粒饲料中添加，可直接制成水剂服用，从而发挥其最大作用。

(4) 由于在实际的生产应用过程中，主要是利用多菌株配伍生产复合微生物添加剂，所以人们需要根据不同菌株的生物学作用及其特性，将多种有益菌合理搭配，优化组合，生产出具有多方面生物学作用的复合制剂，获得最好的效果；另外也有学者对微生物饲料添加剂与抗生素配伍使用的可行性进行了研究，发现将微生物饲料添加剂同抗生素进行合理的配伍，也能在肉鸡养殖中取得良好的效果。

由于近年来微生物饲料添加剂的迅速发展，为饲料工业和畜禽养殖提供了一个高效、无害、无污染的新选择。它的产生和发展顺应了当前高新技术产业化和注重环保的大潮流，只要能发挥其优势，很好地解决目前生产和应用中存在的问题，微生物饲料添加剂必将成为 21 世纪饲料添加剂生产中的主导产品。

第二节　生物活性肽

1902 年伦敦大学医学院的两位生理学家 Bayliss 和 Starling 在动物胃肠里发现了一种能刺激胰液分泌的神奇物质，他们把它称为胰泌素，是一种刺激胰液分泌的多肽类激素。这是人类第一次发现的多肽物质。迄今科学家们已发现了 100 多种生物活性多肽，其中最有代表性的成果是 1979 年 Brantl 等发现的乳源阿片肽。生物活性肽的功能呈现多样性，具有传递生理信息或调节生理功能的作用，对于动物或人体的神经、消化、生殖、生长、运动、代谢、循环等系统的正常生理活动的维持非常重要。

20 世纪 50—60 年代，Newey 和 Smyth 首先提出了肽可以被完整吸收的证据；70 年代以后，肽科学研究空前活跃，发展迅猛并取得一大批成果。20 世纪 70—80 年代 Craft 等发现动物小肠细胞中存在小肽的转运系统，Hara 等（1984）在小肠黏膜细胞中发现了寡肽载体；1994 年有两个研究小组同时发现了兔子的寡肽的转运载体（Oligopeptide transporter，PepTl，肠肽转运载体）并研究了 PepTl 的分子特性；1996 年又发现了另一种与 PepTl 在结构和功能上不同的肾脏肽转运载体——PepT2 以及它的分子特征和功能。这些研究表明在动物或人的肠道和肾脏中不仅存在着氨基酸的吸收转运系统，也存在着寡肽的吸收转运系统。尤其是 20 世纪 90 年代，营养学家们发现动物喂以按理想氨基酸模式配制的纯合日粮或低蛋白质氨基酸平衡日粮时，也不能获得最佳的生产状态，这对传统的蛋白质理论提出了挑战。同期，Matthews 和 Adibi（1976）两个研究小组证实了肽的转运代表着一个与相应的游离氨基酸吸收同等重要的氨基酸氮摄入的吸收通路。此后，经典的蛋白质理论（蛋白质必须被降解为游离氨基酸才能被吸收）与肽营养学理论（寡肽可以以完整的形式吸收进入肠细胞，与游离氨基酸有不同的吸收机制）进入了共同发展的新阶段。值得提到的是，1986 年 Stanleycohen 因发现多肽生长因子而获得诺贝尔生理学奖，以表彰他为基础科学研究开辟了一个具有广泛重要性的新领域。邓志程等（2017）以马氏珠母贝为原材料制备酶解液，利用 Sephadex G-25 凝胶柱层析、Capto Q 强阴离子交换色谱等来分离纯化和筛选马氏珠母贝多肽酶解液，获得 2 个免疫活性肽。Zhou 等（2004）研究得出抑菌肽的二级结构从 α-螺旋转化为 β-折叠可以大大增加对 G⁺ 和 G⁻ 细菌的作用效果。颜琳等（2019）从皱纹鲍腹足及内脏、周明等（2019）从玉米低聚肽、闵建华等（2019）从蚕蛹中利用酶解分别得到了抗氧化肽。苏盛亿等（2018）以小米为原料，以酶解法提取小米蛋白中降血压活性肽，并对酶解法提取工艺进行优化。Xu 等（2017）通过碱性蛋白酶和木瓜蛋白酶相结合酶解玉米蛋白粉制得高 F 值寡肽，并对其进行了抗疲劳作用研究。杨倩等（2018）以太子参为原料，利用 Sephdax G-15 凝胶过滤色谱柱对太子参免疫调节肽复合物进行分离，证明其中一种组分 G3 具有免疫调节活性。Abeyrathne 等（2016）采用酶解法酶解软黏蛋白制备其水解肽，并探究其最佳酶解条件。肽类物质不仅可以作为氨基酸的供体，还在动物体内起着非常重要的生理作用，其生理活性涉及动物的消化、吸收、营养代谢调控、生长发育、免疫、神经调节、抗氧化、肠道疾病、采食量、养分摄入等各个环节。Carlo（2016）报道肽类物质具有抗高血压、抗氧化、抗肿瘤、抗增殖、低胆固醇、抗过敏活性等功能效应。Susy（2018）报道多肽具有多种生物活性，包括抗氧化、抗高血压和抗菌性能，多肽因其促进健康的能力而受到越来越多的关注。伍佰鑫（2019）报道，骆驼乳蛋白源性肽已在体外和体内条件下发挥了一些影响消化、内分泌、心血管、免疫和神经系统的活动，特别是降低轻度高血压。因此肽类物质已经成为医药、食品、饲料等领域十分活跃的研究热点。

一、生物活性肽概念及分类

（一）生物活性肽概念

具有活性的多肽称为活性肽，又称生物活性肽或生物活性多肽。生物活性肽是对生物机体的生命活动有益或是具有生理作用的肽类化合物，是一类相对分子质量小于6 000Da，具有多种生物学功能的多肽。

（二）生物活性肽的分类

肽的分子结构复杂程度不一，可从简单的二肽到环形大分子多肽，而且这些多肽可通过磷酸化、糖基化或酰基化而被修饰。其来源或原料也不同，生物学功能也各异，因此肽的种类也复杂多样。

肽的本质是蛋白质和氨基酸，早期的观点认为肽与蛋白质或氨基酸一样，其最根本的功能是提供营养，但近几十年的研究发现，有一些肽具有特殊的生理功能。因此，根据有无生理活性将肽分为生物活性肽或生理活性肽和营养肽两大类。

生物活性肽根据来源和功能可分为以下几类。

1. 根据生物活性肽的来源分两大类

（1）内源性生物活性肽

内源性生物活性肽主要指体内一些重要内分泌腺分泌的肽类激素，如促生长激素释放激素、促甲状腺素、肝脏合成的类胰岛素生长因子；胸腺分泌的胸腺肽、脾脏中的脾脏活性肽、胰腺分泌的胰岛素等；由血液或组织中的蛋白质经专一的蛋白水解酶作用而产生的组织激肽，如缓激肽、胰激肽等；作为神经递质或神经活动调节因子的神经多肽；由昆虫、微生物、植物等生物体产生的抗菌肽。

（2）外源性生物活性肽

外源性生物活性肽是直接或间接来源于动物食物的蛋白质，而不是来自机体自身产生的却具有生物活性的肽类物质称为外源性生物活性肽，如动物乳汁（尤其初乳）就可直接提供多种生物活性肽，包括乳源性表皮生长因子、胰岛素样生长因子、神经生长因子、转化生长因子和胰岛素等；动物饲料蛋白质原料，包括筋肉、牛乳酪蛋白、小麦谷蛋白、小麦醇溶蛋白、玉米醇溶蛋白、大豆蛋白等在动物胃肠道消化后可间接提供多种生物活性肽；也可以进行人工合成，如风味肽、苦味肽等。

2. 根据肽的生物学功能分四大类

（1）生理活性肽

生理活性肽是指具有生物活性的肽类，这些肽小到只有两个氨基酸的双肽，也可以大到复杂的长链或环状多肽，而且常经过糖苷化、磷酸化或酰化衍生，在细胞生理及代谢功能的调节上具有重要的作用。包括抗菌肽、神经活性肽、激素肽和调节激素的肽、酶调节剂和抑制剂、免疫活性肽等。

① 抗菌肽　抗菌肽是具有抗菌活性肽类的总称。目前已发现抗菌肽或类似抗菌肽的小分子肽类广泛存在于生物界，包括细菌、动物、植物和人类，其具有不同的抗菌作用，甚至兼具有抗病毒作用。抗菌肽一般具有热稳定和水溶性好、广谱抗菌、不易产生耐药性等特点。在动物养殖业和饲料工业中使用的抗菌肽要求其不仅应有抗菌作用，而且还能提高畜禽生产性能的双重作用。抗菌肽的本质是蛋白质，发挥作用后容易被蛋白质或肽酶降解，因而具有无污染、无残留、无毒副作用的优点，这对改善饲料和动物食品的安全性有重要的作用。目前，抗菌肽已经成为十分活跃的研究领域。

除微生物、动植物可产生内源抗菌肽外，食物蛋白经酶解也可得到有效的抗菌肽，其中最令人感兴趣的是从乳蛋白中获得的抗菌肽。现已从乳清蛋白中的乳铁蛋白（Lactoferricin）中得到几种抗菌肽，乳铁蛋白是一种结合铁的糖蛋白，作为一种原型蛋白，被认为是宿主抗细菌感染的一种很重要的防卫机制。研究人员利用胃蛋白酶分裂乳铁蛋白，提纯出了 3 种抗菌肽，它们可作用于产肠毒素的大肠杆菌，均呈阳离子形式。其中，两种肽可抑制致病菌和食物腐败菌；第三种肽在浓度为 $2\mu mol/L$ 时，就可抑制单核细胞增生性李氏杆菌的生长。

② 神经活性肽　神经活性肽包括内源性类鸦片、内啡肽、脑啡肽和其他调控肽，如生长激素抑制因子和促甲状腺激素释放激素等。它们能够作为激素和神经递质与体内的 μ-受体、γ-受体、δ 受体相互作用，可起到镇痛、调节呼吸及体温等作用。如内啡肽能显著影响胃、胰的分泌；脑啡肽可抑制促胰液素和缩胆囊素的释放，降低胰液中水、酶和电介质的分泌。试验研究还发现，某些肽对反刍动物消化功能及采食量具有重要的调节作用。Mendez 等（2015）研究了脑啡肽原基因敲除（PENK KO）和 β-内啡肽缺乏（BEND KO）小鼠口服蔗糖溶液与野生小鼠的体重相比，证明脑啡肽和内啡肽是调节摄食和体重的基础。在蛋白质消化中水解产生的肽类中某些肽也具有神经递质的作用。Juan（2018）等实验表明，对山羊在电针（EA）耐受性的发展和恢复可能与镇痛相关细胞核或区域中脑啡肽、抗阿片肽及其受体的特异性表达模式有关。

③ 激素肽和调节激素的肽　激素类肽包括生长激素释放肽（GHRPs）、催产素等。它们通过自身作为激素或调节激素反应而产生多种生理作用。GHRPs 是 20 世纪 90 年代发展起来的一类新合成的生物活性肽，在动物体中具有释放生长激素（GH）的生物活性。

④ 酶调节剂和抑制剂　这类肽包括谷胱甘肽（Glutathione）、肠促胰酶肽等。谷胱甘肽在小肠内能被完全吸收，它能维持红细胞膜的完整性；对于需要巯基的酶有保护和恢复活性的功能；是多种酶的辅酶或辅基；参与氨基酸的吸收及转运；参与高铁血红蛋白的还原作用及促进铁的吸收。

⑤ 免疫活性肽　免疫活性肽有内源性和外源性两种。显示有免疫活性的内源性肽包括干扰素、白细胞介素和 β-内啡肽，它们是激活和调节机体免疫应答的中心。外源免疫活性肽主要来自于人乳和牛乳中的酪蛋白。免疫活性肽具有多方面的生理功能，它不仅能增强机体的免疫能力，在动物体内起重要的免疫调节作用，而且还能刺激机体淋

巴细胞的增殖和增强巨噬细胞的吞噬能力，提高机体对外界病原物质的抵抗能力。

⑥ 矿物元素结合肽 该方面的研究主要集中于酶解酪蛋白获得的肽结合和运输二价矿物质阳离子，乳、鱼、大豆和谷物蛋白可作为结合矿物质活性肽的前体物质。酪蛋白磷酸肽（Caseinphos phopeptides，CPP）是目前研究最多的矿物元素结合肽，CPP 可作为许多矿物质元素，如铁、锰、铜及硒的载体，是一种良好的金属结合肽。CPP 能够促进小肠对 Ca^{2+} 和其他矿物元素的吸收。最近研究还表明，CPP 有助于动物对含植酸磷较多日粮中 Zn^{2+} 的吸收。因此，CPP 是一种良好的金属离子结合肽，且 CPP 的原料酪蛋白为天然蛋白质，作为饲料添加剂使用时不存在安全问题。

（2）营养肽

① 易消化吸收的肽 牛乳、鸡蛋、大豆等蛋白质经蛋白酶水解而得到的多肽混合物，其消化吸收率大大提高。多肽是由各种氨基酸部分连接而成，其基本的共性是（比蛋白质）易溶解，易消化吸收，对酸和热相对稳定，过敏反应弱或没有，渗透压低。肽类吸收途径具有更大的输送量。因此适用于快速补充蛋白质。易消化吸收肽可以作为肠道营养剂或以流质食物形式提供给处于特殊身体状况下的人。属于这种类型的有由酪蛋白、乳清蛋白、大豆蛋白、卵蛋白等酶解而得的大豆肽、卵白肽等。

② 矿物元素吸收促进肽 小肽能够与矿物元素结合形成小肽络合物，有利于矿物离子的吸收。Ashmead 等（1985）认为，位于 5 元环和 6 元环螯合物中心的金属元素可以通过小肠绒毛刷状缘，以氨基酸或肽的形式被吸收。张滨丽（2000）报道，酪蛋白磷酸肽（CPP）在动物小肠内能与钙结合而阻止磷酸钙沉淀的形成，使肠道内溶解性钙量大大增加，从而促进了钙的吸收和利用。此理论的基本概念是金属离子以共价键和离子键与氨基酸的配位体键合，被保护在复合物的核心，以免遭一些理化因子的攻击，而且金属螯合物从肠黏膜吸收，使所携带的金属更有效地吸收，金属螯合物以整体的形式穿过黏膜细胞膜、黏膜细胞和基底细胞膜进入血浆，即以肽的形式被吸收。Maria 等（1995）报道，肉类水解物中的肽能使亚铁溶解性和吸收率提高。Stephanie（2013）等报道复合蛋白质饮食刺激肠肽转运蛋白表达和肠蛋白水解活性的改变模式，与元素氨基酸饮食相比导致生长改善。

③ 消化吸收调节肽 阿片肽在摄食调节中起重要作用。由于这些阿片肽均来自外源性食物，其阿片肽活性同吗啡一样，能被纳洛酮（一种阿片拮抗剂）所逆转，也称外源性阿片肽，简称外啡肽。酪蛋白阿片肽同吗啡类作用一样，具有镇静止痛、诱导睡眠、延长胃肠蠕动时间和刺激胃肠激素的释放等功能。

④ 高 F 值寡肽 F 值是指支链氨基酸与芳香族氨基酸的比值。高 F 值寡肽即能调节支链氨基酸的比例，使之高于芳香氨基酸的肽。德国医学博士 Fischer 及其合作者于1976 年阐明：由于支链氨基酸（BCAA），如亮氨酸、异亮氨酸、缬氨酸、丙氨酸等主要是由肌肉同化，而芳香族氨基酸（AAA），如苯丙氨酸、酪氨酸等则是在肝脏同化，当肝脏病变时，芳香族氨基酸的同化作用受阻，而支链氨基酸则因氧化加速而使消耗更为加快，因此肝脏病人血液中的氨基酸组成必然会失去平衡而形成高芳低支的肝病血液模式。同时还发现，口服或静滴高 F 值制品均可取得平衡血浆氨基酸组成的效果。为达到治疗效果，F 值应大于 20。

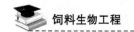

$$F = \frac{\text{支链氨基酸的物质的量之和}(mol)}{\text{芳香族氨基酸的物质的量之和}(mol)}$$

鱼蛋白、大豆分离蛋白、乳清蛋白、玉米醇溶蛋白、葵花浓缩蛋白等原料经过特定的酶解工艺可制成得率和品质不同的高 F 值寡肽制品。

（3）抗氧化肽

某些食物来源的肽具有抗氧化作用，其中为人们最熟悉的是存在于动物肌肉中的一种天然二肽——肌肽。据报道，抗氧化肽可抑制体内由铁离子、血红蛋白、脂氧合酶和体外单线态氧催化的脂肪酸败作用。此外，还从蘑菇、马铃薯和蜂蜜中鉴别出几种低分子量的抗氧化肽，在当前大力主张全部使用天然防腐剂，反对使用人工添加剂的形势下，抗氧化肽作为动物饲料的防腐剂具有很大的发展潜力。

（4）调味肽

饲料的风味及适口性直接影响畜禽的采食量，进而影响动物的生产性能。某些生物活性肽可以改善饲料的风味，提高饲料的适口性。具有不同氨基酸序列的活性肽可以产生多种风味：酸、甜、苦、咸。因此可以有选择地向饲料中添加调味肽，以产生所需的风味。

① 酸味肽　通常与酸味和 Umami（优吗咪）味有关，如 Lys-Gly-Asp-Glu-Glu-Ser-Leu-Ala。

② 甜味肽　典型的代表是二肽甜味素和阿力甜素，它们具有味质佳、安全性高、热量低等特点。

③ 咸味肽　某些碱性二肽如鸟氨酰牛磺酸-氢氯化物、鸟氨酰基-β-丙氨酸-氢氯化物表现出强烈的咸味。

④ 增强风味的肽　如 Gly-Leu、Pro-Glu 和 Val-Glu 可能通过它们的缓冲作用起到增强风味的作用。

二、生物活性肽的营养作用

1. 促进矿物质元素的吸收和利用

经研究表明，酪蛋白水解产物中，有一类含有可与钙离子、铁离子结合的磷酸化丝氨酸残基，能够提高它们的溶解性。肉类水解产物中的肽类能使铁离子的可溶性、吸收率提高。在蛋鸡日粮中添加小肽制品后，血浆中的铁离子、锌离子含量显著高于对照组，蛋壳强度提高。在鲸鱼苗日粮中添加小肽后，能极大减少骨骼的畸形现象，这可能是由于有些小肽具有与金属结合的特性，从而促进钙、铜和锌的被动转运过程及在体内的储存。另外，有一些饲养实验表明，母猪饲喂小肽铁后，母猪奶和仔猪血液中有较高的铁含量，而有机铁却无能为力。以上这些事实说明，小肽能促进矿物质元素的吸收和利用。

2. 促进瘤胃微生物对营养物质的利用

饲料蛋白质进入瘤胃后，大部分迅速分解成肽以后被微生物利用。瘤胃微生物蛋白合成所需的氮大约有 2/3 来源于肽和氨基酸，肽是瘤胃微生物合成蛋白的重要底物，其作用是加快微生物的繁殖速度，缩短细胞分裂周期，特别是小肽能刺激发酵糖和淀粉的微生物生长。据报道，以可溶性糖作为能源时，小肽促进可溶性糖分解菌的生长速度比氨基酸的促进作用高70%。而用混合瘤胃微生物体外培养的方法研究肽和氯化铵对不同结构碳水化合物发酵和微生物合成的影响时，结果表明：肽能促进非结构性碳水化合物初期产气量、结构性碳水化合物后期发酵产气量以及总挥发性脂肪酸（TVFA）的生成量，并能显著提高纤维素和农作物秸秆组的48h微生物合成量，即提高瘤胃微生物对粗饲料的利用程度。有研究发现奶牛瘤胃液内肽不足是限制瘤胃微生物生长的主要因素，另一些研究者也发现肽是瘤胃微生物达到最大生长效率的关键因子。

3. 提高动物生产性能

在生长猪日粮中添加少量肽能显著地提高猪的日增重、蛋白质利用率和饲料转化率。在断奶仔猪中添加小肽制品能极显著地提高日增重和饲料转化率。在蛋鸡基础日粮中添加肽制品后，其产蛋量和饲料转化率显著提高，蛋壳强度也有提高的趋势。张功（2005）和刘斌（2015）将大豆活性肽以适度浓度加入蛋鸡和肉鸡日粮中，可有效提高蛋鸡产蛋量和肉鸡平均日增重，降低饲料增重比，有效降低饲养成本。在肉仔鹌鹑饲粮中添加小肽制品，有明显的促生长作用，肉仔鹌鹑的增重和饲料报酬均有明显的提高。对黑白花奶牛饲喂小肽制品，其吸收的谷胱甘肽在乳腺中降解为甘氨酸、半胱氨酸，可作为乳蛋白合成的原料，促进乳蛋白合成。刘国花（2010）研究发现在反刍动物日粮中添加生物活性肽可以促进氨基酸吸收，促进瘤胃有益菌群的生长，促进蛋白质合成，提高生产性能。用小肽代替海鲈鱼日粮中的部分蛋白质后，鱼苗的生长速度和存活率提高。周兴旺（2011）研究发现在鳗鱼饲料中添加2%的生物活性肽可提高饵料吸收率，可促进摄食量及生长发育，提高鱼苗成活率、平均日增重和饵料回报率。胰凝乳酶和γ－谷氨酸氨转氨酶的活性提高，氨肽酶的活性降低，小肠消化功能发育提高。在虾苗中添加小肽，能促进采食，增加生长速度及菌体的长度。小肽能够提高动物生产性能，其原因可能与肽链的结构及氨基酸残基序列有关，某些具有特殊生理活性的小肽能够参与机体生理活动和代谢调节，也可能是小肽提高动物生产性能的原因。

4. 肽对脂肪代谢的调控

小肽能阻碍脂肪的吸收，并能促进"脂质代谢"，因此，在保证摄入足够量的肽的基础上，将其他能量组分减至最低，可达到减肥的目的，而且可以避免其他减肥方法（如限食加运动）的负面效果（如体质下降）。另外，体内小肽可促进葡萄糖的转运且不增加肠组织的氧消耗。还有一些研究发现，酪蛋白水解的某些肽能促进大鼠促胆囊收缩素（CCK）的分泌，鸡蛋蛋白中提取的某些肽能促进细胞的生长和脱氧核糖核酸（DNA）的合成。

5. 肽具有免疫活性作用

某些生物活性肽既具有抗菌活性又具有抗病毒活性，并可以促进肠道内有益菌生长，提高消化吸收功能，提高机体的免疫能力。研究表明，日粮中添加肽制剂的断奶仔猪的下痢率显著低于对照组。免疫活性肽能够增强机体免疫力，刺激淋巴细胞的增殖，增强巨噬细胞的吞噬功能，提高机体抵御外界病原体感染的能力，降低机体发病率，并具有抗肿瘤功能。

初欢欢（2016）对肉鸡进行大肠杆菌攻菌和鸡新城疫攻毒保护试验，试验结果证明活性肽对受感染的肉鸡有保护作用。刘建成（2018）通过实验证明棉粕寡肽具有增强小鼠腹腔巨噬细胞吞噬活性，刺激淋巴细胞增殖，并能促进巨噬细胞分泌细胞因子的作用，还可以提高环磷酰胺免疫抑制模型小鼠的胸腺、脾脏指数，使抗体生成细胞数和血清溶血素恢复到正常水平，并能增加免疫抑制小鼠血清中细胞因子 IL-2、IL-6、TNF-a 和免疫球蛋白 IgG、IgM 的含量。汪官保（2007）在饲料中加入活性肽后，免疫球蛋白在仔猪血清中的含量明显上升，在促进免疫器官脾脏的发育过程中，其效果比补饲 2% 血浆蛋白粉更明显，保证了抗体的适度合成和分泌，机体免疫机能得到增强。李新国（2014）在仔猪的日粮中添加大米活性肽可以缓解断奶应激造成的肠道组织损伤，提高肠道内某些酶的活性，使小肠功能提前发育且速度加快，提高仔猪的存活率。王依楠（2018）实验证明了具有免疫活性的大豆寡肽通过调控 PI3K/AKT/mTOR 通路激活自噬，减弱了 RAW264.7 细胞模型的炎症反应。

6. 增进动物产品的风味

小肽除了其生理活性外，在食物的感官方面还起着十分重要的作用，它们可在各种食品中提供特殊的口感和风味。在风味食品中肽的重要性并不仅仅在于它的口感。周兴旺（2011）研究发现生物活性肽对水产动物肌肉的风味也有一定影响，活性肽能促进鲤鱼机体蛋白质的合成，且有多种氨基酸序列的活性肽本身可产生酸、甜、苦、咸 4 种基本味觉，起到增强风味的作用。

三、制备活性肽的方法及工艺流程

1. 分离、纯化天然活性肽——分离法

动物体组织中富含多种生物活性肽，在生产中从动物屠体副产品提取活性肽作为添加剂。目前研究较多的有胸腺肽、胰多肽、脾脏活性肽。

在分离、纯化天然活性肽时要注意两个方面的问题：

（1）溶剂的选择。常选用丁醇，使之与脂质结合，增加其在水中的溶解能力。

（2）pH 值，一般选择在偏离等电点的两侧。应注意 pH 值的准确性，误差不超过±0.1。

（3）温度 多肽类在 37~50℃ 下提取，效果比低温提取更好。

常用方法有：盐析、层析、沉淀等。

分离法较适合天然存在的肽，但该法原料来源和种类有限。

2. 用酸或碱水解蛋白质制取活性肽——水解法

以天然蛋白质为原料，经酸或碱水解得到多肽。一般用 6~10mol/L 盐酸或 4mol/L 硫酸在 100~120℃ 条件下，水解 12~21h；也可用 6mol/L 的 NaOH 或 2mol/L 的 Ba(OH)$_2$ 水解 6h 左右，然后经活性炭去色，再通过 701 型树脂除去酸和盐。

此方法较古老，工艺简单，然而难以控制水解程度，容易将肽链继续水解为氨基酸，并且在水解过程中，氨基酸受到较大破坏，影响肽的结构及功能，碱水解尤为突出。另外，在水解过程中，所用酸或碱的浓度高，水解完后必须除酸或除碱，成为工艺过程中的主要工序。由于诸多缺点，酸、碱水解多用于蛋白质序列分析或制备氨基酸。

3. 生物合成法

多肽类合成方法较多，有固相合成、酶促合成、酶促半合成等。其中应用较普遍的是用 N，N-二己基羰酰亚胺（DCCI）作缩合剂的方法，简称 DCCI 法。它与氨基及羰基已分别被保护的两个氨基酸或小肽作用，脱水缩合成肽，副产品 N，N-环己脲（DCU）沉淀出来，再分离出合成肽。近年来，我国固相合成多肽已用于合成催产素、促黄体生成素释放因子等。合成法虽可合成人们想要的活性肽，但反应不完全，少数肽链上氨基酸缺损，纯度不高，分离困难，且副反应物多，成本高，这些因素制约了其发展。

4. DNA 重组技术

DNA 重组技术只能合成大分子肽类和蛋白质，不能合成人类主要需求的具有感观和营养价值的小肽。另外，世界某些地方的消费者反对使用由遗传改性生物所生产的食物产品。因此，此法受到一定限制。

5. 酶解法

（1）酶解法的原理

蛋白质水解过程是在蛋白酶和肽酶的联合催化下完成的，蛋白酶又称内肽酶，能够水解蛋白质分子内部的肽键，形成蛋白胨及各种短肽。蛋白酶有一定的专一性，不同蛋白质的水解需要相应蛋白酶的催化。

肽酶又称外肽酶，只能从肽链的一端水解，每次水解释放一个氨基酸。不同的肽酶也有一定的专一性。有的要求在肽链的一端存在自由氨基；有的则要求存在自由羧基。前者称为氨肽酶，后者称为羧肽酶。

一般而言，消化道中的肽酶有 3 种。第一种是羧基肽酶，来源于胰腺和小肠腺，作用是从肽链的羧基端顺序切下单个氨基酸；第二种是氨基肽酶，来源于小肠腺，作用是从肽链的氨基端顺序切下单个氨基酸；第三种是二肽酶，来源于小肠腺，能水解二肽成两个氨基酸。

蛋白质在消化道内的消化情况是，先由胃蛋白酶、胰蛋白酶、胰糜蛋白酶切断蛋白质中某几种特定氨基酸氨基或羧基端的肽键，使蛋白质分解成多肽或二肽，再由上述三种肽酶作用，从肽链的羧基端或氨基端按顺序切下一个个氨基酸，而使肽链彻底分解成单个氨基酸。

（2）酶解法的一般工艺流程

原料蛋白→预处理→酶解→灭酶→脱苦味去色→分离→干燥→成品。

大豆蛋白经水解生成不同分子量和功能的肽类，这些肽类统称为大豆肽。研究表明大豆肽的种类和功能与所用原料、水解方法及工艺条件等因素有关。

① 原料的预处理

为提高酶效率，一般对蛋白质作变性处理。主要方法有：a. 热处理，沸水浴中煮 10~60min，离心收集沉淀；b. 强酸处理，用 10% 的三氯乙酸（TCA）溶液处理，离心收集沉淀，并用水悬浮洗涤沉淀数次，去掉残余酸。

② 酶及酶解条件的选择

水解蛋白质的关键是选择合适的酶。这必须根据原料蛋白的组成、酶的特性、实验目的等作参考，从大量的微生物酶，动物、植物蛋白酶中筛选。通常选用胰蛋白酶、胃蛋白酶等动物性蛋白酶，也可使用菠萝、木瓜等植物蛋白酶。动物、植物蛋白酶比较

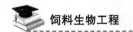

贵，不适宜推广。目前广泛应用的有微生物蛋白酶。某些酶能定位水解蛋白质，故单用一种酶有时效果不佳，也可采用复合酶系。

酶选定后，可通过正交设计实验法就蛋白酶作用于某底物时，其底物浓度、酶浓度、pH 值、温度、反应时间加以研究，以确定最适酶解条件。由于一部分蛋白质被水解成氨基酸，更多地被水解为分子量更小的蛋白质或多肽类，使更多的结合基团暴露而得以与 Bradford 试剂结合而显色，从而表现为吸光率值增大，故确定酶解条件时，通常用 OD 值作衡量标准。

由于酶对 pH 值的变化极为敏感，因此一般将初始 pH 值固定在该酶的最适 pH 值范围内，着重研究酶底物浓度比（E/S）、温度、底物浓度和时间 4 个因素。通过单因素实验确定 4 因素的取值水平范围，以水解度（DH）和肽的得率为指标，选用四元一次正交旋转组合设计进行实验，用 DPS 工作平台对结果进行分析处理，得到最适水解条件。

在适当的温度范围内（28~50℃），水解速度随温度升高而增大，但温度太高会使酶失活，一般不高于 50℃。在最佳 pH 值和温度下，影响酶解反应的最主要因素是加酶量，固液比次之，时间影响较小。加酶量低时，主要为酶控制反应；加酶量高时，主要为底物控制反应。有报道称：加酶量过高时，由于酶本身的相互水解作用加强，会阻碍酶对底物的水解。

在最佳反应条件下，随着时间的推移，水解程度加大，水解产物的分子量减小，但可能有苦味肽产生。

③ 灭酶

由于肽溶液热稳定性好，与酶溶液有较大的差别，故一般采用 100℃水浴 5min 或 85℃水浴 10min 来灭酶，以及时中止反应，避免肽进一步水解。也有的采用调节 pH 值灭酶或加入酶抑制剂等方法来中止反应。

④ 精制

此过程包括以下步骤：

a. 离心分离。将 pH 值呈酸性的水溶液经 4 000r/min 离心分离，除去未转化的蛋白和其他不溶物，得到清亮的水解液。

b. 脱苦味、脱色。分离得到的蛋白质酶解物是低分子肽类和游离氨基酸的混合物，其中带疏水性氨基酸的肽产生苦味。一般采用活性炭（1∶10）吸附来去苦、去色。最适条件是：pH 值=3，40℃，也可用糊精、淀粉将苦味肽包埋，从而除去苦味。

c. 脱盐。将一定体积的蛋白质水解液以每小时 10 倍柱体积的流速通过 H^+ 型阳离子交换树脂脱 Na^+，直至流出液 pH 值=4 左右为止。以同样速度将脱 Na^+ 后的水解物通过 OH^- 型阴离子交换树脂直至流出液呈弱酸性。

经测定发现，水解液在高速流过阴、阳离子交换树脂时，树脂对肽分子吸附较少，而脱盐率较高，达 85%以上。

d. 杀菌、浓缩、干燥。精制后的肽溶液在 135℃下经 5s 超高温瞬时杀菌，真空浓缩（真空度 650mm Hg），喷雾干燥即得成品。

⑤ 干燥

浓缩肽溶液可经喷雾干燥或冷冻干燥等方法制备成粉末状颗粒。也有产品将浓缩液载以赋形剂（如黄豆皮，麸皮等），再经喷雾干燥制成颗粒状产品。

⑥ 检测

一般采用高效液相色谱法对产品中的氨基酸成分进行检测，可得总氨基酸组成和游离氨基酸的组成。用葡聚糖凝胶层析法或高压毛细管区带电泳法可以观察到多肽分子量的分布，从而判定所得产物中活性肽的含量。

四、生物活性肽的应用

1. 改善饲料风味，提高饲料的适口性，具有饲料诱食剂的功能

饲料的风味及适口性直接影响畜禽的摄食量，进而影响畜禽的生长。具有不同氨基酸序列的活性肽可以产生多种风味，如酸、甜、苦、鲜、咸，因此又称风味肽。风味肽可以改善饲料的风味，提高饲料的适口性，因此可以有选择地向饲料中添加生物活性肽，以产生所需的风味。例如，阿斯巴甜与阿粒甜就可以作为甜味剂用于增强饲料的甜度，调节风味。此外，一些风味肽除了本身具有风味外，还有提升或遮蔽其他物质风味的效果，如缓冲肽（Gly-Leu、Pro-Glu 或 Val-G1u）能够通过维持酸碱度来提升产品的风味；多聚谷氨酸短肽可以有效遮蔽蛋白质水解液的苦味。总之，生物活性肽可以通过模拟、掩蔽、增强风味而提高饲料的适口性。

2. 具有促生长保健和提高免疫力作用，可作为抗生素替代品

以往人们通过向饲料中添加抗生素来预防和治疗疾病，而且饲料中的抗生素有利于提高饲料转化率，促进机体的生长，这在鸡和猪的饲养中表现尤为突出。但是饲料中的抗生素会在畜禽产品中残留并通过食物链传递给人体，从而增强了人体的抗药性，这已引起了政府和消费者极大关注，有些国家已经禁止将抗生素作为生长促进剂添加在饲料中。

另有研究发现，某些生物活性肽既具有抗菌活性又具有抗病毒活性，并可以促进肠道内有益菌的生长，提高消化吸收功能，是非常有前途的抗生素替代品。例如，酪蛋白的水解物中含有免疫刺激肽，Jolles 等（1991）最早报道了人乳胰蛋白酶水解物具有免疫活性，随后从中分离出一个六肽（Val-Glu-Pro-Ile-Pro-Tyr），这种肽在离体试验中有刺激巨噬细胞的吞噬作用，并且可加强机体对肺炎的抗感染力；从牛乳汁的胰蛋白酶水解物中分别分离出了一个六肽（Pro-Gly-Pro-Ile-Pro-Asp）和两个三肽（G1y-Leu-Phe，Leu-Leu-Tyr），这些肽类与人乳中六肽具有类似的免疫功能；从猪小肠中分离出的 NK-赖氨酸寡肽能够抑制肠道内大肠杆菌的生长。

3. 满足幼龄畜禽对蛋白质的需求，提高生产性能

经研究表明，蛋白质在动物消化道中消化酶作用下水解为小肽，它们可以完整的形式被机体吸收进入循环系统，从而被组织利用。一些学者认为动物对完整蛋白或肽有特殊需求，尤其是小肽对畜禽的营养具有重要作用，为使畜禽达到最佳生产性能，必须供给动物一定量的小肽。如肠绒毛蛋白粉（Dridepocinesolubles，DPS），主要成分是猪肠黏膜水解蛋白，即用蛋白酶将猪小肠及肠黏膜在 60℃下处理 12h，经 110℃温度下高

压喷雾干燥而成，其中富含多种活性肽，用于仔猪饲料中代替血浆蛋白粉，可得到相同的生产效果，同时大大降低生产成本。胸腺肽（Thymopeptide，TP）具有促进淋巴细胞分化、成熟，提高动物免疫机能的作用，试验表明，在肉鸡饲粮中添加胸腺肽或注射胸腺肽因子，可增强鸡只甲状腺活动，提高鸡血浆中甲状腺激素的浓度。胰多肽（Pancreatic polypeptide，PP）具有促进动物采食，刺激胃液分泌，提高胃酸、胃蛋白酶和总蛋白水平的功用。有试验表明，禽胰多肽可抑制火鸡十二指肠段的运动，使胃排空速度减慢，使肠道有充分的时间消化吸收食糜中的营养成分。

4. 具有强的抗氧化作用，可作为天然抗氧化剂，保护活性成分，提高饲料品质

赵芳芳等（2004）研究发现（图6-2），不同分子量的大豆活性肽具有不同的抗氧化作用，其中相对分子质量为3 000~6 000的大豆活性肽抗氧化效果好于常用的化学抗氧化剂叔丁基对苯二酚、二叔丁基羟基甲苯和乙氧基喹啉。

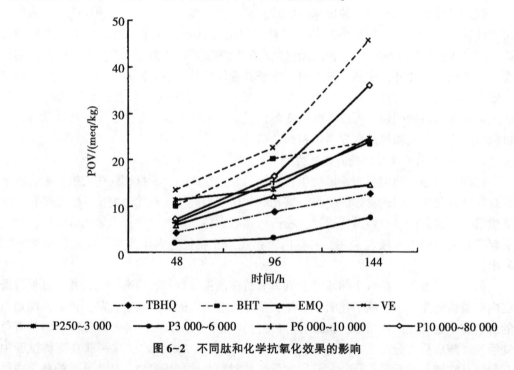

图6-2　不同肽和化学抗氧化效果的影响

5. 调节脂肪代谢，改善胴体品质

大豆肽不仅能阻碍脂肪的吸收，还具有更强的促进脂质代谢的效果。2003年陈栋梁在研究心血管病过程中发现，大豆肽比牛乳更能提高基础代谢水平，使食后发热量增加，促进能量代谢，并且可促进减少皮下脂肪。Russell（1992）报道大豆肽能有效减少体脂肪，同时保持骨骼肌重量不变。李丹（2009）等在白羽肉鸡饲粮中添加0.8%的大豆肽，屠宰率和全净膛率分别提高，胸肌率、腿肌率显著提高，腹脂率降低1.2%（$P<0.05$）。Hosono等（1994）报道，在猪日粮中加入0.5%的大豆蛋白水解物，可明显增加瘦肉率，减少猪胴体脂肪含量，从而提高猪肉品质。刘小飞（2015）等报道，添加大豆肽可以提高湘黄鸡的日增重，降低料肉比。2001年高长城等研究表明，给小

白鼠饲喂大豆肽时发现，能刺激产生热能的褐色脂肪组织活性，提高甲状腺素在血液中的浓度，并随大豆肽服用量的增加而提高。

6. 作为矿物元素的螯合剂，提高机体对矿物质元素的利用率

大豆肽能够促进矿物元素的吸收，从而促进骨骼生长、提高蛋壳品质、减少禽类腿病和骨质疏松症的发生。有研究认为，由于大豆蛋白中植酸、草酸、纤维、单宁及别的多酚等的存在，显著抑制了动物或人对 Ca、Zn、Cu、Mg、Fe 的生物利用率。而小分子的肽可以与上述离子形成螯合物，保证其可溶状态，有利于机体的吸收。

7. 促进类胡萝卜素转运和在蛋黄中的沉积，改善禽蛋品质

中国农业大学饲料生物技术实验室在对 60 周龄的海南灰蛋鸡试验中发现，大豆肽饲料添加剂可使蛋黄色度提高 41.94%，且蛋黄呈金黄红色，质地松软，味道浓厚，口感非常好。

8. 促进幼龄动物肠道黏膜发育，减少腹泻的发生

幼龄动物因消化道中的酶活较低，消化能力差，当日粮中蛋白质和游离氨基酸浓度过高时，易引起动物的腹泻。大豆肽溶液由于可以刺激肠黏膜的发育，当日粮中配入一定浓度的肽液后，可以避免此问题发生。Scheppach 等（1995）研究表明，小肽能有效刺激和诱导小肠绒毛刷状缘酶活性上升，促进动物营养性康复，存在于绒毛膜中的酶活性的提高，表明酶水解蛋白的能力提高，机体对蛋白质的吸收加强。由此可见，小肽对于消化道发育未成熟、消化酶活性低的幼小动物更具有应用价值，它通过诱导小肠中一些酶活性的提高，使小肠消化功能发育提前，促进幼小动物的健康生长和提高其生产性能。

9. 促进胃肠道菌群生长，改善肠胃健康状况

大豆肽具有促进微生物生长发育和活跃其代谢的作用，相同氨基酸组成的大豆蛋白和氨基酸无此效果。赵芳芳（2004）在蛋鸡基础日粮中加入 0.2% 的大豆肽，结果表明大豆肽能明显地促进和刺激蛋鸡胃肠道（包括嗉囊、空肠、盲肠和直肠）中常驻有益菌乳酸菌的生长，数量提高了 10~15 倍，并能抑制大肠杆菌和其他一些好氧菌（如沙门氏菌、梭菌等）的生长繁殖。在反刍动物方面，体外研究显示：通过与一定浓度的底物结合，肽比游离氨基酸有更大的促微生物生长的效果；肽可以被整合成微生物菌体蛋白，而且是瘤胃微生物生长所必需的；使用 1~100mg/L 的小肽氨基酸混合物，可以增加瘤胃有益菌群合成菌体蛋白质的能力，只要 10mg/L 的小肽浓度即可达到有益菌生长最理想的浓度；肽还可以为纤维分解菌生长提供支链挥发性脂肪酸，保证了瘤胃内纤维物质的充分消化。

10. 带动蛋白质的吸收和转运，提高饲料利用率

肽除了可以直接供给动物机体需要的氨基酸外，对动物的生长还有促进作用。据报道，当以小肽形式作为氮源时，整体蛋白质沉积高于相应游离氨基酸日粮或完整蛋白质日粮。可见利用小肽而不是氨基酸取代蛋白质可以优化低蛋白日粮，从而降低集约化畜牧系统动物的氮排泄量。许多文献都支持生物活性肽具有重要的营养价值这一观点。2005 年 Lins 等提出了肽类营养价值高于游离氨基酸和完整蛋白的几个原因：转运速度快、吸收率高、抗原性小以及有益于动物机体的感觉。目前，一些生物活性肽制品已经

应用于实际生产，并取得了良好效果。美国俄亥俄州立大学的 Don Mahan 博士评估了寡肽在阶段二（断奶后 14~42 日龄）期间对猪只的效果。寡肽以 2.75% 的比例添加到玉米—豆粕日粮中，另外一组配方相似但含有喷雾干燥血粉的饲料作为对照组，该实验共使用了 68 头早期断奶猪只，在试验结束时，饲喂寡肽的猪比对照组多增重 1.5kg，而饲喂寡肽的猪有较低的血浆尿素氮数值，表明饲喂寡肽的猪具有较大的蛋白质沉积率。2001 年施用晖等在蛋鸡日粮中添加小肽制品后，蛋鸡的产蛋率、饲料转化率明显提高。

肽在动物营养代谢中占据着重要的地位，动物获得最佳的生产性能，饲料中必须有一定数量的完整肽（特别是小肽）。在动物饲粮中添加肽制品，可以提高氨基酸利用率，减少疾病发生，充分发挥动物生产性能，提高经济效益。有资料表明，黑白花奶牛吸收的谷胱甘肽在乳腺 GTPase（三磷酸鸟苷环化酶）的作用下降解为甘氨酸，甘氨酸可作为乳蛋白合成原料，促进乳蛋白合成。肽是蛋白质营养生理作用的一种重要形式。为探讨小肽产品对反刍动物生产性能的影响，曹志军等利用肽产品在奶牛上进行了试验，试验结果显示小肽可使奶牛产奶量提高 8%~10%（$P<0.05$）。乳中蛋白含量和乳脂率也有所提高。且提高比例随小肽营养素添加量的增加而增加。这些试验数据为丰富反刍动物的肽营养理论奠定了基础。

第三节　免疫调节剂

目前，畜禽疫病防治对疫苗和药物的依赖性很大。我国在畜禽饲料中添加了多种抗菌药、驱虫药、激素和促生长的药物或制剂，常常在畜禽产品内有残留，降低产品品质，危害人体健康。因此，寻找这些药物的替代品，为人类生产无药物残留、无污染、高品质的动物食品，已成为当代畜牧业可持续发展的当务之急。在这种社会需要的驱动下，免疫调节剂的研究与开发发展迅速。动物免疫调节剂的研究涉及多个学科，如动物免疫学、动物营养学或营养免疫学、饲料学、动物生理生化、分子生物学、生物工程、生化工程、制剂学、机械设备工程等。近年来，此类相关学科发展迅速，极大推动了动物免疫调节剂研发的进程，并取得了一批重要成果，如微生物真菌多糖或糖肽复合物、中草药多糖（黄芪多糖）白介素、干扰素等一批产品问世，但这些产品主要用于人类疾病的防治，很少用于动物。因此，动物免疫调节剂的研究亟待加强。

一、免疫调节剂概述

近年来免疫学的研究步步深入，促进了各学科多方面的交叉联系，诞生出不少分支，如在免疫作用的分子调节研究中，进行了药物对免疫增强、免疫抑制等多方面的探讨。也就是说利用某些特殊成分如药物、活性物质等，研究细胞间和细胞内信息、受体、基因在分化和激活过程中的关系，以期控制免疫机构的发生、发展和功能，并加以利用。

免疫调节剂是近年来发展起来的一个新的药物类别，又名免疫调整剂及生物效应修饰剂，曾用免疫增强剂、免疫促进剂及免疫刺激剂等术语。以往人们将免疫药物分为免疫促进剂、免疫抑制剂、抗过敏药物及中药免疫药四大类，示意它们是从各自不同的侧面通过调节机体的免疫功能而发挥治疗作用。这种表述虽方便，但并不完善，因为免疫调控机制是十分复杂的，免疫系统与中枢神经及内分泌系统（I-N-E system，INES）之间存在着密切联系，互相影响。一个药物在兴奋、提高某些免疫功能的同时，有时会抑制另一部分功能，尤其值得注意的是随着研究的深入，不少免疫药物显示了作用的双向性，因此目前认为不必严格地区分免疫抑制剂与免疫促进剂，而称为免疫调节剂较为合理。

第一个受到重视的免疫调节剂为卡介苗。Freund 等（1939）发现了它的佐剂作用。卡介苗具有增强非特异性免疫功能，增强机体抗肿瘤的能力。为此，促使人们探索如何从细菌制剂中提取获得免疫调节。细菌制剂抗原性强，副作用多，需要分离其中具有佐剂作用的活性成分。目前确定分枝杆菌的最小活性部分为胞壁酰二肽，已合成其衍生物50多种。自发现左旋咪唑的免疫调节作用后，已合成一批新的化合物，如异丙肌苷、二乙基二硫基甲酸钠等，逐步取代了第一代天然大分子免疫促进剂。随着对免疫调节机制研究的深入，人们对胸腺素、干扰素、转移因子、免疫球蛋白的免疫调节作用有了新的认识。国内外学者还努力研究从植物中提取有效的免疫调节剂，它具有开发成本低、应用范围广、使用安全、副作用小等优点，目前已取得了可喜的成果。

我国在畜禽饲料中添加了多种抗菌药、驱虫药、激素和促生长的药物或制剂，在畜禽产品中有残留，促使人们寻找一些无残留的替代物。动物营养学家则将目光更多地投向饲料免疫调节剂，作为新型的饲料免疫增强剂，不同于兽医领域所研究的免疫佐剂，佐剂是指抗原或抗原物质混合或同时注入动物体内，能非特异性地改变或增强机体对抗原的特异性免疫应答类物质，其主要用于疫苗的研制。被证实可作为佐剂免疫增强作用的物质有卡介苗、蜂胶佐剂、福氏佐剂、油水乳剂、维生素E、左旋咪唑、干扰素类、不溶性铝盐佐剂、细胞因子类佐剂等，其组成成分和加工工艺与饲料中添加的免疫增强剂有很大程度上的差异。而饲料免疫增强剂组成成分一般指寡核苷酸类、可溶性肽类、功能性寡糖类及某些糖肽复合物。

国内外营养学家依据营养、免疫、健康的关系，研发、生产的新型免疫增强剂具有保护、促进、调节动物免疫系统的功能，改善动物生产性能，提高动物抵抗疾病的能力。产品种类可分为免疫营养物、免疫促进物、免疫刺激物。① 免疫营养物，其特征是该制剂中，额外添加了维生素A和维生素C，动物食用后能够保护已产生的抗体，同时饲料中补充一定量的硒和铁，可缓解矿物质缺乏症。② 免疫促进物，其组成的结构性物质是氨基酸类、核苷酸类和核糖核酸类。③ 免疫刺激物，现有很多功能性寡糖产品应用于饲料中可对动物产生免疫刺激作用，主要产品包含β-葡聚糖族、甘露醇寡糖族、肽葡聚糖类、糖肽复合物。目前对饲料免疫调节剂的研究更多地集中于功能寡糖及糖肽复合物。

二、免疫调节制剂

根据来源不同，将免疫调节剂分为生物来源制剂和化学合成药物两大类。

第一类　生物来源制剂，包括动物或动物免疫器官的产物：胸腺激素类、干扰素、白介素-2等；微生物来源的制剂：卡介苗、短棒杆菌、香菇多糖等；中药和天然药物的有效成分：人参皂苷、黄芪多糖及某些复方中药制剂等。

第二类　化学合成药物，如左旋咪唑、异丙肌苷等。

（一）生物来源制剂

1. 动物或人免疫器官的产物

（1）胸腺素（Tnymosin）

胸腺是重要的中枢免疫器官，在 T 细胞分化和调节中起重要作用。动物胸腺中有多种多肽类激素，总称为胸腺激素（简称为胸腺素）。胸腺素可使骨髓产生的干细胞转变成 T 细胞，因而有增强细胞免疫功能的作用，对体液免疫的影响甚微。动物实验表明，它能使去胸腺小鼠部分或接近全部的恢复免疫排异和移植物抗宿主反应，能使萎缩的淋巴组织复生，淋巴细胞增殖，使幼淋巴细胞成熟，变为具有免疫功能的免疫淋巴细胞。

（2）干扰素（Interferon，IFN）

干扰素是一组多细胞来源的复杂细胞因子，是细胞基因组自我稳定的反应性产物。IFN 系统是生物细胞普遍存在的一个防御系统，通过去除有害基因，调节动物细胞的分化，维持正常细胞的生理功能，是一类最重要、最基本的细胞功能调节性蛋白质，对生物进化具有普遍意义。

1957 年，干扰素最先作为一种可以诱导细胞抗病毒状态的物质被发现，是病毒进入机体后诱导宿主细胞产生的反应物，它从细胞释放后可促进其他细胞抵抗病毒的感染，具有多种免疫活性，是体内一种递质和激素样物质。

IFN 具有很强的免疫调节作用，常作为免疫调节剂使用，对 IFN 的免疫调节作用如表 6-2 所示。

表 6-2　IFN 的免疫调节作用

作用系统	对免疫反应的影响	作用系统	对免疫反应的影响
细胞免疫	主要抑制，小剂量增强	NK 细胞	增强
体液免疫	主要抑制，小剂量增强	补体水平	下降
巨噬细胞	增强	移植免疫	延迟同种异体移植排斥反应

（3）白细胞介素-2（Interleukin-2，IL-2，又称 T 细胞生长因子）

IL-2 主要由 T 细胞在受抗原或丝裂原刺激后合成；B 细胞、NK 细胞及单核巨噬细胞亦能产生 IL-2。IL-2 目前有天然的纯化品及重组基因工程制取的重组人 1L-2 两种。IL-2 的免疫调节功能表现在如下几点：

①IL-2 刺激 T 细胞生长。各种刺激物活化的 T 细胞一般不能在体外培养中长期存活，加入 IL-2 则能使其长期持续增殖，因此 IL-2 曾被命名为 T 细胞生长因子。②IL-2 对 B 细胞的生长及分化均有一定促进作用。活化的或恶变的 B 细胞表面表达高亲和力的 IL-2R，但是密度较低；较高密度的 IL-2 可诱导 B 细胞生长繁殖，促进抗体分泌，并诱使 B 细胞由分泌 IgM 向着分泌 IgG2 转换。③诱导细胞毒作用。大剂量的 IL-2 能诱导淋巴因子激活的杀伤细胞的活化和增殖，表现出高效的识别和杀伤肿瘤细胞活力，

其功能与天然杀伤细胞（Natural killer cell，NK）类似；使 T 细胞作用于 NK 细胞产生 IFNγ、TNFβ 和 TGFβ 等因子，促进非特异性细胞毒素。

（4）转移因子

转移因子（TF）是一种能够转移致敏信息的物质，它能够特异性地将供体的细胞免疫信息转移给受体，从而增强受体的免疫功能。TF 主要存在于动物的白细胞中，通常以富含白细胞的脾、淋巴结等器官和组织及外周血液 T 细胞为原料制备。目前，已知试验研究的有猪、牛、羊、犬、猫、鸡、大白鼠等多种动物的 TF 和人的 TF。TF 分子量小，无热源、无抗原性、无毒副作用和无种属差异，是一种新型、安全的免疫刺激剂。

从免疫学上，TF 可分为特异性转移因子和非特异性转移因子两大类。特异性转移因子系采用某种特定病原感染或免疫人群或动物后再提取含该抗原特异活性的转移因子。非特异性转移因子是指用自然人群或动物白细胞提取的具有多种免疫活性的转移因子，可非特异性调节机体的免疫机能，从而提高机体的抵抗力或疫苗的免疫效果。前者具有对特定疾病的局限治疗，后者则应用广泛。TF 无种属特异性，人的 TF 可以向动物转移细胞免疫反应，即人的 TF 可以治疗动物性疾病，动物的转移因子可用于人。

（5）丙种球蛋白（γ-Globulin）

按球蛋白来源可分为两种：一种是健康人静脉血来源的人血丙种球蛋白，另一种是胎盘血来源的丙种球蛋白，即胎盘球蛋白，含蛋白质 5%，其中丙种球蛋白占 90% 以上。胎盘球蛋白因丙种球蛋白含量以及纯度均较低，其用量应相应增大。

因其含有健康人群血清所具有的各种抗体，因而有增强机体抵抗力以预防感染的作用。主要用于免疫缺陷病以及传染性肝炎、麻疹、水痘、腮腺炎、带状疱疹等病毒感染和细菌感染的防治，也可用于哮喘、过敏性鼻炎、湿疹等内源性过敏性疾病。

2. 微生物来源制剂

（1）卡介苗（Bacille calmette-glaerin，BCG）

BCG 是由 Calmette A 和 Guerin C 在 1908—1921 年间研制出品的。BCG 至今仍是预防结核病的唯一可用疫苗。BCG 用无毒牛型结核菌悬液制成，原用于预防结核，属特异性免疫制剂，后来证明它还具有促进巨噬细胞吞噬功能的作用，为非特异性免疫增强剂。现用于治疗恶性黑色素瘤，或在肺癌、急性白血病、恶性淋巴瘤根治性手术或化疗后作为辅助治疗，具有一定疗效。此外，死卡介苗还用于治疗小儿哮喘性支气管炎、成人慢性气管炎，预防小儿感冒。

（2）短小棒状杆菌菌苗（又称短棒菌苗）

短小棒状杆菌菌苗为短小棒状杆菌（Corynbacterium parvum）的死菌悬液，也是一种强的非特异性免疫增强剂。它的作用机理尚不太清楚，可能主要通过激活巨噬细胞，使其吞噬活性加强，也有认为是通过增强 B 细胞增生，促进高价效 IgG、IgM 抗体的合成。临床试用于恶性黑色素瘤、乳腺癌及肺的小细胞性未分化癌。腹腔注射对癌性腹水也有治疗作用。

（3）双歧杆菌

双歧杆菌是人胃肠道正常菌群中占优势的有益菌，作为益生菌摄入后可以刺激宿主免疫系统。双歧杆菌能够通过免疫排斥、免疫清除和免疫调节，加强胃肠防御的各个防线，发挥抗感染、抗炎症和抗肿瘤的作用。

（4）伤寒杆菌脂多糖

伤寒杆菌脂多糖为细菌脂多糖中的一种，系由伤寒杆菌培养物经酶消化、提取而制得。细菌脂多糖的化学组成为：特异性多糖（载有主要的血清学特异性）、轴心多糖（若干组细菌所共有）及类脂A（生物活性部分）。主要作用为为：① 能增强机体非特异性免疫防卫系统。② 能增强网状内皮系统细胞吞噬功能，提高巨噬细胞和中性白细胞的杀菌作用。③ 具有免疫佐剂作用，可促进IgM以及IgG、IgA抗体的产生。且脂多糖不依赖于T细胞而直接作用于B细胞，产生促分裂作用，导致抗体产生，对细胞免疫则无影响，大剂量的脂多糖可引起免疫耐受性。④ 能促进骨髓释放颗粒白细胞，使血中颗粒白细胞增多。⑤ 具有抗过敏作用。临床上应用脂多糖防治慢性气管炎、支气管哮喘等疾患的研究中发现，它具有抗过敏及平喘作用，其抗过敏机制尚不清楚。

（5）灵菌素（Prodigiosine，又称神灵杆菌脂多糖）

系由产色型神灵杆菌（Bacterium prodigiosurn）菌体中提取的脂多糖（Lipopolysaccharides，LPS）。其作用机制与其他细菌脂多糖基本相同：① 能激活机体非特异性免疫防御系统，激活巨噬细胞的吞噬活性，通过激活骨髓作用，增加外周血液中白细胞数量和增强白细胞的吞噬活性，表现为白细胞的捕获和消化能力增强。② 增强特异性免疫功能，具有免疫佐剂作用，能增强抗体的形成，产生的抗体主要为IgM。③ 具有激活下丘脑—垂体—肾上腺皮质系统的作用。临床试用结果表明，灵菌素可单独用或与抗菌药物联合应用于急性或慢性细菌感染、某些病毒感染；对复发性口疮有效率在90%以上；治疗慢性盆腔炎、慢性附件炎有较好的近期疗效，与抗生素合用可提高治疗效果；可预防化疗引起的白细胞减少，使白细胞数基本维持在治疗前的水平；用于治疗白细胞减少症亦有明显的效果。也适用于慢性支气管炎、支气管哮喘、慢性扁桃体炎、肿瘤术后恢复等。

3. 中药和天然药物的有效成分

（1）植物血凝素

植物血凝素（Phytohemagglutinin，PHA）又称植物血球凝集素，为低聚糖（由D-甘露糖、氨基葡萄糖酸衍生物构成）与蛋白质的复合物，属于高分子糖蛋白类。由于对红细胞有一定凝集作用，因此而得名。凝集素广泛存在于自然界中的不同生物物种中，早期的研究对象主要是植物，其中豆科植物种子的含量尤为丰富。后来发现动物体中也含有凝集素，并成功提取。

植物血凝素是刺激正常静止的T淋巴细胞转变成像胚胎细胞样分裂并生长活跃的有丝分裂源，由于能特异地识别所有T细胞表面糖蛋白的糖链部分，因此植物血凝素能专一性地刺激T细胞转化为淋巴母细胞，继而分裂增殖，释放淋巴因子，并能提高巨噬细胞的吞噬功能。尚能促进骨髓造血机能，使白细胞数上升；对病毒侵袭的细胞有杀伤作用，并有诱生干扰素的作用。

（2）三萜皂苷

皂苷是中草药中一类重要的生物活性成分。根据其化学结构可分为三萜皂苷和甾体皂苷。三萜皂苷是由三萜皂苷元和糖、糖醛酸，还有其他有机酸组成。近年来研究最多的是达玛烷型三萜皂苷，如五加科植物人参的根、茎叶均含有多种人参皂苷和葫芦科绞股蓝皂苷。另一类是齐墩果烷型三萜皂苷，主要有伞形科柴胡皂苷、商陆科商陆皂苷、豆科甘草皂苷或称甘草酸，甘草甜素是甘草酸的钾、钙盐，犀科女贞子齐墩果酸、豆科合欢皮皂苷。羊毛甾型三萜皂苷主要是豆科黄芪皂苷甲。以上三萜皂苷对免疫细胞、细胞因子、神经—内分泌—免疫网络、抗肿瘤和抗衰老均有不同程度的调节作用，在一定的范围内能增强机体的非特异性免疫功能，促进某些细胞因子的分泌，活化免疫细胞，增强机体的防病治病能力和抗衰老、抗肿瘤能力。

（3）植物雌激素

植物雌激素的种类很多，主要有异黄酮类（Isoilavones）和香豆素类（Couruestans），均含在植物及其种子中。其中大豆黄酮和香豆雌酚是豆科植物中最主要的两种雌激素化合物。此外还有一些真菌毒素也具有雌激素活性，如玉米赤霉烯酮（Zearalenone）。植物雌激素的生物效应因其种类、剂量、营养途径的不同而有很大的变化，约相当于雌二醇的 $10^{-5} \sim 10^{-3}$。在内源性雌激素水平较低时，它可与雌激素受体相结合，表现出雌激素激动剂的作用，而在体内雌激素水平较高时，它则竞争结合雌激素受体表现抗雌激素作用。

（4）茶多酚

茶多酚（Teapolyphenols，TP）又名茶单宁、茶鞣质，是茶叶中多酚类化合物的总称。主要含黄烷醇类、羟基-4-黄烷醇类及其盐、黄酮醇类及黄酮类和酚酸类及缩酚酸类等化合物，其中黄烷醇中的儿茶素是其最主要的成分，含量约占茶多酚的70%。Gobert 等（2009）在奶牛日粮内添加茶多酚与维生素 E，发现茶多酚可以提高奶牛机体脂质抗氧化能力。

免疫调节是茶多酚最重要的作用之一，主要通过以下几个途径来实现：清除机体内的自由基，抗脂质过氧化作用；诱生多种细胞因子，促进干扰素、白细胞介素等的合成；激活巨噬细胞（MΦ）、自然杀伤（NK）细胞和 T、B 淋巴细胞，提高机体免疫球蛋白的水平等。茶多酚提高机体免疫能力，增强抗癌能力（Yi 等，2014）。

4. 中药多糖

糖类是自然界最多的有机化合物，多糖是重要的生物高分子化合物。多糖类化合物主要存在于植物、真菌和细菌中。作为生命物质的组成成分之一，它广泛参与了细胞的各种生命现象和生理过程，如免疫细胞间信息的传递与感受，细胞的转化及再生活动等。近年来伴随着分子生物学家的普遍关注，多糖复合物与多糖的研究得到了空前迅速的发展。近十年来各国学者对多糖在药理学与免疫学上的研究以及临床应用等方面的研究做了深入探讨。对其免疫增强作用机理的研究已深入分子、受体水平。张洪波等（2009）报道，单味中药多糖（黄连、大黄和五味子）对奶牛的子宫内膜炎病原菌就有较好抑菌效果。推测多味药效协同的中药多糖可能会有更好的抑菌效果。

在一般情况下，多糖对机体特异性与非特异性免疫、细胞免疫与体液免疫皆有影响。免疫多糖作为生物效应调节剂，主要影响机体的网状内皮系统、巨噬细胞、淋巴细胞、NK 细胞、补体系统以及 RNA、DNA、蛋白质的合成、体内 cAMP 与 cGMP 的含

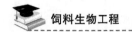

量，结果使抗体的生成以及淋巴因子和干扰素的诱生增强。

（二）化学合成药物

1. 左旋咪唑

左旋咪唑（Levamisole）为咪唑衍生物，是临床医学广泛应用的抗蠕虫药物，具有广谱、高效、药源充足、性质稳定等优点。自发现左旋咪唑能增强小鼠布氏杆菌菌苗免疫效果后，对其免疫调节作用进行了广泛的研究。

大量研究显示左旋咪唑具有广泛的免疫调节活性，可使免疫功能低下机体免疫功能恢复正常，增强正常机体细胞免疫和体液免疫功能。左旋咪唑作用于淋巴细胞与嗜酸性粒细胞表面受体，增强荷斯坦与娟珊杂交奶牛细胞免疫反应（Vojtic，1998）。肌肉注射比口服更能提高血清 IgG、IgM 与谷胱甘肽酶类的抗氧化水平（Ali 等，2012）。

现公认左旋咪唑免疫调节活性作用机理有 3 个方面：一是左旋咪唑具有拟胆碱能样活性，且该活性与其分子结构中的咪唑基团有关；二是左旋咪唑诱导机体产生各种淋巴因子，促进 T 淋巴细胞的成熟；三是左旋咪唑代谢产物 OMPI 尚具有清除自由基的功能，保护细胞免受氧化自由基的损伤。目前认为左旋咪唑对免疫反应的调节作用与剂量有关，小剂量即可增强免疫反应。

2. 异丙肌苷

异丙肌苷（Inosine pranobex）是由肌苷和 N，N-二甲基氨基丙醇的对乙酰氨基苯甲酸盐以 1∶3 的比例合成的一种药物，1980 年在意大利首次上市。异丙肌苷是一种有效、广谱的免疫增强剂，体外实验表明它能增强 T 淋巴细胞的分化（Tobólska 等，2018），已被证实具有抗病毒、抗肿瘤、调节免疫功能等多种作用。

多项研究表明，异丙肌苷的抗病毒、抗肿瘤等作用是基于其免疫调节功能。异丙肌苷对静止的淋巴细胞无作用，但可以增强有丝分裂原、抗原、淋巴因子等触发的免疫反应，促进 T 细胞的分化和增殖，是 T 细胞分化的诱导剂和有丝分裂原所致淋巴细胞分化反应的协同剂。同时，异丙肌苷还可通过对巨噬细胞或辅助 T 细胞的作用促进 B 细胞的分化，但作用较弱。

异丙肌苷可在体内外刺激 IL-2 的生成，增加对 IL-2 的吸收。体外发现异丙肌苷可促进干扰素 γ 亚型的生成，并加强其抗病毒和抗肿瘤的作用。

三、免疫调节剂的制备技术

免疫调节剂来源多样，有关化学合成类药物的加工工艺已相当成熟，从动物组织器官中提取免疫活性物质的技术也开始应用于生产。但对于植物多糖等免疫活性物质的提取加工仍处于实验室阶段，由于此类物质结构复杂，提取难度大，一些研究学者更倾向于运用现代生物技术手段提高其在生物体内的表达，以期获得较多的产品。近些年，通过基因工程制备白介素、干扰素等取得了突破性的进展；通过微生物及发酵工程或生物加工的手段制备微生物源免疫调节剂也获得成功。

以下分别介绍传统的分离提取、基因工程和生物加工制备免疫调节剂的主要方法。

（一）胸腺素的分离提取

Goldstein 等（1966）报道了从小牛胸腺中初步提纯具有生物活性胸腺素的方法，

随后 1975 年发布新的提取方法。此后国内外沿用或对此方法略有改进（图 6-3），在犊牛、猪、绵羊以及人胎胸腺中成功提取出胸腺肽。目前，资料报道的提取方法不一，收获率及活性也有差异。

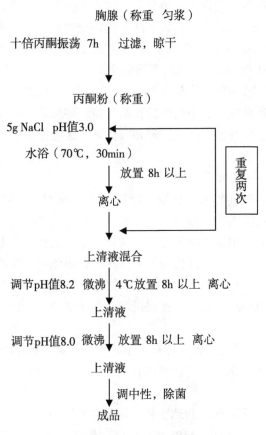

图 6-3　胸腺素的分离提取

（二）植物多糖的提取分离纯化

动植物中存在的多糖或微生物胞内多糖，外围通常有脂质覆盖。多糖释放的第一步是去除外围脂质，常用醇或醚回流脱脂。第二步将脱脂后的残渣用以水为主体的溶液提取多糖（即冷水，热水，热或冷的 0.1～1.0mol/L NaOH，热或冷的 1% 醋酸或 1% 苯酚等），但多糖提取液含有无机盐，低分子有机物质与高分子量的蛋白质、木质素等杂质。第三步则要除去这些杂质，对于无机盐及低分子有机物质可用透析法、离子交换树脂或凝胶过滤法除去；大分子杂质可用酶消化（如蛋白酶、木质素酶）、乙醇或丙酮等溶剂沉淀法或金属络合物法。多糖提取液中除去蛋白质的常用方法有 Sevag 法、三氟三氯乙烷法、三氯乙酸法。三氯乙酸法处理较为剧烈，含呋喃糖残基多糖的连接键不稳定，不宜使用该类方法。然而，三氯乙酸法具有效率高，操作简便等优点，植物来源的多糖内蛋白质的去除可广泛使用此类方法。糖肽不像蛋白质可以被沉淀，上述 3 种方法均不适合去除糖肽中的蛋白质。除去蛋白质后，需再透析一次，选用不同规格的超滤膜和透析袋进行超滤和透析，可以将不同分子大小的多糖进行分离和纯化，该法对除去小

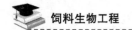

分子物质十分实用，同时能满足大规模生产的需要，具有广阔的应用前景。至此，得到的提取液基本上是没有蛋白质与小分子杂质的多糖混合物。

一般来说，上述方法所得到的是多糖混合物，如果要得到单一的多糖，仍需对混合物进行纯化。柱层析在多糖纯化中较为常用，常分为两类：一是只有分子筛作用的凝胶柱层析，它根据多糖分子的大小和形状不同而达到分离目的，常用的凝胶有葡聚糖凝胶及琼脂糖凝胶，以及性能更佳的 Sephacryl 等。洗脱剂为各种浓度的盐溶液及缓冲液，其离子强度不应低于 0.02mol/L。二是离子交换层析，它不仅根据分子量的不同，同时也具有分子筛的作用，常用的交换剂有 DEAE-纤维素、DEAE-葡聚糖和 DEAE-琼脂糖等，此法适合于分离各种酸性、中性多糖和黏多糖。多糖的纯化还可用其他方法，如制备性高效液相层析、制备性区带电泳、亲和层析等，这些方法适用于制备少量纯品供分析用。

（三）灵芝多糖的生物加工

传统上制备灵芝多糖（糖肽复合物，PSPc）大多从灵芝子实体提取，周期长，效率低，提取物也主要用于人类保健品。为了将灵芝糖肽复合物（PSPc）能应用于畜牧养殖业和饲料工业，通过用原生质体突变和融合技术，获得了生长速度快和 PSPc 产量高的新菌株，并进行了发酵工艺优化和放大，开发成功免疫增强或免疫调节剂饲料添加剂，动物试验表明，灵芝胞外糖肽复合物提取物能明显刺激肉仔鸡细胞免疫和体液免疫功能，最适添加量为 10mg/kg 饲料，能促进胸肌和腿肌的生长。

1. 斜面培养活化

在 15mL 试管中，将灵芝的菌丝体接种于改良马铃薯葡萄糖琼脂（PGA）的斜面培养基上，在 27℃下培养 7 天，直至菌丝体长满斜面。

2. 制备摇瓶种子液

将步骤 1 得到的长满菌丝体的琼脂斜面培养基接入约 100mL 液体培养基 A 中，在 27℃、转速为 120r/min 的摇床上培养 3 天，得到灵芝的摇瓶种子液；所述液体培养基 A 为按下述物料与水的重量体积比（W/V）配制的混合液：葡萄糖 4.0%，蛋白胨 0.2%，KH_2PO_4 0.15%，生长因子 0.05%，121℃灭菌 30min，冷却至 27℃备用。

3. 制备一级发酵种子液

将步骤 2 制备的摇瓶种子液按 10% 的体积比接入装有液体培养基 B 的种子发酵罐，在 27℃、转速为 150r/min 的摇床上培养 4 天，得到灵芝的一级发酵种子液；所述液体培养基 B 为按下述物料与水的重量体积比（W/V）配制的混合液：葡萄糖 0.9%，豆粕 3.2%，玉米 7.0%，生长因子 0.05%，121℃灭菌 30min，冷却到 27℃备用。

4. 深层发酵

将步骤 3 制备的一级发酵种子液按 10% 的体积比接入装有液体培养基 C 的发酵罐，在 27℃发酵，用苯酚-硫酸法测定发酵液中的 PSPc 的含量，直到 PSPc 含量达到 2.0g/L 以上时，停罐，得到灵芝的发酵液；所用液体培养基 C 为按下述物料与水的重量体积比（W/V）配制的混合液：豆粕 1.5%，玉米 8.0%，麦麸粉 1.5%，生长因子 0.05%，121℃灭菌 30min，冷却到 27℃。

5. 分离提纯

将制备的灵芝发酵液离心弃渣，取上清液在65℃减压浓缩至原体积的50%，然后再加入2倍体积95%以上的工业酒精，搅拌后静置沉淀，离心分离，回收酒精上清液（可反复利用），将乳白色纤维状沉淀物干燥后，即制得糖肽复合物（PSPc）的提取物。

对PSPc的鉴别：该糖肽复合物无臭、无甜味，有吸水性，冷水中溶解度较小，能溶于热水中，溶液呈弱酸性，不溶于乙醇等有机溶剂中；与百酮试剂作用后溶液呈蓝绿色，与苯酚-硫酸反应呈橘红色，与冰醋酸-浓硫酸反应呈紫红色，与硫酸-酸酐反应呈红色；在浓硫酸作用下与α-萘酚反应，在多糖溶液与硫酸界面出现紫色环，搅拌后溶液呈紫色。符合上述特性的即为PSPc。

（四）β-1,3-葡聚糖的生物加工

β-1,3-葡聚糖可作为饲料添加剂和免疫佐剂使用，每吨饲料中添加100g，能提高动物的体液免疫和细胞免疫功能，增强动物对疾病的抵抗力，在养殖领域应用广泛。以酿酒酵母（Saccharomyces cerevisiae）为例介绍β-1,3或1,6-葡聚糖的制备工艺技术。

1. 平板培养复壮

将保藏的酿酒酵母斜面种子采用划线接种的方法在酿酒酵母平板培养基上划线接种，于24~30℃培养20~24h，使酿酒酵母复壮，并形成单菌落；培养基为按下述比例配制的混合物：大豆蛋白胨0.5%、葡萄糖0.8%、酵母浸粉0.3%、麦芽膏0.7%、琼脂粉3%，pH值为5.8~6.0，121℃，灭菌15min后冷却备用。

2. 制作摇瓶种子

从步骤1培养的酿酒酵母培养平板中挑选典型的单菌落，接种到三角瓶液体培养液中，于28~32℃培养24~37h，得到酿酒酵母摇瓶种子液；所述的摇瓶种子培养液为按下述比例配制的混合液：大豆蛋白胨0.5%、葡萄糖1.0%、酵母浸粉0.4%、麦芽膏0.8%，pH值为5.8~6.0，121℃，灭菌15min后冷却备用。

3. 生产一级种子液

先按照后述的酿酒酵母培养基配方配制一级种子液体培养基，经121℃，灭菌45min，pH值为5.8~6.0，冷却到35℃，然后将步骤2得到的酿酒酵母摇瓶种子按5%~10%的比例接种于一级种子罐中，于35℃培养35h，搅拌速度为180r/min，通气量为1.5vvm，得到酿酒酵母生产所用的一级种子液；培养液为按下述比例配制的混合液：120目豆粕粉0.9%、80目鱼粉0.8%、80目玉米面0.9%、葡萄糖0.8%、NaCl 0.2%、Na_2HPO_4 0.5%、增效剂0.1%、消泡剂0.01%~0.03%。

4. 二级发酵（生产发酵）

将步骤3得到的酿酒酵母一级种子以5%体积的比例接种到装有生产发酵培养液的发酵罐中，发酵培养液的配方和控制条件同步骤3，发酵36h后，检测直至酿酒酵母菌数达到10亿个/mL，停机，得到酿酒酵母菌的发酵液。

5. 离心分离酵母细胞

用连续分离的离心机，5 000r/min，离心30min，弃上清液，得到酵母细胞沉淀物，然后进行β-1,3/1,6-葡聚糖的提取。

6. β-1,3-葡聚糖的酸碱结合水解提取

碱水解：0.8mol/L NaOH，固液比为1：5，85℃水解3.5h→5 000r/min 离心，弃上清液，留沉淀，按沉淀等体积加入水，再次离心，留沉淀，进行下一步酸水解。

酸水解：在上述沉淀中加入3.5%的醋酸溶液，固（沉淀物）液比为1：4，85℃水解3h，酸解，同上进行固液分离和水洗，在沉淀物中加入丙酮溶液，同上洗涤2~3次，85℃干燥或冷冻干燥，即得β-1,3-葡聚糖，β-1,3-葡聚糖的纯度达90%以上。

（五）双歧杆菌的生物加工工艺

无论是活的双歧杆菌还是死的菌体，都能通过调节体液免疫、细胞免疫和非特异性免疫而发挥免疫调节作用。双歧杆菌目前还主要应用于人类医疗与食品领域，但广泛应用于畜禽和水产动物生产的潜力很大。双歧杆菌是厌氧菌，培养需严格的厌氧环境，培养条件要求较高。

1. 双歧杆菌的培养基

双歧杆菌生产可采用合成培养基或天然培养基。合成培养基如 PTY（P-蛋白胨，T-吐温，Y-酵母膏）、PTYG（P-蛋白胨，T-吐温，Y-酵母膏，G-葡萄糖），MRS 加玉米浸提物等。天然培养基可用胡萝卜汁、番茄汁或在胡萝卜汁、番茄汁中加入牛乳等。合成培养基清澈透明，很少含不溶性固体物质，便于收集较纯的菌体做进一步加工。胡萝卜汁、番茄汁等天然培养基如不经离心或过滤，则往往含有较多的不溶物，在后处理中得到的将是菌体和培养基残留物的混合物；由于成本低，制备容易，对菌体纯度要求不高时可采用。其制备方法为：

胡萝卜→清洗→去皮切分→热烫→打浆→清汁或浑浊汁→配料，调 pH 值→灭菌→用于发酵培养。

番茄→清洗→去心→热烫→榨汁→配料，调 pH 值→灭菌→用于发酵培养。

2. 液体深层发酵工艺流程

液体深层发酵工艺流程如图6-4所示。

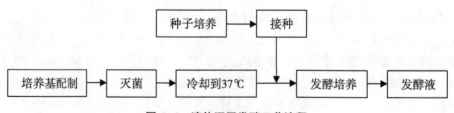

图6-4　液体深层发酵工艺流程

接种量一般是以接种后培养基中所含菌数为依据，在通常情况下达到10^6 CFU/mL 即可，有时也可用体积分数表示，这就要视种子液中含菌量而定。一般控制在0.3%~1.0%。

3. 培养条件控制

在以双歧杆菌为代表的厌氧菌培养过程中，主要控制的参数是厌氧状态、pH 值及温度。

（1）厌氧条件的控制

尽管生产菌种一般都经过耐氧驯化，对氧有一定的耐受性，但并不等于可以不需要厌氧环境。因此，在生产中创造良好的厌氧环境是首要的任务。在大规模生产中，通常是在培养容器（发酵罐）中通入氮气或氮、氢和二氧化碳的混合气体。由于混合气体价格较高，故一般采用氮气。普通氮气可通过除氧装置除去所含的氧，如用高纯氮则可省去除氧过程。

（2）温度的控制

温度是益生菌生产培养的重要条件之一。微生物的生长与产物的形成都是在各种酶的催化下完成的，温度是保证酶活性的重要条件。因此，在培养中必须保持稳定而合适的温度环境。双歧杆菌等虽然在 20~40℃ 温度范围内都可以生长，但最适生长温度仍为 37℃±1℃。温度过低，菌生长缓慢，温度过高，菌易衰老，因此必须根据每一种菌来选择适宜的培养温度。在发酵罐中是通过夹层或罐中的盘管通以冷热水来进行调节控制温度的。

（3）pH 值的控制

培养基的起始 pH 值直接影响菌的生长速度。在生产中，一般都把起始 pH 值调整为最适值（双歧杆菌最适值为 6.5~7.0），然而在培养过程中，随着菌体分解代谢培养基中的糖而产生有机酸，使 pH 值下降，随着 pH 值的下降，双歧杆菌生长受到抑制，生长减慢，当 pH 值下降到一定值时菌数不再增加。为了解除酸的抑制作用，延长菌体生长时间，以获得较高的活菌数，可通过滴加碱性溶液的方式使 pH 值保持在适宜范围内，以此延长双歧杆菌的增殖时间，获得较高的菌数。杨基础等的实验表明，把 pH 值调节至 4.5~5.4 和 6.5~7.4，12h 时菌数分别为不调节 pH 值培养的 1.7 倍和 3.7 倍。在一般情况下 12~14h 菌数可达到最高。在培养过程中调节 pH 值可以使细胞增殖时间延长至 20h 以后，20h 的菌数可以达到 $8.53×10^9CFU/mL$，是 12h 的 2.66 倍。

四、免疫调节剂的应用

免疫调节剂的研究是营养免疫学、免疫学和饲料添加剂学中一个非常活跃的领域，吸引了许多相关学科的科学家，并取得了较好的研究和应用效果。

1. 微生物源免疫调节剂的应用

李繁等（2000）报道，卡介苗（BCG）是鸡单核-巨噬细胞系统的有效激活剂，可明显提高 T 淋巴细胞的转化增殖能力，同时具有明显地促进鸡对球虫免疫应答的作用。鉏晓艳和张日俊用灵芝胞外糖肽复合物提取物饲喂肉仔鸡，每千克饲料添加 10 mg，能明显刺激肉仔鸡的细胞免疫和体液免疫功能，并且全程可以不用抗生素，可作为生产无抗肉鸡的抗生素替代品。

2. 中草药或植物提取物免疫调节剂的应用

王超英（2000）在蛋用雏鸡饲料中分别添加黄芪、党参等 10 种中草药的饲养实验中发现，从不同周龄鸡的 T 淋巴细胞 E 花环（ERFC）形成率、B 淋巴细胞花环（EAC）形成率、外周血淋巴细胞转化率、酸性 A-醋酸萘酯酶（ANAE）阳性率上调来看，测试结果表明鸡的免疫功能均不同程度地得到了加强。黄芪多糖作为免疫增强剂能

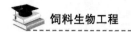

显著提高奶牛口蹄疫疫苗的抗体水平，极大提高奶牛口蹄疫的防治水平（申义君等，2014a）。日粮中添加黄芪多糖［10~15g/（头·天）］能有效提高泌乳期奶牛血清总抗氧化能力、超氧化物歧化酶活性、谷胱甘肽过氧化物酶活性（申义君等，2014b）。

柳纪省等（2001）用自制的中草药免疫增强剂应用于雏鸡，试验鸡在3周龄及5周龄时T淋巴细胞E花环平均形成率和B淋巴细胞花环形成率明显高于对照组，表明所选用的中草药具有一定的免疫增效作用。贺澄日等（1997）研究了以油菜素内酯为主要成分的油菜花粉提取液的免疫增强效果，证实其具有明显的增强巨噬功能的作用，同时还能显著地提高鸡新城疫色系疫苗免疫后的抗体水平，且在30天内维持与油乳剂新城疫疫苗免疫相近的免疫效果。任荣清等（2016）在基础日粮中添加0.02%~0.03%的免疫增强剂，显著提高新城疫、禽流感H5、H9免疫抗体的滴度。实践表明，中草药类免疫增强剂能明显协助机体提高疫病的抵抗能力。

3. 营养性免疫调节剂的应用

姚金水等（1994）研究证实，V_E-Se注射液对蛋雏鸡的ND-HI抗体、血清丙球蛋白（γ-Ig）和ANAE+淋巴细胞均比对照组明显提高，差异极显著，表明其对雏鸡的体液免疫和细胞免疫均产生良好的增强效果。V_E-Se联用也有效地抑制了奶牛隐性乳房炎的发生（张槐椿，2014）。补锌使雏鸡在49日龄呈现良好的免疫增强作用，而补铁剂和胸腺肽只对γ-Ig有升高作用。邓桦等（2001）在雏鸡免疫新城疫疫苗前连续3天在饮水补硒（亚硒酸钠），发现不同剂量给硒试验组的新城疫HI抗体滴度与体重均显著提高，且试验组红细胞E型补体受体活性也较对照组高。

4. 多种免疫调节剂的配合应用

董雅文等（2001）试验证明，维生素E、微量元素硒和左旋咪唑对鸡新城疫疫苗及法氏囊疫苗的免疫均有促进增强作用，可使免疫抗体提高约一个滴度，并且维持时间较长。樊福好等（2000）报道，卡介苗和黄芪多糖可以较好地提高鸡体的细胞免疫功能。郭亮等用加拿大Nutribio公司生产的Nutragen PCW和Nutragen P两种免疫增强剂在肉鸡生产试验中的研究表明，肉用仔鸡日粮中添加PCW 500/1000g，可显著提高肉仔鸡的平均日增重和饲料转化率，且可以使肉仔鸡的死亡淘汰率降低75%。在蛋雏鸡和开产蛋鸡的基础日粮添加以黄芪、茯苓、白术、党参等组成的复方中草药免疫增强剂，鸡的免疫功能得以增强，抗病力与产蛋率均大幅度提高。党参、黄芪等中草药添加剂联用对奶牛隐性乳房炎具有积极的预防和治疗的作用，能有效降低奶牛隐性乳房炎的发病率，提高奶牛产奶量（凌丁等，2014）。

长期以来在畜禽养殖中滥用抗生素引起了一系列不良后果，而免疫调节剂为开发新型绿色生长保健饲料添加剂开辟了新的途径。随着消费者对食品的安全、卫生、健康等问题的日益关注，免疫调节剂的研发和应用的前景将更加广阔。

第四节 寡 糖

由于寡糖对动物具有特殊的生理功效，且安全稳定、无残留和耐药性，可以作为饲用抗生素类生长促进剂的替代物，被看作一种理想的绿色饲料添加剂，因此寡糖类饲料添加剂产品已受到越来越多的关注。与普通寡糖相比,功能性寡糖不被动物肠道吸收但能促进双歧杆菌的增殖,提高机体的免疫能力和抗病能力,促进动物的健康生长,改善畜禽水产品的品质,有着广阔的应用前景。

一、寡糖的定义和种类

(一)寡糖的定义

寡糖又称低聚糖,"oligo"来自希腊文,意思是"寡",这个词是1930年B. Helgerich等首先提出的,原始含义是指两个以上单糖分子脱水构成的结晶型糖类。在1963年公布的《碳水化合物命名暂行规则》中将寡糖定义成"经过水解后每分子产生为数较少的单糖单位的化合物",并得到了国际公认。尽管这种定义没有指出构成寡糖的单糖数,但是从近代的很多文献来看,普遍应用的寡糖的定义是指由2~10个单糖单位以糖苷键连接而成的具有直链或支链的低度聚合糖类的总称。

(二)寡糖的种类

按照构成寡糖的单糖的结构来分,主要是五碳糖和六碳糖,基本上有6种,即葡萄糖、果糖、半乳糖、木糖、阿拉伯糖、甘露糖。这些单糖以直链或分支结构形成寡糖。截至目前,已确认的寡糖大约有1 000种以上。寡糖一般以出发端(也称还原端)的糖命名,如麦芽寡糖、果寡糖、木寡糖、纤维寡糖等。

寡糖的分类标准并不唯一,根据构成单糖组分的不同,可将寡糖分为同源性寡糖和异源性寡糖,即由一种单糖结合而成的寡糖称为同源性寡糖,由两种或两种以上单糖结合而成的寡糖称为异源性寡糖;还有一类寡糖是在侧链上修饰不同的化学基(如氨基、羧基、硫酸基、磷酸基等),此类产物有糖醛酸、氨基糖、脱氧糖等;另外也有在寡糖的还原末端加上氢离子而合成的糖醇类寡糖;按照分子中是否存在半缩醛羟基,可以分为还原性寡糖和非还原性寡糖;按照寡糖组成糖单位的连接方式,还可以把寡糖区分为不同的族。通常情形下,人们根据功能上的差别,将寡糖分为普通寡糖和功能性寡糖两大类,其中普通寡糖(如蔗糖、麦芽糖、海藻糖、环糊精及麦芽寡糖等)能被机体消化吸收,产生能量,而功能性寡糖不能被机体吸收,具有特殊的生物学功能。

目前已开发成功的功能性寡糖有果寡糖、大豆寡糖、半乳寡糖、异麦芽寡糖、木寡糖、甘露寡糖、壳寡糖、乳糖醇等10余种。

二、寡糖的主要生理功能

已有的大量研究结果表明,寡糖具有低热值、稳定、安全无毒、黏度低、吸湿性大等理化特性。饲料中添加适量寡糖,能在较大程度上替代抗生素而改善动物健康,提高动物的免疫性能,增强动物抗病力,提高家禽及幼龄动物成活率,促进动物的生长,改善饲料转化率和动物产品质量。

(一)促进机体肠道内健康微生物菌群的形成

动物消化道内病原菌(如大肠杆菌、沙门氏菌、霍乱菌、梭状芽孢杆菌)细胞表面或绒毛上具有类丁质结构(外源凝集素),它能识别动物肠壁细胞上的"特异性糖类"受体并与之结合,在肠壁上繁殖导致肠道疾病的发生。而寡糖与病原菌在肠壁上的受体具有相似的结构，它与病原菌表面的类丁质也有很强的结合力，可竞争性地与病原菌结合，使其无法附植在肠壁上，结合后的寡糖不能提供病原菌生长所需要的营养素，致使病原菌死亡而失去致病能力。同时寡糖还是动物肠道内有益菌（如双歧杆菌、乳酸杆菌等）的营养物质，可促进其大量繁殖，而双歧杆菌和乳酸杆菌增殖又会促使发酵产生乙酸和乳酸，导致肠道 pH 值下降，抑制大肠杆菌和产气荚膜梭菌等有害菌的生长繁殖。

（二）提高动物机体免疫功能

大量研究表明，寡糖具有免疫刺激作用。功能性寡糖与疫苗一起使用时，可延缓疫苗的吸收时间并提高其功效，功能性寡糖被动物摄入后，可刺激肠道免疫细胞，通过提高肠道免疫球蛋白 A 的产生能力而起到预防疾病的效果。双歧杆菌在肠道内还能降低某些有害还原酶的活性，减少肠道内致癌、有毒代谢物的产生和积累，提高动物体对某些疾病的免疫力。其中以甘露寡糖的研究应用最多，也被视为最有价值的研究，它可以促进肝脏合成甘露糖结合蛋白，其免疫调节作用可通过增加己酰基或提高寡糖的磷酸化程度而被加强。果寡糖（FOS）能显著提高 T 淋巴细胞转化功能和 NK 细胞的杀伤力，增强雏鸡细胞免疫功能，同时提高了新城疫抗体水平，增强雏鸡体液免疫功能（高峰等，2001）。寡糖的结构和其抗原性会因生产原料不同而不同，其刺激免疫反应的作用效果也将不同。寡糖的侧链在免疫调节中起主导作用，但因寡糖本身结构的复杂性、功能的多样性以及开发研究的延迟性，以致其许多作用机理目前仍不是十分清楚，尚需作进一步的研究和探索。目前认为有以下几种可能的免疫途径。

1. 作为免疫佐剂，减缓抗原的吸收，增加抗原的效价

寡糖不仅能连接到细菌上，而且也能与某些毒素、病毒、真核细胞的表面结合，作为这些抗原的佐剂。例如，牛奶低聚糖主要通过对病毒的作用，降低人轮状病毒在 MA104 细胞中的感染性。尽管母乳喂养的婴儿受到直接保护，但在婴儿配方食品中添加特定低聚糖可能会给配方食品喂养的婴儿带来一些益处（Laucirica，2017）。

2. 提高肠黏膜局部免疫力

这可能与寡糖促进肠道内双歧杆菌的增殖有关。黏膜体液免疫效应所产生的分泌型免疫球蛋白 A（SIgA）对外来物，特别是病原微生物、致癌物等起免疫屏障作用，阻止这类物质通过黏膜上皮细胞被吸收而进入机体。其作用机制有：① 阻抑黏附；② 免疫排除作用；③ 溶解细菌；④ 中和病毒。某些双歧杆菌可以诱导 SIgA 分泌。

3. 作为免疫调节剂

大量研究表明，甘露寡糖（MOS）可以增强动物的非特异性免疫功能，可以提高白细胞介素 2（IL-2）的水平，而 IL-2 为 T 细胞的生长因子，可促进细胞的增殖与分化。

4. 促进肝脏分泌甘露糖结合蛋白

病原菌可以诱导吞噬细胞释放介质-6，介质-6 由血液进入肝脏会促使其产生甘露糖结合蛋白，由此触发机体多级免疫功能。MOS 也可促进肝脏分泌甘露糖结合蛋白，进而提高机体免疫力。

5. 借助于肠道微生物合成的维生素等营养性产物发挥免疫作用

由于寡糖可以直接促进肠道内有益菌（特别是双歧杆菌）的生长、繁殖，而双歧杆菌具有免疫刺激作用，因此，可以认为寡糖很可能主要通过双歧杆菌而间接地调节机体免疫功能。

6. 抑制肿瘤

寡糖明显的抗肿瘤作用主要是通过诱导肿瘤细胞凋亡、抑制细胞增生、影响肿瘤血管生成、增强机体免疫力实现的。不同浓度的壳寡糖对肾转移瘤细胞有抑制作用，可明显抑制肾肿瘤细胞增殖并促进其凋亡，还可使细胞在 G0/G1 期比例明显增高，S 期比例降低，可有效抑制小鼠肿瘤的生长，可抑制 OS-RC-2 肾转移瘤的生长（徐文华，2013）。壳寡糖和双歧杆菌注入荷瘤小鼠体内后观察肿瘤生长情况并测定其免疫功能。发现壳寡糖协同双歧杆菌对肿瘤的生长有抑制作用，可提高荷瘤小鼠血清的 IL-2 和 INF-γ 含量，增加荷瘤小鼠免疫器官脾脏和胸腺重量。即壳寡糖协同双歧杆菌可抑制肿瘤生长，提高机体免疫功能（官杰，2007）。寡糖的抗肿瘤作用多与免疫刺激相关，多数研究认为壳寡糖的抗肿瘤效果依赖于其对免疫细胞的增强作用。壳寡糖通过增强 NK 细胞的活性，强化机体免疫系统对肿瘤细胞的抑制。壳寡糖作为碱性多糖能使机体微环境保持弱碱性，从而激活巨噬细胞、淋巴细胞、NK 细胞和补体系统并诱导多种细胞因子产生，以利于活化免疫细胞增强机体抗肿瘤效应。壳寡糖对雌二醇诱导的乳腺癌 MCF-7 细胞产生促肿瘤血管生成因子 MMP-9 在 mRNA 水平上具有显著抑制作用（熊川男，2009）。

7. 医药保健功能

很多研究表明寡糖具有多元化保健功能，在保健品的开发中有很高的应用价值。主要保健功能有免疫调节作用、抗癌抗肿瘤活性（抑制肿瘤生长、抑制肿瘤细胞血管生成、可能通过调节机体免疫来抑制肿瘤细胞的增殖）、抑制糖尿病活性（抗氧化活性、降血糖活性）、降血脂活性、促进钙的吸收和骨骼健康、促进肠道健康（促进肠绒毛生长、调节肠内菌群分布）。寡糖在改善脂质、降血清胆固醇，促进肠道内双歧杆菌增殖、改善菌群结构，改善和防止便秘等方面都有很好的作用。另外，壳寡糖还具有神经保护作用，针对壳寡糖对神经元的保护机制，目前研究大致集中在抑制胞内 Ca^{2+} 外流、抑制乙酰胆碱酯酶活性和抗氧化损伤等方面，尽管目前的研究多是体外实验，但壳寡糖对神经流行性疾病的缓解功能基本得到证实。值得关注的是壳寡糖的神经修复功能可能缓解神经元损伤，这为神经系统损伤修复这一医学难题带来可能的解决方案（徐魏，2016）。目前，寡糖及其衍生物作为食品添加剂已在国内外广泛应用（乔莹，2008）。

（三）改善动物体内的脂类代谢

研究发现寡糖可以降低血清中甘油三酯和胆固醇的浓度，进而改善脂类代谢。其作用机理可能是寡糖通过促进脂肪由肝脏向组织中转移，以及减少肝脏中脂肪酸的合成而达到降脂的目的。果寡糖（FOS）可以降低肝脏中甘油三酯的含量，同时可显著地降低肝脏中脂肪酸合成酶的活性和其基因表达（Delzenne，2011）。

（四）提高动物的生产性能

寡糖可以促进动物生长，降低动物的下痢发病率。寡糖促生长作用机理可能是以下两方面。① 通过促进肠道菌群平衡，维持动物健康，进而改善机体的新陈代谢，促进生长。一方面，正常菌群可以维持肠黏膜形态，从而利于养分的吸收；另一方面，有益菌代谢产生的短链脂肪酸（SCFA）加速矿物元素的溶解，利于矿物元素吸收，进而产生促进生长效应。② 调节机体的内分泌机能，促进动物生长。

（五）改善饲料性状

寡糖具有防止淀粉老化的功能，使淀粉在饲料高温制粒后不被破坏，保证在动物消化道内被消化酶很好地消化利用，并防止饲料产品产生硬化，延长饲料的货架保存期。寡糖还能吸附饲料中的黄霉菌达 88% 左右。功能性寡糖具有甜味，对幼龄畜禽有一定的诱食作用，有较好的适口性，也可以溶于水中直接喂养畜禽，使用方便。

（六）抗氧化剂和抗氧化作用

活性氧自由基（Reactive oxygen species，ROS）被认为是导致衰老、肝损伤等多种疾病的主要原因之一。ROS 通过脂质过氧化作用损伤细胞膜，进而破坏蛋白质和 DNA。大量研究指出抗氧化剂能清除部分人体 ROS，缓解机体氧化损伤。抗氧化作用是壳寡糖的诸多生物学活性中研究得比较广泛的，壳寡糖的抗氧化作用与脱乙酰度和分子量相关：脱乙酰度高的壳寡糖具有更强的自由基清除能力；一般认为低分子量壳寡糖（<1kDa）清除自由基的能力较强；但也存在例外。两种不同分子量壳寡糖对某种二噁英衍生物氧化损伤的保护作用的研究结果表明，3~5kDa 的壳寡糖能显著缓解二噁英衍生物对 ICR 小鼠的氧化损伤，而相同条件下 1~3kDa 的壳寡糖则没有明显的抗氧化特性（Shon，2007）；壳寡糖对 DNA 氧化损伤的缓解作用与分子量无明显的相关性（徐魏，2016）。

三、寡糖的制备和生产

寡糖的制备主要有以下几个途径：① 从天然原料中提取；② 酶水解天然多糖；③ 利用转移酶、水解酶等酶催化合成；④ 天然多糖的化学水解；⑤ 人工化学合成。

就上述寡糖制备的主要途径而言，从天然原料中直接提取寡糖产品十分困难。通常情况下，寡糖在生物体内的浓度极低（生物体内寡糖在 10^{-8} mol/L 就有活性），而且无色、不带电荷，制备过程非常烦琐、不易控制，生产成本极高。目前采用此法商业化制造的寡糖有从甜菜中提取的棉籽糖和从大豆乳清中提取的大豆寡糖等。天然多糖的化学水解制备寡糖指的是用化学试剂酸、过氧化氢等为催化剂，降解天然多糖来获得寡糖。由于该法产物复杂，产品质量不易保证，产率较低，不易得到高活性寡糖而未在实际应用中推广。而人工化学合成法是通过化学合成的手段获得寡糖。该方法制得的寡糖纯度高、组分单一，但是寡糖分子结构的复杂性造成化学合成过程复杂，需要严格控制工艺参数，因此，目前人工化学合成寡糖还主要限于寡糖的物理化学特性研究，离工业化生产距离尚远。从饲料工业和畜牧水产养殖业的角度看，作为大量使用的功能性饲料添加剂和饲用抗生素类促生长剂替代物，必须考虑寡糖的生产成本。更经济实用且最有发展前途的途径是利用生物技术，即酶水解天然多糖和酶法催化合成来生产各种寡糖。随着生物技术和酶工程技术的发展，使得用酶水解天然多糖和酶法催化合成来生产各种寡糖不仅成为可能，而且生产成本将大幅度下降，利于在饲料工业和养殖业等行业中应用推广。

动物体内存有多种可分解多糖的微生物或生物酶。虽然天然多糖在动物体内水解时也产生一些寡糖，但由于多糖分子量巨大，在体内产生的寡糖量实际很少。而从自然界中微生物来源的水解酶（或辅以磷酸化酶、异构酶等）通过结合特定的工艺就可生产出高含量的寡糖。天然多糖在自然界分布很广，含量丰富，如植物体是多糖贮藏的天然仓库，而微生物的细胞壁是由多糖组成。因而原料来源丰富是酶法水解天然多糖生产寡糖最显著的特点。目前能够用此法大规模生产的寡糖种类主要有麦芽寡糖、木寡糖、壳寡糖、纤维素寡糖、甘露寡糖、果寡糖（菊芋为原料）等。

目前，定制低聚糖的合成技术落后于其他生物聚合物（如多肽和多核苷酸）的合成技术，部分原因是缺乏令人满意的酶促工具来进行合成反应。这一问题有前途的一个发展途径是具有突变的亲核细胞残基（称为糖合酶）的糖苷水解酶，它保留了一些自身特异性的元素，并与廉价的底物一起工作。然而，这类酶的机械基础还没有被很好地理解，很少有原子论研究发现不同的反应途径（Burgin，2019）。酶法催化合成寡糖是目前大量合成寡糖的唯一有效方法。由于酶催化反应具有立体特异性，对于反应底物、糖苷键类型及位置均有特定要求，因而较之化学合成法有巨大的优越性。各种高度专一性糖酶都被尝试用于合成寡糖，但普通动物来源的糖酶含量低、难以纯化制取、稳定性差，故目前多选取微生物酶源。用于寡糖合成的酶包括各种糖基转移酶、糖苷水解酶及磷酸化酶三大类。用来合成寡糖的原料主要为淀粉类、蔗糖、乳糖等。这些原料来源充足、价格便宜，并可以综合利用。例如，果寡糖（蔗糖为原料）、异麦芽寡糖、帕拉金寡糖、半乳寡糖等均可以用酶法合成得到。下面以果寡糖、大豆寡糖、异麦芽寡糖、木寡糖和甘露寡糖的生产为例。

（一）果寡糖的制备与生产

果寡糖（Fructooligosaccharides，FOS）又称为低聚果糖、蔗果三糖族低聚糖，是蔗糖分子以 α-1,2-糖苷键结合 8 个 D-果糖而形成的寡糖。

果寡糖大部分不能被动物体内的消化酶所吸收，到达肠道后可作为有益微生物的底物，但却不能为病原微生物所利用，从而促进有益菌的增殖，抑制有害微生物。果寡糖产品有粉状固体和浆状液体两种类型。固体果寡糖产品为白色粉末，易溶于水，溶液呈透明液。其溶液的热稳定性受酸碱度的影响较大，当 pH 值为 7，120℃时仍相当稳定，但是在酸性条件下（pH 值为 3），温度达 70℃后极易分解。纯度为 50%~60% 的果寡糖的甜度约为蔗糖的 60%，纯度为 95% 以上的果寡糖的甜度约为蔗糖的 30%，但比蔗糖甜味清爽。在 0~70℃，果寡糖的黏度随着温度的升高而降低。另外，果寡糖具有较好的防霉特性和低吸湿性，可延长饲料的货架期、减轻饲料因吸潮而引起的质量变化。目前作为饲料添加剂的主要有果寡三糖、果寡四糖和果寡五糖。果寡糖能改变肌动蛋白丝分布和增加肠屏障功能，还能提高口服补充剂中总蛋白酶和淀粉酶的活性。它对促进健康的双歧杆菌属和乳酸杆菌属的几种细菌具有优先的刺激作用，同时使小肠和盲肠消化道中无益或潜在的病原体（大肠杆菌）的数量保持在相对较低的水平。果寡糖的另一个有趣特征是它们在矿物质吸收中的可能作用。几项研究表明，果寡糖也可以促进动物和人类肠道的钙吸收。有两种方法可以解释果寡糖影响矿物质吸收的原因。其中一种方法主要是通过常驻微生物群发酵果寡糖。另一种方法是延长矿物吸收面积（Li，2018）。母体补充短链低聚果糖可通过加强肠道防御和免疫对肠道内专性病原体疫苗的反应而产生长期的影响。孕期和哺乳期母猪的益生元摄入对调节后代的肠道免疫具有决定性作用（Le Bourgot，2017）。

果寡糖在自然界以较高浓度存在于大麦、小麦、黑麦、马铃薯、香蕉、洋葱等植物和酵母中。天然存在的果寡糖由微生物或植物中具有果糖转移活性的酶作用而产生。目前工业化制备果寡糖的方式有两种，一种是将微生物中α-呋喃糖苷酶或果糖转移酶作用于蔗糖而获得果寡糖，另一种是采用果聚糖酶降解菊芋粉制备得到果寡糖。其工艺流程如下。

1. 微生物转换法制备果寡糖

该法的工艺流程如图6-5所示。

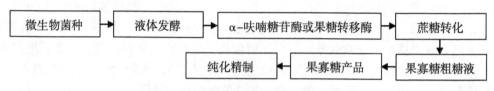

图6-5　微生物转换法制备果寡糖流程框图

2. 果聚糖酶降解菊芋粉制备果寡糖

该法的工艺流程如图6-6所示。

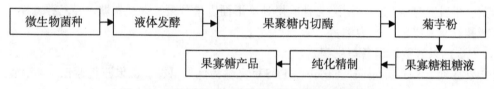

图6-6　果聚糖酶降解菊芋粉制备果寡糖流程框图

（二）大豆寡糖的制备与生产

大豆寡糖（Soybean oligosaccharides）是指大豆中所含有的寡糖类物质的总称，主要由水苏糖（3.8%）、棉籽糖（1.1%）和蔗糖（5%）组成，同时还含有葡萄糖、果糖、半乳糖肌醇甲醚（Galactopinitole）、D-肌醇甲醚（D-pinitole）等。

大豆寡糖的甜度为蔗糖的70%，能量仅为蔗糖的1/2，不易被动物消化吸收，对肠道有益菌具有增殖作用。大豆寡糖产品有糖浆状、颗粒状和粉末状等。大豆寡糖糖浆是一种无色或略带点杂色的透明液体，甜味纯正，与蔗糖相似，其黏度高于蔗糖和55%的高果糖浆，低于55%的麦芽糖浆，随温度的升高，黏度降低。大豆寡糖糖浆具有良好的热稳定性、酸稳定性。大豆寡糖在140℃下短时间加热不会分解，即使加热到160℃时对水苏糖和棉籽糖破坏也很少。在pH值为5~6的酸性条件下，加热到120℃，大豆寡糖仍很稳定。即使是在pH值为3的条件下，大豆寡糖的稳定性也高于蔗糖。另外，大豆寡糖还具有好的酸性贮存稳定性。在pH值为3时，20℃下保存120d，其残留率大于85%；37℃下保存120d，其残留率可达60%以上。大豆寡糖的吸湿性低于蔗糖。

豆类植物的种子中都含有一定数量的大豆寡糖，其中以大豆（也就是俗称的黄豆）中含有的大豆寡糖数量为最多。工业化生产大豆寡糖是采用大豆加工过程中的大豆乳清或浆水为原料，通过分离、纯化、精制、干燥等手段，制备得到商品级大豆寡糖。具体工艺流程如图6-7所示。

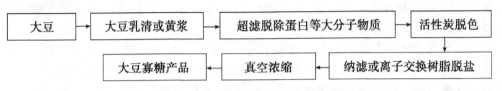

图6-7　大豆寡糖制备工艺流程框图

（三）异麦芽寡糖的制备与生产

异麦芽寡糖（α-glucooligosaccharides，α-GOS），又称α-寡葡萄糖或分枝低聚糖，其中至少含有一个通过α-1,6-糖苷键结合的异麦芽糖，其他的葡萄糖分子可以通过α-1,2-糖苷键、α-1,4糖苷键组成寡糖。其主要含有异麦芽糖、潘糖（Panose）、异麦芽三糖、异麦芽四糖等。异麦芽寡糖产品有固体粉末和液体糖浆两大类。

异麦芽寡糖甜度为蔗糖甜度的45%～50%，甜味醇美可口；黏度较低，具有较好的流动性和可操作性；稳定性好，耐热、耐酸，在pH值为3和120℃下长时间加热不变质、不分解，适合于饲料的加工生产；保湿性强，水分保持力好，水分活性低，可阻止各种微生物的繁殖，在加工过程中，不易发酵，可以长期发挥它自身的功能和效果。异麦芽寡糖可以改善动物肠道中的菌群结构，促进有益菌的增殖。异麦芽寡糖主要是采用富含淀粉类的植物（如玉米、薯类、大米等）为主要原料。通过酶处理等一系列方法制备而成。具体工艺流程如图6-8所示。

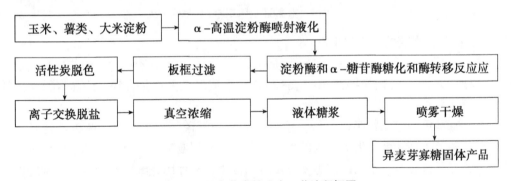

图6-8　异麦芽寡糖生产工艺流程框图

（四）木寡糖的制备与生产

木寡糖（Xylo-oligosaccharides）是2～10个D-木糖经β-1,4-糖苷键结合形成的直链糖，主要含有木二糖、木三糖、木四糖以及少量的木糖和木五糖、木六糖、木七糖等，产品有粉状固体和浆状液体两种。目前应用的主要是由2～7个D-木糖经β-1,4-糖苷键结合形成的低聚体。

木寡糖的甜度比蔗糖和葡萄糖均低，与麦芽糖差不多，约为蔗糖的40%。木寡糖对 pH 值及热的稳定性较好，即使是在酸性条件（pH 值为 2.5~7）加热也基本不分解。木寡糖极难被动物消化吸收，肠道内残存率高，具有极好的双歧杆菌增殖性，其选择利用性高于其他功能性低聚糖。目前已研究确认的低聚木寡糖的生理功能主要包括以下几个方面：① 提供较低的能量；② 活化肠道内双歧杆菌并促进其增殖，抑制病原菌，防止腹泻；③ 增强机体免疫力；④ 防止动物咬耳和啄肛。木寡糖是目前功能性寡糖中最能促进体内有益菌增长的活性糖。

以固定化念珠菌脂肪酶 B 为生物催化剂，在有机介质中，50℃条件下，以 D-木糖或 L-阿拉伯糖和酒石酸乙烯酯为催化剂，通过酯交换反应，实现了 D-木糖和 L-阿拉伯糖月桂醇单酯和双酯的高效酶法合成。以 57%的总收益率获得。以两个单酯和两个双酯为原料，合成了一种较为复杂的 D-木糖混合物，总收率为 74.9%。所有这些月桂酸酯的结构都得到了解决。结果表明，该酯化反应首先发生在伯羟基上。月桂酸戊糖酯表现出一些有趣的特性，例如临界聚集浓度值都低于 25μm。我们的研究表明，酶法生产 L-阿拉伯糖和 D-木糖基酯是一种利用木质纤维素生物量衍生戊糖生产绿色表面活性剂的方法（Thomas Méline，2018）。

目前木寡糖的制备和生产主要是采用富含半纤维素的植物（如玉米芯等）为原料，通过物理法预处理和生物酶降解相结合的方式来进行的。具体工艺过程如图 6-9 所示。

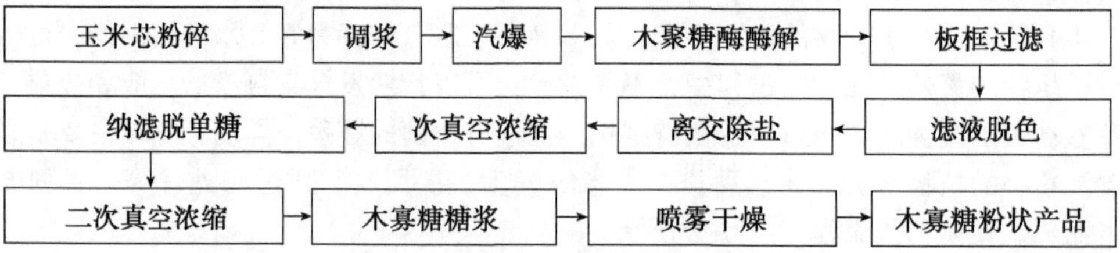
玉米芯粉碎
调浆
汽爆
木聚糖酶酶解
板框过滤
滤液脱色
离交除盐
次真空浓缩
纳滤脱单糖
二次真空浓缩
木寡糖糖浆
喷雾干燥
木寡糖粉状产品

图 6-9　木寡糖生产工艺流程框图

（五）甘露寡糖的制备与生产

甘露寡糖（Mano-oligosaccharides）是由 2~10 个甘露糖分子或甘露糖与葡萄糖通过 α-1,2 糖苷键、α-1,3 糖苷键、α-1,6-糖苷键组成的低聚糖化合物。产品有粉状固体和浆状液体两种。

甘露寡糖可增殖动物肠道内的有益菌（如双歧杆菌等）的数量，改善动物肠道菌群结构，调节生理功能，促进动物的生长发育。畜禽胃肠道中的凝集素的主要成分是甘露寡糖，它具有与有害细菌的细胞受体结合的能力，从而阻止细菌与肠道上皮细胞的结合，最后将细菌排出体外，提高动物机体防病能力。甘露寡糖作为一种天然营养补充剂，为微生物群的支持和改善肠道健康提供了一种新的途径。甘露寡糖能降低沙门氏菌和大肠杆菌的患病率和浓度。甘露寡糖促进有益细菌增殖，如乳酸杆菌和双歧杆菌。消化功能的改善与甘露寡糖的结构有关，甘露寡糖的结构使甘露寡糖能够与动物消化道中的各种受体和细菌膜上的受体结合。甘露糖与肠道的受体结合改善了动物的一般健康状况，降低了病原体定植的风险。甘露寡糖可极大地提高畜禽饲料转化率和生产性能，提高动物的免疫能力、降低动物的发病率。

生产和制备甘露寡糖的主要原料为甘露聚糖。甘露聚糖是一类重要的半纤维素，包括葡萄甘露聚糖、半乳甘露聚糖、葡萄半乳甘露聚糖以及β-甘露聚糖，在自然界中分布广泛，魔芋、田菁胶、瓜胶等植物中甘露聚糖的含量十分丰富。另外，酵母中的甘露聚糖含量也很丰富。

目前甘露寡糖的生产和制备主要是通过生物酶（如β-甘露聚糖酶）降解甘露聚糖而得。具体工艺流程如图6-10所示。

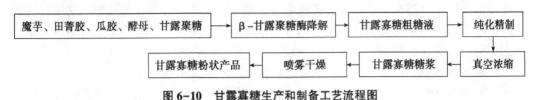

图6-10 甘露寡糖生产和制备工艺流程图

四、寡糖的应用

有害微生物的变异和耐药性的增长，对人类的生存构成了极大的威胁。尽管饲用抗生素类添加剂的应用给畜牧养殖业带来了丰厚的利润，然而与之并行的药物残留和细菌耐药性问题在20世纪90年代中后期日趋显著。迫于来自人类健康和生存环境的压力，对于饲用抗生素类添加剂替代品的研究日益受到人们的重视。寡糖由于具有无污染、无残留，功能奇异而成为人们关注的焦点。1994年日本将生产的1/3的寡糖类物质用作饲料添加剂，其中近40%的日本猪饲料中都添加了寡糖。目前，寡糖产品在亚洲、加拿大、欧洲的生产和使用都呈现出上升势头，且价格已下降到饲料业可接受的范围。中国动物营养界从20世纪90年代中后期才接触到这类添加剂。目前国内一些企业和研究所已开发了寡糖类产品。寡糖作为一种功能性饲料添加剂，扩展了传统上碳水化合物仅作为能源物质的功能，成为动物营养研究中的新动向。

寡糖作为抗生素的替代品，正在被应用到饲料工业和畜牧养殖业中。大量动物试验结果表明，寡糖对仔猪、肉兔、鸵鸟、火鸡、牛、鱼和虾等动物具有很好的作用，它可以提高动物的抗病力，降低死亡率，而且对减少料肉比、提高动物体增重均有所改进。寡糖类饲料添加剂产品目前已应用于各种养殖动物的生产中。

（一）寡糖在养猪生产中的应用

猪生产中，大部分损失出现在仔猪断奶期，由于暴露于各种应激条件下，包括从母乳到干饲料的转换，容易感染疾病，如腹泻和肺炎等。许多学者一直试图通过改善断奶期饲粮组成来减少这种损失，发现添加寡糖是一条新途径，且近几年的研究证明其行之有效。新型饲料添加剂甘露寡糖可提高仔猪的平均日采食量和平均日增重，还可以提高仔猪免疫力，减少腹泻。国外有研究报道，仔猪饲粮中随着壳寡糖添加水平增加，日增重、采食量、干物质和氮的表观消化能也增加，且两者呈线性关系（闫冰雪，2013）。在断奶仔猪饲粮中添加果胶寡糖可以预防轮状病毒诱导的腹泻，而这一作用与其可改善回肠屏障功能有关（毛湘冰，2019）。

寡糖能够提高猪生产性能，关于果寡糖的研究较多，该种寡糖尤其提高了仔猪的日增重，同时，对怀孕母猪日粮中添加果寡糖，能够显著提高母猪和其仔猪的生产性能；果寡糖也能提高饲料消化率，在生长肥育猪日粮中添加果寡糖，通过对肠道微生物的选择性增殖而影响机体的物质代谢，从而改善养分利用率。另外，甘露寡糖可以提高机体对饲粮蛋白质的利用率；寡糖能够改善动物健康状况，改善肠道微生物群，降低腹泻率，研究表明对仔猪作用明显，在断奶仔猪日粮中添加果寡糖可以明显降低腹泻率及腹泻指数，提高免疫力。果寡糖与益生菌具有更加显著的组合效应，合理的组合可以显著提高母猪血清免疫指标，改善其肠道微生物菌群，从而提高母猪生产性能。初步研究表明妊娠母猪饲粮中添加壳寡糖能改善部分胎次母猪的繁殖性能，也会影响母猪胎儿胎盘先天性免疫反应（邓梦婷，2016）。

在哺乳（7~28日龄）和断奶（28~56日龄）仔猪日粮中分别添加0.05%、0.1%、0.2%、0.35%的寡糖，研究其对生长性能和肠道菌群的影响，发现在哺乳阶段，寡糖对仔猪的日增重、采食量影响不显著，但不同程度地降低了仔猪的腹泻率，0.35%寡糖使腹泻率显著下降，同时降低了粪便中大肠杆菌数量和粪便pH值。断奶后，0.05%、0.1%的寡糖能显著降低料肉比和腹泻率，0.1%的水平提高仔猪日增重，0.1%和0.2%的水平可抑制直肠中大肠杆菌的增殖，促进结肠中双歧杆菌的增殖（石宝明，2000）。

日粮添加壳聚糖（200mg/kg）可增加断奶仔猪空肠和回肠的绒毛高度和绒毛：隐窝的比率（Li，2018）。在猪饲料中添加纤维寡糖分子会通过增加绒毛高度、绒毛高度/窝深比和绒毛表面积来影响肠道结构，而断奶仔猪补充纤维寡糖可增加乳酸菌数量，减少梭状芽孢杆菌数量（Li，2018）。

木聚糖酶通常被添加到富含阿拉伯木聚糖的猪饲料中，以促进营养的利用和生长。然而，高剂量的木聚糖酶可以在上消化道释放大量的木糖，这可能对营养和代谢产生负面影响。饲喂0% D-木糖的猪与饲喂15% D-木糖的猪相比，其餐后门静脉和动脉的BUN浓度、门静脉的GLU浓度和流量均高于饲喂15% D-木糖的猪（$P<0.05$）。综上所述，以含15% D-木糖的饲料饲喂生长猪，不会降低猪的性能或影响PDV（Portal-drained viscera）的能量需求，但会降低葡萄糖（GLU）通量（Atta，2018）。

（二）寡糖在家禽生产中的应用

研究壳寡糖对肉仔鸡肠道主要菌群、微绒毛密度、免疫功能及生产性能的影响，得出结论：壳寡糖可抑制肉仔鸡肠道菌，促进微绒毛生长发育，提高免疫能力和生产性能（王秀武等，2003）。

饲粮中添加不同分子质量的壳寡糖对蛋鸡生产性能、蛋品质、血清生化指标、肠道微生物以及脾脏白细胞介素-2（IL2）和肿瘤坏死因子-α（TNF-α）基因表达的影响，发现壳寡糖能提高鸡蛋的哈夫单位，1ku的壳寡糖抑菌、杀菌能力较强，3ku的壳寡糖可改善血清中脂类代谢，提高脾脏免疫基因IL2、TNF-α基因mRNA的表达水平，从而增强蛋鸡的免疫功能，建议添加3ku的壳寡糖（王卫红等，2013）。

日粮中添加50~150mg/kg COS可提高肉鸡干物质、钙、磷、粗蛋白质和氨基酸的回肠消化率，改善饲料转化率，起到促生长作用（Huang，2005）。日粮中添加14g/kg或28g/kg COS可改善肉鸡的生产性能，同时增加血液中红细胞数量和高密度脂蛋白胆固醇浓度，降低胸部脂肪含量，提高鸡肉品质（Zhou，2009）。日粮中添加250mg/kg

COS可降低肉鸡血液中低密度脂蛋白胆固醇浓度，而对高密度脂蛋白胆固醇无影响（Keser，2012）。

寡糖在禽类肉用型品种上研究应用的较多，且在幼龄期效果最为显著，蛋鸡上也有应用。饲粮中添加甘露寡糖增加了肉仔鸡肠道中乳酸杆菌等有益菌的数量，抑制梭菌属等有害菌的生长，维持肠道健康等。有研究表明，以蛋鸡为研究对象，在杂粮型蛋鸡饲粮中添加木聚糖酶有提高产蛋率和蛋重的趋势，且显著提高了营养物质利用率，与对照组比较，木聚糖酶添加组能量、粗蛋白、粗纤维、粗脂肪、钙、磷的利用率分别提高了2.15%～2.81%、0.57%～6.64%、57.04%～82.01%、0.55%～2.18%、2.67%～10.91%、10.52%～14.27%（王书山，2012）。另外，在肉鸭、鹌鹑等特种家禽上的应用效果也较理想。果寡糖添加组的1日龄肉用鹌鹑日增重提高，显著降低料重比、腹泻率和血清总胆固醇含量，证实果寡糖对肉用鹌鹑的生长性能有促进作用（黄杰河，2010）；近期对樱桃谷肉鸭的研究显示，饲粮中添加甘露寡糖对肉鸭的生长性能无显著影响，但能够提高肉鸭的半净膛率和免疫性能，效果与金霉素相当。

在基础日粮中添加果寡糖，可以提高肉仔鸡生长性能，平均日增重提高了2.87%，料重比降低了1.04%；提高血清谷胱甘肽过氧化物酶、总超氧化物歧化酶等抗氧化酶活性，降低血清丙二醛含量。在果寡糖基础上添加地衣芽孢杆菌，可进一步改善肉仔鸡生长性能，与基础日粮组相比较，平均日增重显著提高了5.24%（P<0.05），料重比降低了4.09%，同时显著提高了血清谷胱甘肽过氧化物酶和总超氧化物歧化酶活性，降低了血清丙二醛含量（任冰，2016）。

饲粮添加果寡糖可改善产蛋后期蛋鸡肠道形态结构，提高营养素利用率，调节脂质代谢，从而提高生产性能和改善蛋品质，且在试验后期效果更加显著。以生产性能为判断依据，推荐产蛋后期蛋鸡基础饲粮中果寡糖的添加量为0.20%～0.25%（周建民，2019）。

基础饲粮中添加300mg/kg壳寡糖可以显著提高肉仔鸡生长性能、对骨骼发育和钙磷沉积代谢也有一定促进作用（闫冰雪，2019）。

（三）寡糖在牛、羊生产中的应用

牛、羊日粮中添加一定数量的寡糖可预防犊牛、羔羊下痢，提高日增重，改善饲料转化率。犊牛饲粮每天添加2g/kg甘露寡糖，5周后，粪便中大肠杆菌数量明显降低，呼吸道疾病也有所减少；对于饲喂代乳粉的荷斯坦犊牛，添加甘露寡糖可显著提高35日龄体重，其原因可能是4～5周龄时细菌性肺炎发病率下降。

不同功能性寡糖对锦江黄牛瘤胃微生物体外发酵参数影响的研究发现，在饲粮中添加甘露寡糖、果寡糖和大豆寡糖，提高了锦江黄牛瘤胃微生物氮产量和生长效率，其中以果寡糖的作用最为显著，并呈线性关系。添加甘露寡糖和大豆寡糖的瘤胃微生物生长效率随着添加量的增加而呈增大趋势（但增大趋势由于误差等原因并未保持）。从瘤胃微生物生长效率来看，饲粮添加甘露寡糖和大豆寡糖最大的微生物生长效率所对应的添加水平为1.00%～1.20%（戈婷婷等，2012）。

同样对奶山羊的瘤胃功能，有研究表明功能性寡糖依然有重要影响。饲粮中添加不同功能性寡糖对奶山羊的瘤胃发酵功能产生不同的影响，其中甘露寡糖与半乳甘露寡糖显著降低瘤胃 pH 值，半乳甘露寡糖与果寡糖显著降低瘤胃 NH_3-N 浓度，半乳甘露寡糖显著提高乙酸含量和 TVFA 含量，半乳甘露寡糖对提高奶山羊的瘤胃发酵功能效果较好（肖宇，2011）。

饲粮中添加不同水平 FOS 可改善瘤胃发酵内环境，显著提高瘤胃纤维素酶活性及营养物质瘤胃降解率，且以添加 1.0% FOS 组效果最好（黄帅，2019）。

牛羊乳是满足人类生活需要与产生经济效益的重要产品，酸乳即为其一大加工产品。近年来，已有许多学者对壳寡糖的生理活性及其在食品中的应用进行了研究。壳寡糖是氨基葡萄糖通过 β-1,4-糖苷键连接而成的聚合度为 2~10 的低聚糖，水溶性较好，易于吸收，具有免疫调节、抗疲劳、抗癌、降血糖、降血脂等功效。当酸乳中壳寡糖的质量浓度为 0~100mg/mL 时，其对样品发酵过程中 pH 值和滴定酸度的变化无显著影响，且在此添加范围内获得的酸乳产品可以保持较优的感官品质；但当壳寡糖的质量浓度进一步升至 150mg/mL 时，则会显著影响酸乳的发酵进程，降低酸乳凝胶网络结构的稳定性，同时使酸乳的感官品质下降。酸乳后酸化是影响酸乳品质的一个重要原因，其主要由贮藏过程中保加利亚乳杆菌继续分解乳糖产酸所致。因此，从产品特性、营养增益程度以及生产成本角度考虑，酸乳中壳寡糖的质量浓度低于 100mg/mL 时，能够在增加酸乳营养性的同时保证其优良的品质（纪小敏等，2017）。

（四）寡糖在水产动物中的应用

近年来，寡糖在水产动物上的应用研究也越来越多，应用效果与单胃或反刍动物相似。将果寡糖及其他寡糖应用于鱼饲料中，发现寡糖能够促进鱼类生长，降低鱼类死亡率，减少粪便中氨的排放量，防止污染。另有试验表明，饵料加入甘露寡糖可增强免疫力。虹鳟鱼苗在体重 1~7g 时，受冷水病原菌侵袭后死亡率高达 25%，饵料加入 0.7% 甘露寡糖后可使该阶段的死亡率下降到 1%。

鱼类是较低等的脊椎动物，非特异免疫在鱼类的免疫防御中发挥着重要作用。鱼类抗传染免疫中主要靠体液免疫和细胞免疫，在细胞免疫中，血液中的白细胞起着重要的作用。壳寡糖对虹鳟鱼生长性能、血清生化指标及非特异性免疫功能的影响研究发现，通过测定鱼类血液中白细胞数量和吞噬能力以及肝脏等组织中的溶菌酶活性，可以反映出被测鱼类机体的免疫状态，饲料中添加 200mg/kg 和 400mg/kg 壳寡糖后虹鳟鱼的非特异性免疫功能得到显著改善（刘含亮，2012）。在异育银鲫饲料中添加 0.5% 或 1.0% 的壳聚糖能够提高血清溶菌酶活性和白细胞的吞噬能力，并指出随着壳寡糖添加量的增加，机体可能出现免疫疲劳现象。其原因可能是过量的寡糖使消化道微生物发酵过度，限制了肠道有益菌的增殖，进而影响到机体的免疫机能。给中华绒螯蟹注射或口服壳聚糖可显著提高其血清中溶菌酶、超氧化物歧化酶活性。所以在饲料中添加壳寡糖可提高虹鳟鱼的生长性能和非特异性免疫功能，建议添加量为 200mg/kg。壳寡糖对吉富罗非鱼幼鱼生长性能、非特异性免疫及血液学指标的影响研究发现，饲料中添加壳寡糖对鱼类生长性能有积极的影响，可提高吉富罗非鱼幼鱼生长性能，提高幼鱼机体非特异性免疫功能以及调节血脂水平，建议吉富罗非鱼饲料中的壳寡糖适宜添加量为质量分数 0.3%~0.5%（孙立威，2011）。

枯草芽孢杆菌是动物肠道的一大有益菌群，在动物肠道内能大量消耗氧气，形成肠道厌氧环境，扶持和促进双歧杆菌、乳酸菌等有益菌的增殖，同时，枯草芽孢杆菌还具有刺激动物免疫系统提高免疫力等作用。枯草芽孢杆菌提高动物免疫机能的功能已经在金头鲷鱼、鲤鱼、罗非鱼及甲壳动物上进行的大量研究中得到证实。饲料中添加 1.5×10^7 个/g 枯草芽孢杆菌能显著提高鲤鱼的巨噬细胞呼吸爆发能力，促进非特异性免疫力的提高。

为了延缓冷冻虾仁蛋白质的冷冻变性，在冻藏虾仁中添加抗冷冻变性剂，糖类作为抗冻保水剂在冷冻水产品中的应用已较为广泛。冷冻南美白对虾虾仁为研究对象，海藻糖、海藻胶及其寡糖为抗冻剂，通过比较探讨不同糖类对南美白对虾蛋白质冷冻变性的抑制作用，以期达到减少虾仁汁液损失和保障冷冻虾仁品质的目的，作为一种较好的冷冻水产品复合磷酸盐的替代品（马璐凯等，2014）。

β-葡聚糖对凡纳滨对虾生长和血清非特异性免疫具有一定影响，例如黄芪多糖、甘露寡糖等对凡纳滨对虾生长、消化酶活性及血清非特异性免疫的影响。甘露寡糖对凡纳滨对虾的促生长作用，可能与改善肠道微生物菌群，促进肠道有益菌的生长，改善肠道内环境，提高营养物质消化率有关（谭崇桂等，2013）。

在饲粮中添加壳寡糖后对幼建鲤的生长性能、非特异性免疫、肠道组织，脂肪代谢等均产生不同程度的影响。饲料中添加壳寡糖可提高幼建鲤的生长性能和非特异性免疫功能，调节脂肪代谢。当饲料中壳寡糖的添加量在 0.86%~1.09% 时，对幼建鲤的非特异性免疫及肠道健康的保护性最佳（黄鑫玮，2015）。

果寡糖可以使大菱鲆幼鱼的质量增加率、特定生长率、能量表观消化率和尿素含量显著增加，饲料系数降低；随着果寡糖添加量的增加，总蛋白含量逐渐升高。添加甘露寡糖后，大菱鲆幼鱼的饲料系数、摄食率、粗蛋白、干物质表观消化率和总蛋白含量随其添加量的增加逐渐提高，甘油三酯含量逐渐降低；质量增加率、特定生长率、能量表观消化率和尿素含量显著增加。果寡糖和甘露寡糖对大菱鲆幼鱼均起到一定的促生长作用，并能提高对营养物质的吸收，促进蛋白质和脂类代谢（张雪，2014）。

（五）寡糖在饲料工业中的应用

寡糖具有难于被消化酶水解，不能被大多数有害菌利用，却能促进肠道有益菌增殖等特点，克服了大多数传统饲料添加剂的缺陷，是一种比较理想的新型饲料添加剂。以玉米芯为原料制备的木寡糖可作为功能性饲料添加剂使用。研究证实，甘露寡糖能够在很大程度上取代抗生素，这样在解决抗生素残留问题的同时，维持或者提高了动物的生产性能。饲粮中添加适量寡糖还可以降低料重比，提高饲料转化率，增加经济效益。

（六）寡糖在种植业中的应用

寡糖在植物抗病性、水果保鲜、促进植物生长、改善农产品品质、组织培养、杀虫方面的应用的研究越来越多。壳寡糖可以结合在质膜上并激发多种防御反应的诱导子，进而提高植物体抗病性。值得一提的是，海藻酸钠寡糖被证实可促进光能的捕获及转化，提高菜薹光能利用效率，并改变碳代谢过程，促进碳代谢产物积累，应用前景广阔。除此之外，有研究表明壳寡糖对鳞翅目和同翅目害虫均具有一定的杀虫活性，可以用于农业上防虫杀虫（闫冰雪，2013）。

五、寡糖应用过程中应注意的主要问题

虽然寡糖对于提高动物的生产性能具有较好的功效，但是如何正确使用寡糖类饲料添加剂产品是人们必须面对的一个重要的问题。

近年来国内外对寡果糖、甘露低聚糖、乳寡糖等低聚糖的研究报道较多。尽管不少研究结果表明，在动物（尤其是幼畜）日粮中添加适量寡糖，可以促进动物生长、减少疾病发生、提高饲料利用效率。但也有一些试验表明，在日粮中添加寡糖对动物生产性能没有影响，说明寡糖类饲料添加剂的添加效果与诸多因素（如动物养殖环境、动物种类与年龄、与抗生素的协同作用、日粮中固有的寡糖水平以及饲料中寡糖的添加量等）有关联。

（一）动物养殖环境对寡糖类饲料添加剂添加效果的影响

舍饲、放牧的条件及饲养管理的方式均可导致寡糖类添加效果的改变。良好条件下，在日粮中添加寡糖效果不明显，这同其他添加剂（如有机酸、抗生素、益生素等）的有关报道相同。只有当生产性能的影响受肠道因素影响较大时，其促生长作用方能明显显示出来。在一般饲养场，当猪崽日粮中添加 0.3% 寡果糖时，体重可提高 13%；而在卫生条件较严格的饲养场，体增重仅提高 4%。

（二）动物种类与年龄对寡糖类饲料添加剂添加效果的影响

种类、年龄和发育阶段不同，消化道菌群有很大差异，因此，试验在不同种间得出不同结果。寡糖能增加家禽消化道双歧杆菌数量，并能提高生产性能，但对猪消化道菌群和生产性能的影响并不显著（Orban，1997）。在不同的发育阶段，胃肠道内的菌群发生更迭，产生的效果也就不同。大量研究已经表明，仔猪断奶后，由于饲粮的变化，自身免疫水平下降等原因，肠道菌群发生改变，总趋势是大肠杆菌等致病菌浓度上升，而乳酸菌等有益菌浓度明显下降。许多学者提出，断奶后大肠杆菌等致病菌浓度上升是仔猪腹泻的主要原因。因此，断奶后加入寡糖的效果可能更佳。

（三）抗生素的添加对寡糖类饲料添加剂添加效果的影响

对大肠杆菌性腹泻及其引起的生长受阻，应用抗生素虽可使症状缓解，但不能消除。在每千克日粮中添加寡糖、益生素、金霉素或以寡糖取代 1/2 或 1/4 剂量的金霉素对仔猪生长性能和肠道菌群变化进行试验。发现添加寡糖、益生素和寡糖与金霉素结合使用，在 0~4 周龄可使仔猪日增重分别提高 16.81%、15.91% 和 15.32%，腹泻率分别降低 7.83%、8.68% 和 8.35%；在 5~8 周龄可使仔猪日增重分别提高 9.55%、48.84% 和 38.74%，腹泻率分别降低 12.78%、22.23% 和 20.88%；而对料肉比的影响效果不显著（石宝明，2000）。寡糖与金霉素结合使用能抑制大肠杆菌的增殖，促进双歧杆菌的增殖（周中凯，1999）。

（四）日粮中固有的寡糖水平对寡糖类饲料添加剂添加效果的影响

目前关于天然植物中寡糖对动物生产性能影响的报道很少。事实上，玉米中寡糖含量很低，但大麦、小麦、大豆产品中非消化糖类很多，如棉籽糖和水苏糖。因此大麦、小麦、大豆产品中寡糖的"掩盖或稀释反应"可能对试验结果有影响。

（五）饲料中寡糖的添加量对寡糖类饲料添加剂添加效果的影响

要发挥寡糖的生理作用也应当考虑其添加浓度的影响。在日粮中添加不同剂量的寡果糖，对 15~56 日龄肉鸡进行饲喂效果的试验结果发现，以 0.5% 添加量效果最好，达到 1.0% 时，成活率和腹泻率均有所上升。这说明如添加量不足，则起不到明显的增殖效果；添加量过大，不仅增加饲料和饲养成本，也起不到增加有益菌繁殖的效果，还可能造成动物腹泻。有人认为寡糖过高反而提高腹泻率，大多数学者建议寡糖用量在 1.0% 以下为宜。

动物安全性试验结果表明，寡糖类饲料添加剂属于安全、无毒副作用、无残留的绿色饲料添加剂产品，是饲料添加剂中极具发展潜力的品种之一，具有增殖动物肠道有益菌菌群、提高动物的抗病能力、增加动物的日增重、改善饲料转化率及动物生产性能等作用，同时某些时候在某些方面的作用效果已经赶上甚至超过了抗生素。

第五节 纤维素酶

1906 年，Seilliere 首次在蜗牛的消化液中发现了能分解天然纤维素的纤维素酶。1945 年又在微生物中发现了此酶。到了 20 世纪 60~70 年代，科学家们针对世界人口猛增的形势，开始研究用纤维素酶使纤维素转化为食物，生产单细胞蛋白。第二次世界大战后，苏联每年用于饲料的单细胞蛋白高达 200 万 t。进入 20 世纪 90 年代，世界范围的能源枯竭和环境污染日益严重，纤维素酶的研究重点又转变为开辟新能源及防止废纤维污染。

纤维素酶类作为饲用添加剂，国外从 20 世纪 70 年代起开始对其进行较为系统的研究。由于纤维素酶的活性不高、用量过大、来源有限，致使生产成本过高而应用受到限制。20 世纪 80 年代后期，由于酶的生产技术和菌种筛选、分子生物学的发展及生物技术取得了突破性进展，酶的活力单位提高，单位酶活力的生产成本不断下降，纤维素酶的应用研究才得以迅速展开，从而使其在饲料中的应用出现了新的前景。

一、纤维素酶的来源及组成

植物性饲料细胞壁由纤维素、半纤维素和木质素等相互连接构成。纤维素分子是由吡喃型 D-葡萄糖残基以糖苷键连接形成的具有复杂结构的结晶分子，属于天然聚合物。纤维素在结构上分为结晶区域和无定形区域。在结晶区域，纤维素分子链平行排列，排列紧密，密度大。无定形区域纤维素分子链排列松散，空隙大，密度小，定向性也较差。结晶程度对纤维素的水解影响很大。结晶度高的区域分子间空隙小，生物大分子很难介入。纤维素不溶于稀酸、稀碱和水，且在常温下较为稳定，可通过预处理降低其聚合度，完全水解为葡萄糖（王盼星等，2018）。半纤维素由胶质、木聚糖、葡聚糖及其类似物构成。而木质素是由一系列相似的有机物组成，包括甲基化合物和芳香类化合物，同时它的碳氧比要高于其他碳水化合物。纤维素本身不易被消化，同时还阻碍内源酶与细胞内容物充分接触和混合，降低了营养物质的消化率和吸收率。因此，饲粮中粗纤维水平不宜过高，猪饲粮中通常不超过 8%，鸡饲粮中通常低于 5%，而反刍动物对纤维的消化能力较强，可供给粗纤维较高的饲粮。张绍军等（2007）在仔猪日粮中添加纤维素复合酶0.1%，可分别提高日增重和降低料肉比为8.68%和8.24%。宋善丹（2016）在山羊日粮中使用不同NFC/NDF比（非纤维性碳水化合物/中性洗涤纤维）中添加外源纤维素酶，结果表明比值为1.66时山羊平均日增重显著高于1.16。陈坤明（2017）在肉牛精饲料中添加菌糠和纤维素酶，发现对肉牛生产性能的提高有显著作用。

1. 纤维素酶的来源

纤维素酶是能将纤维素水解成葡萄糖的一组酶的总称，来源广泛，主要包括微生物来源、植物来源和动物来源的纤维素酶。

（1）微生物来源的纤维素酶

能分泌纤维素酶的微生物主要有霉菌、担子菌等真菌，也包括细菌、放线菌和一些原生动物。目前，人们研究的纤维素酶主要来自于细菌和丝状真菌。细菌主要酶活力较强的菌种有纤维黏菌属、生孢纤维黏菌属和纤维杆菌属等（蒋小武等，2011），但由于细菌分泌的纤维素酶量少（低于0.1g/L），同时产生的酶属胞内酶或者吸附于细胞壁上，故很少用细菌作纤维素酶的生产菌种。丝状真菌则能较大量地产生纤维素酶，且能分泌到细胞外，属胞外酶，这有利于酶的提取。放线菌中有链霉素、高温放线菌属等能产纤维素酶（赵珊等，2014）。

利用微生物生产纤维素酶的研究开展较早。早期许多研究集中在利用绿色木霉、康氏木霉、青霉等嗜温好氧真菌产纤维素酶。对纤维素作用较强的菌株多是木霉属、青霉属、曲霉属和枝顶孢霉属等的菌株，特别是绿色木霉及其近缘的菌株。目前饲用纤维素酶主要来源于绿色木霉、里氏木霉、根霉、青霉、嗜纤细菌、侧孢菌等，其中绿色木霉应用最为广泛。

（2）植物来源的纤维素酶

植物可以产生纤维素酶的观点早已被人们所认识和接受。在植物中，纤维素酶在植物发育的不同阶段发挥着水解细胞壁的作用，如果实成熟、蒂柄脱落等过程。柴国花等（2006）采用RT-PCR检测培养4周的大豆幼苗的5个不同组织：嫩叶、老叶、茎、离层和根，测得脱落纤维素酶基因的表达量互不相同，离层中表达量最高，茎中表达量最低。同时选取表达量最高的离层作为逆境处理材料，分别用高温、干旱、盐处理不同时间后，检测脱落纤维素酶基因的时间表达模式，结果表明：3种逆境条件下，脱落纤维素酶基因的时间表达模式各不相同，但总的来说，高温能抑制脱落纤维素酶基因的表达，干旱和盐都能促进脱落纤维素酶基因的表达。目前关于谷物性饲料中是否存在纤维素酶及其对畜禽消化影响的研究并不多见，对植物源纤维素酶的酶活及其调控研究将有助于研究植物源和微生物源纤维素酶的差异，并进一步开发高效纤维素酶菌种。

（3）动物来源的纤维素酶

动物来源纤维素酶包括在动物消化道内寄生微生物分泌的纤维素酶和动物自身分泌的纤维素酶。Nakashima等（2000）从白蚁体内分离到一种相对分子质量为48 000的内切β-1,4-葡聚糖酶。王骥等（2003）从福寿螺体内分离得到一种同时具有外切β-1,4-葡聚糖酶、内切β-1,4-葡聚糖酶和内切β-1,4-木聚糖酶3种酶活性，相对分子质量为 41 500 的多功能纤维素酶，同时在福寿螺的卵母细胞中获得了编码该酶的基因。上述研究证实动物自身可分泌内源性纤维素酶，这可能是动物在进化过程中对自然环境的适应性选择，对高等动物猪、鸡等而言自身分泌的纤维素酶有限。

反刍动物依靠瘤胃微生物可消化纤维素，因此瘤胃是一个蕴藏着丰富的降解纤维素类物质的基因库。要想从这些基因库里获得纤维素酶，目前多采用宏基因组学方法，即通过瘤胃微生物宏基因组 DNA 文库的构建或对瘤胃微生物 DNA 进行宏基因组测序，并从瘤胃微生物全基因组中筛选出高效纤维素酶基因，通过在表达菌株中表达获得高效纤维素酶。Leng（2018）构建了独龙牛瘤胃真菌 BAC 文库，筛选到 2 个高活性木质纤维素酶基因 *xyn*F1 和 *egl*F2，实现了其在毕赤酵母中的外源表达，获得了 *xyn*F1 表达酶的最适温度是 45℃，最适 pH 值是 4.2；*egl*F2 表达的酶最适温度是 55℃，最适 pH 值是 6.2。杨天龙（2017）还构建了独龙牛瘤胃细菌 BAC 基因组文库，对文库进行纤维素酶活性筛选，获得具有纤维素酶活性的 2 个阳性克隆基因（*egl*B1 和 *egl*B2），*egl*B1 为 β-1,4-内切葡聚糖酶，而 *egl*B2 为新的纤维糊精酶，可为纤维素的体外降解提供新型材料。Yang（2016）构建了独龙牛瘤胃细菌宏基因组 Fosmid 文库，从中筛选出 504 个具有纤维素酶活性的阳性克隆，测序结果表明独龙牛瘤胃细菌纤维素酶以内切葡聚糖酶、甘露聚糖酶和木聚糖酶为主；成功克隆并在 *E.coli* BL21 中表达出两个新的纤维素酶 CMC-1 和 CMC-2。随着宏基因组测序技术的发展与测序成本的降低，对瘤胃微生物 DNA 进行宏基因组测序后进行功能分析筛选，可以从中筛选出大量的纤维素酶。目前很多研究都通过碳水化合物活性酶（CAZy）数据库的注释来寻找纤维素酶基因，这个数据库已有 136 个家族的糖苷水解酶（GH），为注释所获得的 GH 基因的功能提供了强有力的工具。Matthias Hesss 等（2011）用尼龙袋富集奶牛瘤胃降解柳枝稷的微生物并率先通过宏基因组测序，发现并证实了 27 755 个碳水化合物活性酶基因，对其中 90 个基因进行了表达（以纤维素为底物，其中 57%具有酶的活性）。Jose 等（2017）运用宏基因组学方法确定了印度杂交牛饲喂稻草情况下其瘤胃微生物群落的分布及碳水化合物活性酶的功能分类。Cheng 等（2017）通过宏基因组学研究稻草在奶牛瘤胃中的降解规律，发现 0.5~6h 稻草无明显降解，而 6~24h 稻草快速降解；其瘤胃优势菌属是栖瘤胃普氏菌，其次是拟杆菌、丁酸弧菌属和无法分类的 *Sphingobacteriaceae*；主要的糖基水解酶为纤维素酶、半纤维素酶、脱支酶和寡糖降解酶，其中寡糖降解酶最丰富。Jose 等（2017）运用宏基因组学深入分析了印度荷斯坦黑白花牛瘤胃降解木质纤维素的碳水化合物活性酶，鉴定了 17 164 个编码蛋白质，其中最多的是糖苷水解酶（7 574 个）；微生物在门水平上主要由拟杆菌门（40%）、厚壁菌门（30%）和变形菌门（10%）组成。

（4）液体发酵产纤维素酶

液体发酵法（SP）是指将微生物接种到液体培养基中进行培养的方法。液体发酵法分为液体表层发酵法和液体深层发酵法。纤维素酶液态发酵通常是将秸秆粉、玉米芯、麸皮等原材料经粉碎等预处理后进行高压蒸汽灭菌，然后送至发酵罐内，同时接入纤维素酶菌种，从罐底部通入无菌空气进行物料的气流搅拌，发酵过程控制适宜的温度、pH 值等发酵条件，其工艺流程如图 6-11 所示。

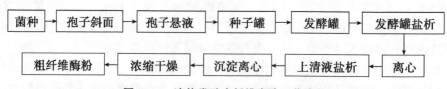

图 6-11　液体发酵产纤维素酶工艺流程

液体发酵的突出优点是便于控制污染，尤其是目前常用的液体深层发酵技术，另外就是产生的纤维素酶纯度高、包容性及发酵容量大，便于浓缩成高浓度的产品。发酵温度和 pH 值的变化可以引起微生物代谢途径发生变化，对细胞内各种酶的活性有较大影响；液体发酵的培养周期长，至少长达 7～8d，更多的长达 11d 以上；除此之外，由于真菌纤维素酶是胞外酶，具有可诱导性，因此发酵中可以添加诱导剂和表面活性剂来提高产酶量（杨羽丰等，2009）。液体发酵节省劳动力，适合于大规模工业化生产；但大规模生产时，发酵罐的搅拌桨不停地搅拌耗能是相当巨大的，同时有对设备要求高、生产成本高等缺点。

（5）固体发酵产纤维素酶

固体发酵法（SSF）是指一种或多种微生物在没有或几乎没有游离水的固态湿培养基上的生长过程和生物反应过程，又称麸曲培养法。主要原料一般是麸皮、米糠等；农作物秸秆、甘薯渣、玉米粉、豆粕、压扁谷粒等通常也可以作为主要原料或辅助原料（闫玉玲等，2015）。固体发酵的基本流程如图 6-12 所示。固体发酵产纤维素酶的特点是：由于发酵条件更接近自然环境状态下的微生物生长习性，使得其产生的酶系更全面，有利于降解天然纤维素；在设备、耗能、投资、生产成本方面，国内外许多工厂的建立已说明比液体发酵优越得多；固体发酵不需搅拌，培养周期短，只培养 3d，且在不含游离水的条件下培养，水分为 75%（孙清，2010）。固体发酵法也存在缺点（闫玉玲等，2015）：因采用天然原料，易产生杂菌造成纤维素酶产量低，且所产生的酶质量不稳定，产酶率低，因此，不能像液体发酵那样大规模地扩大。不过随着近几年技术发展，固体发酵污染相对较难控制的问题，已得到很大的改进。

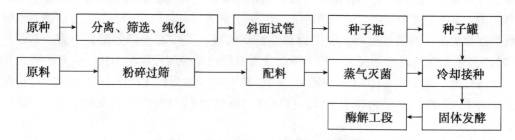

图 6-12　固体发酵生产纤维素酶工艺流程

黄燕华等（2004）的研究中分别选择了 1 种固体发酵纤维素酶和 2 种液体发酵纤维素酶，这些酶均来源于真菌。比较而言，液体发酵来源纤维素酶具有比固体发酵更好的稳定性，表现在抗逆性和热稳定性等方面。

2. 纤维素酶高产菌种的选育

随着生物技术的发展，饲用纤维素酶的来源不断拓宽，产酶菌种日益增多。迄今为止，人们已从40多种细菌和数种真菌中克隆到了纤维素酶基因，同时构建了这些酶的基因文库，并已在大肠杆菌和酵母中获得了其中一些酶基因的表达产物。利用基因工程手段对纤维素酶编码基因进行改造，可使其所表达纤维素酶活性提高和耐受性增强。张庆芳等（2019）从西藏黄牛瘤胃中筛选出一株高产纤维素酶的菌株N30，属于灿烂类芽孢杆菌，该酶最适反应温度和pH值分别为55℃和4.5，温度在10~35℃和pH值在3.5~9.0保持较高的酶活性；表明相较于其他纤维素酶具有更宽的温度和pH值范围，适应性较强，应用潜力更大。何海燕等（2019）采用广西原始森林土样分离纯化后用刚果红染色法进行初筛，得到高产碱性纤维素酶丝状真菌（PX-14），该酶最适温度为50℃，在40~50℃时温度稳定性较高；最适pH值为8.9，在pH值8~10时稳定性较高；该菌产纤维素酶添加到蔗渣后，可以有效提高动物食用后的营养价值。杨力权等（2019）从云南大理石夹泉热泉的55℃底泥中筛选到1株高温纤维素酶的高产菌种，该菌株最适生长温度为37℃，在55℃耐高温性较好；所产纤维素酶最适温度和pH值分别为75℃和7.0。

将已克隆到的基因同高效表达基因的启动子和染色体起始位点融合表达可使酶蛋白表达量增加。法国巴斯德研究所利用热纤梭菌提供的基因来源，通过定点突变技术，在大肠杆菌中表达纤维素酶基因时，得到了一种新的纤维素酶。已有研究者从嗜温微生物中发现了多种耐高温的纤维素酶，并对它们的结构和热稳定性展开了研究，这将为纤维素酶基因的分子改造提供理论依据。另外，由于木霉属中李氏木霉和黑曲霉产纤维素酶的能力较强，艾云灿等（1997）通过改良常规方法成功地获得了两属间具有纤维素酶系杂种优势的稳定重组单体ATH-1376，从而为降低产酶或菌体培养成本提供了新的途径，对已知纤维素酶菌种进行诱变也是获得纤维素酶高产菌株的有效途径。

3. 纤维素酶的组成及其分子结构与功能

纤维素酶是指所有参与降解纤维素最终使其转化为葡萄糖的各种酶的总称。它是一类复杂的混合物，故而又被称为纤维素酶系。从广义的角度分，纤维素酶系包括水解酶类、氧化酶类和磷酸化酶类，包括有苯醌脱氧酶、纤维二糖氧化酶/氢化酶、乳酸酶、内切葡聚糖酶、β-葡萄糖苷酶、外切葡萄糖水解酶/外切葡聚糖酶、纤维二糖水解酶、纤维二糖磷酸化酶、纤维糊精磷酸化酶和纤维二糖差向异构酶。从狭义的角度来分，一般将其分为3类：① 内切β-葡聚糖酶，简称EG酶或称C1纤维素酶，所有纤维素分解菌均能产生此酶，它作用于纤维素分子内部的结晶区，从高分子聚合物内部任意切开β-1,4糖苷键，产生带非还原性末端的小分子纤维素；② 外切β-葡聚糖酶，简称CBH或称Cx纤维素酶，此酶广泛存在于丝状真菌中，可降解无定形纤维素，将短链的非还原性末端纤维二糖残基逐个切下；③ β-葡萄糖苷酶，简称BG或称纤维二糖酶，此酶广泛存在于微生物中，将纤维二糖水解成葡萄糖分子。不同来源的纤维素酶，其内、外切酶的含量、种类比例和活性大小都有很大差别。一个完整的纤维素酶系，通常含有作用方式不同而又能相互协同催化水解纤维素的三类酶。

近些年来，人们针对纤维素酶分子结构的研究取得了较大进展。目前，一级结构已经被分析确定的纤维素酶至少有 20 种，通过比较分析，人们发现许多不同纤维素酶间表现出一定的同源性。在真菌来源的 T. reesei EI 和 CBH I 的 C 末端与 EM 和 CBHH 的 N 末端均含一段约 35 个氨基酸残基的保守区域，它们之间同源性达 70%，位于保守区域前面的是富含羟基氨基酸和脯氨酸的序列。研究表明，作用于同一底物的酶尽管它们在一级结构上无同源性或同源程度很低，但在三级结构上仍可能表现出较大同源性。

纤维素酶分子均具有相似的结构，由催化结构域（Ctalytic domains，CD）、纤维素结合域（Cellulose-binding domains，CBD）和连接桥（Linker）3 部分组成（阎伯旭等，1999）。催化结构域主要体现酶的催化活性和对特定水溶性底物的特异性，不同来源纤维素酶催化结构域的大小基本一致。内切酶的活性位点位于一个开放的裂口中，它可结合在纤维素链的任何部位并切断纤维素链。外切酶的活性位点位于一个长环状通道中，它只能从纤维素链的非还原性末端切下纤维二糖。纤维素结合域位于纤维素酶肽链氨基端或羧基端，富含芳香族氨基酸，如苯丙氨酸、色氨酸和酪氨酸，通过连接桥与催化域相连。推测 CBD 可能通过芳香环与葡萄糖环的堆积力吸附到纤维素上，由 CBD 上其余氢键形成的残基与相邻葡萄糖链结合之后从纤维素表面脱离开来，以利于催化区的水解作用。但有些纤维素酶没有 CBD，如热纤梭菌纤维素酶是依靠纤维小体吸附在纤维素上的。连接桥主要是保持 CD 和 CBD 之间的距离，也可能有助于不同酶分子间形成较稳定的聚集体。催化结构域含有酸性氨基酸谷氨酸和天冬氨酸；细菌纤维素酶的连接桥富含脯氨酸、苏氨酸，而真菌纤维素酶的连接桥富含甘氨酸、丝氨酸和苏氨酸（刘杰风等，2011）。

绝大多数真菌和一些细菌所产生的纤维素酶为糖蛋白，而糖基化的程度取决于酶和菌的种类，范围从极小到约为酶重的 90%。截至目前的一些研究表明，糖基化在稳定蛋白质构象、提高热稳定性、抵抗蛋白酶降解或变性，以及促进酶分泌和底物识别方面均有一定作用。

二、纤维素酶降解纤维素的机理

关于纤维素酶降解纤维素作用机制的假说很多，C1-Cx 假说、协同作用假说和顺序作用假说这 3 种假说被普遍认可（王玮，2011）。在对纤维素酶各组分间作用顺序和部位及协同作用的分子学机理等方面的假说存有较大异议，但对于各组分间存有很强的协同作用及部分单一组分酶的水解效果具有一定的共识。普遍认为天然纤维素酶降解过程可分为 3 个阶段：首先是纤维素对纤维素酶的可接触性；其次是纤维素酶的被吸附与扩散过程；最后是由 CBH-CMCase 和 βGase 随机作用纤维素的无定形区（王思霖等，2014）。纤维素酶的作用机理如图 6-13 所示。

1. C1-Cx 假说

1950 年，Reese 等提出了由于天然纤维素的特异性而必须以不同的酶协同作用才能分解的 C1-Cx 假说。这个假说认为：当纤维素酶作用时，C1 酶（内切葡聚糖酶）首先作用于纤维素结晶区，使其转变成可被 Cx 酶（外切葡聚糖酶）作用的非结晶区，Cx 酶随机水解非结晶区纤维素，然后 β-1,4-葡萄糖苷酶将纤维二糖水解成葡萄糖。

2. 协同作用假说

该假说认为是内切纤维素酶首先进攻纤维素的结晶区，形成外切纤维素酶需要的新的游离末端，然后外切纤维素酶从多糖链的非还原性末端水解产生纤维二糖，纤维二糖再成为纤维二糖酶的分解底物被水解形成葡萄糖。一般来说，协同作用与酶解底物的结晶度成正比，当酶组分的混合比例与霉菌发酵滤液中各组分比相近时，协同作用最大，不同菌源的内切与外切酶之间也具有协同作用（Henrissat 等，1995）。Wood 等（1989）在研究木霉、青霉的纤维素酶水解纤维素时，发现培养液中的两种外切酶在液化微晶纤维素和棉纤维时具有协同作用。

3. 顺序作用假说

该假说认为先由 CBH 水解不溶性纤维素，生成可溶性的纤维素糊精和纤维二糖，然后由 EG 作用于纤维素糊精，生成纤维二糖；最后由 BG 将纤维二糖分解成葡萄糖。

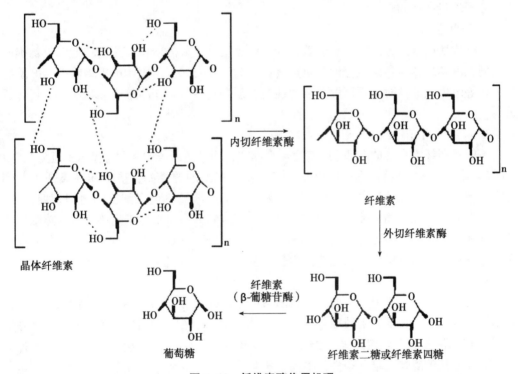

图 6-13　纤维素酶作用机理

但是，根据 Pettersson 等（1969）报道，在水解天然纤维素过程中，起关键作用的实际上是外切葡聚糖酶（Cx），并提出天然纤维素的水解是从内切型的 $\beta-1,4$-葡聚糖酶（C1）开始的。C1 酶首先在微纤维上一些特定的薄弱位置把纤维素分子链打开，C1酶接着深入到纤维素分子链把氢键断开，形成无序的非结晶纤维素，然后在 3 种酶的协同作用下水解为纤维糊精和葡萄糖（余兴莲等，2007）。

三、纤维素酶主要理化性质及影响其活性的因素

纤维素是自然界中最丰富的可再生有机资源，但绝大多数的纤维素尚未被利用或未

被合理地利用，从而造成了资源和能源的巨大浪费。纤维素酶是酶的一种，在分解纤维素时起生物催化作用。纤维素酶广泛存在于自然界的生物体中，细菌、真菌、动物体内等均能产生纤维素酶。目前用于生产的纤维素酶一般来自于真菌，比较典型的有木霉属、曲霉属和青霉属。分析纤维素酶酶活的影响因素，对选择适宜的纤维素酶及合理应用纤维素酶具有重要的参考意义。

（一）纤维素酶的主要理化性质

1. 相对分子质量

不同微生物产生的纤维素酶相对分子质量差异很大，即使同一酶系中三类酶也有较大差异，其分子大小变化范围很广。大多数真菌纤维素酶的内切葡聚糖酶和外切葡聚糖酶相对分子质量在 20 000~100 000，而 β-葡萄糖苷酶的相对分子质量在 50 000~300 000，但纤维黏菌内切型酶的相对分子质量小至 6 300，蚕豆腐皮镰孢葡萄糖苷酶的相对分子质量高达 400 000。

2. 等电点

纤维素酶中各组分的等电点随着菌种来源、培养条件的变化而差别较大。以棘孢曲霉为例，液体培养时各酶组分的等电点（pI）为 3.5~5.0，但固体麸皮培养产生的酶组分，在等电聚焦电泳时，可以散布在两性电解质载体 3.5~10 的整个 pH 值跨度上（孟雷等，2002）。

3. 最适作用 pH 值和温度

一般真菌纤维素酶的最适 pH 值为 4.0~5.0，而细菌纤维素酶的最适 pH 值为 7.0~8.0（李晓晶等，2011）。饲用纤维素酶多为真菌来源的酸性酶，造纸和洗涤剂工业则要求在碱性条件下保持较高活性的纤维素酶。来源于嗜温真菌和细菌的内切葡聚糖酶、外切葡聚糖酶和葡萄糖苷酶的最适作用温度在 40~55℃；而来源于耐热和超耐热微生物的纤维素酶最适作用温度分别为 60~80℃ 和 90~110℃（彭静静，2014）；从海水或海泥中分离得到低温纤维素酶的细菌，生长范围在 4~48℃（徐庆强等，2009）。

4. 酶学活性

里氏木霉和绿色木霉产生的纤维素酶系中，以外切 β-葡聚糖酶活最高和 β-葡萄糖苷酶活最低。与之相反，由黑曲霉产的纤维素酶系中，β-葡萄糖苷酶活很高，而外切 β-葡聚糖酶活极低（戴四发等，2001）。即使是来源于同一个微生物品种，由于选择的菌株以及生长的底物、培养条件的不同，所产酶的类型及活力也会有很大变化。

（二）影响纤维素酶活性的因素

许多试验表明，畜禽日粮中添加纤维素酶，可改善饲料利用效率，但也有报道日粮中添加酶制剂未见明显效果，甚至有人报道，日粮中添加酶制剂降低了生产性能。酶制剂应用效果出现较大的差异，是因为影响酶制剂活性的因素很多，主要因素包括：消化道部位、pH 值、温度、酶的激活剂和抑制剂及表面活性等诸多因素的影响。

1. 温度对纤维素酶活性的影响

温度是影响酶催化作用的一个重要因素，它不仅影响酶的反应速度，而且影响酶的活性。不同的酶促反应需要不同的温度，研究表明一般纤维素酶酶解的最适温度在 40~65℃（刘晓晶等，2011），纤维素酶各组分热稳定性也存在差异，内切酶（C1）的最适温度在 50~60℃，热稳定性好，在 95℃时仍保留一般的酶活性；不同来源的 β-葡萄糖苷酶的最适温度均在 50~60℃（陈丽莉，2008）。

大多数动物性来源酶的最适温度在 37~40℃，植物性来源酶的最适温度在 50~60℃，而微生物来源的酶因为菌种来源等差异更大一些。此外，酶的最适反应温度不是一个不变的常数，例如酶作用时间越长其最适温度越低，反之，作用时间越短则最适温度越高。

2. pH 值对纤维素酶活性的影响

pH 值对纤维素酶的活性影响很大，pH 值过小或过大都会使酶蛋白变性而失活。只有在特定的 pH 值下，纤维素酶才能达到最佳酶活，从而使纤维素降解速度最快，这可能与纤维素酶活性部位基团的解离状态随着 pH 值的改变而变化有关，另外可能与底物在不同 pH 值条件下的存在状态也有关。一般认为酸性酶最适 pH 值为 4.0~5.0，而中性酶的最适 pH 值为 7.0~8.0（赵琪等，2014）。纤维素酶等酶制剂在低 pH 值条件下，活性较低；在最适 pH 值的时候酶活达到最大，随着 pH 值的升高，酶活性又下降。

3. 加工和贮存对纤维素酶活性的影响

纤维素酶的本质是蛋白质，饲料加工调质过程中过高的温度可能破坏饲料中添加酶的活性。据报道，除了极个别酶可以在 90℃左右高温保持结构和功效的稳定，绝大多数不具有耐受 70℃以上高热的性质。例如，冯毛等（2006）对不同热处理参数（温度 70~100℃、时间 30~150s）条件下纤维素酶的活性进行了测定，结果表明，随着温度的升高和热处理时间的延长，Cx 酶活力均呈现下降趋势，并且随着温度的升高和时间的延长，下降的幅度越大：70℃时经 150s 热处理后，酶活力降低了 45.8%；而 80℃和 90℃分别降低了 59%和 87.7%；100℃时处理 90s 以上酶活力几乎降为零；可以认为，在挤压膨化工艺中，纤维素酶经过 120℃的高压挤压处理是难以保留酶活力的。没有经过特殊稳定性处理的酶制剂很难经受住制粒工艺而仍维持较高的活力（杨海峰等，2014），并且在贮存过程中温度、湿度等许多的因素都会影响着纤维素酶的活力。为了更好地保持纤维素酶的活性，在纤维素酶制备时应选取稳定性强的酶群。

提高酶制剂对饲料加工过程中高温的耐受性，可通过基因工程技术筛选耐高温的菌株，也可以采用产品的物理处理如包埋等技术。对于必须制粒或膨化的饲料，采用后喷涂工艺技术将饲用酶（液态）均匀添加到配合饲料中也可以减少酶制剂在饲料加工调质过程中活性的损失。

固化酶技术是近年来酶学研究领域迅速发展的一支新军，固化酶技术是人们模拟体内酶的作用方式，将酶进行一定的固定化，使之更符合人类需要的新型酶制剂。李红等（2001）报道，壳聚糖微球固定化木瓜蛋白酶可以将溶液酶的（酪蛋白）值由 0.418%降低至 0.055%，固定化酶对底物酪蛋白的亲和力大大提高。

4. 不同金属离子对纤维素酶活性的影响

动物消化道以及饲料中存在一些金属离子，这可能影响了酶的活性。关于离子对纤维素酶活性的影响，报道的结果不尽一致。傅力等（2000）研究了铁、锰、锌、钴 4种微量元素对里氏木霉 DWC-5 纤维素酶产生的影响，结果表明，对酶活影响显著性的主次顺序依次为：铁>锌>钴>锰。张丽萍等（2000）研究了 8 种离子对绿色木霉所产纤维素酶活力的影响，结果表明，Mg^{2+}、Zn^{2+}、Fe^{2+}浓度在一定范围内对纤维素酶活力有抑制作用，$SeO_3{}^{2-}$在试验浓度范围内对酶活无影响，Cu^{2+}、Mn^{2+}、Co^{2+}、I^-等离子浓度在一定范围内对纤维素酶有激活作用。孙建义等（2002）试验结果显示，在酸性条件下 Ca^{2+} 和微量元素混合物（Cu^{2+}、Zn^{2+}、Mn^{2+}、Fe^{2+}）对 β-葡聚糖酶酶活有一定的激活作用，而在中性条件下，Ca^{2+} 能显著提高酶活力，微量元素混合物则对酶活有一定的抑制作用。孙国龙等（2013）研究发现，阴离子表面活性剂对纤维素酶活力有很大的抑制作用，阳离子次之，而非离子表面活性剂对纤维素酶活性影响不大。离子对酶活抑制或激活影响的不一致性，可能与不同来源的纤维素酶需用特定金属离子作电子载体有关。

5. 激活剂和抑制剂对酶的影响

纤维素酶的酶活会受到外界一些激活剂和抑制剂的影响。Ye Tian 等（2013）研究发现，阿魏酸和 β-香豆酸对纤维素酶酶活有明显增强作用。Kim Youngmi 等（2013）研究表明，水溶性酚类化合物对纤维素酶酶活具有明显的抑制作用。

6. 纤维素酶对动物胃肠道内环境的耐受性

纤维素酶的酶活测定受到反应过程中的 pH 值、温度、时间和底物浓度等因素的影响。纤维素酶降解纤维素的过程较为复杂，其机制仍有待于进一步研究。动物消化道是一个十分复杂的体系，鉴于纤维素酶酶活影响因素较多，作用过程复杂，因此在比较不同来源纤维素酶时需要根据酶活最适条件和酶活稳定性以及动物饲养试验进行全面验证。

四、纤维素酶的体外评价及活性测定

体外模拟法是评价酶制剂品质的有效方法之一，能够在一定程度上反映酶制剂的作用效果，并与体内结果有较强的相关性。酶活性的准确测定是体内、体外酶制剂的评价的关键。纤维素酶是一种多组分的复合酶，不同来源的纤维素酶其组成及各组分比例有较大差异，同时纤维素酶作用的底物也比较复杂，致使纤维素酶活力的测定方法很多，且方法复杂而不统一。国内外研究中通常是通过测定一定时间内纤维素酶解的平均速率来表示酶活力。

（一）纤维素酶的体外评价

1. 纤维素酶作用效率的体外评价方法

运用体外法能够反映出木聚糖酶和 β-葡聚糖酶在黑麦和小麦日粮中水解 NSP 的情况。而且，体外模拟家禽嗉囊、胃和小肠消化方法是目前较常采用的方法。Bedford 等（1993）研究表明，利用体外法可以对体内小肠食糜的黏性情况进行预测，并能够用来估测在肉仔鸡日粮中添加微生物酶制剂促进生长的能力。体外法不仅可以快速评定酶制剂的作用效果，也为酶制剂作用机理的研究提供了一种新的研究手段。Tervila-Wilo 等（1996）体外模拟肉仔鸡对小麦的消化，结果证明，添加细胞壁降解酶后饲料细胞壁被破坏，大部分蛋白质被释放出来。因此，利用体外模拟法来研究纤维素酶在家禽上的作用效果，以此来解释其作用机理也是可行的方法。

2. 纤维素酶对酶解液中还原糖生成量的影响

纤维素酶是由内切 β-葡聚糖酶 C1、外切 β-葡聚糖酶 Cx 和 β-葡萄糖苷酶所组成的一套复杂酶系。纤维素是由 D-葡萄糖以 β-1,4-糖苷键相连接而成，是具有高结晶度的结构物质，很难被单胃动物降解利用，能阻碍营养物质与消化酶接触而降低营养物质的消化率。纤维素酶的 3 个组分能协同作用降解纤维素等 NSP，其中，C1 作用于纤维素分子内部的结晶区，从高分子聚合物内部任意切开 β-1,4-糖苷键，产生带非还原性末端的小分子纤维素；Cx 将短链非还原性末端纤维二糖残基逐个切下；β-葡萄糖苷酶再进一步将纤维二糖水解成葡萄糖分子。这样，纤维素酶消除了 NSP 的抗营养作用，并可提高植物性饲料养分的利用率。不同来源纤维素酶组分活力差异较大，对纤维素分解作用不同，因此其产物的组成成分也不同。

如 Cx 活性含量高的纤维素酶可能产生更多的纤维二糖或葡萄糖，而 C1 活性含量高的纤维素酶可能产生一些小分子纤维素但不能再进一步分解，故产物还原糖量存在差异。

添加纤维素酶可使草粉日粮和稻谷日粮体外消化的酶解液中还原糖量有不同程度地增加，且还原糖含量随着酶添加水平的提高而升高。彭玉麟（2003）在小麦日粮中添加木聚糖酶的体外消化试验发现，木聚糖酶可显著提高酶解液中阿拉伯糖、木糖和葡萄糖的含量。纤维素酶提高还原糖产量的原因可能有两个：一是直接分解日粮中的纤维素而产生葡萄糖；二是打破细胞壁结构，释放出被包裹的淀粉，淀粉消化率提高意味着产生更多的还原糖。我们认为，还原糖含量的增加主要是因为淀粉消化率的提高，而纤维素降解产生的还原糖量较少，不足以产生显著影响，所以主要是通过第二种途径达到增加还原糖生成量的效果（黄燕华，2004）。

根据酶作用的酶-底物原理，在底物量充足的情况下，酶作用的强弱与酶的浓度呈正相关。在我们课题组的研究中，随着纤维素酶添加量的增加，还原糖产量也随之增加。但酶与底物结合有一定的比例，且纤维素酶分子与纤维素分子的结合位点有限，当这些结合位点被一定量纤维素酶分子占据后，再增加纤维素酶用量，新增加那部分酶分子无法和纤维素分子结合，因此起不到酶解的作用，所以添加过多的纤维素酶并不能提高酶解的效率，同时酶解产物对酶作用存在负反馈抑制，过高的酶浓度也对酶解作用产生抑制。

此外，不同来源纤维素酶对还原糖产量的影响有差异，其中，里氏木霉固体发酵的纤维素酶、里氏木霉液体发酵的纤维素酶在 240FPU/kg 的添加量时，酶解液中还原糖量的增加幅度最大，在 360FPU/kg 的添加量时，增加幅度减小，而桔青霉液体发酵的纤维素酶在草粉日粮和稻谷日粮中出现不同的作用趋势。

（二）纤维素酶活性测定的方法

纤维素酶是一种复合酶，在内切葡聚糖酶、外切葡聚糖酶和 β-葡萄糖苷酶的协同作用下才能把纤维素水解成葡萄糖。依据酶反应动力学，酶活力的测定是在底物过量存在条件下，测定酶促反应的初速度，用以表示酶活力。但纤维性物质均为水不溶性大分子，无法组成过量存在的反应体系，再加上纤维底物二三级积聚结构的不均匀性，酶解时感受性存在一定的差异。纤维素酶又为多组分酶系，各组分间有协同作用，形成多种终产物，并涉及多种反馈控制机理，因此纤维素酶标准化酶测定方法很难确定。酶活力测定研究经过科研工作者的不懈努力，常用的方法有羧甲基纤维素（CMC）糖化力法、浊度法、滤纸崩溃法、染色纤维素法、琼脂平板法、荧光法、滤纸酶活力测定法等（王琳等，1998；傅力等，2000）。国内许多单位分别采用以上各种方法并进行了种种修改，使测定的方法更加多样化，造成不同产品、不同结果之间不易相互比较的局面，同时很多方法又不便于在生产中应用。如何迅速、准确地测定纤维素酶酶活力是纤维素酶研究中的一个难题。现着重论述一下 3,5-二硝基水杨酸溶液法（DNS）、滤纸酶活力法（FPA）和羧甲基纤维素钠盐法（CMC-Na）的原理。

DNS 法：纤维素酶能够水解纤维素，产生纤维二糖、葡萄糖等还原糖，能将 3,5-二硝基水杨酸中硝基还原成橙黄色的氨基化合物。反应液颜色的强度与酶解产生的还原糖量成正比，而还原糖的生成量又与反应液中纤维素酶的活力成正比。因此，通过比色测定反应液颜色的强度就可计算反应液中纤维素酶的活力。该方法的优点是反应颜色稳定性好，操作简单。但由于影响纤维素酶活力测定的因素很多，除温度和 pH 值以外，还存在一些不确定的因素，如 CMC 对纤维素酶酶活力测定的影响、滤纸对纤维素酶酶活力测定的影响、酶对活力测定的影响等。

滤纸酶活力法：滤纸是聚合度和结晶度都居中等的纤维性材料，以其为底物经纤维素酶水解后生成还原糖的量来表征纤维素酶系总的糖化能力，它反映了 3 类酶组分的协同作用。

羧甲基纤维素钠盐法：纤维素酶对 CMC-Na 有降解能力，生成葡萄糖等还原糖，再用 DNS 法显色，用标准葡萄糖溶液做标准液，用分光光度计在 520nm 处测其吸光度，依据标准曲线得出还原糖量，并可计算出其酶活力（赵玉萍等，2006）。

尽管纤维素酶作为一种饲料添加剂日益引起人们的重视，但纤维素酶的体外评价和活性测定一直没有一个统一的标准。随着酶制剂应用技术体系和评价体系的研究发展，纤维素酶的酶活测定统一标准的建立以及体外评价方法的建立，将会对纤维素酶的推广应用起到重要的推动作用。

五、纤维素酶的营养作用

在家禽和单胃动物日粮中，常常利用玉米、饼粕和糠麸等植物性饲料原料进行配制，因而含有一定量的纤维素。近年来已证实一定的粗纤维水平能改善家禽和单胃动物的消化、生理、繁殖和胴体品质等。但家禽和单胃动物的消化液中缺乏消化粗纤维的酶类，使用纤维素酶具有提高养分消化率等生理功能（周根来等，2014）。

1. 补充内源酶的不足，刺激内源酶的分泌

不同动物消化道酶系组成不同，单胃动物的内源性纤维素酶不足或缺乏，导致纤维素消化利用率低，并使日粮中相当比例的营养物质随着纤维素作为粪便排出。例如在猪的日粮中添加纤维素酶可补充内源酶的不足，提高猪对粗纤维的利用率；还可以改善消化道内环境，如酶系组成、酶量及活性。沈水宝（2002）研究发现，添加外源酶对仔猪胰淀粉酶、胰蛋白酶、胃蛋白酶及小肠各段胰淀粉酶和胰蛋白酶的活性有提高作用。

在家禽饲料中添加纤维素酶可以改善家禽的消化道环境，以降低消化道中的 pH

值，达到激活胃蛋白酶的目的。沈水宝（2002）研究认为，饲料有较高的系酸力，从而使 pH 值升高，而在家禽日粮中添加纤维素酶能够促进营养物质消化，引起胃酸分泌增加，从而使十二指肠 pH 值略有降低。同时发现，添加外源酶对胰淀粉酶、胰蛋白酶、胃蛋白酶等内源酶活性有提高作用。

2. 破坏植物的细胞壁，促进营养物质的吸收

饲料中的植物细胞壁结构复杂，不能被完全破坏，导致在细胞壁内可以被利用的营养物质被阻隔，不能与消化酶接触而被消化利用。植物细胞壁主要由纤维素、半纤维素和果胶组成。在日粮中添加纤维素酶，可以利用纤维素酶在半纤维素酶、果胶酶等协同作用下破坏植物细胞壁结构，促使细胞内容物释放出来并与动物内源消化酶接触消化，使饲料养分消化利用率提高，同时也增加了非淀粉多糖的消化，进而改善高纤维饲料的利用率。研究表明，在青贮饲料中添加纤维素酶能够有效破坏植物细胞壁成分，增加青贮饲料的营养价值（廖奇等，2017）。

3. 消除抗营养因子，提高饲料营养价值

果胶、半纤维素、β-葡聚糖和戊聚糖可部分溶解在水中，产生黏性，增加动物胃肠道食糜的黏性，对内源酶而言是一种物理性障碍，导致饲料中养分吸收率降低。而添加纤维素酶可降低胃肠道内容物黏度，减轻或消除抗营养因子的影响，增加内源性酶的扩散，增大酶与营养物质的接触面积，促进饲料的消化吸收。当反刍动物瘤胃微生物区系失去平衡的状态下，高活性纤维素酶会迅速发挥作用，通过对纤维素的降解减少抗营养因子，促进微生物的良好发育，使微生物区系达到稳定健康的状态。陈乃松等（2008）研究使用复合酶以及钙离子对豆粕中相关抗营养因子的水解效果，发现使用复合酶制剂并适量添加 $CaCl_2$，体外水解豆粕中的相关抗营养因子是可行的。

4. 维持小肠绒毛完整，促进营养物质吸收

纤维素酶还可维持小肠绒毛形态完整性及对粗蛋白和粗脂肪的消化，促进小肠对营养物质吸收以及与细胞壁结合的矿物质的吸收。许梓荣等（1999）研究发现，在仔猪玉米—豆粕—麦麸型日粮中添加复合纤维素酶，加酶组比未加酶组猪的小肠绒毛高度提高 22.94%，小肠绒毛高度的提高可以显著提高饲粮中营养物质与小肠的接触面积，促进营养物质的吸收。张叶秋等（2016）在研究米糠替代部分玉米形成的高纤维日粮对我国培育新品种苏淮猪生长性能、小肠形态、肠道发育及微生物区系的影响，结果发现与对照组相比，米糠组平均上午采食量和日均采食量极显著下降（$P<0.01$）。试验第 14d，米糠组羧甲基纤维素酶活性极显著升高（$P<0.01$），黄色瘤胃球菌数量增加（$P<0.05$）；乳酸杆菌和双歧杆菌数量在试验第 28 天均显著增加（$P<0.05$）；柔嫩梭菌数量在试验结束时显著升高（$P<0.05$）。饲喂米糠增加了大肠占整个肠道质量的比例（$P<0.01$），同时促进了十二指肠和空肠绒毛生长（$P<0.01$），加深了空肠隐窝深度（$P<0.05$）。

5. 改善消化道菌群组成

纤维素酶的添加可影响胃肠道的 pH 值以及肠道内微生物的组成，从而促进有益菌群的生长，抑制病原菌及腐败菌的生长，以维系肠道微生物菌群平衡，有利于机体的健康和快速生长。廖瑾等（2013）研究表明，在马铃薯渣中添加纤维素酶能调节大鼠肠

道微生态平衡，促进小肠微绒毛生长发育，最终促进其生长。

6. 增强机体的免疫力

近年来的研究表明，在饲料中添加纤维素酶，可促进 T3、生长激素和胰岛素等代谢激素水平的提高，增强机体的免疫力。添加纤维素酶，将纤维素等非淀粉多糖降解成的寡糖也可参与机体免疫调节，提高机体代谢水平，从而增强机体免疫力和健康水平（黄燕华等，2005）。

六、纤维素酶的应用

纤维素在植物体中的含量最多，约占植物干重的 50%，是植物细胞壁的主要组成成分，它是地球上分布最广、含量最丰富的可再生资源。除反刍动物借助瘤胃微生物可以利用纤维素外，其他高等动物几乎都不能消化和利用纤维素。纤维素酶能够降解纤维素，破坏植物细胞壁，解除畜禽消化系统对植物细胞内营养物质的利用障碍，使被包裹的淀粉、蛋白质和矿物质得到释放而被动物消化利用，从而降低纤维素在饲料中的抗营养作用；而且它能将饲料中的纤维素降解成可消化吸收的还原糖，提高饲料的营养价值。

利用纤维素酶科学有效地开发和利用纤维素作为饲料来源，对解决我国饲料资源紧张、人畜争粮这一突出矛盾具有重大的现实意义，也是促进我国畜牧业可持续发展的有效途径之一。生猪养殖是我国畜牧业中的重要组成部分，在猪和家禽日粮中应用纤维素酶有助于提高日粮消化率、改善生产性能、提高经济收益；纤维素酶在反刍动物生产应用中也取得了良好的生产效果，可促进瘤胃微生物对纤维素的降解，提高饲料利用率；改善饲料营养价值，从而提高生长性能。

（一）纤维素酶在猪日粮中的应用

1. 猪用纤维素酶的选择

纤维素酶来源广泛，种类众多，它至少包括内切 β-葡聚糖酶、外切葡聚糖酶和 β-葡萄糖苷酶等 3 种组分的酶。这 3 种酶各自担负着一定的功能，通过它们的协同作用共同完成纤维素的分解过程。在选择猪用纤维素酶时，应选择适宜猪消化道生理条件和稳定性较好的纤维素酶。猪消化道温度一般在 40℃ 左右，胃中 pH 值一般在 2.2~3.5，小肠 pH 值在 5~7。与鸡、鸭等相比，食糜在胃肠道停留时间较长。在生产实际中，猪用纤维素酶常与蛋白酶、淀粉酶、植酸酶等混合使用。

2. 纤维素酶对猪生产性能的影响

猪日粮中添加纤维素酶可提高饲料的转化率，改善肠道内环境，减少消化道疾病，促进仔猪生长，改善肥育猪对日粮的利用率。张绍君等（2007）在仔猪日粮中添加 0.1% 纤维素复合酶，使仔猪日增重提高 8.68%，料肉比降低 8.24%，发病率降低 12.5%，营养物质的消化吸收率明显增强，从而减少了环境污染。夏友国等（2010）在肉猪饲养过程中分别添加 0.15%、0.10% 和 0.05% 的纤维素酶，相比于添加纤维素酶对照组，屠宰量升高 2.10%、5.70% 和 3.7%，料重比则下降 11% 以上，日增重提高 10%，表明纤维素酶的使用提高了肉猪的屠宰量及降低了料重比。毕晋明等（2016）研究表明，纤维素酶处理杂交狼尾草可显著提高育肥猪天冬氨酸、丙氨酸、鲜味氨基酸、水解氨基酸总和（$P<0.05$），显著降低饱和脂肪酸含量（$P<0.05$），显著提高不饱和脂肪酸含量（$P<0.05$），表明纤维素酶处理杂交狼尾草可提高育肥猪生产性能，改善肉品质。远德龙等（2013）研究不同菌种来源的纤维素酶组合对杜×鲁烟白生长猪生产性能的影响，结果表明，添加纤维素酶0.15%可极显著提高猪的日增重（$P<0.01$），显著降低料重比（$P<0.05$），且纤维素酶在杜×鲁烟白生长猪的5.8%酸性洗涤纤维（ADF）水平的高纤维日粮中，适宜添加量为0.15%。

3. 纤维素酶对猪日粮中养分消化率的影响

在以早籼稻为能量饲料的基础日粮中添加β-葡聚糖酶、木聚糖酶和纤维素酶的复合酶制剂，可以显著提高生长猪的日增重和饲料转化率。王敏奇等（2003）研究了在早籼稻基础型日粮中添加复合酶制剂对仔猪生产性能和养分消化率的影响，结果发现0.2%纤维素复合酶制剂组使仔猪日增重提高了8.78%，料肉比降低了9.42%；消化实验表明复合酶制剂组使饲料的粗蛋白、粗脂肪和粗纤维表观消化率分别提高了12.73%，8.84%和16.97%。王荣蛟等（2013）研究表明，在生长猪日粮中添加纤维素酶0.2%可提高日增重和饲料利用率。

（二）纤维素酶在家禽日粮中的应用

家禽的谷物基础型日粮中由于存在大量的非淀粉多糖（NSP）而导致增重缓慢，饲料转化率低，饲粮中许多营养物质跟随纤维素进入后肠发酵或从粪便中排出。Jensen等（1957）首次报道大麦基础型日粮中添加粗酶制剂可提高肉仔鸡的生产性能。随后，大量研究表明，在饲料中添加纤维素酶、β-葡聚糖酶和木聚糖酶可以降解NSP，显著改善饲料的消化吸收，提高肉鸡增重和蛋鸡产蛋率，改善脂质代谢和抗氧化能力，调节肠道微生物菌群，提高机体免疫力。李旺等（2013）对肉鸡每10日口腔灌服枯草芽孢杆菌和乳酸杆菌菌液200μL、300μL、400μL作为实验组，对照组对每10日灌服乳酸杆菌培养液400μL，结果表明400μL菌液组效果最好，产纤维素酶枯草芽孢杆菌所产的纤维素酶特异性地降解纤维素，从而显著提高肉鸡对饲料粗纤维的消化率。

肉鸡日粮一般以玉米—豆粕型为主，而这些植物来源的饲料都含有一定的纤维素，添加纤维素酶可提高肉鸡的饲料利用率，确保其保持较快的生长速度。而一旦使用富含纤维素的麦麸、米糠等饲料，更需要添加纤维素酶（周根来等，2014）。安娇阳等（2011）试验结果表明：在玉米—豆粕型日粮中添加不同水平的酸性纤维素酶（500~4 000IU/g）对肉鸡胸腺、脾脏、法氏囊器官指数有不同程度的提高，肉鸡血液内葡萄糖含量显著提高，并能够降低1~21d肉鸡血清内尿素氮水平。张民等（2012）研究了在玉米—豆粕型日粮中添加不同水平纤维素酶（500~4 000IU/g）对肉鸡生产性能等的影响，结果发现添加纤维素酶各组有提高肉鸡生产性能的趋势，粗纤维表观代谢率也显著高于对照组，还在一定程度上降低21日龄肉鸡回肠和盲肠中的大肠杆菌数。

蛋鸡排泄物中有大量营养物质被浪费。因此，在蛋鸡日粮中使用纤维素酶是提高饲料利用率、减少养分浪费的有效途径之一。徐奇友等（1998）在玉米—豆饼型蛋鸡日粮中分别添加纤维素酶0.10%、0.15%和0.50%，结果显示：添加0.15%、0.50%的纤维素酶提高了鸡的产蛋率，添加0.10%和0.50%的纤维素酶降低了破蛋率。夏素银等（2011）研究发现，在添加有3%~7%苜蓿草粉的蛋鸡饲粮中使用0.1%、0.2%和0.3%

的纤维素酶，可降低血清和蛋黄中的胆固醇含量和提高抗氧化性能，并能改善肠道微生物菌群。黄忠永等（2018）对肉仔鸡饲料中添加 0.10% 和 0.05% 纤维素酶，喂养 7 周后，肉仔鸡高酶和低酶水平表现出显著差异，且日增重明显增加，表明适量的纤维素酶可以提高肉仔鸡对饲料中能量和蛋白质等营养物质的利用率，促进肉鸡的生长发育。毛倩倩等（2013）在高纤维五龙鹅饲料中添加果胶酶和纤维素酶，结果表明，在基础饲粮中添加果胶酶 5 000 IU/kg+纤维素酶 40 000 IU/kg 可极显著提高鹅的屠宰率、半净膛率、胸肌率和腿肌率（$P<0.01$），显著提高肉色亮度（$P<0.05$），极显著降低鹅肉的失水率（$P<0.01$），改善鹅肉品质。

（三）纤维素酶在反刍动物日粮中的应用

1. 增加青贮饲料品质

青贮是以新鲜的青绿饲料作物、牧草等为原料，利用厌氧微生物的发酵作用，长期保存青绿多汁饲料的营养特性，扩大饲料来源的一种简单、可靠而经济的方法。青贮饲料占奶牛日粮含量 20%~30%，它的应用拓宽了奶牛饲料原料的来源。但有些青贮饲料在制作时常常因细胞壁分解不完全，容易产生腐败菌，导致品质大大降低。而纤维素酶可将青贮原料的细胞壁分解为可发酵性的碳水化合物等可溶性糖供乳酸菌发酵，降低植物中的纤维素含量和青贮饲料 pH 值，从而抑制腐败细菌的繁殖，提高青贮品质，从而提高牧草的营养价值和利用率。韩立英等（2013）研究纤维素酶对鹅观草青贮发酵品质和营养价值的改善效果，结果表明，真空密封条件下贮藏 90d 后，添加纤维素酶的处理组 pH 值、丙酸、丁酸和氨态氮含量均显著低于对照组（$P<0.05$），乳酸、乙酸、粗蛋白和可溶性糖水化合物含量均显著高于对照组（$P<0.05$），中性洗涤纤维和酸性洗涤纤维含量显著低于对照组（$P<0.05$）。张英等（2013）研究了绿汁发酵液与纤维素酶对王草青贮品质的影响，结果表明，在整个青贮过程中，各添加组的 pH 值均显著低于对照组（$P<0.05$），乳酸、乙酸、丙酸和总挥发性脂肪酸的含量以及 AN/TN 值随着贮藏时间的增加而升高，混合添加绿汁发酵液与纤维素酶还可以提高粗蛋白含量，降低中性洗涤纤维含量，增加可溶性碳水化合物含量，且以混合添加绿汁发酵液与纤维素酶对王草青贮发酵品质的改善效果最好。李静等（2008）研究表明，添加纤维素酶使稻草青贮料的 pH 值降低了 3.52%（$P<0.01$），BA 和 NH_3-N 含量分别降低了 28.74%（$P<0.01$）和 22.23%（$P<0.01$）；LA、CP 和 WSC 含量分别提高了 19.93%（$P<0.01$）、3.82%（$P<0.05$）和 6.43%（$P<0.05$）；有机物体外消化率提高了 2.67%（$P<0.05$），因此纤维素酶可提高稻草的青贮品质（熊仕娟等，2014）。钟书等（2017）、Ni 等（2014）和 Zhang 等（2011）同样也发现纤维素酶可降低紫花苜蓿青贮、麦秸和稻草青贮中 NDF、ADF 含量。

2. 提高反刍动物生产性能

研究表明，将纤维素酶添加到日粮中，可以提高反刍动物生产性能和饲料中营养物质的消化率，从而提高反刍动物产奶量、改善奶品质，增加反刍动物的腹围和胸围、促进其生长。Dehghani 等（2011）在泌乳早期奶牛日粮中添加 2.5g/kg DM 的纤维素酶后产奶量提高 3.16%，3.5%乳脂校正乳（FCM）提高 1.4%，但乳成分不变。El-Bordeny 等（2015）分别在不同泌乳阶段奶牛的日粮中添加 15g/（d·头）的纤维素酶，能显著提高 DM 和 CP 消化率，并提高产奶量。Arriola 等（2011）分别在高精料日粮和低精料日粮中添加 3.4g/kg DM 的纤维素酶，发现 DM、CP、NDF 和 ADF 的消化率及奶牛生产效率显著增加。而 Holtshausen 等（2011）也发现添加纤维素酶可以使奶牛产乳效率提高 11.3%。另外，陈前岭等（2015）发现在新产奶牛日粮中添加 0.1% 纤维素酶制剂可在一定程度上降低牛奶中体细胞数、菌落数，改善产后奶牛免疫健康状况。陈坤明（2017）在饲粮中适量添加香菇菌糠替代玉米，并添加少量纤维素酶对提高肉牛生产性能有显著作用。王斌星等（2017）在牦牛日粮中添加不同水平的外源纤维素酶（0g/kg、0.2g/kg、0.4g/kg 日粮干物质），本实验条件下提高了牦牛胸围和净肉率，对肉质无显著影响，以 0.4g/kg 的添加量效果最优。日粮中适量添加单宁会保护过瘤胃蛋白，提高饲料中蛋白质的利用率（徐晓峰等，2011），但单独添加单宁会抑制瘤胃微生物生长和纤维素降解（Patra 等，2009）。赵梦迪等（2019a, b）使用高通量测序技术研究添加单宁与饲用纤维素酶对湖羊生长育肥期瘤胃微生物菌群结果的影响；以及测定对湖羊生长性能、血液生化指标、屠宰性能及器官发育的影响。结果表明，在湖羊日粮中同时加入单宁和饲用纤维素酶可以提高湖羊瘤胃内菌群的多样性和丰度，影响瘤胃菌群结构，缓解单宁对拟杆菌门（Bacteroidetes）和厚壁菌门（Firmicutes）菌落的抑制；同时混合添加可以缓解单独添加单宁对纤维素分解的抑制作用；在门水平上各组湖羊瘤胃内优势菌群均为拟杆菌门和厚壁菌门；在属水平上各组湖羊瘤胃内优势菌群均为理研菌科-RC（Rikenellaceae-RC9-gut-group）、细菌（Bacterium）、普雷沃菌属-1 和瘤胃菌属；同时提高湖羊的平均日增重和屠宰率，降低料肉比，提高湖羊的免疫力，对器官发育无不良影响。苏丽萍等（2014）以复合纤维素酶配制成混合饲料对育肥羔羊进行饲喂对比试验，发现对青海藏系育肥羔羊能改善反刍动物的瘤胃发酵特性，提高羔羊胴体重和屠宰率。邓玉英等（2018）使用 65 日龄隆林黑山羊断奶羔羊在饲料中添加 0.5% 和 1.0% 纤维素酶，结果表明添加 0.5% 纤维素酶能提高断奶羔羊的增重和饲料利用率，尤其对控制断奶羔羊腹泻效果较好，经济效益较高。

本章小结

　　生物饲料主要包括微生物饲料添加剂、生物活性寡肽、免疫调节剂、寡糖、饲料酶制剂、植物天然提取物、饲用氨基酸和维生素等。

　　微生物饲料添加剂是活菌制剂。它主要是通过保持肠道内正常微生物区系平衡和生化代谢作用来实现其生理功能的。它能够在数量或种类上补充肠道内减少或缺乏的正常微生物，调整或维持肠道内微生态平衡，增强机体免疫功能，促进营养物质的消化吸收，从而达到防病治病、提高饲料转化率和畜禽生产性能之目的。

　　生物活性肽是对生物机体的生命活动有益或是具有生理作用的肽类化合物，按生物学功能将肽分为生理活性肽、营养肽、抗氧化肽、调味肽四大类。肽在饲料上具有促生长保健和提高免疫力、提高生产性能和动物产品品质等重要的功能。

　　免疫调节剂分为生物来源制剂和化学合成药物两大类。免疫增强剂具有保护、促进、调节动物免疫系统的功能，改善动物生产性能，提高动物抵抗疾病的能力。

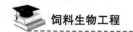

寂糖被看作是一种理想的绿色饲料添加剂。饲料中添加适量寡糖，能在较大程度上替代抗生素而改善动物健康，提高动物的免疫性能，增强动物抗病力，提高家禽及幼龄动物成活率，促进动物的生长，改善饲料转化率和动物产品质量。

纤维素酶可以改善草食动物对粗纤维的消化和利用，在动物生产中起非常重要的作用。

复习思考题

1. 什么是生物饲料添加剂？
2. 微生物饲料添加剂的作用机理是什么？
3. 什么是生物活性肽？有哪几类？
4. 生物活性肽的作用是什么？
5. 什么是免疫调节剂？主要有哪几类？
6. 寡糖的主要生理功能是什么？
7. 纤维素酶有哪些？
8. 纤维素酶的营养功能是什么？

推荐参考资料

潘春梅. 2014. 微生态制剂生产及应用[M]. 北京：中国农业大学出版社.

单安山. 2013. 饲料资源开发与利用[M]. 北京：科学出版社.

冯定远，左建军. 2011. 饲料酶制剂技术体系的研究与实践[M]. 北京：中国农业大学出版社.

张日俊. 2008. 现代饲料生物技术与应用[M]. 北京：化学工业出版社.

石波. 2005. 新型饲料添加剂开发与应用[M]. 北京：化学工业出版社.

行业优秀期刊

动物营养学报 http://www.chinajan.com/

中国畜牧兽医 http://www.chvm.net/CN/volumn/current.shtml

微生物前沿 https://www.hanspub.org/journal/AMB.html

专业网站

生物饲料开发国家工程研究中心 http://www.swslkf.com/ 网站及微信公众号

农业农村部饲料生物技术重点实验室 http://www.caasfri.com.cn/kjpt/nybslswjzzdsys/index.htm

中国饲料添加剂信息网 http://www.zgsltjj.com/

饲料行业信息网 http://www.feedtrade.com.cn/

补充阅读资料

抗菌肽

抗菌肽原指昆虫体内经诱导而产生的一类具有抗菌活性的碱性多肽物质，分子量在 2 000~7 000，由 20~60 个氨基酸残基组成。这类活性多肽多数具有强碱性、热稳定性以及广谱抗菌等特点。世界上第一个被发现的抗菌肽是 1980 年由瑞典科学家 G. Boman 等人经注射阴沟通杆菌及大肠杆菌诱导惜古比天蚕蛹产生的具有抗菌活性的多肽，定名为 Cecropins。

最初，人们在研究北美天蚕的免疫机制时，发现其滞育蛹经外界刺激诱导后，其血淋巴中产生了具有抑菌作用的多肽物质，这类抗菌多肽被命名为天蚕素（Cecropins）。后来，从其他昆虫以及两栖类动物、哺乳动物中，也分离到结构相似的抗菌多肽，有 70 多种抗菌多肽的结构被测定。1980 年后的数年间，人们相继从细菌、真菌、两栖类、昆虫、高等植物、哺乳动物乃至人类中发现并分离获得具有抗菌活性的多肽。由于这类活性多肽对细菌具有广谱高效杀菌活性，因而命名为"Antibacterial pepitides，ABP"，中文译为抗菌肽，其原意为抗细菌肽。随着人们研究工作的深入开展，发现某些抗细菌肽对部分真菌、原虫、病毒及癌细胞等均具有强有力的杀伤作用，因而对这类活性多肽的命名许多学者倾向于称之为"Peptide antibiotics"——多肽抗生素。

2013 年 11 月，中科院昆明动物研究所研究员张云课题组研究发现，天然抗菌肽具有选择性免疫激活和调节功能，对败血症有良好的预防和保护作用。

天然抗菌肽通常是由 30 多个氨基酸残基组成的碱性小分子多肽，水溶性好，分子量大约为 4 000 Da。大部分抗菌肽具有热稳定性，在 100℃下加热 10~15min 仍能保持其活性。多数抗菌肽的等电点大于 7，表现出较强的阳离子特征。同时，抗菌肽对较大的离子强度和较高或较低的 pH 值均具有较强的抗性。此外，部分抗菌肽还具备抵抗胰蛋白酶或胃蛋白酶水解的能力。

自从发现抗菌肽以来，已对抗菌肽的作用机理进行了大量研究。目前已知的是，抗菌肽是通过作用于细菌细胞膜而起作用的，在此基础上，提出了多种抗菌肽与细胞膜作用的模型。但严格地说，抗菌肽以何种机制杀死细菌至今还没有完全弄清楚。不同类别的抗菌肽的作用机理可能不一样。

抗菌肽产业是一个新兴的高科技生物工程和生物技术产业。由于早期生物工程方法不完善，抗菌肽的提取极为昂贵，限制了其在医药、农业、工业上的应用。随着转基因技术的进一步发展，现已可以使用工程细菌或酵母菌进行抗菌肽的大量生产，但其核心技术仅被为数不多的科学家和公司掌握。抗菌肽市场应用广泛，在农业上，可用于饲料添加剂，并且适合各种动物的饲养；医药上，可以作为优秀的抗生素替代品，也被认为是将来能克服癌症、艾滋病很有希望的药物；工业上，可以作为绿色防腐剂；人类生活上，可作为保健品与抗菌物的替代品。

主要参考文献

贝德福德，帕特里奇. 2004. 酶制剂在动物营养中的作用[M]. 中国饲料工业信息中心译. 北京：中国农业科学技术出版社.

本杰明·卢因. 2007. 基因Ⅷ[M]. 余龙，江松敏，赵寿元，译. 北京：科学出版社.

毕金丽，刘娅，王建平，等. 2014. 大肠杆菌 L-谷氨酸脱羧酶定点突变及其酶学性质初步研究[J]. 食品工业科技，35（19）.

蔡辉益. 2017. 生物饲料将成为未来发展趋势[J]. 甘肃畜牧兽医，47（3）：23.

蔡辉益. 2016. 中国饲料工业未来发展趋势[J]. 北方牧业（3）：12.

曹军卫，马辉文，张甲耀. 2008. 微生物工程（第二版）[M]. 北京：科学出版社，12.

曾艳. 2006. 地黄寡糖在2型糖尿病大鼠模型上的降血糖作用及机制[J]. 中国药理学通报（4）：411-415.

陈坚，堵国成，卫功元，等. 2005. 微生物重要代谢产物：发酵生产与过程解析[M]. 北京：化学工业出版社.

陈坚，堵国成. 2012. 发酵工程原理与技术[M]. 北京：化学工业出版社.

陈坤明. 2017. 精饲料添加菌糠和纤维素酶对肉牛生产性能的影响[J]. 福建农业科技（6）：17-20.

陈乃松，杨志刚，崔惟东，等. 2008. 酶制剂体外酶解豆粕中抗营养因子的研究[J]. 大豆科学，27（4）：663-668.

陈文斌，艾薇. 2004. 发酵液体饲料应用研究进展[J]. 中国饲料（10）：8-9.

陈鲜鑫，王金全，王春阳，等. 2010. 乳酸菌发酵液体饲料对生长猪生长性能和粪中微生物区系的影响[J]. 饲料工业，31（4）：40-42.

陈鲜鑫，王金全. 2011. 接种不同菌液的发酵液体饲料对断奶仔猪养分消化率和腹泻的影响[J]. 养猪（1）：9-12.

程文超，吕永智. 2008. 发酵工程在饲料工业中的应用及发展趋势[J]. 湖北畜牧兽医（5）：34-35.

初欢欢，杨海燕，王述柏，等. 2016. 两种合成生物活性肽对人工感染大肠杆菌新城疫病毒肉鸡的保护试验[J]. 中国兽医杂志，52（10）：20-22.

邓桂兰. 2016. 微生物发酵饲料工艺条件优化的研究[J]. 饲料研究（9）：47-50.

邓桦，杨鸿，刘玉清，等. 2001. 免疫增强剂硒对雏鸡免疫功能的影响[J]. 中国兽医学报，21（1）：96-98.

邓梦婷. 2016. 功能性寡糖在猪养殖上的应用研究[J]. 农技服务，33（9）：130.

邓宁. 2014. 动物细胞工程[M]. 北京：科学出版社.

邓玉英，黄仕佳，刘仁善，等. 2010. 纤维素酶对断奶羔羊生产性能的影响[J]. 现代农业科技（15）：355.

董雅文，冯建民. 2001. 以不同物质作免疫增强剂对家禽疫苗免疫作用的试验[J] 黑龙江畜牧兽医（6）：27.

董衍明，马雁玲. 2005. 单细胞蛋白饲料的开发与利用[J]. 饲料研究（9）：25-27.

杜杰，孙文华. 2013. 双益素动物微生物饲料添加剂对奶牛产奶效果的观察[J]. 畜牧与饲料科学，34（9）：39.

杜仁佳，张瑶. 2018. 益生菌调节肠上皮细胞免疫反应的研究进展[J]. 微生物学免疫学进展，46（1）：80-83.

樊福好，谢明权，林辉环. 2000. 免疫调节剂与抗球虫药联合应用的抗球虫效果[J]. 中国兽医寄生虫病（3）：1-3.

范月蕾，赵晓勤，陈大明，等. 2016. 微生物杀虫剂研发现状和产业化发展态势[J]. 生物产业技术（1）：54-58.

冯定远，谭会泽，王修启，等. 2006. 饲用酶制剂作用的分子营养学机理与加酶日粮 ENIV 系统的分子生物学基础[J]. 饲料工业，27（24）：1-6.

冯定远，汪儆. 2004. 饲用非淀粉多糖酶制剂作用机理及影响因素研究进展[C]. 2004 年动物营养研究进展. 北京：中国农业科学技术出版社，317-326.

冯定远，吴新连. 2001. 非淀粉多糖的抗营养作用及非淀粉多糖酶的应用[C] //冯定远. 生物技术在饲料工业中的应用. 广州：广东科技出版社，26-32.

冯定远，于旭华. 2001. 生物技术在动物营养和饲料工业中的应用[J]. 饲料工业，22（10）：1-7.

冯定远，张莹. 2000. 葡聚糖酶和戊聚糖酶等对猪日粮营养物质消化的影响[J]. 动物营养学报，12（2）：31.

冯定远，左建军. 2011. 饲料酶制剂技术体系的研究与实践[M]. 北京：中国农业大学出版社.

冯定远. 2005. 酶制剂在饲料工业中的应用[M]. 北京：中国农业科学技术出版社.

冯定远. 2004. 饲料工业的技术创新与技术经济[J]. 饲料工业（11）：1-4.

冯定远. 2008. 饲料酶研究的理论与应用技术体系的建立[J]. 饲料与畜牧（11）：8-12.

冯克宽，曾家豫，王明谊，等. 1997. 酵母菌发酵产蛋白质条件的研究[J]. 西北民族大学学报（自然科学版）（1）：35-37.

高斐斐，陈再忠，高建忠，等. 2015. 二元复合菌不同菌种配比对固态发酵豆粕营养价值的影响[J]. 上海海洋大学学报，24（1）：79-84.

葛绍荣. 2011. 发酵工程原理与实践[M]. 上海：华东理工大学出版社.

顾和平. 1991. 生物技术与大豆新种质创建[J]. 世界农业（3）：23-24.

官杰，王琪，许惠玉. 2007. 壳寡糖协同双歧杆菌诱导抗肿瘤免疫机制研究[J]. 医学研究杂志，36（8）：35-37.

管军军，张同斌，崔九红，等. 2008. 木薯渣生产菌体蛋白的研究[J]. 安徽农业科学，36（22）：9556-9558.

郭勇. 2018. 酶工程（第四版）[M]. 北京：科学出版社.

国家统计局. 2016. 中国统计年鉴（2016）[M]. 北京：中国统计出版社.

国际农业生物技术应用服务组织. 2016. 年全球生物技术/转基因作物商业化发展态势[J]. 中国生物工程杂志，37（4）：1-8.

何海燕，付越，秦文芳，等. 2019. 高产碱性纤维素酶丝状真菌筛选及产酶研究[J]. 试验研究（4）：48-52.

何树旺，胡新旭，卞巧，等. 2016. 发酵液体饲料在养猪生产中的应用优势及存在的问题[J]. 猪业科学，33（10）：48-50.

贺澄日，藤文军，高瑞平，等. 1997. 906 免疫增强剂对鸡新城疫 HI 抗体水平的影响[J]. 中国兽医杂志（23）：23-24.

侯楠楠，谢全喜，雷春红，等. 2018. 复合益生菌固态发酵对豆粕营养品质影响的研究[J]. 中国饲料（5）：32-34.

黄帅. 2019. 果寡糖对山羊瘤胃发酵及柠条营养物质降解率的影响[J]. 饲料研究（2）：1-4.

黄燕华. 2004. 不同来源纤维素酶在肉鹅高纤维日粮中的应用及其作用机理的研究[D]. 广州：华南农业大学.

黄忠永. 2018. 纤维素酶的研究现状及其在畜牧生产中的应用[J]. 科学研究，551803.

江绍安，夏晨. 2005. 菌体蛋白粉在生长肥育猪日粮中的应用试验[J]. 饲料工业，26（3）：38-39.

蒋昌顺，邹冬梅，张义正. 2003. 柱花草生物技术研究进展[J]. 四川草原（5）：9-10.

蒋晓旭. 2018. 血根碱通过 NF-κB 信号通路调控 IPEC-J2 细胞抗炎作用的机制研究[D]. 昆明：云南农业大学.

金红星. 2016. 基因工程[M]. 北京：化学工业出版社.

荆绍凌，孙志超，代玉仙，等. 2009. 细胞工程在玉米种质改良中的应用[J]. 农业与技术（2）：19-21.

康波，杨焕民，姜冬梅. 2005. 生物技术在动物营养中的应用[J]. 现代畜牧兽医（1）：40-43.

柯为. 2007. 微生物利用 CO_2 生产蛋白质[J]. 微生物学通报（2）：372-372.

孔凌，包清彬，刘超，等. 2014. 微生物发酵饲料及其应用[J]. 饲料博览（2）：16-19.

孔祥海. 2005. 植物次生代谢物的细胞培养技术研究进展[J]. 龙岩学院学报，23（6）：60-63, 76.

李丹，邱静，谷旭，等. 2016. 不同大豆原料中单宁含量的差别分析[J]. 饲料工业，37（1）：38-41.

李丹，江连洲，娄巍，等. 2009. 大豆肽对白羽肉鸡生产性能及胴体品质的影响[J]. 饲料研究（2）：31-34.

李栋刚，骆延波. 2006. 生物活性肽在畜禽生产中的应用及发展前景[J]. 中国禽业导刊（24）：43-44.

李繁，谢明权，林辉换，等. 2000. 免疫增强剂对鸡球虫体液免疫指标的影响[J]. 中国兽医杂志，26（8）：9-11.

李海涛. 2011. 木质素的生物降解在生产单细胞蛋白上的应用[J]. 农业技术与装备（208）：21-24.

李建. 2009. 发酵豆粕研究进展[J]. 粮食与饲料工业（6）：31-35.

李洁，张孟阳，郭宏，等. 2017. 仔猪液体发酵饲料工艺的研制[J]. 饲料工业，38（15）：15-21.

李林，邱玉朗，魏炳栋，等. 2017. 添加微生物饲料添加剂对肉羔羊育肥性能与免疫功能的影响[J]. 吉林畜牧兽医（12）：9-10, 13.

李世豪，管军军，程云龙. 2015. 固态发酵豆粕发黏成因及对粉碎影响[J]. 饲料研究（7）：61-64.

李素萍. 2006. 乳源免疫调节肽分离、纯化及鉴定及其功能的初步研究[D]. 合肥：安徽医科大学.

李婷婷，邓雪娟. 2015. 单细胞蛋白饲料研究进展及其在动物生产中的应用[J]. 饲料与畜牧，57-61.

李旺，孙二刚，李建恩，等. 2015. 发酵豆粕的品质评定[J]. 江西饲料（4）：1-3+6.

李旺，孙二刚，刘永磊，等. 2013. 添加纤维素酶产生菌对鸡饲料养分消化率的影响[J]. 实验研究（5）：1-4.

李旺. 2017. 微生物在饲料和饲料资源开发中的应用[J]. 饲料与畜牧（17）：1.

李新国，李志才，张建华，等. 2014. 日粮粗蛋白和大米活性肽添加水平对断奶仔猪生长及血液生化指标的影响[J]. 湖南农业科学（17）：66-68, 73.

李永凯，毛胜勇，朱伟云. 2009. 益生菌发酵饲料研究及应用现状[J]. 畜牧与兽医，41（3）：90-93.

李永明，徐子伟，李芳，等. 2010. 发酵谷物液体饲料对超早期断奶仔猪生长性能和肠道微生物菌群多样性的影响[J]. 动物营养学报, 22 (6): 1 650-1 657.

李志勇. 2003. 细胞工程（生物工程类）[M]. 北京: 科学出版社.

梁根庆. 1996. 抗茎腐病的玉米（zea mysaL.）自交系体细胞变异体选择[J]. 玉米科学, 4 (4): 15-17.

廖奇, 江书忠, 曹霞, 等. 2017. 纤维素酶在畜牧生产中的应用[J]. 饲料博览 (11): 23-25, 29.

林莺. 2007. 玉米秸秆发酵生产单细胞蛋白的研究[D]. 西安: 西北大学.

凌丁, 张业怀, 莫文湛, 等. 2015. 中草药防治奶牛隐性乳房炎试验[J]. 黑龙江畜牧兽医 (12): 146-148.

刘斌, 杨海燕, 史雪萍, 等. 2015. 两种新合成生物活性肽对肉鸡生长性能和血清生化指标及抗氧化功能的影响[J]. 中国畜牧杂志, 51 (23): 31-35.

刘冬, 刘容旭, 吴溪, 等. 2017. 发酵豆粕蛋白提取工艺及其品质的研究[J]. 食品工业科技, 38 (12): 214-220.

刘国花, 张文举, 谢正军. 2010. 生物活性肽的生理功能及其在畜牧生产中的应用[J]. 中国饲料 (19): 28-30.

刘海燕, 邱玉朗, 魏炳栋, 等. 2012. 微生物发酵豆粕研究进展[J]. 动物营养学报, 24 (1): 35-40.

刘建成. 2018. 棉粕寡肽发酵制备及其生物活性和营养特性研究[D]. 石河子: 石河子大学.

刘建峰. 2017. 多菌种分段固态发酵制备高水解度豆粕蛋白饲料的研究[J]. 饲料工业, 38 (16): 55-59.

刘杰凤, 姚善泾, 薛栋升. 2011. 海洋微生物纤维素酶的研究进展及其应用[J]. 生物技术通报 (11): 41-46.

刘垒, 童晓莉, 王永才, 等. 2009. 味精菌体蛋白替代豆粕对生长猪生产性能的影响[J]. 饲料工业, 30 (5): 38-39.

刘旺景, 敖长金, 丁赫, 等. 2018. 不同饲料添加剂对杜寒杂交肉羊体脂脂肪酸组成和氧化稳定性的影响[J]. 动物营养学报, 30 (9): 3 759-3 771.

刘小飞, 孟可爱. 2015. 大豆肽对湘黄鸡生产性能和肉品质的影响[J]. 湖南生态科学学报, 2 (2): 6-11.

刘晓晶, 李田, 翟增强. 2011. 纤维素酶的研究现状及应用前景[J]. 安徽农业科学, 39 (4): 1 920-1 921.

柳纪省, 王超英, 白银梅, 等. 2001. 鸡用天然缓释免疫增强剂的田间推广试验[J]. 中国兽医科学, 31: 29-31.

卢月霞, 尹会兰, 黄慧敏, 等. 2010. 纤维素酶产生菌的筛选及其相互作用研究[J]. 河南农业科学 (1): 59-62.

伦内贝尔. 2009. 基因工程的奇迹[M]. 北京: 科学出版社.

罗贵民. 2016. 《酶工程》（第三版）[M]. 北京: 化学工业出版社.

毛湘冰, 陈浩, 陈代文, 等. 2019. 饲粮添加果胶寡糖对轮状病毒攻毒断奶仔猪回肠屏障功能的影响[J]. 动物营养学报 (3): 1 288-1 294.

冒高伟. 2006. 半乳糖苷酶在断奶仔猪玉米豆粕型日粮中的应用研究[D]. 广州: 华南农业大学.

闵建华, 王浩. 2019. 蚕蛹蛋白抗氧化肽的分离及氨基酸组成测定[J]. 湖北理工学院学报, 35 (1): 40-44.

农业农村部农业贸易促进中心政策研究所, 中国农业科学院农业信息研究所国际情报研究室. 2017. WBA: 生物能源仍将是全球最大的可再生能源[J]. 世界农业 (8): 236.

潘求真. 2009. 细胞工程[M]. 哈尔滨: 哈尔滨工程大学出版社.

彭静静. 2014. 耐热纤维素酶的研究进展[J]. 安徽农业科学, 42 (1): 336-338.

强新新, 马雯雯, 王平, 等. 2017. 工业酶的发展现状与展望[J]. 辽宁化工 (3): 243-247.

乔莹, 白雪芳, 杜昱光. 2008. 壳寡糖医药保健功能的研究进展[J]. 中国生化药物杂志 (3): 210-213.

全国畜牧总站, 中国饲料工业协会信息中心. 2018. 2017 年全国饲料工业运行情况分析[J]. (11): 1-7.

任冰, 王吉峰, 于会民, 等. 2016. 果寡糖与地衣芽孢杆菌不同组合对肉仔鸡生长性能和血清生理生化指标的影响[J]. 饲料与畜牧: 新饲料 (12): 33-36.

任荣清, 黄波, 余波, 等. 2016. 中草药免疫增强剂提高蛋鸡免疫力的效果[J]. 贵州农业科学, 44: 110-112.

申义君, 王斌, 周金伟, 等. 2014. 黄芪多糖对奶牛口蹄疫疫苗免疫抗体水平的影响[J]. 天然产物研究与开发, 26: 1585-1588.

申义君, 周金伟, 王斌, 等. 2014. 黄芪多糖对泌乳期奶牛抗氧化能力的影响[J]. 天然产物研究与开发 (2): 244-247.

宋关玲, 杨谦, 高兴喜, 等. 2003. 植物细胞培养中天然植物成分生产在工业上的应用[J]. 东北林业大学学报, 31 (5): 78-80

宋磊. 2012. 生物技术在动物营养中的应用现状[J]. 开封教育学院学报, 32 (3): 103-105.

宋文新, 邵庆均. 2009. 发酵豆粕营养特性的研究进展[J]. 中国饲料 (23): 22-26.

苏海林. 2010. 复合酶制剂对鸡饲料原料代谢能和可消化粗蛋白改进值的影响[D]. 广州: 华南农业大学.

苏丽萍, 马双青, 韩增祥, 等. 2012. 复合纤维素酶制剂对育肥羊的增重效果[J]. 饲料工业, 33 (12): 43-45.

苏盛亿. 2018. 小米 ACE 抑制肽的制备及其降血压活性研究[C]. 中国食品科学技术学会第十五届年会论文摘要集. 青岛: 中国食品科学技术学会.

苏玉春. 2008. 木聚糖酶的酶学特性及基因克隆表达研究[D]. 长春: 吉林农业大学.

孙红娜. 2008. 茶树菇降血压活性肽的提取分离研究[D]. 南宁: 广西大学.

谭会泽. 2006. 肉鸡肠道碱性氨基酸转运载体 mRNA 表达的发育性变化及营养调控[D]. 广州: 华南农业大学.

汤德元. 2005. 生物技术在动物生产上的应用[J]. 吉林畜牧兽医 (2): 24-25.

唐友. 2017. 基于全基因组测序的表型预测方法研究及其体系构建[D]. 哈尔滨: 东北农业大学.

汪官保. 2007. 植物活性肽对哺乳仔猪生产性能的影响及其促生长机理的研究[D]. 西宁: 青海大学.

汪勇, 汤海鸥, 李富伟. 2008. 非常规饲料资源开发利用的研究进展[J]. 广东饲料, 17 (1): 36-37.

王斌星, 王鼎, 付洋洋, 等. 2017. 日粮中外源纤维素酶添加水平对舍饲牦牛屠宰性能和肉品质的影响[J]. 西南农业学报, 30 (4): 945-951.

王春林. 2005. α-半乳糖苷酶固态发酵中试技术参数研究[D]. 北京: 中国农业大学.

王芳, 贾万利, 张浩男, 等. 2017. 混合菌发酵对豆粕品质的影响[J]. 甘肃农业大学学报, 52 (4): 45-51.

王芳芳, 刁华杰, 夏九龙, 等. 2016. 乳酸菌及其发酵饲料在动物生产中的应用[J]. 饲料研究 (1): 15-19.

王金翠. 2007. 微生物次生级代谢产物的研究[D]. 天津: 天津大学.

王进红, 万筱军, 吴兆胜, 等. 2017. 发酵豆粕粉碎后冷却工艺的应用研究[J]. 饲料工业, 38

（5）：6-8.

王丽梅，李景宏，孙淑霞. 2011. 益生素对左家雉鸡雏鸡生长性能的影响[J]. 黑龙江畜牧兽医（9）：139-140.

王盼星，陶施淼，薛藩. 2018. 纤维素降解菌研究进展[J]. 绿色科学（12）：161-163.

王启为，史秀红，马志强，等. 2010. 菜籽粕在马铃薯渣发酵生产蛋白饲料的研究[J]. 粮食与饲料工业（11）：49-51.

王淑静，林慧敏. 2010. 寡糖抗肿瘤作用的研究进展[J]. 医学理论与实践，23（5）：520-521.

王伟伟，安晓萍，齐景伟. 2012. 非常规生物饲料的研究进展[J]. 饲料研究（11）：72-74.

王文娟，孙冬岩，孙笑非，等. 2011. 枯草芽孢杆菌对母猪生产和仔猪生长性能的影响[J]. 饲料研究（12）：69-70.

王小明，杨艳艳，杨在宾，等. 2017. 微生物发酵降解豆粕抗营养因子的应用研究[J]. 猪业科学，34（11）：90-92.

王晓霞，易中华，计成，等. 2006. 果寡糖和枯草芽孢杆菌对肉鸡肠道菌群数量、发酵粪中氨气和硫化氢散发量及营养素利用率的影响[J]. 畜牧兽医学报，37（4）：337-341.

王雅波，刘占英，兰辉，等. 2017. 酵母菌发酵玉米皮制备菌体蛋白饲料[J]. 中国饲料（4）：31-33.

王亚芳，肖群平，吕慧源，等. 2014. 猪复合微生态制剂菌株的筛选及对仔猪生产性能的影响[J]. 科技与实践，50（4）：58-62.

王阳，郑春晓，李海英，等. 2019. 生物饲料产业发展报告[J]. 高科技与产业化（1）：37-49.

王燕飞. 2017. 全基因组测序追踪医院内碳青霉烯耐药肺炎克雷伯菌的播散流行[D]. 杭州：浙江大学.

王依楠. 2018. 大豆寡肽 QRPR 激活自噬抑制 RAW264.7 细胞炎症的机制研究[D]. 长春：吉林大学.

韦小敏，何金环，陈彦惠，等. 2007. 玉米耐盐愈伤组织变异体的筛选及耐盐性分析[J]. 西北农林科技大学学报（自然科学版），35（9）：73-78

沃尔夫冈·埃拉，林章凛，李爽. 2016. 工业酶[M]. 北京：化学工业出版社.

吴慧珍，刘庆华. 2018. 生物活性肽的生理功能及在畜牧生产中的应用[J]. 当代畜牧（21）：29-31.

吴如仁，周林志，赵霜霜，等. 2015. 豆粕抗营养因子处理及其在动物生产上的应用[J]. 黑龙江畜牧兽医（19）：150-152.

伍佰鑫，龙云，罗阳，等. 2019. 骆驼乳蛋白肽抗氧化应激研究[J]. 中国乳业（4）：93-95.

夏懋. 2017. 基于全基因组测序的多灶性甲状腺乳头状癌克隆相关关系研究[D]. 上海：第二军医大学，中国人民解放军海军军医大学.

肖冬光. 2006. 微生物工程原理[M]. 北京：轻工业出版社.

肖蒙. 2017. 我国发酵豆粕市场供需特点分析及展望[J]. 饲料工业，38（18）：61-64.

肖宇，王利华，程明，等. 2011. 功能性寡糖对奶山羊瘤胃发酵功能的影响[J]. 动物营养学报，23（12）：2 203-2 209.

谢从华，柳俊. 2004. 植物细胞工程[M]. 高等教育出版社.

谢树章，雷开荣，林清. 2011. 转 Bt 毒蛋白基因玉米的研究进展[J]. 中国农学通报，27（7）：1-5.

辛兵，吕骞，丛曦光. 2016. 用秸秆混合废糖蜜、乳酸、酵母菌制备发酵饲料的方法：中国，CN106212893A[P].

熊川男，麻攀，魏鹏，等 2009. 壳寡糖对雌二醇诱导的乳腺癌 MCF-7 细胞分泌产生促肿瘤血管生成因子的抑制作用[J]. 中国海洋药物，28（4）：1-4.

徐福建，陈洪章，李佐虎. 2002. 固态发酵工程研究进展[J]. 中国生物工程杂志，22（1）：44-48.

徐力，田永强，刘惠琴，等. 2016. 响应面法优化复合菌种发酵豆粕条件[J]. 大豆科学，35（3）：498-504.

徐立华，阴卫军，周柱华，等. 2006. 细胞工程技术培育玉米耐盐自交系[J]. 作物杂志，4：26-28.

徐魏，谷薇薇，于勇，等. 2012. 功能性壳寡糖的生物学活性[J]. 生命的化学，32（5）：71-74.

徐文华，韩宝芹，孔晓颖，等. 2013. 壳寡糖的抑瘤作用及其作用机制研究[J]. 中国海洋大学学报（自然科学版），43（9）：54-59.

许锴文，李元晓，庞有志. 2011. 液体发酵饲料对断奶仔猪肠道健康的影响[J]. 动物营养学报，23（12）：2 105-2 108.

许小军，于继英，张继，等. 2018. 液体饲料应用中的质量控制关键点探索[J]. 饲料工业，39（7）：58-61.

闫冰雪，霍样样，刘璐璐，等. 2013. 非消化寡糖的生理功能研究进展及其应用[J]. 动物营养学报，25（8）：1 689-1 694.

闫冰雪，王焕杰，陈小鸽，等. 2019. 壳寡糖对肉仔鸡生长性能、屠宰性能、骨骼参数及钙磷代谢的影响[J]. 饲料工业，40（3）：49-53.

闫奎友. 2018. 中国饲料工业发展的 40 年[J]. 中国饲料（23）：9-11.

闫玉玲，袁敬纬，李杰，等. 2015. 纤维素酶的制备工艺及其商业化现状研究[J]. 当代化工，44（5）：988-990，994.

颜琳，姜双双，闫欣，等. 2019. 皱纹盘鲍腹足抗氧化肽的制备及其工艺优化[J]. 食品与发酵工业，7：1-9.

杨彬. 2004. 纤维素酶在黄羽肉鸡小麦型日粮中的应用研究[D]. 广州：华南农业大学.

杨波，杨光，杜国宁，等. 2016. 响应面法优化纳豆菌发酵豆粕的工艺研究[J]. 食品与发酵科技，52（6）：47-51.

杨晶，杜林娜，王法微，等. 2018. 新型植物生物反应器研究进展[J]. 生物产业技术，5（9）：104-109.

杨久仙，郭江鹏，白锦梅，等. 2013. 复合益生菌对断奶仔猪生长性能和腹泻的影响[J]. 黑龙江畜牧兽医（22）：75-76.

杨力权，周连广，陈贵元，等. 2019. 一株产高温纤维素酶菌株的筛选、鉴定及其酶学性质研究[J]. 中国饲料（11）：40-44.

杨丽丽. 2014. Bt-mCry1Ac 基因在抗虫转基因玉米中的表达及其对斑马鱼毒性效应的初步研究[D]. 合肥：安徽农业大学.

杨天龙，王淑玲，顾招兵，等. 2017. 独龙牛瘤胃细菌纤维素酶基因克隆[J]. 南方农业学报，48（5）：901-906.

杨文宇，常慧，陈昭琪，等. 2017. 混合菌种两步发酵法对豆粕肽转化及品质的影响[J]. 食品研究与开发，38（22）：187-193.

杨玉娟，姚怡莎，秦玉昌，等. 2016. 豆粕与发酵豆粕中主要抗营养因子调查分析[J]. 中国农业科学，49（3）：573-580.

杨玉能，夏先林，朱冠群，等. 2016. 酒糟-秸秆微生物饲料对肉牛的育肥效果[J]. 贵州农业科学，44（4）：96-99.

姚金水，黄一帆，李沁光. 1994. 免疫增强剂对蛋用雏鸡免疫功能的影响[J]. 福建农业大学学报，2：199-202.

殷海成，黄进，马芳芬. 2015. 凝结芽孢杆菌固态发酵对豆粕营养组成影响[J]. 饲料研究（2）：

58-60.

于瑞奎，刘艳玲，于茂兰. 2016. 双益素动物微生物饲料添加剂对蛋鸡产蛋性能及养殖环境的影响[J]. 饲料广角，13：45-47.

于旭华. 2001. 外源酶对断奶仔猪消化系统酶活的影响[D]. 广州：华南农业大学.

于旭华. 2004. 真菌性和细菌性木聚糖酶对肉鸡生长性能的影响及机理研究[D]. 广州：华南农业大学.

岳晓敬，扶雄锋，胡栾莎，等. 2016. 复合益生菌发酵豆粕对断奶仔猪肠道形态和消化酶活性的影响[J]. 中国畜牧杂志，52（11）：49-54.

詹湉湉，柯芙容，陈庆达，等. 2015. 发酵时间和料水比对豆粕发酵的影响[J]. 福建农林大学学报（自然科学版），44（2）：193-197.

张蓓莉，何艮，皮雄娥，等. 2017. 豆粕发酵菌株筛选和鉴定及发酵条件优化[J]. 中国海洋大学学报（自然科学版），47（1）：61-67.

张滨丽. 2000. 酪蛋白磷酸肽在饲料中的应用[J]. 饲料博览（10）：41-41.

张翠霞. 2003. 固态发酵工程与生物饲料添加剂的生产[J]. 微生物学杂志（6）：50-51.

张代，孙洪浩，张克顺. 2017. 不同厂家发酵豆粕产品理化指标比较分析[J]. 中国饲料（1）：41-44.

张洪波，葛利江，杨宏军，等. 2009. 单味中药多糖对奶牛子宫内膜炎病原菌体外抑菌作用[J]. 西南农业学报（3）：798-801.

张槐椿. 2014. 预防奶牛隐性乳房炎中草药添加剂的筛选[D]. 合肥：安徽农业大学.

张惠展，欧阳立明，叶江. 2015. 基因工程[M]. 北京：高等教育出版社.

张惠展. 2017. 基因工程[M]. 上海：华东理工大学出版社.

张可炜，李坤朋，刘存辉，等. 2018. 来自细胞工程技术的不同低磷耐受性玉米自交系磷营养特性分析[J]. 应用与环境生物学报，14（2）：158-162.

张连慧，熊小辉，惠菊，等. 2017. 发酵豆粕及其在动物养殖行业中的应用研究进展[J]. 中国油脂，42（3）：108-112.

张露露，王昕陟，刘旭龙，等. 2016. 发酵豆粕中大分子蛋白质和肽含量对仔猪小肠绒毛结构的影响[J]. 动物营养学报，28（7）：2 213-2 220.

张棋炜，张政，杨晶晶，等. 2017. 体外法研究酵母发酵饲料对瘤胃发酵参数及瘤胃细菌数量的影响[J]. 中国畜牧杂志（12）：79-85.

张庆芳，王泽坤，姜南，等. 2019. 一株瘤胃源产纤维素酶菌株的筛选、鉴定及其酶学特性研究[J]. 中国酿造，38（4）：47-52.

张秋华，张敏. 2010. 酵母菌发酵杂粕生产生物菌体蛋白饲料初探[J]. 中国饲料（2）：32-34.

张日俊. 2001. 生物技术在饲料工业中的应用[J]. 饲料工业（8）：1-6.

张日俊. 2008. 现代饲料生物技术与应用[M]. 北京：化学工业出版社.

张相伦，游伟，赵红波，等. 2018. 乳酸菌制剂对全株玉米青贮品质及营养成分的影响[J]. 动物营养学报，30（1）：336-342.

张秀林，魏小兵，欧长波，等. 2017. 益生菌发酵饲料对仔猪生长和免疫功能影响的研究进展[J]. 中国畜牧兽医，44（2）：476-481.

张雪，吴立新，姜志强，等. 2014. 果寡糖和甘露寡糖对大菱鲆幼鱼生长性能和血清生化指标的影响[J]. 水产科学，33（9）：545-550.

张艳萍，李雪平，尹望. 2017. 不同微生物发酵对豆粕营养品质影响的研究[J]. 饲料研究（1）：19-20，47.

张叶秋, 郝帅帅, 高硕, 等. 2016. 米糠高纤维日粮对苏淮猪生长性能及肠道功能的影响[J]. 南京农业大学学报, 39 (5)：807-813.

张英, 王兆山, 郭振环, 等. 2017. 酵母菌在饲料行业中的研究与应用[J]. 饲料与畜牧 (11)：46-49.

张正. 2007. 农作物单倍体育种研究概况与思考[J]. 山东农业科学 (5)：122-125.

张政. 1984. 酶制剂工业[M]. 北京：科学出版社.

赵梦迪, 邸凌峰, 唐泽宇, 等. 2019. 单宁与饲用纤维素酶对湖羊瘤胃微生物菌群的影响[J]. 中国畜牧兽医, 45 (1)：112-122.

赵梦迪, 邸凌峰, 唐泽宇, 等. 2019. 单宁与饲用纤维素酶对湖羊生长性能、血液生化指标、屠宰性能及器官发育的影响[J]. 中国畜牧兽医, 46 (6)：1 668-1 676.

赵楠. 2018. 2018 年全球饲料业全景：尽管挑战重重, 全球配合饲料产量仍增加[J]. 中国畜牧杂志, 54 (8)：153-156.

赵琪, 李亚兰, 陈子欣, 等. 2014. 纤维素酶应用研究的最新进展[J]. 广州化工, 42 (6)：21-23.

赵倩明, 占今舜. 2017. 发酵液体饲料常用菌种在养猪产业的应用[J]. 猪业科学, 34 (1)：92-93.

赵珊, 刘杰, 佘容, 等. 2014. 纤维素酶在畜牧业中的应用及研究进展[J]. 黑龙江畜牧兽医 (1)：30-33.

郑环宇, 郎松彬, 崔月婷, 等. 2017. 混菌株固态发酵高温豆粕工艺优化[J]. 中国食品学报, 17 (9)：116-124.

郑霞, 韦小敏, 季良越, 等. 2004. 玉米体细胞抗盐突变体的筛选及耐盐性鉴定[J]. 河南农业大学学报 (38) 2：139-143.

郑裕国, 沈寅初. 2013. 手性医药化学品生物催化合成进展与实践[J]. 生物加工过程, 11 (2)：24-29.

郑振宇, 王秀利. 2014. 基因工程[M]. 武汉：华中科技大学出版社.

中华人民共和国环境保护部, 中华人民共和国国家统计局, 中华人民共和国农业农村部. 第一次全国污染源普查公报[N]. 人民日报, 2010-02-10 (016).

钟浩. 2016. 开菲尔（Kefir）粒中菌种的分离鉴定及优良菌株的复合发酵乳研究[D]. 镇江：江苏大学.

周根来, 殷洁鑫. 2014. 纤维素酶的生理功能及其在家禽生产中的应用[J]. 粮食与饲料工业, 12 (10)：55-57.

周建民, 付宇, 王伟唯, 等. 2019. 饲粮添加果寡糖对产蛋后期蛋鸡生产性能、营养素利用率、血清生化指标和肠道形态结构的影响[J]. 动物营养学报 (4)：1 806-1 815.

周理红, 许梓荣. 2004. 生物技术在畜牧业和饲料工业中的应用[J]. 中国饲料, 19：7-9.

周明, 秦修远, 贾福怀, 等. 2019. 玉米低聚肽中抗氧化肽的分离纯化及结构鉴定[J]. 食品工业, 40 (5)：232-235.

周世文, 李瑞宁, 刘晓英, 等. 2017. 光谱能量分布对大豆胚尖再生体系的影响[J]. 南京农业大学学报, 40 (1)：27-33.

周天骄, 谯仕彦, 马曦, 等. 2015. 大豆饲料产品中主要抗营养因子含量的检测与分析[J]. 动物营养学报, 27 (1)：221-229.

周兴旺, 张志辉, 孟云. 2011. 抗菌肽 S807 对水产动物的生物活性研究[J]. 水产养殖, 32 (10)：11-13.

朱滔, 黄小燕, 王根虎. 2017. 发酵豆粕产品质量的综合评价[J]. 饲料工业, 38 (15)：21-26.

朱廷恒. 发酵液体饲料应用技术与研究进展[C]. 青岛：中国畜牧兽医学会动物微生态学分会第

五届第十二次全国学术研讨会.

邹胜龙. 2001. 复合酶制剂在仔猪日粮中的应用[D]. 广州：华南农业大学.

邹宇，马堃，尹冬梅. 2013. 微生物转化植物次生代谢产物研究进展[J]. 食品工业科技，34（16）：380-382.

左建军. 2005. 非常规植物饲料钙和磷真消化率及预测模型研究[D]. 广州：华南农业大学.

Aas T S, Grisdale-Helland B, Terjesen B F, et al. 2006. Improved growth and nutrient utilisation in Atlantic salmon (Salmo salar) fed diets containing a bacterial protein meal[J]. Aquaculture, 259: 365-376.

Abeyrathne E D N S, Lee H Y, Jo C, et al. 2016. Enzymatic hydrolysis of ovomucin and the functional and structural characteristics of peptides in the hydrolysates[J]. Food Chemistry, 192: 107-113.

Agyekum A K, Walsh M C, Kiarie E, et al. 2018. Dietary D-xylose effects on growth performance, portal nutrient fluxes, and energy expenditure in growing pigs[J]. Journal of Animal Science, 96 (6): 2 310-2 319.

Ali S H, Abdel-Fattah E S, Shaimaa A M. Biochemical, 2012. Immunomodulatory and Antioxidant Properties of Levamisole at Different Storage Conditions and Administration Routes [J]. Pakistan Journal of Biological Sciences, 15 (20): 986-91.

Ali S R, Ambasankar K, Praveena E, et al. 2017. Effect of dietary mannan oligosaccharide on growth, body composition, haematology and biochemical parameters of Asian seabass (Lates calcarifer) [J]. Aquaculture Research, 48 (3): S153.

Ambavaram M M R, Basu S, Krishnan A, et al. 2011. Coordinated regulation of photosynthesis in rice increases yield and tolerance to environmental stress[J]. Nature, 5 (2): 93-93.

Amin M, Elias S M, Hossain A, et al. 2012. Over-expression of a DEAD-box helicase, PDH45, confers both seedling and reproductive stage salinity tolerance to rice (Oryza sativaL.) [J]. Molecular Breeding, 30 (1): 345-354.

Berge G M, Baevefjord G, Skrede A, et al. 2005. Bacterial protein grown on natural gas as protein source in diets for Atlantic salmon, Salmo salar, in saltwater[J]. Aquaculture, 244: 233-240.

Bontempo V, Giancamillo A D, Savoini G, et al. 2006. Live yeast dietary supplementation acts upon intestinal morpho-functional aspects and growth in weanling piglets[J]. Animal Feed Science and Technology, 129 (3-4): 224-236.

Brini F, Yamamoto A, Jlaiel L, et al. 2011. Pleiotropic effects of the wheat dehydrin DHN-5 on stress responses in Arabidopsis[J]. Plant Cell Physiol, 52 (4): 676-688.

Burgin T, Mayes H B. 2018. Mechanism of oligosaccharide synthesis via a mutant GH29 fucosidase[J]. Reaction Chemistry & Engineering, 4: 10. 1039.

Canibe N, Jensen B B. 2012. Fermented liquid feed-Microbial and nutritional aspects and impact on enteric diseases in pigs[J]. Animal Feed Science and Technology, 173 (1-2): 17-40.

Canibe N, Pedersen AØ, Jensen BB. 2010. Impact of acetic acid concentration of fermented liquid feed on growth performance of piglets[J]. Livestock Science, 133 (1-3): 117-119.

Choct M, Selby E A D, Cadogan D J, et al. 2004. Effects of particle size, processing, and dry or liquid feeding on performance of piglets[J]. Australian Journal of Agricultural Research, 55 (2): 237-245.

Choi S B, Furukawa H, Nam H J, et al. 2012. Reversible interpenetration in a metal-organic framework triggered by ligand removal and addition[J]. Angewandte Chemie Int Ed Engl, 51 (35): 8 791-8 795.

Cui H, Lixia G, Yiran Z, et al. 2015. Acetylated Chitosan Oligosaccharides Act as Antagonists against

Glutamate-Induced PC12 Cell Death via Bcl-2/Bax Signal Pathway[J]. Marine Drugs, 13 (3): 1 267-1 289.

Dong X, Chen X, Qian Y, et al. 2016. Metabolic engineering of Escherichia coli W3110 to produce L-malate[J]. 2012. Biotechnology & Bioengineering, 114 (3): 656-664.

Giang H H, Viet T Q, Ogle B, et al. 2011. Effects of Supplementation of Probiotics on the Performance, Nutrient Digestibility and Faecal Microflora in Growing-finishing Pigs[J]. Asian Australasian Journal of Animal Sciences, 24 (24): 655-661.

Gobert M, Martin B, Ferlay A, et al. 2009. Plant polyphenols associated with vitamin E can reduce plasma lipoperoxidation in dairy cows given n-3 polyunsaturated fatty acids[J]. Journal of Dairy Science, 92 (12): 6 095-6 104.

Han Y, Thacker P A, Yang. 2006. Effects of the duration of liquid feeding on performance and nutrient digestibility in weaned pigs[J]. Asian-Australasian Journal of Animal Sciences, 19 (3): 396-401.

Hansen S A, Ashley A, Chung B M. 2013. Complex Dietary Protein Improves Growth Through a Complex Mechanism of Intestinal Peptide Absorption and Protein Digestion[J]. Jpen Journal of Parenteral & Enteral Nutrition, 39 (1): 95-103.

Heine W, Wutzke K D, Mix M. 1989. Determination of protein nitrogen utilization with (15N) yeast protein in short bowel syndrome[J]. 137 (4): 210.

Hellwing A L F, Tauson A H, Skrede A. 2007. Blood parameters in growing pigs fed increasing levels of bacterial protein meal[J]. Acta Vet Scand, 49: 33.

Hurst D, Lean I J, Hall A D. 2001. The effects of liquid feed on the small intestine mucosa and performance of piglets at 28 days post weaning[J]. Proceedings of the British Society of Animal Science, 162.

Jia F, Han B Q, Guan J J, et al. 2013. Optimization of solid state fermentation to improve the degree of hydrolysis soybean meal protein[J]. Advanced Materials Research, 690-693, 1 239-1 242.

Jianli D, Weiming C, Sunghun, et al. 2012. Oslea3-2, an abiotic stress induced gene of rice plays a key role in salt and drought tolerance. PLoS ONE, 7 (9), e45117.

Johnson A A, Kyriacou B, Callahan D L, et al. 2011. Constitutive overexpression of the Os NAS gene family reveals single-gene strategies for effective iron- and zinc-biofortification of rice endosperm[J]. PLoS ONE, 6: e24476.

Khot M, Katre G, Zinjarde S, et al. 2018. Single Cell Oils (SCOs) of Oleaginous Filamentous Fungi as a Renewable Feedstock: A Biodiesel Biorefinery Approach[M]. Fungal Biorefineries.

Korhonen H. 2009. Milk-derived bioactive peptides: From science to applications[J]. Journal of Functional Foods, 1 (2): 177-187.

Kotseridis Y, Baumes R. 2000. Identification of Impact Odorants in Bordeaux Red Grape Juice, in the Commercial Yeast Used for Its Fermentation, and in the Produced Wine[J]. Journal of Agricultural and Food Chemistry, 48 (2): 400-406.

Lata C, Prasad M. 2011. Role of DREBs in regulation of abiotic stress responses in plants[J]. Journal of Experimental Botany, 62 (14): 4 731-4 748.

Laucirica D R, Triantis V, Schoemaker R, et al. 2017. Milk Oligosaccharides Inhibit Human Rotavirus Infectivity in MA104 Cells[J]. The Journal of Nutrition, 147 (9): 1 709-1 714.

Le Bourgot C, Le Normand L, Formal, et al. 2017. Maternal short-chain fructo-oligosaccharide supplementation increases intestinal cytokine secretion, goblet cell number, butyrate concentration and Lawsonia intracellularis humoral vaccine response in weaned pigs[J]. British Journal of Nutrition, 117

（1）：83-92.

Leng J , Liu X , Zhang C , et al. 2018. Gene cloning and expression of fungal lignocellulolytic enzymes from the rumen of gayal （*Bos frontalis*）. The Journal of General and Applied Microbiology, 64：9-14.

Liu M, Li D, Wang Z, et al. 2012. Transgenic expression of ThIPK2 gene in soybean improves stress tolerance, oleic acid content and seed size［J］. Plant Cell, Tissue and Organ Culture （PCTOC）, 111 （3）：277-289.

Liu Y, Yang Z Y, Gong C H, et al. 2014. Gong W. Quercetin enhances apoptotic effect of tumor necrosis factor-related apoptosis-inducing ligand （TRAIL） in ovarian cancer cells through reactive oxygen species （ROS） mediated CCAAT enhancer-binding protein homologous protein （CHOP） -death receptor 5 pathway. Cancer Science, 105：520-527.

Lucca P, Hurrell R, Potrykus I. 2002. Fighting iron deficiency anemia with iron-rich rice［J］. Journal of the american college of nutrition 21 （3 Suppl）：184S-190S.

Manthey A K, Kalscheur K F, Garcia A D, et al. 2016. Lactation performance of dairy cows fed yeast-derived microbial protein in low- and high-forage diets［J］. Journal of Dairy Science, 99 （4）：2 775-2 787.

Mehra R, Barile D, Marotta M, et al. 2014. Novel High-Molecular Weight Fucosylated Milk Oligosaccharides Identified in Dairy Streams［J］. PLOS ONE, 9 （5）：e96040.

Mendez I A, Ostlund S B, Maidment N T, et al. 2015. Involvement of Endogenous Enkephalins and β-Endorphin in Feeding and Diet-Induced Obesity［J］. Neuropsychopharmacology, 40 （9）：2 103-2 112.

Missotten J A M, Goris J, Michiels J, et al. 2009. Screening of isolated lactic acid bacteria as potential beneficial strains for fermented liquid pig feed production［J］. Animal Feed Science and Technology, 150 （1-2）：122-138.

Missotten J A M, Michiels J, Degroote J, et al. 2015. Fermented liquid feed for pigs：an ancient technique for the future［J］. Journal of Animal Science and Biotechnology, 6 （1）：4.

Mkoto H, Kon Y, Sukamoto H, et al. 1998. Antioxidative acivity of soluble chstinpepaides［J］. Agric Food Chem, 46 （6）：2 167-2 170.

Moallem U, Lehrer H, Livshitz L, et al. 2009. The effects of live yeast supplementation to dairy cows during the hot season on production, feed efficiency, and digestibility［J］. Journal of Dairy Science, 92 （1）：343-351.

Morgan L M, Coverdale J A, Froetschel M A, et al. 2007. Effect of yeast culture supplementation on digestibility of varying forage quality in mature horses. ［J］. Journal of Equine Veterinary Science, 27 （6）：260-265.

Mountzouris K C, Tsirtsikos P, Kalamarae, et al. 2007. Evaluation of the efficacy of a probioticcontaining Lactobacillus, Bifidobacterium, Enterococcus, and Pediococcus strains in promoting broiler performanceand modulating cecal microflora compositionand metabolic activities［J］. Poultry Science, 86 （2）：309-317.

Overland M, Kjos N P, Olsen E, et al . 2005. Changes in fatty acid composition and improved sensory quality of backfat and meat of pigs fed bacterial protein meal［J］. Meat Science, 71：719-729.

Persson A. 2015. Yeast in forage crops and silage aerobic stability at 15 Swedish dairy farms ［D］. Uppsala：Swedish University of Agricultural Sciences.

Plumed-Ferrer C, Von Wright A. 2010. Fermented pig liquid feed：nutritional, safety and regulatory aspects ［J］. Journal of Applied Microbiology, 106 （2）：351-368.

Rasmussen S O, Martin L, Østergaard M V, et al. 2017. Human milk oligosaccharide effects on intestinal function and inflammation after preterm birth in pigs[J]. Journal of Nutritional Biochemistry, 40: 141-154.

Reghuvaran A, Ravindranath A D, Natarajan P. 2009. Substitution of urea with fungi and nitrogen fixing bacteria for composting coir pith[J]. Madras Agricultural Journal, 96: 114-119.

Rizzello C G, Tagliazucchi D, Babini E, et al. 2016. Bioactive peptides from vegetable food matrices: Research trends and novel biotechnologies for synthesis and recovery[J]. Journal of Functional Foods, 27: 549-569.

Russell P J, Geary T M, Brooks P H, et al. 1996. Performance, water use and effluent output of weaner pigs fed ad-libitum with either dry pellets or liquid feed and the role of microbial activity in the liquid feed [J]. Journal of Science of Food and Agriculture, 72 (1): 8-16.

Sauer M. 2016. Industrial production of acetone and butanol by fermentation-100 years later[J]. Fems Microbiology Letters, 363 (13): fnw134.

Scholten R H J, van der Peet-Schwering C M C, den Hartog L A, et al. 2002. Fermented wheat in liquid diets: effects on gastrointestinal characteristics in weaning piglets[J]. Journal of Animal Science, 80 (5): 1 179-1 186.

Selvaraj M G, Ishizaki T, Valencia M, et al. 2017. Overexpression of an Arabidopsis thaliana galactinol synthase gene improves drought tolerance in transgenic rice and increased grain yield inthe field[J]. Plant Biotechnol, 15: 1 465-1 477.

Skrede A, Faaland S, Svihus B, et al. 2003. The effect of bacterial protein grown on natural gas on growth performance and sensory quality of broiler chickens[J]. Canadian Journal of Animal Science, 83 (2): 229-237.

Suetsuna K, Ukcda H. 2000. Isolation of anocapepade which posseses active oxygen scavenging activity from pepaic digest of sardinec muscle[J]. Nippon Suisan Gakkaish, 65 (6): 1 096-1 099.

Susy P, Anna L C, Chiara C, et al. 2018. Recent trends and analytical challenges in plant bioactive peptide separation, identification and validation[J]. Analytical and Bioanalytical Chemistry (20): 138-153.

Tajima K, Ohmori H, Aminov R I, et al. 2010. Fermented liquid feed enhances bacterial diversity in piglet intestine[J]. Anaerobe, 16 (1): 6-11.

Thomas M, Muzard M, Deleu M. 2018. d-Xylose and l-arabinose laurate esters Enzymatic synthesis, characterization and physico-chemical properties[J]. Enzyme Microb Technol, 112: 14-21.

Tobólska S, Terpiłowska S, Jaroszewski J, et al. 2018. Influence of inosine pranobex on cell viability in normal fibroblasts and liver cancer cells. J Vet Res, 62: 215-220.

Tran L S P, Nishiyama R, Yamaguchi – Shinozaki K, et al. 2010. Potential utilization of NAC transcription factors to enhance abiotic stress tolerance in plants by biotechnological approach[J]. GM Crops, 1 (1): 32-39.

Triantis V, Bode L, Neerven J V. 2018. Immunological Effects of Human Milk Oligosaccharides [J]. Frontiers in Pediatrics, 6: 190.

Turpin W, Humblot C, Guyot J. 2011. Genetic screening of functional properties of lactic acid bacteria in a fermented pearl millet slurry and in the metagenome of fermented starchy foods[J]. Applied and Environmental Microbiology, 77 (24): 8 722-8 734.

Van Winsen R L, Urlings B A P, Lipman L J A, et al. 2001. Effect of fermented feed on the microbial population of the gastrointestinal tracts of pigs[J]. Applied and Environmental Microbiology, 67 (7): 3 071-3 076.

Vojtic I. 1998. Levamisole-caused association between neutrophil and eosinophil granulocytes in dairy cows after parturition. Veterinarski Arhiv, 68, 135-142.

Wan Juan, Qiu Zhengying, Ding Yi, et al. 2018. The Expressing Patterns of Opioid Peptides, Anti-opioid Peptides and their Receptors in the Central Nervous System Are Involved in Electroacupuncture Tolerance in Goats[J]. Frontiers in neuroscience, 12.

Wang Z, Eastridge M L, Qiu X. 2001. Effects of Forage Neutral Detergent Fiber and Yeast Culture on Performance of Cows During Early Lactation 1[J]. Journal of Dairy Science, 84 (1): 204-212.

Weremko D, Fandrejewski H, Zebrowska T. 1997. Bioavailability of phosphorus in feeds of plant origin for pigs[J]. Asian-Australasian Journal of Animal Sciences, 10 (6): 551-566.

Wiseman J, McNab J M. 1998. Nutrients value of wheat varieties fed to non-ruminants [M]. HGCA Project Report No. HI. Home Grown Cereals Authority, Nottingham University, UK.

Wolfenden R E, Pumford N R, Morgan M J, et al. 2011. Evaluation of selected direct-fed microbial candidates on live performance and Salmonella reduction in commercial turkey brooding houses[J]. Poultry Science, 90 (11): 2 627-2 631.

Xu T C, Sun N X, Liu Y H, et al. 2017. Preparation of oligopeptides from corn gluten meal by two enzymes at one step using response surface methodology and investigation of their antifatigue activities[J]. Biomedical Research India, 28 (9): 3 948-3 956.

Yang G H, Guan J J, Wang J S, et al. 2013. Optimization of multi-strain solid state fermentation to improve the content of soybean meal protein by response surface analysis[J]. Advanced Materials Research, 690-693: 1 234-1 238.

Yi Z, Kom W. 1996. Sites of phytase activity in the gastrointestinal tract of young pigs[J]. Animal Feed Science and Technology, 61: 361-368.

Yu Z T, Chen C, Kling D E, et al. 2013. The principal fucosylated oligosaccharides of human milk exhibit prebiotic properties on cultured infant microbiota[J]. Glycobiology, 23 (2): 169-177.

Zhou N, Tieleman D, Phans J. 2004. Molecu lar Dynamics Smulations of Bovine Lactoferricin Tuming a Helixu[J]. BioMetals, 17: 217-223.

Zyla K, Ledoux D R, Garcia A, et al. 1995. An in vitro procedure for studying enzymic dephosphorization of phytate in maize-soyabean feeds for turkey poultry [J]. British Journal of Nutrition, 74: 3-17.

Zyla K, Ledoux D R, Veum T L. 1995. Complete enzymic dephosphorization of corn-soybean meal feed under simulated intestinal conditions of the turkey[J]. Journal of Agricultural and Food Chemistry, 43: 288-294.